21世纪全国高职高专机电系列技能型规划教材

机械制造综合设计及实训

主　编　裘俊彦
副主编　蒋　晔　杨　波
　　　　田　锋　高文伟
主　审　周燕飞

内 容 简 介

本书是为了适应高职高专“工学结合”教学体系改革的需要，以“工学结合、过程导向、‘教学做思’一体化”为原则编写的。经过企业调研，并广泛征求专家意见，本书所选取的内容是以培养机电类专业学生应具有的工艺、工装、量具的综合设计能力为目标，依据机械加工工艺员、工艺装备设计员以及各类技工(如车、钳、铣、镗、磨)国家职业资格考核所需的理论与实践的要求设计的。

本书共包括8个项目，分别为：项目1机械制造工艺规程的编制；项目2机床专用夹具的设计；项目3机床专用量规的设计；项目4典型零件的加工；项目5典型零件的专用夹具加工；项目6典型零件的专用量规加工；项目7机械制造综合设计及实训课程实例；项目8综合设计及实训题目选编。

本书可供高等职业院校和高等专科院校机电类专业使用，可作为毕业设计指导教材，也可供普通高等工科院校师生及有关工程技术人员参考。

图书在版编目(CIP)数据

机械制造综合设计及实训/裘俊彦主编. —北京：北京大学出版社，2013.4

(21世纪全国高职高专机电系列技能型规划教材)

ISBN 978-7-301-19848-3

Ⅰ.①机… Ⅱ.①裘… Ⅲ.①机械制造工艺—高等职业教育—教材 Ⅳ.①TH16

中国版本图书馆CIP数据核字(2013)第057555号

书　　名：机械制造综合设计及实训

著作责任者：裘俊彦　主编

策 划 编 辑：张永见

责 任 编 辑：张永见

标 准 书 号：ISBN 978-7-301-19848-3/TH・0341

出 版 发 行：北京大学出版社

地　　址：北京市海淀区成府路205号　邮编：100871

网　　址：http://www.pup.cn　　新浪官方微博：@北京大学出版社

电 子 信 箱：pup_6@163.com

电　　话：邮购部62752015　发行部62750672　编辑部62750667　出版部62754962

印 刷 者：北京世知印务有限公司

经 销 者：新华书店

787毫米×1092毫米　16开本　19.75印张　457千字

2013年4月第1版　　2013年4月第1次印刷

定　　价：37.00元

序

受本书主编的邀请，本人作为主审稿人认真审阅了《机械制造综合设计及实训》一书的全部书稿，对该书的总体评价如下：

(1) 理论联系实际紧密，符合高职高专技能型人才培养要求和教材编写基本原则。该书在正确地阐述了机械制造工艺编制、工艺夹具设计与制造的基本理论和概念的基础上，以典型轴类零件、典型套筒类零件、典型齿轮类零件、典型拨叉类零件等作为载体，以典型零件的零件加工工艺分析、零件工艺规程的制定、专用夹具的设计、专用量具的设计、典型零件的加工、专用夹具的加工、专用量具的加工为主要内容，突出了机械制造工艺设计训练和加工操作技能训练。内容定位正确。

(2) 取材合适，篇幅恰当，内容的阐述逻辑性强，循序渐进，富有启发性，项目设计实训和制造实训一体化，便于自学和实训，使学生能够掌握基本理论、基本知识和基本技能，利于培养学生的机械制造综合实践能力。

(3) 文字准确、流畅，符合规范化要求；插图正确，文图配合适当，图形、符号、单位符合国家标准。

该书的主要特点是：

(1) 书中实训项目载体大量引入了真实零件。所有用于实练的零件均来自企业真实零件，有利于增强学生实训的真实感。

(2) 书中实训项目覆盖范围全面。按零件类别分类实训，范围全面，且具有很强的针对性。

(3) 书中实训项目都有相应的实练效果评价考核表。书中每个实训项目都有相应的评价指标体系，这个评价考核体系既体现了知识、能力方面的要求，也体现了情感态度方面的要求。

综上所述，该书理论叙述系统，实训项目零件真实，范围全面、考核体系综合可操作，有利于教学的组织和学生对机械制造综合设计能力以及相关职业技能的掌握，有利于机电类专业的高职学生综合能力的培养，是高职高专院校机电类专业实践教学方面的好教材。

另外，审稿中发现的个别概念和表述上的瑕疵，以及内容编辑中的问题，均和编者进行了交流探讨。

南京航空航天大学

2013 年 1 月

前　言

“机械制造综合设计及实训”是高职院校机械制造与自动化专业学生必修的一门实践性的专业课。本课程强调以工程实践为主，以实训项目为载体，学生独立进行设计和独立操作，在工程实践中强调将先修课程中所学基本工艺理论、基本工艺知识和基本工艺实践结合起来并加以应用，同时也强调学生的实践操作技能提高。

在学习“机械制造综合设计及实训”的过程中，学生通过观察和实际操作训练，熟悉机械制造的生产过程和工艺过程，基本掌握机械零件冷、热加工的工艺方法，工艺装备、工艺特点、工艺路线的制定及各工种的加工范围，掌握铸工、锻工、焊工、热处理、钳工，以及车工、铣工、刨工、滚齿、数控和特种加工等工种的基本操作技能与安全技术规程，能正确使用上述各工种的一般常用设备，常用附件，常用工具、刀具、夹具、模具和量具。

通过学习“机械制造综合设计及实训”，培养正确执行工艺规程、安全操作加工规程的自觉性，培养理论联系实际的科学作风，以及遵守纪律、遵守安全技术操作、热爱劳动、爱护公物、团结协作的良好的品质。

21 世纪现代制造技术飞速发展，新技术、新工艺、新装备在不断涌现，数控技术、特种加工等技术丰富了金工实习的内容。把传统制造技术和现代新技术有机地结合起来，使金工实习变得更加丰富多彩。学生应该认真地完成“机械制造综合设计及实训”这个重要的实践教学环节，在工程实践的基础上逐步启迪创新思维，拓宽思路，激发创新潜力。

本书结合制造技术综合实训的实际过程而编写的综合性作业。它可以帮助学生更好地理解各种工艺方法的实质，从而有意识地通过实际操作培养实践能力。在综合实训过程中，学生可对机械制造整个生产过程和制造技术实习进行一次全面总结，更好地巩固自己在实习中获得的工程实践知识，为今后的实际工作奠定基础。

本书的编写采用了“项目驱动、任务导入”的模式，既有理论知识的学习，更突出了应用能力的培养，在内容安排上引入大量的实际应用和工程实例。

本书以来自企业生产一线的典型轴类零件、套筒类零件、齿轮类零件、拨叉类零件等作为实例，经过教学化处理，以体现学生学习内容的工学结合特征，满足提高学生综合设计与制造能力，适应工作岗位的需求。

本书由常州纺织服装职业技术学院裘俊彦任主编，常州纺织服装职业技术学院蒋晔、杨波、田锋、高文伟任副主编，南京航空航天大学周燕飞教授主审。项目 1、2、3 由裘俊彦编写；项目 4 由裘俊彦、蒋晔共同编写；项目 5 由裘俊彦、蒋晔、杨波共同编写；项目 6 由田锋、高文伟共同编写；项目 7 由裘俊彦、蒋晔、杨波、田锋共同编写；项目 8 由裘俊彦、蒋晔、高文伟共同编写。

本书在编写过程中得到了常州纺织服装职业技术学院邓凯教授及学院有关部门的热情

支持，得到了常州纺织服装职业技术学院陈建新、董必辉副教授，以及戴雄伟、田彬衫、洪符林等实习指导老师的热情支持和帮助，特别要感谢陆旭明副教授在教材编写前、编写过程中给予的无私帮助。同时，得到了北京大学出版社的大力支持与帮助。本书有些地方还引用了部分高等学校的教材、专著及有关文献的内容，在此一并致以衷心的感谢。

由于编者水平有限，书中难免有不足和疏漏之处，希望广大读者批评指正。

编　者

2013 年 1 月

目 录

概述

0.1 机械制造综合设计及实训的教学目的和要求

一、综合设计及实训的目的

机械制造综合设计及实训是“机械设计基础”、“机械制造基础”、“金属切削机床与刀具”、“机械制造工艺与夹具”等课程之后一个重要的实践性教学环节，也是学生全面地综合运用本课程及其有关先修课程的理论与实践知识进行工艺编制及夹具结构设计的重要实践性课程。本课程既有培养学生机械制造综合设计能力、工程意识和创新意识的要求，又有为今后从事相关方面的工作奠定实践基础的要求，在实现学生总体培养目标中占有重要地位。

综合设计及实训的目的如下。

(1) 通过综合训练培养学生综合运用机械制造工艺以及相关专业课程(机械制造基础、公差配合与测量技术、金属切削机床与刀具等)的相关理论知识，结合金工实习、生产实习中学到的实践知识，独立地分析和解决机械加工工艺问题，初步具备设计一般及中等复杂程度零件的工艺规程的能力。

(2) 能根据被加工零件的技术要求，运用夹具设计的基本原理和方法，学会拟订夹具设计方案，完成夹具结构设计，初步具备设计出能保证加工质量的高效、省力、经济合理的机床专用夹具的能力。

(3) 培养学生熟悉和应用工艺设计手册、夹具设计手册、切削手册以及相关标准、图表等技术资料的能力，指导学生分析零件加工的技术要求和企业具备的加工条件，掌握从事工艺设计的方法和步骤。

(4) 进一步培养学生进行机械制图、设计计算、结构设计和编写技术文件等的基本能力。

(5) 培养学生耐心细致、科学分析、周密思考、吃苦耐劳的良好习惯。

(6) 培养学生解决工艺问题的能力，为学生今后进行毕业设计和去企业从事工艺编制、夹具设计等工作打下良好的基础。

(7) 通过工程训练以及科学的思想作风和工作作风的培养，使学生具有工程质量的概念，初步具备机械制造综合设计能力。

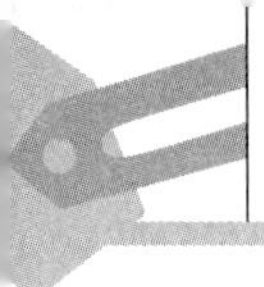

二、综合设计及实训的要求

本课程要求学生针对一般及中等复杂程度的零件编制其机械加工工艺规程，并按教师指定的某道加工工序设计并加工一副机床专用夹具或者专用量具。学生以小组为单位，完成该专用夹具的各非标零件的设计，编制各非标零件的机械加工工艺规程，实际完成各非标零件的加工制作，以小组为单位完成专用夹具的装配、调试，并撰写相关的设计说明书；学生应在教师的指导下认真地、有计划地、独立按时地完成设计任务；学生对待自己的设计任务必须如同在企业接受工作任务一样，对于自己所做的技术方案、数据选择和计算结果必须高度负责，注意理论与实践相结合，以期使整个设计在技术上是先进的、在经济上是合理的、在生产中是可行的。设计要求示例如图 0.1 所示。

设计题目：(通常由老师指定)××零件的机械加工工艺规程的编制及××工序专用夹具的设计与制作

生产纲领：3000～10000 件。

生产类型：批量生产。

具体要求：

1. 零件图(企业典型产品)(A2# ～A4#图纸)	1 张
2. 典型产品的毛坯图	1 张
3. 典型产品的机械加工工艺过程卡片	1 套
4. 典型产品的机械加工工序卡片	1 套
5. 指定工序的机床专用夹具总装图(A0#或 A1#图纸)	1 张
6. 组成专用夹具的某一非标零件的零件图(A2#～A4#图纸)	1 张
7. 专用夹具非标零件的机械加工工艺过程卡片	1 套
8. 专用夹具(项目产品)装配体	1 套
9. 撰写课程设计说明书 (4000～6000 字，包括综合设计及实训总结)	1 份

图 0.1 设计要求示例

0.2 机械制造综合设计及实训的内容和步骤

一、综合设计及实训的内容

本课程主要有以下内容。

(1) 绘制产品零件图(来自企业典型产品的零件)，了解零件的结构特点及技术要求。

(2) 根据生产类型和所在企业的生产条件，对零件进行结构分析及工艺分析。若有必要，可以对原结构设计提出修改意见。

(3) 确定毛坯的类型及毛坯制造方法。

(4) 拟定零件的机械加工工艺过程，选择各工序的加工设备和工艺装备(刀具、夹具、量具、模具、辅具等)，确定各工序的加工余量及工序尺寸，计算各工序的切削用量及工时定额。

(5) 编制机械加工工艺过程卡片、机械加工工序卡片(可根据课程设计时间的长短和工

作量的大小，由指导教师确定只填写部分主要加工工序的工序卡片)等工艺文件。

(6) 设计指定工序的机床专用夹具(项目产品)，绘制夹具装配总图及夹具的非标准件类的(简称“非标”)零件图。

(7) 编制夹具非标零件的机械加工工艺过程卡片。

(8) 根据工艺过程卡，进行用以加工夹具非标零件所需的各工种的操作训练，完成夹具非标零件的加工任务。

(9) 以小组为单位，对专用夹具(项目产品)进行装配、调试。

(10) 撰写课程设计说明书。

二、综合设计及实训的步骤

1. 制订机械加工工艺规程

机械加工工艺规程是指导生产的重要技术文件，是一切有关的生产人员应严格执行、认真贯彻的法规性文件。制订机械加工工艺规程须满足以下基本要求。

(1) 保证零件的加工质量，可靠地达到产品图纸所提出的全部技术条件，并尽量提高生产率和降低消耗。

(2) 尽量降低操作人员的劳动强度，使其有良好的工作条件。

(3) 在充分利用现有生产条件的基础上，采用国内外先进的工艺技术、制造技术。

(4) 工艺规程应合理、完整、统一、清晰。

(5) 工艺规程应符合规范的要求，其幅面、格式、填写方法以及所用的术语、符号、代号等应符合相应标准的规定。

(6) 工艺规程中的计量单位应全部使用法定计量单位。

为了保证工艺规程编制质量，在制订机械加工工艺规程时，应具备下列原始资料。

(1) 零件所属产品(部件或整机)的整套装配图及相关零件图。

(2) 零件所属产品的验收质量标准。

(3) 产品的生产纲领。

(4) 企业现有的生产条件与设计条件。

(5) 有关工艺标准、加工设备、工艺装备等资料。

(6) 国内外同类产品的生产技术发展状况。

零件图、生产纲领和企业的生产条件是课程设计的主要原始资料，根据这些资料确定了生产类型和生产组织形式之后，即可开始按以下步骤进行工艺编制，拟定工艺规程。

1) 分析、研究零件图(或实物)，进行结构工艺性审查

(1) 熟悉零件图，了解零件性能、功用、工作条件及所在部件(或整机)中的作用。

(2) 了解零件材料及其热处理的要求，合理选择毛坯的类型及毛坯制造方法。

(3) 分析零件的形状与结构特点，分析零件图上各项技术要求制订的依据，找出关键的技术问题。

(4) 确定主要加工表面和次要加工表面，确定零件各表面的加工方法和切削用量。

(5) 分析零件的结构工艺性。从选材是否得当，尺寸标注和技术要求是否合理，零件的结构是否便于安装和加工，零件的结构能否适应生产类型和具体的生产条件，是否便于采用先进的、高效率的工艺方法等方面进行结构分析，对不合理之处可提出修改意见。

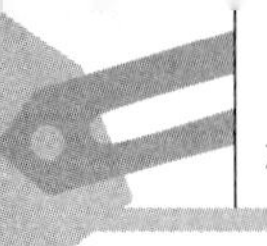

所谓具有良好的结构工艺性，指在不同生产类型的具体生产条件下，对零件毛坯的制造、零件的加工和产品的装配都能采用较经济的方法进行的结构。使用性能完全相同的零件，因结构稍有不同，其制造成本会有很大的差别。

绘制零件图的过程也是一个分析和认识零件的过程。零件图应按机械制图国家标准认真绘制。除特殊情况经指导教师同意外，通常均按 1∶1 比例绘出。

2) 依据生产纲领及生产类型，确定工艺的基本特征

零件的生产纲领和生产类型若不相同，其制造工艺、所选设备、工艺装备、对操作者的技术要求、采取的技术措施、生产效率以及工艺过程的经济性都会不同。

3) 确定毛坯的类型和制造方法，绘制毛坯图(综合设计及实训时间若只安排两周，可不进行毛坯图的绘制)

(1) 了解毛坯的类型及其特点。机械零件常用的毛坯类型如下。

① 型材：含各种冷拔、热轧的板材、棒料(圆的、六角的、特形的)、丝材。

② 铸件：含砂型铸件(包括木模手工造型、金属模机械造型)、金属型铸件、离心浇注铸件、压力铸件或熔模精密铸造等铸件。

③ 锻件：自由锻锻件、模锻锻件、精密锻造锻件等。

④ 焊接件。

⑤ 压制件。

⑥ 冲压件。

(2) 选择毛坯的制造方式，确定毛坯的精度。选择毛坯的制造方式，确定毛坯的精度时都应综合考虑生产类型和零件的结构、形状、尺寸、材料等因素。此时，若零件毛坯选用型材，则应确定其名称、规格；若零件毛坯选为铸件，则应确定其分型面、浇冒口系统的位置；若零件毛坯选为锻件，则应确定锻造方式及分模面等。

(3) 确定余量。可查阅有关的机械加工工艺手册，用查表法确定各表面的总余量及余量公差，也可用计算法确定余量。

(4) 绘制毛坯图。(综合设计及实训时间只安排两周的可不进行。)确定总余量之后即可绘制毛坯图。其步骤如下。

① 用双点划线画出经简化了次要细节的零件图的主要视图，将已确定的加工余量叠加在各相应的被加工表面上，即得到毛坯轮廓。

② 用粗实线绘出毛坯形状，比例为 1∶1。

③ 标注毛坯的主要尺寸及公差，标出加工余量的名义尺寸。

④ 标明毛坯的技术要求，如毛坯精度、热处理及硬度、圆角尺寸、拔模斜度、表面质量要求(气孔、缩孔、夹砂)等。

⑤ 和绘制一般的零件图一样，为清楚表达毛坯的某些内部结构，可画出必要的剖视、剖面图。

⑥ 注明一些特殊的余块，如热处理工艺所需的夹头(余块)，或者是机械试验和金相试验用试棒、机械加工用的工艺夹头等，将余块的位置反映在毛坯图上。

4) 拟定工艺路线、编制并填写机械加工工艺过程卡片

零件的机械加工工艺过程是工艺规程设计的核心问题。对于复杂零件，设计时通常应以“优质、高产、低消耗”为宗旨，拟出 2～3 个方案，经全面分析对比，从中选择出一个

较为合理的方案。

(1) 选择定位基准。正确地选择定位基准是设计工艺过程的一项重要内容，也是保证零件加工精度的关键，而且对确定工序内容、工序总数、夹具结构等都有重要影响。设计时，应根据零件的结构特点、技术要求及毛坯类型，按照粗、精基准的选择原则来确定各工序合理的定位基准。当定位基准与设计基准不重合时，需要对它的工序尺寸和定位误差进行必要的分析与计算。零件上的定位基准、夹紧部位和加工面三者要全面考虑、协调处理。

(2) 确定各表面的加工方法，划分加工阶段。各表面的加工方法主要依据其技术要求，综合考虑生产类型、零件的结构形状和尺寸、企业的生产条件、被加工零件的材料和毛坯类型来确定。根据各表面的加工要求，先选定最终的加工方法，再由此向前确定各前道工序的加工方法。确定表面加工方法时，还应对照每种加工方法所能达到的经济加工精度，先考虑主要加工表面、后考虑次要加工表面，再根据零件的工艺分析、毛坯状态和选定的加工方法确定工序间应采用的热处理方式，同时考虑是否需要划分成粗加工、半精加工、精加工等加工阶段。

(3) 确定工序的集中与分散。各表面加工方法确定之后，应考虑哪些表面的加工适合在一道工序中完成，哪些则应分散在不同工序完成，从而初步确定零件加工工艺过程中的工序总数及工序内容。一般情况下，单件小批量生产常采取工序集中，而大批量生产则既可以工序集中，也可以工序分散，从提高生产效率的角度来看，应采用工序集中的原则来组织生产。

(4) 初拟加工工艺路线。加工顺序的安排一般应按“先粗后精、先面后孔、先主后次、基准先行”的原则进行，热处理工序应分段穿插进行，检验工序则按需要来安排。通常应对该零件初拟 2～3 个较为完整的、合理的加工工艺路线，经过技术经济分析后取其中的最佳方案来进行工艺实施。

(5) 选择工艺装备。选择工艺装备的总原则是根据生产类型与加工要求，使之既能保证加工质量，又经济合理。工艺装备的选择应与工序精度要求相匹配、与生产纲领相匹配、与现有设备条件相匹配。批量生产条件下，通常采用通用机床加专用工具、专用夹具等；大量生产条件下，多采用高效专用机床、组合机床流水线、自动线与随行夹具。选择工艺装备时，应认真查阅有关手册，尽量进行实地调查，应将所选机床或工艺装备的相关参数(如机床型号、规格、工作台宽、T 型槽尺寸；刀具形式、规格、与机床的连接关系；夹具、专用刀具的设计要求、与机床的连接方式等)记录下来，为后面编制机械加工工艺卡做好准备。

(6) 编制并填写机械加工工艺过程卡片。工艺装备选定后，看是否需要对先前初拟的工艺路线进行调整、修改。工艺路线确认后，即可编制、填写机械加工工艺过程卡片，机械加工工艺过程卡片应按照《工艺规程格式》JB/T 9165.2—1998 中规定的格式及要求填写。

5) 制订机械加工工序内容(综合设计及实训时间只安排两周的可不进行安排)

(1) 确定加工余量。毛坯余量已在毛坯图绘制时确定，这里主要是确定各工序的加工余量。加工余量的确定对零件的加工质量和整个工艺过程的经济性都有很大影响。余量若过大，将造成材料和工时的浪费，增加机床和刀具的损耗；余量若过小，则无法去除前道工序存在的误差及缺陷，影响产品质量，造成废品。因此，应在保证产品质量的前提下尽量减少加工余量。

确定工序余量的方法通常有 3 种：计算法、经验估算法和查表法。本课程设计可参阅

有关机械加工工艺手册，用查表法按工艺路线的安排逐道工序、逐个表面地加以确定，必要时可根据使用时的具体条件对手册中查出的数据进行修正。

(2) 确定工序尺寸及公差。计算工序尺寸和标注公差是制订工艺规程的主要工作之一。工序尺寸公差通常查阅加工工艺手册，按经济加工精度确定。而工序尺寸的确定分两种情况进行计算。

① 当定位基准(或工序基准)与设计基准重合时，可将余量一层层叠加到被加工表面上，可以清楚地看出每道工序的工序尺寸，再按每种加工方法的经济加工精度公差按“入体方式”标注在对应的工序尺寸上。

② 当定位基准(或工序基准)与设计基准不重合时，即加工基准多次变换时，应按尺寸链原理来计算确定工序尺寸与公差，并校核余量层是否满足加工要求。

(3) 确定各工序的切削用量。合理的切削用量是科学管理、获得较高经济性的重要前提之一。切削用量选择不当会使工序加工时间增多，设备利用率下降，工具消耗增加，从而增加产品成本。切削用量包括：切削速度 v、进给量 f、背吃刀量 a_p。

确定切削用量时，应在机床、刀具、加工余量等确定之后，综合考虑加工工序的具体内容、加工精度、生产率、刀具寿命等影响因素。选择切削用量的一般原则是在保证加工质量的前提下，在规定的刀具耐用度条件下使机动时间尽可能减少，以提高生产率。为此，应合理地选择刀具材料及刀具的几何参数。

在选择切削用量时，通常首先确定背吃刀量(粗加工时尽可能等于工序余量)，然后根据工序所要求的零件表面粗糙度选择较大的进给量，最后根据切削速度与刀具耐用度或机床功率之间的关系，用计算法或查表法求出相应的切削速度。(精加工主要依据表面质量的要求确定切削速度。)本课程设计采用查表法，参阅有关机械加工工艺手册来确定切削用量。

下面介绍常见加工方式中切削用量的确定方法。

① 车削加工切削用量的确定。

背吃刀量。粗加工时，应尽可能一次切去全部加工余量，即选择背吃刀量值等于余量值。当余量太大时，应考虑工艺系统的刚度和机床的有效功率，尽可能选取较大的背吃刀量值和最少的工作行程数。半精加工时，若单边余量 $h>2$mm，则应分在两次行程中切除：第一次 $a_p=(2/3\sim3/4)h$，第二次 $a_p=(1/3\sim1/4)h$；若单边余量 $h\leqslant2$mm，则可一次切除。精加工时，应在一次行程中切除精加工的工序余量。

进给量。背吃刀量选定后，进给量直接决定了切削面积，从而决定了切削力的大小，因此，允许选用的最大进给量受下列因素限制：机床的有效功率和转矩、机床进给机构传动链的强度、被加工零件的刚度、刀具的强度与刚度、图样规定的加工表面粗糙度。生产实际中大多依靠经验法，本课程设计可利用金属切削用量手册，采用查表法确定合理的进给量。

切削速度。在背吃刀量和进给量选定后，切削速度的选定是否合理对切削效率和加工成本影响很大。一般方法是根据合理的刀具寿命通过计算法或查表法选定 v 值。精加工时，应选取尽可能高的切削速度，以保证加工精度和表面质量，同时满足生产率的要求。粗加工时，切削速度的选择应考虑以下几点：硬质合金车刀切削热轧中碳钢的平均切削速度为1.67m/s，切削灰铸铁的平均切削速度为 1.17m/s，两者平均刀具寿命为 3600～5400s；切削合金钢比切削中碳钢的切削速度要低 20%～30%；切削调质状态的钢件或切削正火、退火

状态钢料的切削速度要低 20%～30%；切削有色金属比切削中碳钢的切削速度高 100%～300%。

② 铣削加工切削用量的确定。

背吃刀量。根据加工余量来确定铣削背吃刀量。粗铣时，为提高铣削效率，一般选铣削背吃刀量等于加工余量，一个工作行程铣削完毕。而半精铣及精铣时，加工要求较高，通常分两次铣削，半精铣时背吃刀量一般为 0.5～2mm；精铣时，铣削背吃刀量一般为 0.1～1mm 或更小。

每齿进给量。可在切削用量手册中查出，其中推荐值均有一个范围，精铣或铣刀直径较小、铣削背吃刀量较大时，选用范围中的较小值。此外，加工钢件时选用范围中的较小值，粗铣加工时，选用范围中的较大值，加工铸铁件时，选用范围中的较大值。

铣削速度。在铣削背吃刀量和每齿进给量确定后，可适当选择较高的铣削速度以提高生产率。确定铣削速度时，可以采用公式计算法或查阅切削用量手册的方法；对于大平面的铣削加工也可参照国内外的先进经验，采用密齿铣刀、选择大的进给量以及高速铣削，以提高生产效率及加工质量。

③ 刨削加工切削用量的确定。

背吃刀量。刨削背吃刀量的确定方法和车削加工基本相同。

进给量。刨削进给量可按有关手册中车削进给量推荐值选用。粗刨平面时，根据背吃刀量和刀杆截面尺寸按粗车外圆选其较大值；精加工时，刨削进给量按手册中半精车、精车外圆选取；刨槽和切断时，刨削进给量按手册中车槽和切断进给量选取。

刨削速度。在实际刨削加工中，通常是根据实践经验选定刨削速度。若选择不当，不仅生产效率低，还会造成人力和机床动力的浪费。刨削速度也可按车削速度公式计算，只不过除了如同车削时要考虑的诸项因素外，还应考虑冲击载荷，刨削速度的计算需要引入修正系数 $k_{冲}$(可参阅有关手册)。

④ 钻削加工切削用量的确定。

进行钻削加工，首先要选择钻头，确定钻头直径，然后根据钻头直径，选取相应切削参数。钻头直径 D 根据工序尺寸的要求确定，应尽可能在一次工步中钻出所要求的孔。当机床性能不能满足一次钻削时，才采取先钻孔、后扩孔的加工工艺，这时先钻孔的钻头直径选取被加工尺寸的 0.5～0.7 倍，扩孔钻的钻头直径为被加工尺寸。麻花钻的直径可参阅《攻丝前钻孔用麻花钻直径》GB/T 20330—2006 选取。

钻削用量的选择包括：背吃刀量 a_p、进给量 f 和切削速度 v(或主轴转速 n)。应尽可能选取大直径钻头，选取大的进给量，再根据钻头的寿命选取合适的钻削速度，以获得高的钻削效率。

背吃刀量。背吃刀量 a_p 为被加工零件上已加工表面和待加工表面间的垂直距离。对普通钻削而言，钻头直径的一半就是钻削时的背吃刀量，当采用先钻孔、后扩孔的加工工艺时，按照钻孔、扩孔时已加工表面和待加工表面间的垂直距离进行计算。

进给量。进给量 f 主要受到钻削背吃刀量与机床进给机构和动力的限制，也受工艺系统刚度的限制。标准麻花钻的进给量可在切削用量手册中查表选取。当采用先进的钻头时，能有效地减小轴向力，使进给量成倍提高，因此，钻削进给量须根据实践经验和在分析具体加工条件后确定。

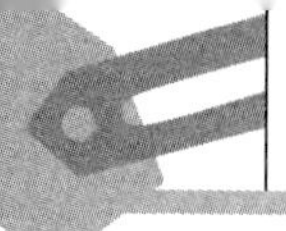

钻削速度。钻削速度通常根据钻头寿命按经验选取或者根据合理的刀具寿命通过计算法或查表法选定。

(4) 确定工时定额。确定工时定额主要是确定各工序的机加工时间，也可包括辅助时间、技术服务时间、自然需要的时间以及每批零件的准备、终结时间等。

工时定额通常依据经生产验证而积累起来的统计资料来确定，随着生产工艺的不断改进，须经常对统计资料进行修订。对于流水线或者自动线，工时定额可以部分通过计算，部分依据统计资料得出。在计算出每一道工序的单件工时后，还必须对各道工序的单件计算工时进行平衡，以最大限度地发挥各台机床的生产效率，达到较高的生产率，保证生产任务的完成。

本课程设计作为对工时定额确定方法的一种学习与了解，可只确定一个工序的单件工时定额，主要考虑机加工时间及辅助时间，计算时可参阅有关的机械加工工艺手册，采用查表法或计算法得出。

(5) 编制及填写机械加工工序卡片。各加工工序中的有关内容制订完成后，要以表格或卡片的形式确定下来，以便指导操作者操作和用于生产、工艺管理。工序卡片填写时字迹应端正，表达要清楚，数据要准确，机械加工工序卡片应按照《工艺规程格式》JB/T 9165.2—1998 中规定的格式及要求填写。

机械加工工序卡片中的工序简图按以下要求绘制。

① 简图应按比例缩小，并且用尽量少的视图表达。简图也可以只画出与加工部位有关的局部视图，除加工面、定位面、夹紧面、主要轮廓面外，其余线条均可省略，以必需、明了为度，视图的摆放位置应该反映出工序加工中零件的真实加工状态(操作者操作时面对的位置)，如水平状态车削加工时，简图中的零件呈水平放置，若垂直状态钻削加工时，简图中的零件呈垂直放置。

② 被加工的表面用粗实线表达，其余非加工面均用细实线表达。

③ 简图上应标明本工序的工序尺寸、公差及粗糙度要求。

④ 定位、夹紧表面应依据标准《机械加工定位、夹紧符号》GB/T 24740—2009 中规定的符号进行标注。

6) 技术经济分析(可以简明扼要地分析)

制订工艺规程时，通常会有几种不同的工艺路线满足被加工零件的加工精度和表面质量的要求，其中有的工艺方案具有很高的生产率，但设备和工艺装备方面的投资较大，而另一些工艺方案则可能投资较节省，但生产效率较低。因此，不同的工艺路线会产生不同的经济效益，为了选取在给定的生产条件下最经济合理的工艺方案，首先应至少拟定两条工艺路线，而后应对已拟定的各个工艺路线进行技术经济分析和评估，选择其中较为经济合理的工艺路线。

7) 校核

在完成制订机械加工工艺规程的各步骤后，应对整个工艺规程进行一次全面的审查和校核。首先应按各项内容审核工艺编制的正确性和合理性，如基准的选择、加工方法的选择是否正确、合理，加工余量、切削用量等工艺参数是否合理，工序图等图样是否完整、正确等。此外，还应审查工艺文件是否完整、全面，工艺文件中各项内容是否符合有关标准的规定。

2. 机床专用夹具的设计及加工

综合设计及实训要求学生能设计出 1～2 套零件加工过程中指定工序的机床专用夹具。具体的设计项目可根据加工的需要，由学生本人提出并经指导教师同意后确定。原则上所设计的机床专用夹具应具有中等的复杂程度。

在进行机床专用夹具设计前，须备好以下资料。

(1) 工艺装备设计任务书。

(2) 被加工零件的产品图纸及技术要求。

(3) 被加工零件的工艺规程。

(4) 有关国家标准、行业标准和企业标准。

(5) 国内外典型工艺装备的图纸和有关资料。

(6) 企业设备清单。

(7) 生产技术条件。

机床专用夹具应根据被加工零件工艺规程中所提出的工艺要求来进行设计，设计时要求做到以下几点。

(1) 设计前应深入现场，了解生产批量和对夹具的操作要求，了解夹具制造车间的生产条件和技术状况，联系生产实际，准备好各种设计资料。确定设计方案时应征求教师意见，经审核通过后才可以进行夹具设计，避免走弯路。

(2) 设计的专用夹具必须满足被加工零件的工艺要求，夹具结构合理、性能可靠，使用省力安全，操作方便，有利于实现优质、高产、低消耗，能改善劳动条件，符合标准化、通用化、系列化的要求。

(3) 设计的专用夹具应具有良好的结构工艺性，即所设计的夹具应便于制作、检验、装配、调整、维修，且加工时的切屑易清理、易排除。

(4) 夹具装配图与非标零件图纸之间须保证图样清晰、完整、正确、统一。

(5) 对精密、重大、特殊的机床专用夹具应附有设计计算书及使用说明书。

机床专用夹具的设计步骤主要如下。

1) 明确设计任务

接到夹具设计任务书后，应认真进行分析、研究，发现不当之处可提出修改意见，经审批通过后予以改正。开始进行设计之前，先应做好以下几项准备工作。

(1) 熟悉被加工零件的图样。弄清被加工零件在产品中的作用、结构特点、主要加工表面和技术要求；了解被加工零件的材料、毛坯种类、特点、重量和外形尺寸等。

(2) 分析被加工零件的工艺规程。熟悉被加工零件的工艺路线，了解有关工艺参数和被加工零件在本工序以前的加工情况；熟悉该工序加工中所使用的机床、刀具、量具及其他辅具的型号、规格、主要参数、机床与夹具连接部分的结构和尺寸；了解被加工零件的热处理情况。

(3) 核对夹具设计任务书。根据上述工作，核对设计任务书，确保设计任务准确无误。

(4) 收集资料，深入调研。要认真收集相关资料，征求有关人员的意见，进行现场调研，以便使所设计的机床专用夹具结构更完善、更合理。

2) 制订夹具设计方案，绘制结构草图

设计方案的确定是一项十分重要的设计程序，方案的优劣往往决定了专用夹具设计的

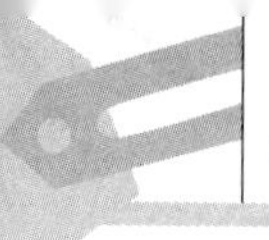

成败。因此，必须充分地进行研究和讨论，而不要急于绘图、草率行事。最好制订两种以上的结构方案，进行分析比较后，确定一个最佳方案。

在确定机床专用夹具设计方案时应当遵循的原则是：①确保被加工零件的加工质量；②工艺性好，结构尽量简单；③使用性好，操作省力高效；④定位、夹紧快速、准确，能提高生产率；⑤经济性好，制作成本低廉。设计者必须在设计的实践中综合考虑上述原则，统筹规划，亦即灵活运用所学的知识，结合实际情况，注意互相制约的各种因素，确定最合理的设计方案。制定夹具设计方案的主要步骤如下。

(1) 确定定位方案，设计定位装置。定位应符合“六点定位原则”。定位元件尽可能选用标准件，必要时可在标准件的结构基础上作一些修改，以满足具体设计的需要。

(2) 确定夹紧方案，设计夹紧机构。夹紧可以采用手动、气动、液压或其他动力源。夹紧方案的重点应考虑夹紧力的大小、方向、作用点，以及作用力的传递方式，保证不破坏定位精度，不造成被加工零件过量变形，不会有自由度为零的“机构”，并且应满足生产率的要求。对于气动、液压夹具，还应考虑气(液)压缸的形式、缸体大小、安装位置、活塞杆长短等。

(3) 确定夹具整体结构方案。定位、夹紧方案确定之后，还要确定其他机构，如对刀装置、导向元件、分度机构、顶出装置等，最后通过设计夹具体，将各种元件、机构有机地连接在一起。

(4) 进行夹具精度分析。在绘制的夹具结构草图上，标注出初步确定的定位元件的公差配合及相互位置精度，然后计算定位误差，根据误差不等式关系检验初步确定的夹具精度是否满足本工序加工的技术要求，夹具设计是否合理。若计算出的定位误差超过本工序的技术要求，应采取措施，如重新确定定位元件的公差、更换定位元件、改变定位基准，必要时甚至改变原设计方案，然后重新进行夹具精度的分析计算。

(5) 进行夹具夹紧力分析。首先应计算切削力大小，它是计算夹紧力的主要依据。通常确定切削力有以下 3 种方法：①由经验公式算出；②由单位切削力算出；③由手册上提供的诺模图(如 M-P-N 图)查出。根据切削力、夹紧力的方向、大小，按静力平衡条件求得理论夹紧力。为了保证被加工零件装夹时安全可靠，夹紧机构(或元件)产生的实际夹紧力一般应为理论夹紧力的 1.5～2.5 倍。

由于加工方法、切削刀具、装夹方式千差万别，夹紧力的计算有时没有现成的公式可以套用，需要根据过去已掌握的知识、技能进行分析、研究来确定合理的计算方法，或采用经验类比法，千万不要为了计算夹紧力而去凑公式计算，只要在说明书内阐述清楚如何处理夹紧力的理由即可。

(6) 绘制结构草图。结构草图和各项计算、分析结果经指导教师审阅通过后，即可进行夹具工作图的设计工作。

3) 绘制夹具装配总图

夹具装配总图应能清楚地表达出夹具的工作原理和结构、各元件间的相互位置关系及夹具装配体的外廓尺寸。主视图应选择夹具在机床上正确安放时的位置，并且是操作者操作时面对的位置。夹紧机构应处于“夹紧”状态下。合理确定相关的视图、剖面、剖视及相互间的配置，尽量采用 1∶1 的比例绘制。

绘制夹具装配总图的基本步骤如下。

(1) 参考结构草图进行总体设计布局。先用双点划线将被加工零件的外形轮廓、定位基面、夹紧表面及加工表面绘制在各个视图的合适位置。在总图中，被加工零件可视为透明体，不遮挡其后的任何线条。

(2) 根据预定的设计方案，按定位元件、夹紧装置、对刀装置、导向元件、分度机构、其他机构、辅助元件、夹具体的顺序，依次画出整个夹具结构。

(3) 标注夹具的有关尺寸、公差、技术要求，其主要内容包括以下几点。

① 最大轮廓尺寸。夹具装配体的长、宽、高，以及活动构件的最大活动范围。

② 与被加工零件的技术要求直接有关的尺寸要求及公差要求。具体如下。

a．定位元件之间的尺寸要求与公差要求。

b．导向(对刀)元件之间的尺寸要求与公差要求，以及它们和定位元件之间的尺寸要求与公差要求。

c．导向(对刀)元件与夹具安装基面或机床连接元件之间的尺寸要求与技术要求。

d．定位元件与夹具安装基面或与机床连接元件之间的尺寸要求与技术要求。

③ 重要的配合尺寸及配合性质。如轴承与轴、孔与钻套内径、钻套与衬套、衬套与模板等处的配合要求。

④ 安装尺寸。夹具体与机床的连接尺寸，如车床夹具与车床连接的锥柄、止口等，铣床夹具与铣床连接的定位键等。

⑤ 技术要求。标于总图下方适当的位置，内容包括：为保证装配精度而规定或建议采取的制作方法与步骤；为保证夹具精度和操作方便而应注意的事项；对某些部件的动作灵活性要求；检验方面的技术要求；有关制作、使用、调整、维修等方面的特殊要求和说明等。技术要求的具体数据一般取被加工零件相应公差的1/5～1/2，必要时应予以验算。

⑥ 编制、标注夹具中各组成零件的零件序号，填写明细表、标题栏。

(4) 审核复查总装图。总装图绘制完毕，首先自行复查一遍，然后交指导老师审核。

4) 绘制非标准的夹具零件图

根据指导教师的任务安排，绘制一份指定的、非标准的夹具零件图。具体要求如下。

(1) 零件图的投影应尽量与总图上的投影位置相符合，便于读图和校核。

(2) 尺寸标注应完善、清楚，既便于读图，又便于加工制作。

(3) 应将该非标零件的形状、尺寸、相互位置精度、表面粗糙度、材料、热处理及表面处理要求等都清楚地表达出来。

(4) 同一工种涉及的加工面的尺寸应尽量集中标注。

(5) 对于可在装配后用组合加工来保证的尺寸，应在其尺寸数值后注明“按总图”字样，如钻套之间、定位销之间的尺寸等。

(6) 要注意设计基准和工艺基准的选择。

(7) 某些要求不高的形位公差若加工中能自行保证，可不用标注在夹具零件图上。

(8) 为避免进行尺寸换算，尺寸应尽量按加工顺序进行标注。

5) 图样审核

夹具装配图和非标零件图绘制完毕后，为使夹具能够充分满足使用功能的要求，同时又具有良好的装配工艺性和加工工艺性，须对图样进行必要的审核。

下面指出几个在夹具结构设计中带有共性的问题，在图纸审核时应特别注意。

(1) 夹具的结构应合理。所设计的机床专用夹具应具有合理的结构，否则会影响操作使用，甚至不能工作。

(2) 夹具的结构应稳定可靠，须有足够的强度和刚度。应根据夹具结构的具体形状确定提高刚度的措施，如铸件可选用合理的截面形状及增加加强筋；锻件可适当增加截面尺寸；焊接件可增加焊接加强筋或在结合面上增加紧固螺钉。

(3) 夹具的受力应合理。夹具的受力部分应直接由夹具体承受，避免通过紧固螺钉来承受。夹紧装置设计时，应尽量使夹紧力在一个构件(如夹具体)上达到平衡。

(4) 夹具的结构应具有良好的加工工艺性。

(5) 夹具的结构应具有良好的装配工艺性。

(6) 夹具的结构应充分考虑测量与检验问题。

(7) 正确设计非标零件的退刀槽及倒角。

(8) 注意材料及热处理方法的合理选择。

(9) 夹具的易损件应便于更换和维修。

6) 制订非标零件的机械加工工艺规程

制订专用夹具中非标准夹具零件的机械加工工艺规程(编制机械加工工艺过程卡片)。

7) 完成非标零件的加工制作

根据非标准夹具零件的机械加工工艺过程卡片，根据其形状、尺寸、相互位置精度、表面粗糙度、材料、热处理及表面处理等要求，完成非标零件的加工任务。

8) 以小组为单位，对机床专用夹具(项目产品)进行装配、调试

在夹具设计图纸全部完成后，还有待于精心制作、安装、调试和使用来验证夹具设计的科学性，经试用后，有时还可能要对原设计作必要的修改。因此，要获得一项完善的、优秀的机床专用夹具设计，设计人员通常应参与夹具的制作、装配、鉴定和使用的全过程。

3. 编写综合设计及实训说明书

说明书是课程设计的总结性文件。通过编写说明书，进一步培养学生分析、总结和表达的能力，巩固、深化在设计过程中所获得的知识，是本次课程设计工作中重要的组成部分。

说明书的内容包括以下几项。

(1) 目录。

(2) 设计任务书。

(3) 总论或前言。

(4) 被加工零件的工艺分析包括：零件的作用、结构特点、结构工艺性、关键表面的技术要求分析等。

(5) 制订工艺规程。

① 确定生产类型。

② 毛坯选择与毛坯图说明。

③ 工艺路线的确定(粗、精基准的选择，各表面加工方法的确定，工序集中与分散的考虑，工序安排的原则，加工设备与工艺装备的选择，不同方案的分析比较等)。

④ 加工余量、切削用量、工时定额等的确定。

⑤ 工序尺寸与公差的确定。

(6) 设计机床专用夹具。

① 设计思路与设计方案的比较。

② 定位分析与定位误差的计算。

③ 对刀及导引装置的设计。

④ 夹紧机构设计与夹紧力的计算。

⑤ 夹具操作说明。

(7) 专用夹具中非标零件的设计。注意该零件的形状、尺寸、相互位置精度、表面粗糙度、材料、热处理及表面处理要求。

(8) 非标零件的机械加工工艺规程制订(编写机械加工工艺过程卡片)。

(9) 专用夹具中非标零件的制作及夹具体的装配。非标零件的加工；以小组为单位对专用夹具(项目产品)进行装配、调试。

(10) 综合设计及实训的体会。

(11) 参考文献(参考书目按序号排列，以便于说明书的正文引用)。

0.3　机械制造综合设计及实训的注意事项

综合设计及实训的注意事项如下。

一、设计应贯彻标准化原则

在设计过程中，自始至终必须注意在以下几个方面贯彻标准化原则，在引用和借鉴他人的资料时，如发现使用旧标准或不符合相应标准的，应作出如下修改。

(1) 图纸的幅面、格式应符合国家标准的规定。

(2) 图纸中所用的术语、符号、代号和计量单位应符合相应的标准规定，文字应规范。

(3) 标题栏、明细栏的填写应符合标准。

(4) 图样的绘制和尺寸的标注应符合机械制图国家标准的规定。

(5) 有关尺寸、尺寸公差、形位公差和表面粗糙度应符合相应的标准规定。

(6) 选用的零件结构要素应符合有关标准。

(7) 选用的材料、标准件应符合有关标准。

(8) 应正确选用标准件、通用件和代用件。

(9) 工艺文件的格式应符合有关标准。

二、撰写说明书应注意的事项

说明书应概括地介绍设计全貌，对设计中的各部分内容应作重点说明、分析论证及必要的计算。要求系统性好、条理清楚、图文并茂，充分表达自己的见解，力求避免抄书。

(1) 学生从设计一开始就应随时逐项记录设计内容、计算结果、分析意见和资料来源，以及教师的合理意见、自己的见解与结论等。每一设计阶段过后，随即可整理、编写出有关部分的说明书，待全部设计结束后，只要稍作整理，便可装订成册。不要完全集中在设计后期完成，既节省时间，又避免错误。

(2) 说明书要求字迹工整，语言简练，文字通顺，逻辑性强；文中应附有必要的简图和表格，图例应清晰。

(3) 所引用的公式、数据应注明来源，文内公式、图表、数据等出处应以“[ ]”注明参考文献的序号。

(4) 计算部分应有相关的计算过程。

(5) 说明书封面应采用规定的统一格式。若学生自行打印说明书，则内芯用 16 开纸，四周边加框线，书写后装订成册。

三、拟定工艺路线应注意的事项

在拟定工艺路线，尤其是在选择加工方法、安排加工顺序时，要考虑和注意以下事项。

(1) 表面成形。应首先加工出精基准面，再尽量以统一的精基准为定位基准来加工其余表面，并要考虑到各种工艺手段最适合加工什么表面。

(2) 保证质量。应注意到在各种加工方案中保证尺寸精度、形状精度和表面相互位置精度的能力；是否要粗精分开，各加工阶段应如何划分；怎样保证被加工零件无夹压变形；怎样减少热变形；采用怎样的热处理手段以改善加工条件、消除应力和稳定尺寸；如何减小误差复映；对某些有相互位置精度要求且要求极高的加工表面，可考虑采用互为基准反复加工等工艺措施。

(3) 减小消耗，降低成本。要注意发挥企业原有的优势和潜力，充分利用现有的生产条件和设备；尽量缩短工艺准备时间并迅速投产，避免使用贵重稀缺材料。

(4) 提高生产率。在现有通用设备的基础上考虑成批生产的工艺时，工序宜分散，并配备足够的专用工艺装备；当采用高效机床、专用机床或数控机床时，工序宜集中，以提高生产效率，保证质量。应尽可能减少被加工零件在车间内和车间之间的流转，必要时考虑引进先进、高效的工艺技术。

(5) 确定机床和工艺装备。选择机床和工艺装备时，其型号、规格、精度应与被加工零件的尺寸大小、精度、生产纲领和企业具体生产条件相适应。

在课程设计中，专用夹具、专用刀具和专用量具统一采用以下代号编号方法。D——刀具；J——夹具；L——量具；C——车床；X——铣床；Z——钻床；B——刨床；T——镗床；M——磨床。

专用工艺装备编号示例如下。CJ—01 车床专用夹具 1 号；ZD—02 钻床专用刀具 2 号；YG—01 滚齿机床专用夹具 1 号；YT—01 剃齿机床专用夹具 1 号；TL—01 镗床专用量具 1 号。

举例如下。

产品型号	S195	零(部)件图号	10108
产品名称	柴油机	零(部)件名称	调速齿轮
工　艺　装　备			
专用夹具		专用工作量规	
精车夹具	G10108-CJ	圆孔塞规(车)	L10108-SC
滚齿夹具	G10108-YG		
钻床夹具	G10108-ZZ	圆孔塞规(钻)	L10108-SZ
攻丝夹具	G10108-ZG	位置度检具	L10108-ZJ
剃齿夹具	G10108-YT		

(6) 工艺方案的对比取舍。为保证产品质量的可靠性，应对各工艺方案进行经济性分析，对生产率和经济性进行对比，(注意：在何种情况下主要对比各种方案的工艺成本，在何种情况下主要对比各种方案的投资回收期)最后综合对比结果，选取最优的工艺方案。

0.4 机械制造综合设计及实训的进度安排与成绩考核

一、机械制造综合设计及实训的时间安排

由于各个学校的教学计划不同，综合设计及实训的时间安排也不尽一致，有的只进行工艺设计与加工制作，通常为综合性的、某种装配体的加工工艺规程制订，装配体的难易程度为中等，这种情况通常安排一周的工艺编制和一周的装配体的制作与装配；有的既进行工艺编制，又进行专用夹具、量规的设计与制作，综合设计包括：一周的工艺规程编制加上 2～3 周的工艺装备设计(专用夹具的设计、专用工作量规的设计等)；综合实训包括：2～3 周的零件加工及工艺装备的制作、装配。因此，本课程可根据专业学习的要求酌情安排时间。

二、机械制造综合设计及实训的进度

综合设计及实训的进度分成两种情况处理。

(1) 如果只进行综合性的加工工艺规程编制与零件的加工，则建议加工工艺规程编制(一周)+装配体零件的加工、装配(一周)，具体的时间大致划分如下。

① 熟悉装配体内的组成零件，准备各种资料(约 0.5 天)。
② 绘制装配体内组成零件的零件图，确定零件毛坯(约 0.5 天)。
③ 零件加工工艺性分析、基准选择、确定工艺路线等(约 1 天)。
④ 制订零件工艺规程(编制工艺过程卡、工序卡)(约 3 天)。
⑤ 每人完成所分配的装配体零件的加工(约 2.5 天)。
⑥ 以小组为单位完成装配体的装配、调试(约 1 天)。
⑦ 撰写说明书(约 0.5 天)。
⑧ 答辩、评价和总结(约 1 天)。

课程设计总时间为两周，表 0-1 所示为时间进度安排，供参考。

表 0-1 课程设计时间进度安排

序 号	内 容	时 间 分 配
1	领取设计任务书，熟悉资料，搜集设计资料	5%
2	分析装配体内的组成零件，绘制零件工作图	5%
3	拟定工艺方案，绘制零件毛坯图	10%
4	拟定零件的机械加工工艺过程，选择加工方法和设备、工艺装备，填写工艺过程卡和工序卡	40%
5	完成装配体内零件的加工	20%
6	以小组为单位完成装配、调试	10%
7	编写设计说明书	5%
8	答辩	5%

(2) 如果既进行工艺编制，又进行机床专用夹具的设计与加工，则建议如下。

以工艺规程编制(一周)+工艺装备设计(两周)+零件加工及工艺装备装配体的加工(两周)为例，具体的时间大致分为以下阶段。

① 熟悉零件及零件图，准备各种资料(约 0.5 天)。

② 绘制零件图，确定零件毛坯(约 1.5 天)。

③ 零件加工工艺性分析、基准选择、确定工艺路线等(约 1 天)。

④ 制订零件工艺规程(编制工艺过程卡、工序卡)(约 2 天)。

⑤ 零件工艺装备设计分析(机床专用夹具的设计分析、专用工作量规设计的分析)(约 1 天)。

⑥ 零件工艺装备的设计(专用夹具的设计、专用工作量规的设计)(约 7 天)。

⑦ 工艺装备的组成零件的工艺规程设计(专用夹具、专用工作量规的组成零件的工艺过程卡)(约 2 天)。

⑧ 每人完成所分配工艺装备内组成零件的加工(约 6 天)。

⑨ 以小组为单位完成装配、调试(约 2 天)。

⑩ 撰写说明书(约 1 天)。

⑪ 答辩、评价和总结(约 1 天)。

注：综合设计及实训的进度为参考进度，设计及实训过程中教师应根据具体设计任务确定进度。

三、综合设计与综合实训中对学生的要求

(1) 学生应像在企业接受实际设计任务一样，认真对待课程设计，在教师指导下，根据设计任务，合理安排时间和进度，认真地、有计划地按时完成设计任务。

(2) 综合设计及实训是学生应用所学理论知识解决生产实际问题的学习过程，因此学生应自己充分发挥主观能动性，刻苦钻研，独立思考，理论联系实际，大胆提出技术先进、经济合理并切实可行的设计方案与加工方案。

(3) 学生必须以科学务实和诚信负责的态度对待自己所做的技术决定、数据和计算结果，培养良好的工作作风。

(4) 在设计中学生应认真阅读有关设计资料和课程设计指导教材，其中查阅参考资料是课程设计的一项基本功训练，因而学生应该学会独立查阅参考资料，并进行设计方案的分析比较，在此基础上再由教师给予指导和帮助。

四、综合设计及实训中对指导教师的要求

(1) 机械制造综合设计及实训的指导工作是一项复杂而细致的教学工作，要求指导教师充分发挥其主导作用，坚持教书育人，对学生耐心细致，严格要求。

(2) 指导教师在综合设计及实训开始前应做好一切准备工作，制订指导计划，根据学生的具体情况分配设计题目，填写设计任务书。

(3) 综合设计开始时，应进行设计动员并布置设计任务，提出设计要求。

(4) 指导教师在综合设计阶段应保证每天对学生设计工作进行认真指导，有计划地进行以下 4 个方面的指导工作：①按计划进行阶段性集体指导；②根据学生设计过程中普遍存在的问题进行集体指导；③指导学生熟悉工艺规程的编制及工艺装备的设计，对设计的

专用夹具、专用工作量规等要满足结构性能可靠、使用安全，操作方便等要求，对学生的设计工作可以进行个别指导；④在学生设计过程中进行阶段性检查、质疑。

(5) 指导教师在综合实训阶段应保证每天对学生加工制作工作进行认真指导，有计划地进行以下 4 个方面的指导工作：①按计划进行阶段性集体指导；②根据学生加工制作过程中普遍存在的问题进行集体指导；③指导学生熟悉、操作机床，按照图样、工艺过程进行夹具等零件的加工制作，对学生的加工制作工作可以进行个别指导；④在学生加工制作过程中进行阶段性检查、质疑。

(6) 组织学生进行答辩，对学生的设计说明书、设计图纸、制作的专用夹具装配体等进行评审，公正合理地评定学生成绩。

五、综合设计及实训的考核与成绩评定

综合设计及实训的考核可以分两阶段进行，即综合设计的考核和综合实训的考核。

1. 综合设计的考核

1) 考核方式

学生的机械制造综合设计成绩按优秀、良好、中等、及格和不及格五级评定。教师根据学生综合设计的工艺文件、专用夹具、专用工作量规设计图样和说明书质量，答辩时回答问题的情况，以及平时的工作态度、独立工作能力等诸方面表现来综合评定学生的成绩。凡初评不合格的学生，给予一次修改机会，修改后成绩仍不合格者，成绩按不及格计。不及格者另外安排时间补做。

机械制造综合设计的全部图纸及说明书应有设计者及指导教师的签字。未经指导教师签字的设计不能参加答辩。答辩由教研室组织，答辩问题由参加答辩的教师根据学生的设计情况提出。

设计者本人应首先对自己的综合设计进行 5～8 分钟的介绍和说明，然后回答答辩小组的提问，每位同学的综合设计的总答辩时间控制在 20～25 分钟。

2) 成绩评定细则

机械制造综合设计的成绩定为五级：优秀、良好、中等、及格和不及格。各等级评定标准如下。

(1) 优秀。

① 全面完成设计任务，设计内容正确，设计图纸质量高；②设计说明书内容正确，文字精练、流畅、工整；③答辩时，能准确回答与设计内容有关的问题；④工作态度认真、严谨，独立工作能力强，严格遵守各项纪律。

(2) 良好。

① 全面完成设计任务，设计内容和设计图纸正确；②设计说明书内容正确，表达清楚，书写认真或打印格式规范；③答辩时，能较好地回答与设计内容有关的问题；④工作态度认真，独立完成设计任务，遵守纪律。

(3) 中等。

① 全面完成设计任务，设计内容正确、设计图纸基本正确；②设计说明书内容基本正确，表达清楚，书写认真或打印格式规范；③答辩时，经提示能基本准确地回答与设计内

容有关的问题；④工作态度认真，具有一定的独立工作能力，遵守纪律。

(4) 及格。

①能完成主要设计任务，质量较差或有较大错误，经启发能予以纠正；②设计说明书内容有个别错误，书写较草或打印格式不规范；③答辩时，对有些问题的回答出现概念性错误；④工作态度一般或独立工作能力较差，基本能遵守纪律。

(5) 不及格。

①未完成设计任务，或设计质量差并不加以改正；②设计说明书内容有较大错误，或书写非常不认真或抄袭；③答辩时，回答问题出现严重的概念性错误，或对主要问题回答不出来；④工作态度不认真，或独立工作能力差，或不遵守纪律。

注：综合设计的成绩评定分值参考，优秀(100～90 分)、良好(89～80 分)、中等(79～70 分)、及格(69～60 分)、不及格(<60 分)，由答辩小组的评定人直接给出分值。

2. 综合实训的考核

1) 考核方式

学生的机械制造综合实训成绩按优秀、良好、中等、及格和不及格五级评定。教师根据学生综合实训的专用夹具或者专用工作量规零件制作的工艺规程编制、专用夹具零部件的制作、专用工作量规零部件的制作、专用夹具的装配质量、专用工作量规的装配质量、答辩时回答问题的情况，以及平时的工作态度、独立工作能力等诸方面表现来综合评定学生的成绩。凡初评不合格的学生，给予一次整改机会，整改后成绩仍不合格者，成绩按不及格计。不及格者另外安排时间补做。

专用夹具或者专用工作量规零件制作的工艺规程文件应有设计者及指导教师的签字。未经指导教师签字的工艺规程文件不能参加答辩。答辩由教研室组织，答辩问题由参加答辩的教师根据学生的实训情况提出。

学生本人应首先对自己的夹具零件的工艺编制、自己设计的专用夹具或专用工作量规进行的制作、装配、安装调试和操作使用等情况进行 5～8 分钟的介绍和说明，然后回答答辩小组的提问，每位同学的综合实训的总答辩时间控制在 15～20 分钟。

2) 成绩评定细则

机械制造综合实训的成绩定为五级：优秀、良好、中等、及格和不及格。各等级评定标准如下。

(1) 优秀。

①全面完成专用夹具或者专用工作量规零件制作的工艺规程编制任务，编制内容正确，工艺安排合理；②按照图样、工艺过程进行专用夹具或者专用工作量规的零件加工，零件的加工质量完全符合图纸要求；③专用夹具的装配质量、专用工作量规的装配质量符合图纸要求；④答辩时，能准确回答与综合实训内容有关的问题；⑤工作态度认真、严谨，独立工作能力强，严格遵守各项纪律。

(2) 良好。

①全面完成专用夹具或者专用工作量规零件制作的工艺规程编制任务，编制内容正确，工艺安排比较合理；②按照图样、工艺过程进行专用夹具或者专用工作量规的零件加工，零件的加工质量符合图纸要求；③专用夹具的装配质量、专用工作量规的装配质量符合图

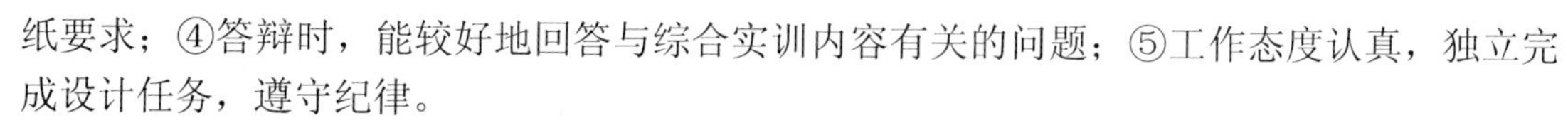

纸要求；④答辩时，能较好地回答与综合实训内容有关的问题；⑤工作态度认真，独立完成设计任务，遵守纪律。

(3) 中等。

①全面完成专用夹具或者专用工作量规零件制作的工艺规程编制任务，编制内容正确，工艺安排基本合理；②按照图样、工艺过程进行专用夹具或者专用工作量规的零件加工，零件的加工质量基本符合图纸要求；③专用夹具的装配质量、专用工作量规的装配质量基本符合图纸要求；④答辩时，经提示能基本准确地回答与综合实训内容有关的问题；⑤工作态度认真，具有一定的独立工作能力，遵守纪律。

(4) 及格。

①能完成专用夹具或者专用工作量规零件制作的工艺规程编制任务，编制内容质量较差或有较大错误，经启发能予以纠正，工艺安排基本合理；②按照图样、工艺过程进行专用夹具或者专用检具的零件加工，零件的加工质量不完全符合图纸要求；③专用夹具的装配质量、专用工作量规的装配质量不完全符合图纸要求；④答辩时，对有些问题的回答出现概念性错误；⑤工作态度一般或独立工作能力较差，基本能遵守纪律。

(5) 不及格。

①未完成设计任务，或设计质量差并不加以改正；②设计说明书内容有较大错误，或书写非常不认真或抄袭；③答辩时，回答问题出现严重的概念性错误，或对主要问题回答不出来；④工作态度不认真，或独立工作能力差，或不遵守纪律。

注：(1) 综合实训的成绩评定分值参考，优秀(100～90 分)、良好(89～80 分)、中等(79～70 分)、及格(69～60 分)、不及格(<60 分)，由答辩小组的评定人直接给出分值。

(2) 可以以小组为单位完成一副专用夹具、专用工作量规的制作，如果条件允许，综合实训时专用夹具、专用工作量规的制作类型可以多样化，根据实际情况各类夹具可以制作 1～3 副，让学生在综合实训中接触各种类型的夹具结构，相互学习交流。

第1篇 机械制造综合设计

项目 1

机械制造工艺规程的编制

任务 1.1　认识机械加工工艺规程

1.1.1　机械加工工艺过程

工艺在机械行业是指制造产品的方法，如机加工、铸造、焊接等。机械加工工艺过程是指采用机械加工的方法改变毛坯尺寸、形状和材料的性质，使之成为成品的过程。

机械加工工艺过程包括制造方法与制造过程，具体的工艺过程包括以下两类。

(1) 热加工：指铸造、塑性加工、焊接、表面处理等。

(2) 冷加工：指机械加工(如切削、磨削)、装配等。

1.1.2　机械加工工艺规程概述

把工艺过程用文件的形式固定下来，就称之为工艺规程。机械加工工艺规程是规定产品或零部件机械加工工艺过程和操作方法等的工艺文件。

工艺规程是生产计划、调度、工人操作、质量检查等活动的依据。

工艺规程的格式有机械加工工艺过程卡片、机械加工工艺卡片、机械加工工序卡等，分别用于以下情况。

(1) 在单件小批生产中，一般只编写简单的机械加工工艺过程卡片。

(2) 在中批生产中，多采用机械加工工艺卡片。

(3) 在大批大量生产中要求有详细和完整的工艺文件，要求各工序都有机械加工工序卡。

(4) 半自动及自动机床要求有机床调整卡，对工序则要求有检验工序卡等。

几种工艺规程卡的作用如下。

◆ 机械加工工艺过程卡：这种卡片以工序为单位，简要地列出了整个零件加工所经过的工艺路线(包括毛坯制造、机械加工和热处理等)，它是制订其他工艺文件的基础，也是生产技术准备、编排作业计划和组织生产的依据。在这种卡片中，由于各工序的说明不够具体，故一般不能直接指导工人操作，而多在生产管理方面使用。但是在单件小批生产中，通常不编制其他较详细的工艺文件，而是以这种卡片来指导生产。

◆ 机械加工工艺卡片：机械加工工艺卡片是以工序为单位，详细说明整个工艺过程的工艺文件。它是用来指导工人生产和帮助车间管理人员和技术人员掌握整个零件加工过程的一种主要技术文件，广泛用于成批生产的零件和小批生产中的重要零件。

◆ 机械加工工序卡片：机械加工工序卡片是根据工艺卡片为每一道加工工序单独制订的卡片，它更详细地说明了整个零件各个工序的加工要求，是用来具体指导工人操作的工艺文件。在这种卡片上，要画出工序简图，注明工序每一工步的内容、工艺参数、操作要求以及所用的加工设备和工艺装备。工序简图就是按一定比例用较小的投影绘出工序图，可略去图中的次要结构和线条。主视图方向尽量与零件在机床上的安装方向相一致，本工序的加工表面用粗实线或红色粗实线表示，零件的结构、尺寸要与本工序加工后的情况相符合，并标注出本工序的加工尺寸及公差要求，加工表面粗糙度和工件的定位及夹紧情况。工序卡片主要用于大批量生产的零件加工。

其中企业最广泛使用的机械加工工艺过程卡及机械加工工序卡片分别见表 1-1 和表 1-2。

特别提示

机械加工工序卡片中的工序简图画法及要求如下。

(1) 工序图可按比例缩小，并尽量用较少的投影给出。

(2) 简图中的加工表面用粗实线表示。

(3) 对定位、夹紧表面应以规定符号标明。

(4) 最后应表明各加工表面在本工序加工后的尺寸、公差及表面粗糙度。

表 1-1　机械加工工艺过程卡片

单位名称	机械加工工艺过程卡片	产品型号		零件图号			
		产品名称		零件名称		共　页	第　页
材料牌号		毛坯种类		毛坯外形尺寸		毛坯件数	
每台件数		备注					

工序号	工名序称	工序内容	车间	工段	设备	工艺装备	工时/min 准终	工时/min 单件

										设计(日期)	校对(日期)	审核(日期)	标准化(日期)	会签(日期)
标记	处数	更改文件号	签字	日期	标记	处数	更改文件号	签字	日期					

表 1-2　机械加工工序卡片

单位名称	机械加工工序卡	产品型号		零件图号		
		产品名称		零件名称	共　页	第　页

	车间	工序号	工序名	材料牌号
	毛坯种类	毛坯外形尺寸	每坯可制件数	每台件数
	设备名称	设备型号	设备编号	同时加工件数
	夹具编号		夹具名称	切削液
	工位器具编号		工位器具名称	工序工时/min
				准终 / 单件

工步号	工步内容	工艺装备	主轴转速 /r·min^{-1}	切削速度 /m·min^{-1}	进给量 /mm·r^{-1}	背吃刀量 /mm	进给次数	工步工时/min 机动	工步工时/min 辅助
					设计（日期）	校对（日期）	审核（日期）	标准化（日期）	会签（日期）
标记	处数	更改文件号	签字	日期	标记	处数	更改文件号	签字	日期

任务 1.2　准备机械加工工艺设计资料

1.2.1　典型表面的加工路线

1. 外圆表面的加工路线

外圆表面的加工路线主要有以下几种。

(1) 粗车—半精车—精车。

公差等级：IT12～13—IT10～11—IT7～9。

表面粗糙度/μm：*Ra*10～80—*Ra*2.5～10—*Ra*1.25～5。

(2) 粗车—半精车—粗磨—精磨。(加工黑色金属)

公差等级：IT12～13—IT10～11—IT8～9—IT6～7。

表面粗糙度/μm：*Ra*10～80—*Ra*2.5～10—*Ra*1.25～10—*Ra*0.4～1.25。

(3) 粗车—半精车—精车—金刚石车。(加工有色金属，如铜、铝)

公差等级：IT12～13—IT10～11—IT8～9—IT6～7。

表面粗糙度/μm：*Ra*10～80—*Ra*2.5～10—*Ra*1.25～10—*Ra*0.4～0.025。

(4) 粗车—半精车—粗磨—精磨—研磨、超精加工、砂带磨、镜面磨(或抛光)。

最终公差等级：IT5 以上。

最终表面粗糙度/μm：*Ra*0.025～*Rz*0.05。

2. 孔的加工路线

孔的加工路线主要有以下几种。

(1) 钻—扩—铰—手铰。(加工中小孔)

公差等级：IT10～13—IT9～13—IT6～9—IT5～7。

表面粗糙度/μm：*Ra*5～80—*Ra*1.25～40—*Ra*0.32～10—*Ra*0.08～1.25。

(2) 钻—扩(或粗镗) —拉。(大批量生产)

公差等级：IT10～13—IT9～12—IT7～10。

表面粗糙度/μm：*Ra*5～80—*Ra*1.25～25—*Ra*0.63～2.5。

(3) 钻(或粗镗) —半精镗—精镗。(加工大孔、箱体)

公差等级：IT10～13—IT10～11—IT7～9。

表面粗糙度/μm：*Ra*5～80—*Ra*2.5～10—*Ra*0.63～5。

(4) 钻(或粗镗)—粗磨—半精磨—精磨。(淬火处理、高精度加工)

公差等级：IT10～13—IT8～9—IT7～8—IT6～7。

表面粗糙度/μm：*Ra*5～80—*Ra*1.25～10—*Ra*0.63～2.5—*Ra*0.16～1.25。

3. 平面的加工路线

平面的加工路线主要有以下几种。

(1) 粗铣—半精铣—精铣。(生产率高)

公差等级：IT11～13—IT8～11—IT6～8。

表面粗糙度/μm：*Ra*5～20—*Ra*2.5～10—*Ra*0.63～5。

(2) 粗刨—半精刨—精刨—宽刃精刨、刮研或研磨。(用于窄长面加工，效率较低，宽

刃精刨多用于大平面或机床床身导轨面加工)

最终公差等级：IT6～IT7。

最终表面粗糙度/μm：*Ra*0.8～0.1。

(3) 粗铣(刨)—半精铣(刨)—粗磨—精磨—研磨、精密磨、砂带磨或抛光。

最终公差等级：IT6 级以上。

最终表面粗糙度/μm：*Ra*0.1～*Rz*0.05。

(4) 粗拉—精拉。(大批量生产)

最终公差等级：IT7～IT9。

最终表面粗糙度/μm：*Ra*0.8～0.2。

(5) 粗车—半精车—精车—金刚石车。(加工有色金属)

最终公差等级：IT6～IT7。

最终表面粗糙度/μm：*Ra*0.4～0.025。

1.2.2 典型表面的加工方法与经济加工精度

表 1-3 和表 1-4 列出了各种加工方法的经济加工精度和表面粗糙度，表 1-5 至表 1-7 分别列出了外圆表面加工方案、内孔表面加工方案、平面加工方案以及它们的经济加工精度，可以供制定工艺规程时参考。

表 1-3 各种加工方法的经济加工精度(用公差等级表示)和表面粗糙度(以中批生产为例)

被加工表面	加工方法	经济加工精度	表面粗糙度 *Ra*/μm
外圆和端面	粗车	IT11～13	50～12.5
	半精车	IT8～11	6.3～3.2
	精车	IT7～9	3.2～1.6
	粗磨	IT8～11	3.2～0.8
	精磨	IT6～8	0.8～0.2
	研磨	IT5	0.2～0.012
	超精加工	IT5	0.2～0.012
	精细车(金刚车)	IT5～6	0.8～0.05
孔	钻孔	IT11～13	50～6.3
	铸锻孔的粗扩(镗)	IT11～13	50～12.5
	精扩	IT9～11	6.3～3.2
	粗铰	IT8～9	6.3～1.6
	精铰	IT6～7	3.2～0.8
	半精镗	IT9～11	6.3～3.2
	精镗(浮动镗)	IT7～9	3.2～0.8
	精细镗(金刚镗)	IT6～7	0.8～0.1
	粗磨	IT9～11	6.3～3.2
	精磨	IT7～9	1.6～0.4
	研磨	IT6	0.2～0.012
	珩磨	IT6～7	0.4～0.1
	拉孔	IT7～9	1.6～0.8

续表

被加工表面	加工方法	经济加工精度	表面粗糙度 *Ra*/μm
平面	粗刨、粗铣	IT11～13	50～12.5
	半精刨、半精铣	IT8～11	6.3～3.2
	精刨、精铣	IT6～8	3.2～0.8
	拉削	IT7～8	1.6～0.8
	粗磨	IT8～11	6.3～1.6
	精磨	IT6～8	0.8～0.2
	研磨	IT5～6	0.2～0.012

表 1-4　各种加工方法与加工精度(用公差等级、表面粗糙度表示)

加工方法		公差等级	粗糙度 *Ra*/μm
车削	粗车	IT12～13	12.5～50
	细车	IT10～11	1.6～6.3
	精车	IT6～9	0.2～1.6
镗	粗镗	IT12～13	6.3～12.5
	细镗	IT9～11	1.6～3.2
	精镗	IT6～8	0.2～0.8
钻孔		IT11～13	3.2～50
扩孔		IT10～11	1.6～3.2
铰孔	粗铰	IT8～9	1.6～3.2
	细铰	IT7～8	0.8～1.6
	精铰	IT6～7	0.2～0.8
铣削	粗铣	IT11～13	3.2～12.5
	细铣	IT10～11	0.8～3.2
	精铣	IT6～9	0.2～0.8
拉销	细拉	IT10～11	0.4～1.6
	精拉	IT0～9	0.1～0.2
磨削	粗磨	IT7～9	0.8～1.6
	细磨	IT6～8	0.2～0.4
	精磨	IT5～7	0.05～0.1
珩磨	细珩	IT6～7	0.2～0.8
	精珩	IT4～6	0.025～0.2
研磨	细研	IT5～6	0.05～0.4
	精研	IT3～5	0.012～0.05
超精加工		IT1～5	0.012～0.1

表 1-5 外圆表面加工方案与经济加工精度(用公差等级、表面粗糙度表示)

序号	加工方案	经济公差等级	表面粗糙度 Ra/μm	适用范围
1	粗车	IT11～13	80～20	适用于加工除淬火钢外的各种金属
2	粗车—半精车	IT8～9	10.0～5.0	
3	粗车—半精车—精车	IT6～7	2.5～1.25	
4	粗车—半精车—精车—滚压(或抛光)	IT6～7	0.32～0.040	
5	粗车—半精车—磨削	IT6～7	1.25～0.63	主要用于淬火钢加工，也可用于未淬火钢加工，但不宜用于加工有色金属
6	粗车—半精车—粗磨—精磨	IT5～6	0.63～0.160	
7	粗车—半精车—粗磨—精磨—超精加工(或轮式超精磨)	IT5	0.160～0.020	
8	粗车—半精车—精车—金刚石车	IT5～6	0.63～0.040	主要用于要求较高的有色金属的加工
9	粗车—半精车—粗磨—精磨—超精磨或镜面磨	IT5 以上	0.040～0.010	用于极高精度的外圆加工
10	粗车—半精车—粗磨—精磨—研磨	IT5 以上	0.160～0.010	

表 1-6 内孔表面加工方案与经济加工精度(用公差等级、表面粗糙度表示)

序号	加工方案	经济公差等级	表面粗糙度 Ra/μm	适用范围
1	钻	IT11～13	20	加工未淬火钢及铸铁的实心毛坯，也可用于加工有色金属(表面粗糙度稍差)，孔径<(15～20)mm
2	钻—铰	IT8～9	5.0～2.5	
3	钻—粗铰—精铰	IT7～8	2.5～1.25	
4	钻—扩	IT11	20～10.0	加工未淬火钢及铸铁的实心毛坯，也可用于加工有色金属(表面精糙度稍差)孔径>(15～20)mm
5	钻—扩—铰	IT8～9	5.0～2.5	
6	钻—扩—粗铰—精铰	IT7	2.5～1.25	
7	钻—扩—机铰—手铰	IT6～7	0.63～0.160	
8	钻—(扩)—拉	IT6～7	2.5～0.160	大批量生产
9	粗镗(或扩孔)	IT11～13	20～10.0	加工除淬火钢外各种材料，毛坯有铸出孔或锻出孔
10	粗镗(粗扩)—半精镗(精扩)	IT8～9	5.0～2.5	
11	粗镗(扩)—半精镗(精扩)—精镗(铰)	IT7～8	2.5～1.25	
12	粗镗(扩)—半精镗(精扩)—精镗—浮动镗刀块精镗	IT6～7	1.25～0.63	
13	粗镗(扩)—半精镗—磨孔	IT7～8	1.25～0.32	主要用于加工淬火钢，也可用于不淬火钢，但不宜用于加工有色金属
14	粗镗(扩)—半精镗—粗磨—精磨	IT6～7	0.32～0.160	
15	粗镗—半精镗—精镗—金刚镗	IT6～7	0.63～0.080	主要用于精度要求较高的有色金属加工
16	钻—(扩)—粗铰—精铰—珩磨 钻—(扩)—拉—珩磨 粗镗—半精镗—精镗—珩磨	IT6～7	0.32～0.040	用于加工精度要求很高的孔
17	以研磨代替上述方案的珩磨	IT6 以上	0.160～0.010	

表 1-7　平面加工方案与经济加工精度(用公差等级、表面粗糙度表示)

序号	加工方案	经济公差等级	表面粗糙度 Ra/μm	适用范围
1	粗车—半精车	IT8～9	10～5.0	用于加工端面
2	粗车—半精车—精车	IT6～7	2.5～1.5	
3	粗车—半精车—磨削	IT7～9	1.25～0.32	
4	粗刨(或粗铣)—精刨(或精铣)	IT7～9	10.0～2.5	用于加工一般不淬硬平面(端铣的表面粗糙度较好)
5	粗刨(或粗铣)—精刨(或精铣)—括研	IT5～6	1.25～0.160	用于加工精度要求较高的不淬硬平面 批量较大时宜采用宽刃精刨方案
6	粗刨(或粗铣)—精刨(或精铣)—宽刃精刨	IT6	1.25～0.32	
7	粗刨(或粗铣)—精刨(或精铣)—磨削	IT6	1.25～0.32	用于加工精度要求较高的淬硬平面或不淬硬平面
8	粗刨(或粗铣)—精刨(或精铣)—粗磨—精磨	IT5～6	0.63～0.040	
9	粗铣—拉	IT6～9	1.25～0.32	用于大量生产，加工较小的平面(精度视拉刀的精度而定)
10	粗铣—精铣—磨削—研磨	IT5 以上	0.1～*Rz*0.05	用于加工高精度平面

1.2.3　各种加工方法所能达到的表面粗糙度

各种加工方法所能达到的表面粗糙度见表 1-8。

表 1-8　各种加工方法能达到的表面粗糙度

序号	加工方法	表面粗糙度 Ra/μm	序号	加工方法	表面粗糙度 Ra/μm
1	自动气割、带锯或圆盘锯割断	50～12.5	11	车削外圆(精密车或金刚石车非金属)	0.4～0.1
2	切断(车)	50～12.5	12	车削端面(粗车)	12.5～6.3
3	切断(铣)	25～12.5	13	车削端面(半精车金属)	6.3～3.2
4	切断(砂轮)	3.2～1.6	14	车削端面(半精车非金属)	6.3～1.6
5	车削外圆(粗车)	12.5～3.2	15	车削端面(精车金属)	6.3～1.6
6	车削外圆(半精车金属)	6.3～3.2	16	车削端面(精车非金属)	6.3～1.6
7	车削外圆(半精车非金属)	3.2～1.6	17	车削端面(精密车金属)	0.8～0.4
8	车削外圆(精车金属)	3.2～0.8	18	车削端面(精密车非金属)	0.8～0.2
9	车削外圆(精车非金属)	1.6～0.4	19	切槽(一次行程)	12.5
10	车削外圆(精密车或金刚石车金属)	0.8～0.2	20	切槽(二次行程)	6.3～3.2

续表

序号	加工方法	表面粗糙度 *Ra*/μm	序号	加工方法	表面粗糙度 *Ra*/μm
21	高速车削	0.8～0.2	49	高速铣削(精)	0.4～0.2
22	钻(孔径≤ϕ15mm)	6.3～3.2	50	刨削(粗)	12.5～6.3
23	钻(孔径＞ϕ15mm)	25～6.3	51	刨削(精)	3.2～1.6
24	扩孔、粗(有表皮)	12.5～6.3	52	刨削(精密)	0.8～0.2
25	扩孔、精	6.3～1.6	53	刨削(加工槽的表面)	6.3～3.2
26	锪倒角(孔的)	3.2～1.6	54	插削(粗)	25～12.5
27	带导向的锪平面	6.3～3.2	55	插削(精)	6.3～1.6
28	镗孔(粗镗)	12.5～6.3	56	拉削(精)	1.6～0.4
29	镗孔(半精镗金属)	6.3～3.2	57	拉削(精密)	0.2～0.1
30	镗孔(半精镗非金属)	6.3～1.6	58	推削(精)	0.8～0.2
31	镗孔(精密镗或金刚石镗金属)	0.8～0.2	59	推削(精密)	0.4～0.025
32	镗孔(精密镗或金刚石镗非金属)	0.4～0.2	60	外圆磨、内圆磨(半精、一次加工)	6.3～0.8
33	高速镗	0.8～0.2	61	外圆磨、内圆磨(精)	0.8～0.2
34	铰孔(半精铰一次铰)钢	6.3～3.2	62	外圆磨、内圆磨(精密)	0.2～0.1
35	铰孔(半精铰一次铰)黄铜	6.3～1.6	63	外圆磨、内圆磨(精密、超精密磨削)	0.050～0.025
36	铰孔(半精铰二次铰)铸铁	3.2～0.8	64	外圆磨、内圆磨(镜面磨削外圆磨)	＜0.050
37	铰孔(半精铰二次铰)钢、轻合金	1.6～0.8	65	平面磨(精)	0.8～0.4
38	铰孔(半精铰二次铰)黄铜、青铜	0.8～0.4	66	平面磨(精密)	0.2～0.05
39	铰孔(精密铰)钢	0.8～0.2	67	珩磨(粗、一次加工)	0.8～0.2
40	铰孔(精密铰)轻合金	0.8～0.4	68	珩磨(精、精密)	0.2～0.025
41	铰孔(精密铰)黄铜、青铜	0.2～0.1	69	研磨(粗)	0.4～0.2
42	圆柱铣刀铣削(粗)	12.5～3.2	70	研磨(精)	0.2～0.025
43	圆柱铣刀铣削(精)	3.2～0.8	71	研磨(精密)	＜0.050
44	圆柱铣刀铣削(精密)	0.8～0.4	72	超精加工(精)	0.8～0.1
45	端铣刀铣削(粗)	12.5～3.2	73	超精加工(精密)	0.1～0.05
46	端铣刀铣削(精)	3.2～0.4	74	超精加工(镜面加工、两次加工)	＜0.025
47	端铣刀铣削(精密)	0.8～0.2	75	抛光(精)	0.8～0.1
48	高速铣削(粗)	1.6～0.8	76	抛光(精密)	0.1～0.025

续表

序号	加工方法	表面粗糙度 *Ra*/μm	序号	加工方法	表面粗糙度 *Ra*/μm
77	抛光(砂带抛光)	0.2～0.1	89	齿轮及花键加工/切削/精刨	3.2～0.8
78	抛光(砂布抛光)	1.6～0.1	90	齿轮及花键加工/切削/拉	3.2～1.6
79	抛光(电抛光)	1.6～0.012	91	齿轮及花键加工/切削/剃	0.8～0.2
80	螺纹加工/切削/板牙、丝锥、自开式板牙头	3.2～0.8	92	齿轮及花键加工/切削/磨	0.8～0.1
81	螺纹加工/切削/车刀或梳刀车、铣	6.3～0.8	93	齿轮及花键加工/切削/研	0.4～0.2
82	螺纹加工/切削/磨	0.8～0.2	94	齿轮及花键加工/滚轧/热轧	0.8～0.4
83	螺纹加工/切削/研磨	0.8～0.050	95	齿轮及花键加工/滚轧/冷轧	0.2～0.1
84	螺纹加工/滚轧/搓丝模	1.6～0.8	96	刮(粗)	3.2～0.8
85	螺纹加工/滚轧/滚丝模	1.6～0.2	97	刮(精)	0.4～0.05
86	齿轮及花键加工/切削/粗滚	3.2～1.6	98	滚压加工	0.4～0.05
87	齿轮及花键加工/切削/精滚	1.6～0.8	99	钳工锉削	12.5～0.8
88	齿轮及花键加工/切削/精插	1.6～0.8	100	砂轮清洗	50～6.3

1.2.4　加工余量及尺寸偏差

1. 毛坯余量与精度

1) 铸件尺寸公差与机械加工余量

(1) 铸件的尺寸公差(GB/T 6414—1999)。铸件尺寸公差的代号为 CT，公差等级分为 16 级，各级公差数值列于表 1-9。壁厚尺寸公差可以比一般尺寸的公差降一级，例如：图样上规定一般尺寸的公差为 CT10，则壁厚尺寸公差为 CT11。公差带应对称于铸件基本尺寸设置，有特殊要求时，也可采用非对称设置，但应在图样上注明。铸件基本尺寸是铸件图样上给定的尺寸，包括机械加工余量。成批和大量生产铸件的尺寸公差等级及小批和单件铸件的尺寸公差等级分别见表 1-10、表 1-11。

表 1-9　铸件尺寸公差数值(摘自 GB/T 6414—1999)　/mm

铸件基本尺寸		铸件尺寸公差等级 CT															
大于	至	1	2	3	4	5	6	7	8	9	10	11	12	13	14	15	16
—	10	0.09	0.13	0.18	0.26	0.36	0.52	0.74	1.0	1.5	2.0	2.8	4.2	—	—	—	—
10	16	0.1	0.14	0.2	0.28	0.38	0.54	0.78	1.2	1.6	2.2	3.0	4.4	—	—	—	—
16	25	0.11	0.15	0.22	0.30	0.42	0.58	0.82	1.2	1.7	2.4	3.2	4.6	6	8	10	12
25	40	0.12	0.17	0.24	0.32	0.46	0.64	0.90	1.3	1.8	2.6	3.6	5.0	7	9	11	14
40	63	0.13	0.18	0.26	0.36	0.50	0.70	1.0	1.4	2.0	2.8	4.0	5.6	8	10	12	16
63	100	0.14	0.2	0.28	0.40	0.56	0.78	1.1	1.6	2.2	3.2	4.4	6	9	11	14	18
100	160	0.15	0.22	0.30	0.44	0.62	0.88	1.2	1.8	2.5	3.6	5.0	7	10	12	16	20
160	250		0.24	0.34	0.50	0.70	1.0	1.4	2.0	2.8	4.0	5.6	8	11	14	18	22
250	400				0.56	0.78	1.1	1.6	2.2	3.2	4.4	6.2	9	12	16	20	25

续表

铸件基本尺寸		铸件尺寸公差等级 CT															
大于	至	1	2	3	4	5	6	7	8	9	10	11	12	13	14	15	16
400	630			0.4	0.64	0.90	1.2	1.8	2.6	3.6	5	7	10	14	18	22	28
630	1000					1.0	1.4	2.0	2.8	4.0	6	8	11	16	20	25	32
1000	1600						1.6	2.2	3.2	4.6	7	9	13	18	23	29	37
1600	2500							2.6	3.8	5.4	8	10	15	21	26	33	42
2500	4000								4.4	6.2	9	12	17	24	30	38	49
4000	6300									7.0	10	14	20	28	35	44	56
6300	10000										11	16	23	32	40	50	64

表 1-10　成批和大量生产铸件的尺寸公差等级(摘自 GB/T 6414—1999)

铸造方法	公差等级 CT								
	铸钢	灰铸铁	球墨铸铁	可锻铸铁	铜合金	锌合金	轻金属合金	镍基合金	钴基合金
砂型手工造型	11～14	11～14	11～14	11～14	10～13	10～13	9～11	11～14	11～14
砂型机器造型及壳型	8～12	8～12	8～12	8～12	8～10	8～10	7～9	8～12	8～12
金属型铸造低压铸造		8～10	8～10	8～10	8～10	7～9	7～9		
压力铸造					6～8	4～6	4～7		
熔模铸造	4～6	4～6	4～6		4～6		4～6	4～6	4～6

表 1-11　小批量生产或单件生产的毛坯铸件的公差等级(摘自 GB/T 6414—1999)

方法	造型材料	公差等级　CT							
		铸件材质							
		铸钢	灰铸铁	球墨铸铁	可锻铸铁	铜合金	轻金属合金	镍基合金	钴基合金
砂型铸造	黏土砂	13～15	13～15	13～15	13～15	13～15	11～13	13～15	13～15
手工造型	化学黏结剂	12～14	11～13	11～13	11～13	10～12	10～12	12～14	12～14

注：1. 表中所列出的公差等级是小批量的或单件生产的砂型铸件通常能够达到的公差等级。

2. 本表中的数值一般适用于大于 25 mm 的基本尺寸。对于较小的尺寸，通常能经济实用地保证下列较细的公差。

(a) 基本尺寸≤10 mm：精三级；

(b) 10 mm＜基本尺寸≤16 mm：精二级；

(c) 16mm＜基本尺寸≤25 mm：精一级。

(2) 铸铁件机械加工余量。

① 砂型铸造(采用手工造型或机器造型)所生产的灰铸铁、球墨铸铁、耐热铸铁和耐蚀铸铁等铸件的机械加工余量及机械加工余量等级选择见表 1-12 和表 1-13。

② 铸铁件的机械加工余量共分 9 个等级——5～13 级。每一等级又按零件图的基本尺

寸大小分成 10 个尺寸组。由于机械加工和制造工艺上的要求，允许挑选其他等级的加工余量，也允许在同一铸件某局部范围内挑选不同等级的加工余量，但都应当在有关图样和技术文件上注明。

③ 铸孔的机械加工余量一般按浇注时位置处于顶面的机械加工余量选择，见表 1-14。

表 1-12　铸铁件机械加工余量(摘自 GB/T 6414—1999)　/mm

最大尺寸		机械加工余量等级									
大于	至	A	B	C	D	E	F	G	H	J	K
—	40	0.1	0.1	0.2	0.3	0.4	0.5	0.5	0.7	1	1.4
40	63	0.1	0.2	0.3	0.3	0.4	0.5	0.7	1	1.4	2
63	100	0.2	0.3	0.4	0.5	0.7	1.0	1.4	2	2.8	4
100	160	0.3	0.4	0.5	0.8	1.1	1.5	2.2	3	4	6
160	250	0.3	0.5	0.7	1.0	1.4	2	2.8	4	5.5	8
250	400	0.4	0.7	0.9	1.3	1.4	2.5	3.5	5	7	10
400	630	0.5	0.8	1.1	1.5	2.2	3	4	6	9	12
630	1000	0.6	0.9	1.2	1.8	2.5	3.5	5	7	10	14
1000	1600	0.7	1.0	1.4	2.0	2.8	4	5.5	8	11	16
1600	2500	0.8	1.1	1.6	2.2	3.2	4.5	6	9	14	18
2500	4000	0.9	1.3	1.8	2.5	3.5	5	7	10	14	20
4000	6300	1.0	1.4	2.0	2.8	4.0	5.5	8	11	16	22
6300	10000	1.1	1.5	2.2	3.0	4.5	6	9	12	17	24

表 1-13　铸铁件机械加工余量等级选择(摘自 GB/T 6414—1999)

铸造方法	要求的机械加工余量等级								
	铸件材料								
	铸钢	灰铸铁	球墨铸铁	可锻铸铁	铜合金	锌合金	轻金属合金	镍基合金	钴基合金
砂型铸造手工铸造	G～K	F～H	F～H	F～H	F～H	F～H	F～H	G～K	G～K
砂型铸造机器造型	F～H	E～G	E～G	E～G	E～G	E～G	E～G	F～H	F～H
金属型铸造	—	D～F	D～F	D～F	D～F	D～F	D～F	—	—
压力铸造	—	—	—	—	B～D	B～D	B～D	—	—
熔模铸造	E	E	E	—	F～H	—	E	E	E

表 1-14　铸铁件最小孔径尺寸(摘自 GB/T 6414—1999)　/mm

铸造方法	成批生产	单件生产
砂型铸造	30	50
金属型铸造	10～20	—
压力铸造及熔模铸造	5～10	—

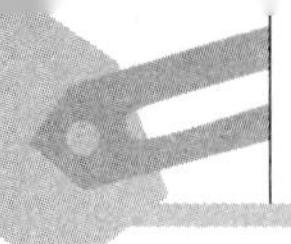

2) 锻件尺寸公差与机械加工余量

(1) 锻件尺寸公差(GB/T 12362—2003)。锻件尺寸公差的相关确定要求如下。

① 适用范围。适用于重量小于或等于 250kg，长度(最大尺寸)小于或等于 2500mm 的模锻锤、热模压力机、螺旋压力机和平锻机上成批生产的钢质(碳钢及合金钢)热模锻件。

② 尺寸公差。尺寸公差包括普通级和精密级。普通级公差指一般模锻方法能达到的精度公差。平锻件公差只有普通级。精密级公差适用于精密锻件。

查表确定锻件尺寸公差时涉及的有关主要因素如下。

a．锻件重量：根据锻件图基本尺寸进行计算。

b．锻件形状复杂系数 S：锻件形状复杂系数为锻件重量 $W_{件}$与相应锻件外廓包容体重量 $W_{包}$之比值，即 $S=W_{件}/W_{包}$。S 分为 4 级：简单($S_1>0.63\sim1$)；一般($S_2>0.32\sim0.63$)；较复杂($S_3>0.16\sim0.32$)；复杂($S_4<0.16$)。对薄形圆盘或法兰件，当盘厚与直径之比小于等于 0.2 时，直接定为复杂级。

c．锻件材质系数：锻件材质系数分为 M_1、M_2 等级。M_1 级指最高含碳量<0.65%的碳钢或合金元素最高含量<3.0%的合金钢；M_2 级指最高含碳量≥0.65%的碳钢或合金元素最高含量≥3.0%的合金钢。

d．零件加工面表面粗糙度：GB/T 12361—2003 适用于零件上 $Ra\geq1.6\mu m$ 的机加工表面。查表确定余量时，若加工面表面粗糙度 $Ra\leq1.6\mu m$，其余量要适当加大。

e．长度、宽度和高度公差：指在分模线一侧同一块模具上沿长度、宽度、高度方向的尺寸公差，可由表 1-15 查得。下图中，a 为长度方向尺寸；b 为宽度方向尺寸；c 为高度方向尺寸，d 为跨越分模线厚度尺寸。当复杂系数为 S_1、S 级，且长度比小于 3.5 时，可按最大外形尺寸查表确定为同一公差值。

f．冲孔公差：冲孔公差确定方法如下。按孔径尺寸由表 1-15 查得偏差算出总公差，上、下偏差按+1/4 和−3/4 比例分配。

g．厚度公差：锻件所有厚度公差应一致。其偏差可按锻件最大厚度尺寸在表 1-16 查得。

h．中心距尺寸偏差：见表 1-17。表 1-17 仅适用于平面直线分模，且在同一半模内的距离尺寸。下列情况不适用：直线分模，但在图影面上具有弯曲轴线者；具有落的曲线分模者，由曲面连接的平面间凸部的中心距。

表 1-15　模锻长度、宽度、高度公差(摘自 GB/T　12362—2003)

锻件质量/kg		材质系数		形状复杂系数				锻件基本尺寸/mm					
		M_1	M_2	S_1	S_2	S_3	S_4	大于	0	30	80	120	180
								至	30	80	120	180	315
大于	至							极限偏差/mm					
0	0.4								+0.8 −0.3	+0.8 −0.4	+1.0 −0.4	+1.1 −0.5	+1.2 −0.6
0.4	1.0								+0.8 −0.4	+1.0 −0.4	+1.1 −0.5	+1.2 −0.6	+1.4 −0.6
1.0	1.8								+1.0 −0.4	+1.1 −0.5	+1.2 −0.6	+1.4 −0.6	+1.5 −0.7

续表

锻件质量/kg		材质系数 M_1 M_2	形状复杂系数 S_1 S_2 S_3 S_4	锻件基本尺寸/mm				
				大于 0 至 30	大于 30 至 80	大于 80 至 120	大于 120 至 180	大于 180 至 315
大于	至			极限偏差/mm				
1.8	3.2			+1.1 −0.5	+1.2 −0.6	+1.4 −0.6	+1.5 −0.7	+1.7 −0.8
3.2	5.6			+1.2 −0.6	+1.4 −0.6	+1.5 −0.7	+1.7 −0.8	+1.9 −0.9
5.6	10			+1.4 −0.6	+1.5 −0.7	+1.7 −0.8	−1.9 −0.9	+2.1 −1.1
10	20			+1.5 −0.7	+1.7 −0.8	+1.9 −0.9	+2.1 −1.1	+2.4 −1.2
				+1.7 −0.8	+1.9 −0.9	+2.1 −1.1	+2.4 −1.2	+2.7 −1.3
				+1.9 −0.9	+2.1 −1.1	+2.4 −1.2	+2.7 −1.3	+3.0 −1.5
				+2.1 1.1	+2.4 −1.2	+2.7 −1.3	+3.0 −1.5	+3.3 −1.7
				+2.4 −1.2	+2.7 −1.3	+3.0 −1.5	+3.3 −1.7	+3.8 −1.8
				+2.7 −1.3	+3.0 −1.5	+3.3 −1.7	+3.8 −1.8	+4.2 −2.1

注：锻件的高度或台阶尺寸及中心到边缘尺寸公差，按±1/2 的比例分配。内表面尺寸极限偏差，正负号与表中相反。

表 1-16　锻件的厚度公差(摘自 GB/T 12362—2003)

锻件质量/kg		材质系数 M_1 M_2	形状复杂系数 S_1 S_2 S_3 S_4	锻件基本尺寸/mm				
				大于 0 至 18	大于 18 至 30	大于 30 至 50	大于 50 至 80	大于 80 至 120
大于	至			极限偏差/mm				
0	0.4			+0.8 −0.2	+0.8 −0.3	+0.9 −0.3	+1.0 −0.4	+1.2 −0.4
0.4	1.0			+0.8 −0.3	+0.9 −0.3	+1.0 −0.4	+1.2 −0.4	+1.4 −0.4
1.0	1.8			+0.9 −0.3	+1.0 −0.4	+1.2 −0.4	+1.4 −0.4	+1.5 −0.5

续表

锻件质量/kg 大于	锻件质量/kg 至	材质系数 M_1 M_2	形状复杂系数 S_1 S_2 S_3 S_4	锻件基本尺寸/mm 大于 0 至 18	18 至 30	30 至 50	50 至 80	80 至 120
				极限偏差/mm				
1.8	3.2			+1.0 −0.4	+1.2 −0.4	+1.4 −0.4	+1.5 −0.5	+1.7 −0.5
3.2	5.6			+1.2 −0.4	+1.4 −0.4	+1.5 −0.5	+1.7 −0.5	+2.0 −0.5
5.6	10			+1.4 −0.4	+1.5 −0.5	+1.7 −0.5	+2.0 −0.5	+2.1 −0.7
10	20			+1.5 −0.5	+1.7 −0.5	+2.0 −0.5	+2.1 −0.7	+2.4 −0.8
				+1.7 −0.5	+2.0 −0.5	+2.1 −0.7	+2.4 −0.8	+2.7 −0.9
				+2.0 −0.5	+2.1 −0.7	+2.4 −0.8	+2.7 −0.9	+3.0 −1.0
				+2.1 −0.7	+2.4 −0.8	+2.7 −0.9	+3.0 −1.0	+3.4 −1.1
				+2.4 −0.8	+2.7 −0.9	+3.0 −1.0	+3.4 −1.1	+3.8 −1.2
				+2.7 −0.9	+3.0 −1.0	+3.4 −1.1	+3.8 −1.2	+4.2 −1.4

注：上、下偏差也可按+2/3、−1/3 的比例分配。

表 1-17　模锻件中心距尺寸偏差

/mm

中心距	大于	0	30	80	120	180	250	
	至	30	80	120	180	250	315	
一般锻件 有一道校正或压印工序 同时校正或压印工序								
极限偏差	普通级	±0.3		±0.4	±0.5	±0.6	±0.8	±1.0	±1.2
	精密级	±0.25		±0.3	±0.4	±0.5	±0.6	±0.8	±1.0

注：本表适用于在热模锻压力机、模锻锤、平锻机及螺旋压力机上生产的模锻件，但精密级不适用于平锻。例：当锻件长度尺寸为 300mm，只有一道校正压印工序时，其中心距尺寸的普通级公差为±1.0mm，精密级公差为±0.8mm。

(2) 锻件机械加工余量。锻件机械加工余量根据估算的锻件质量、零件表面粗糙度及形状复杂系数由表1-18和表1-19确定。对于扁薄截面或锻件相邻部位截面变化较大的部分应适当增大局部余量。

表1-18　锻件内、外表面加工余量(摘自GB/T 12362—2003)

锻件质量/kg		零件表面粗糙度 Ra/μm		形状复杂系数 S_1 S_2 S_3 S_4	单边余量/mm					
					厚度方向	水平方向				
大于	至	>1.6	≤1.6			大于	0	315	400	630
						至	315	400	630	800
0	0.4				1.0～1.5		1.0～1.5	1.5～2.0	2.0～2.5	
0.4	1				1.5～2.0		1.5～2.0	1.5～2.0	2.0～2.5	2.0～3.0
1	1.8				1.5～2.0		1.5～2.0	1.5～2.0	2.0～2.7	2.0～3.0
1.8	3.2				1.7～2.2		1.7～2.2	2.0～2.5	2.0～2.7	2.0～3.0
3.2	5.6				1.7～2.2		1.7～2.2	2.0～2.5	2.0～2.7	2.5～3.5
5.6	10				2.0～2.2		2.0～2.2	2.0～2.5	2.3～3.0	2.5～3.5
10	20				2.0～2.5		2.0～2.5	2.0～2.7	2.3～3.0	2.5～3.5
					2.3～3.0		2.3～3.0	2.3～3.0	2.5～3.5	2.7～4.0
					2.5～3.2		2.5～3.5	2.5～3.5	2.5～3.5	2.7～4.0

例如：锻件质量为3kg，零件表面粗糙度 Ra=3.2μm，形状复杂系数为 S_3，长度为480mm，查出该锻件余量厚度方向为1.7～2.2mm，水平方向为2.0～2.7mm。

表1-19　锻件内孔直径的机械加工余量(摘自GB/T 12362—2003)　/mm

孔径		孔深					
大于	至	大于	0	63	100	140	200
		至	63	100	140	200	280
0	25	2.0		—	—	—	—
25	40	2.0		2.6	—	—	—
40	63	2.0		2.6	3.0	—	—
63	100	2.5		3.0	3.0	4.0	—
100	160	2.6		3.0	3.4	4.0	4.6
160	250	3.0		3.0	3.4	4.0	4.6

3) 轧制件尺寸公差与机械加工余量

轧制件尺寸公差与机械加工余量的确定见表1-20～表1-22。

表 1-20　热轧圆钢直径和方钢边长尺寸及理论重量(摘自 GB/T 702—2008)

圆钢直径 *d*	理论重量/kg・m^{-1}		圆钢直径 *d*	理论重量/kg・m^{-1}	
方钢边长 *a*/mm	圆钢	方钢	方钢边长 *a*/mm	圆钢	方钢
5.5	0.186	0.237	48	14.2	18.1
6	0.222	0.283	50	15.4	19.6
6.5	0.26	0.332	53	17.3	22
7	0.302	0.385	55	18.6	23.7
8	0.395	0.502	56	19.3	24.6
9	0.499	0.636	58	20.7	26.4
10	0.617	0.785	60	22.2	28.3
11	0.746	0.95	63	24.5	31.2
12	0.888	1.13	65	26	33.2
13	1.04	1.33	68	28.5	36.3
14	1.21	1.54	70	30.2	38.5
15	1.39	1.77	75	34.7	44.2
16	1.58	2.01	80	39.5	50.2
17	1.78	2.27	85	44.5	56.7
18	2	2.54	90	49.9	63.6
19	2.23	2.83	95	55.6	70.8
20	2.47	3.14	100	61.7	78.5
21	2.72	3.46	105	68	86.5
22	2.98	3.8	110	74.6	95
23	3.26	4.15	115	81.5	104
24	3.55	4.52	120	88.8	113
25	3.85	4.91	125	96.3	123
26	4.17	5.31	130	104	133
27	4.49	5.72	135	112	143
28	4.83	6.15	140	121	154
29	5.18	6.6	145	130	165
30	5.55	7.06	150	139	177
31	5.92	7.54	155	148	189
32	6.31	8.04	160	158	201
33	6.71	8.55	165	168	214
34	7.13	9.07	170	178	227
35	7.55	9.62	180	200	254
36	7.99	10.2	190	223	283
38	8.9	11.3	200	247	314
40	9.86	12.6	210	272	
42	10.9	13.8	220	298	
45	12.5	15.9	230	326	

续表

圆钢直径 *d*	理论重量/kg·m^{-1}		圆钢直径 *d*	理论重量/kg·m^{-1}	
方钢边长 *a*/mm	圆钢	方钢	方钢边长 *a*/mm	圆钢	方钢
240	355		280	483	
250	385		290	518	
260	417		300	555	
270	449		310	592	

表 1-21　热轧圆钢和方钢尺寸的尺寸允许偏差(摘自 GB/T 702—2008)　/mm

截面公称尺寸	尺寸允许偏差		
(圆钢直径或方钢边长)	1 组	2 组	3 组
5.5～7	±0.20	±0.30	±0.40
>7～20	±0.25	±0.35	±0.40
>20～30	±0.30	±0.40	±0.50
>30～50	±0.40	±0.50	±0.60
>50～80	±0.60	±0.70	±0.80
>80～110	±0.90	±1.00	±1.10
>110～150	±1.20	±1.30	±1.40
>150～200	±1.60	±1.80	±2.00
>200～280	±2.00	±2.50	±3.00
>280～310	—	—	±5.00

表 1-22　冷拉圆钢尺寸、外形的极限偏差(摘自 GB/T 905—1994)　/mm

(a) 冷拉圆钢直径

7.0	7.5	8.0	8.5	9.0	9.5	10.0	10.5	11.0	11.5
12.0	13.0	14.0	15.0	16.0	17.0	18.0	19.0	20.0	21.0
22.0	24.0	25.0	26.0	28.0	30.0	32.0	34.0	35.0	38.0
40.0	42.0	45.0	48.0	50.0	53.0	56.0	60.0	63.0	67.0

(b) 冷拉圆钢直径允许偏差

圆钢直径	极限偏差级别				
	h8	h9	h10	h11	h12
	极限偏差				
>6～10	0 −0.022	0 −0.036	0 −0.058	0 −0.090	0 −0.15
>10～18	0 −0.027	0 −0.043	0 −0.070	0 −0.11	0 −0.18
>18～30	0 −0.033	0 −0.052	0 −0.084	0 −0.13	0 −0.21

续表

圆钢直径	极限偏差级别				
	h8	h9	h10	h11	h12
	极限偏差				
＞30～50	0 −0.039	0 −0.062	0 −0.100	0 −0.16	0 −0.25
＞50～80	0 −0.046	0 −0.074	0 −0.120	0 −0.19	0 −0.30

2. 工序余量的确定

1) 轴的加工余量

轴的加工余量确定见表 1-23～表 1-28。

表 1-23　轴的折算长度(确定半精车及磨削加工余量)

光　轴	台 阶 轴	
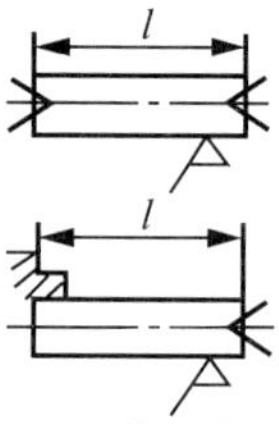 (1) 取$L=l$	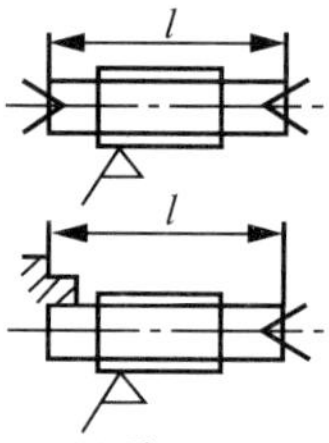 (2) 取$L=l$	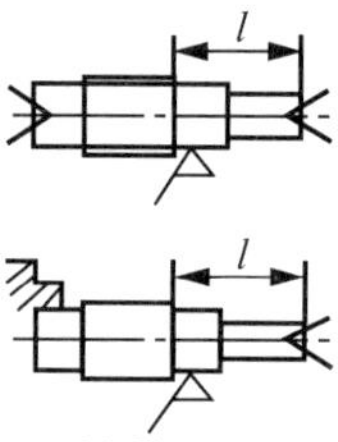 (3) 取$L=2l$
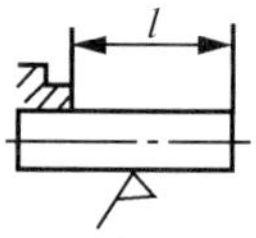 (4) 取$L=2l$	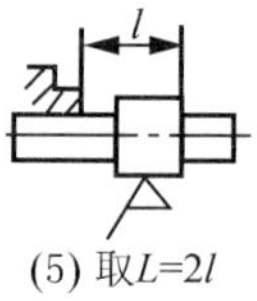 (5) 取$L=2l$	

注：轴类零件的加工中受力变形与其长度和装夹方式(顶尖或卡盘)有关。轴的折算长度可分为表中 5 种情形。(1)、(2)、(3)轴件装在顶尖间或装在卡盘与顶尖间，相当于二支梁。其中(2)为加工轴的中段。(3)为加工轴的边缘(靠近端部的两段)，轴的折算长度 L 是轴的端面到加工部分最远一端距离的 2 倍。(4)、(5)轴件仅一端夹紧在卡盘内，相当于悬臂梁，其折算长度是卡盘端面到加工部分最远一端之间距离的 2 倍。

表 1-24　粗车及半精车外圆加工余量及偏差　/mm

零件基本尺寸	直径余量						直径偏差	
	经或未经热处理零件的粗车		半精车				荒车(h14)	粗车(h12～h13)
			未经热处理		经热处理			
	折算长度							
	≤200	＞200～400	≤200	＞200～400	≤200	＞200～400		
3～6	—	—	0.5	—	0.8	—	−0.30	−0.12～−0.18
＞6～10	1.5	1.7	0.8	1.0	1.0	1.3	−0.36	−0.15～−0.22

续表

零件基本尺寸	直径余量							直径偏差	
	经或未经热处理零件的粗车		半精车					荒车(h14)	粗车(h12～h13)
			未经热处理		经热处理				
	折算长度								
	≤200	>200～400	≤200	>200～400	≤200		>200～400		
>10～18	1.5	1.7	1.0	1.3	1.3	1.5	-0.43	-0.18～-0.27	
>18～30	2.0	2.2	1.3	1.3	1.3	1.5	-0.52	-0.21～-0.33	
>30～50	2.0	2.2	1.4	1.5	1.5	1.9	-0.62	-0.25～-0.39	
>50～80	2.3	2.5	1.5	1.8	1.8	2.0	-0.74	-0.30～-0.54	
>80～120	2.5	2.8	1.5	1.8	1.8	2.0	-0.87	-0.35～-0.54	
>120～180	2.5	2.8	1.8	2.0	2.0	2.3	-1.00	-0.40～-0.63	
>180～250	2.8	3.0	2.0	2.3	2.3	2.5	-1.15	-0.46～-0.72	
>250～315	3.0	3.3	2.0	2.3	2.3	2.5	-1.30	-0.52～-0.81	

注：加工带凸台的零件时，其加工余量要根据零件的最大直径来确定。

表1-25　半精车后磨外圆加工余量及偏差　/mm

零件基本尺寸	直径余量										直径偏差	
	第一种		第二种				第三种				第一种磨削前半精车或第三种粗磨(h10～h11)	第二种粗磨(h8～h9)
	经或未经热处理零件的终磨		热处理后				热处理前		热处理后			
			粗磨		半精磨		粗磨		半精磨			
	折算长度											
	≤200	>200～400	≤200	>200～400	≤200	>200～400	≤200	>200～400	≤200	>200～400		
3～6	0.15	0.20	0.10	0.12	0.05	0.08	—	—	—	—	-0.048～-0.075	-0.018～-0.030
>6～10	0.20	0.30	0.12	0.20	0.08	0.10	0.12	0.20	0.20	0.30	-0.058～-0.090	-0.022～-0.036
>10～18	0.20	0.30	0.12	0.20	0.08	0.10	0.12	0.20	0.20	0.30	-0.070～-0.110	-0.027～-0.043
>18～30	0.20	0.30	0.12	0.20	0.08	0.10	0.12	0.20	0.20	0.30	-0.084～-0.130	-0.033～-0.052
>30～50	0.30	0.40	0.20	0.25	0.10	0.15	0.20	0.25	0.30	0.40	-0.100～-0.160	-0.039～-0.062
>50～80	0.40	0.50	0.25	0.30	0.15	0.20	0.25	0.30	0.40	0.50	-0.120～-0.190	-0.064～-0.074
>80～120	0.40	0.50	0.25	0.30	0.15	0.20	0.25	0.30	0.40	0.50	-0.140～-0.220	-0.054～-0.087
>180～250	0.50	0.80	0.30	0.50	0.20	0.30	0.30	0.50	0.50	0.80	-0.185～-0.290	-0.072～-0.115
>250～315	0.50	0.80	0.30	0.50	0.20	0.30	0.30	0.50	0.50	0.80	-0.210～-0.320	-0.081～-0.130

表 1-26　用金钢石刀精车外圆加工余量及偏差　/mm

零件材料	零件基本尺寸	直径加工余量
轻合金	≤100	0.3
	>100	0.5
青铜及铸铁	≤100	0.3
	>100	0.4
钢	≤100	0.2
	>100	0.3

表 1-27　半精车轴端面加工余量及偏差　/mm

零件长度(全长)	端面最大余量					粗车端面尺寸偏差(IT12～IT13)
	≤30	>30～120	>120～260	>260～500	>500	
	端面余量					
≤10	0.5	0.6	1.0	1.2	1.4	−0.15～−0.22
>10～18	0.5	0.7	1.0	1.2	1.4	−0.18～−0.27
>18～30	0.6	1.0	1.2	1.3	1.5	−0.21～−0.33
>30～50	0.6	1.0	1.2	1.3	1.5	−0.25～−0.39
>50～80	0.7	1.0	1.3	1.5	1.7	−0.30～−0.46
>80～120	1.0	1.0	1.3	1.5	1.7	−0.35～−0.54
>12～180	1.0	1.3	1.5	1.7	1.8	−0.40～−0.63
>18～250	1.0	1.3	1.5	1.7	1.8	−0.46～−0.72
>25～500	1.2	1.4	1.5	1.7	1.8	−0.52～−0.97
>500	1.4	1.5	1.7	1.8	2.0	−0.70～−1.10

注：1．加工有台阶的轴时，每台阶的加工余量应根据该台阶的直径及零件全长分别选用。
2．表面余量指单边余量，偏差指长度偏差。
3．加工余量及偏差使用于经热处理及未经热处理的零件。

表 1-28　磨轴端面加工余量及偏差　/mm

零件长度	端面最大余量					半精车车端面尺寸偏差(IT11)
	≤30	>30～120	>120～260	>260～500	>500	
	端面余量					
≤10	0.2	0.2	0.3	0.4	0.6	-0.09
>10～18	0.2	0.3	0.3	0.4	0.6	-0.11
>18～30	0.2	0.3	0.3	0.4	0.6	-0.13
>30～50	0.2	0.3	0.3	0.4	0.6	-0.16
>50～80	0.3	0.3	0.4	0.5	0.6	-0.19
>80～120	0.3	0.3	0.5	0.5	0.6	-0.22
>120～180	0.3	0.4	0.5	0.6	0.7	-0.25
>180～250	0.3	0.4	0.5	0.6	0.7	-0.29
>250～500	0.4	0.5	0.6	0.7	0.8	-0.40
>500	0.5	0.6	0.7	0.7	0.8	-0.44

注：1．加工有台阶的轴时，每台阶的加工余量应根据该台阶的直径及零件全长分别选用。
2．表中余量指单边余量，偏差指长度偏差。
3．加工余量及偏差适用于经热处理及未经热处理的零件。

2) 孔、槽的加工余量

孔、槽的加工余量确定见表1-29～表1-34。

表1-29　基孔制7、8级精度(H7、H8)孔的加工余量　/mm

加工孔的孔径	直径						加工孔的孔径	直径					
	钻		用车刀镗以后	扩孔钻	粗铰	精铰(H7、H8、H9)		钻		用车刀镗以后	扩孔钻	粗铰	精铰(H7、H8)
	第一次	第二次						第一次	第二次				
3	2.9	—	—	—	—	3H7	30	15.0	28	29.8	29.8	29.93	30H7
4	3.9	—	—	—	—	4H7	32	15.0	30.0	31.7	31.75	31.93	32H7
5	4.8	—	—	—	—	5H7	35	20.0	33.0	34.7	34.75	34.93	35H7
6	5.8	—	—	—	—	6H7	38	20.0	36.0	37.7	37.75	37.93	38H7
8	7.8	—	—	—	7.96	8H7	40	25.0	38.0	39.7	39.75	39.93	40H7
10	9.8	—	—	—	9.96	10H7	42	25.0	40.0	41.7	41.75	41.93	42H7
12	11.0	—	—	11.85	11.95	12H7	45	25.0	43.0	44.7	44.75	44.93	45H7
13	12.0	—	—	12.85	12.95	13H7	48	25.0	46.0	47.7	47.75	47.93	48H7
14	13.0	—	—	13.85	13.95	14H7	50	25.0	48.0	49.7	49.75	49.93	50H7
15	14.0	—	—	14.85	14.95	15H7	60	30	55.0	59.5	59.5	59.9	60H7
16	15.0	—	—	15.85	15.95	16H7	70	30	65.0	69.5	69.5	69.9	70H7
18	17.0	—	—	17.85	17.94	18H7	80	30	75.0	79.5	79.5	79.9	80H7
20	18.0	—	19.8	19.8	19.94	20H7	90	30	80.0	89.5	—	89.9	90H7
22	20	—	21.8	21.8	21.94	22H7	100	30	80.0	99.3	—	99.8	100H7
24	22	—	23.8	22.8	23.94	24H7	120	30	80.0	119.3	—	119.8	120H7
25	23	—	24.8	24.8	24.94	25H7	140	30	80.0	139.3	—	139.8	140H7
26	24	—	25.8	25.8	25.94	26H7	160	30	80.0	159.3	—	159.8	160H7
28	26	—	27.8	27.8	27.94	28H7	180	30	80.0	179.3	—	179.8	180H7

注：1. 在铸铁上加工直径小于ϕ15mm的孔时，不用扩孔钻和镗孔。

2. 在铸铁上加工直径为ϕ30mm与ϕ32mm的孔时，仅用直径为ϕ28mm与ϕ30mm的钻头各钻一次。

3. 如仅用一次铰孔，则铰孔的加工余量为本表中精铰与精铰的加工余量之和。

4. 钻头直径大于ϕ75mm时采用环孔钻。

表1-30　按照7级或8级精度加工预先铸出或冲出的孔的加工余量　/mm

加工孔的孔径	粗　镗		精　镗		粗铰	精铰
	第一次	第二次	镗以后的直径	按照H11公差		
30	—	28	29.7	+0.13	29.93	30
35	—	33	34.7	+0.16	34.93	35
40	—	38	39.7	+0.16	39.93	40

续表

加工孔的孔径	粗镗		精镗		粗铰	精铰
	第一次	第二次	镗以后的直径	按照 H11 公差		
45	—	43	44.7	+0.16	44.93	45
50	45	48	49.7	+0.16	49.93	50
55	51	53	54.5	+0.19	54.92	55
60	56	58	59.5	+0.19	59.92	60
65	61	63	64.5	+0.19	64.92	65
70	66	68	69.5	+0.19	69.90	70
75	71	73	74.5	+0.19	74.90	75
80	75	78	79.5	+0.19	79.90	80
85	80	83	84.3	+0.22	84.85	85
90	85	88	89.3	+0.22	89.75	90
95	90	93	94.3	+0.22	94.85	95
100	95	98	99.3	+0.22	99.85	100

注：1．如仅用一次铰孔，则铰孔的加工余量为粗铰与精铰加工余量之和。

2．如铸出的孔有最大加工余量，第一次粗镗可以分成两次或多次进行。

表 1-31　半精镗后磨圆孔加工余量及偏差　/mm

基本尺寸	直径余量					直径
	第一种	第二种		第三种		终磨前半精镗或第三种粗磨(H10)
	经或未经热处理零件的终磨	热处理		热处理前粗磨	热处理后半精磨	
		粗磨	半精磨			
6～10	0.2	—	—	—	—	—
>10～18	0.3	0.2	0.1	0.2	0.3	+0.07
>18～30	0.3	0.2	0.1	0.2	0.3	+0.084
>30～50	0.3	0.2	0.1	0.3	0.4	+0.10
>50～80	0.4	0.3	0.1	0.3	0.4	+0.12
>80～120	0.5	0.3	0.2	0.3	0.5	+0.14
>120～180	0.5	0.3	0.2	0.5	0.5	+0.16

表 1-32　常见金属的镗孔加工余量表　/mm

加工孔的直径	材料								细镗前加工精度为 4 级
	轻合金		巴氏合金		青铜及铸铁		钢件		
	加工性质								
	粗加工	精加工	粗加工	精加工	粗加工	精加工	粗加工	精加工	
	直径余量								
≤30	0.2	0.1	0.3	0.1	0.2	0.1	0.2	0.1	0.045
31～50	0.3	0.1	0.4	0.1	0.3	0.1	0.2	0.1	0.05
51～80	0.4	0.1	0.5	0.1	0.3	0.1	0.2	0.1	0.06
81～120	0.4	0.1	0.5	0.1	0.3	0.1	0.3	0.1	0.07
121～180	0.5	0.1	0.6	0.2	0.4	0.1	0.3	0.1	0.08
181～260	0.5	0.1	0.6	0.2	0.4	0.1	0.3	0.1	0.09
261～360	0.5	0.1	0.6	0.2	0.4	0.1	0.3	0.1	0.1

注：当采用一次镗削时，加工余量应该是粗加工余量与精加工余量之和。

表 1-33　花键孔拉削余量

花键规格		定心方式	
键数 Z	外径 D/mm	外径定心/mm	内径定心/mm
6	35～42	0.4～0.5	0.7～0.8
6	45～50	0.5～0.6	0.8～0.9
6	55～90	0.6～0.7	0.9～1.0
10	30～42	0.4～0.5	0.7～0.8
10	45	0.5～0.6	0.8～0.9
16	38	0.4～0.5	0.7～0.8
16	50	0.5～0.6	0.8～0.9

表 1-34　凹槽加工余量及偏差　/mm

凹槽尺寸			宽度余量		宽度偏差	
长	深	宽	粗铣后半精铣	半精铣后磨	粗铣(IT12～13)	半精铣(IT11)
≤80	≤60	>3～6	1.5	0.5	+0.12～+0.18	+0.075
		>6～10	2.0	0.7	+0.15～+0.22	+0.09
		>10～18	3.0	1.0	+0.18～+0.27	+0.11
		>18～30	3.0	1.0	+0.21～+0.33	+0.13
		>30～50	3.0	1.0	+0.25～+0.39	+0.16
		>50～80	4.0	1.0	+0.30～+0.46	+0.19
		>80～120	4.0	1.0	+0.35～+0.54	+0.22

3) 平面加工余量

平面加工余量的确定见表 1-35～表 1-39。

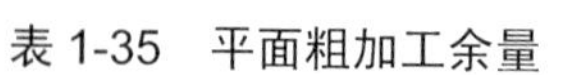

表 1-35　平面粗加工余量

/mm

平面最大尺寸	毛坯制造方法					
	铸　　件			热冲压	冷冲压	锻造
	灰铸铁	青铜	可锻铸铁			
≤50	1.0～1.5	1.0～1.3	0.8～1.0	0.8～1.1	0.6～0.8	1.0～1.4
>50～120	1.5～2.0	1.3～1.7	1.0～1.4	1.3～1.8	0.8～1.1	1.4～1.8
>120～260	2.0～2.7	1.7～2.2	1.4～1.8	1.5～1.8	1.0～1.4	1.5～2.5
>260～500	2.7～3.5	2.2～3.0	2.0～2.5	1.8～3.2	1.3～1.8	2.2～3.0
>500	4.0～6.0	3.5～4.5	3.0～4.0	2.4～3.0	2.0～2.6	3.5～4.5

表 1-36　平面粗刨后精铣加工余量

/mm

平面长度	平面宽度		
	≤100	>100～200	>200
≤100	0.6～0.7	—	—
>100～250	0.6～0.8	0.7～0.9	—
>250～500	0.7～1.0	0.75～1.0	0.8～1.1
>500	0.8～1.0	0.9～1.2	0.9～1.2

表 1-37　铣平面加工余量

/mm

零件厚度	荒铣后粗铣						粗铣后半精铣					
	宽度≤200			宽度>200～400			宽度≤200			宽度>200～400		
	平面长度											
	≤100	>100～250	>250～400	≤100	>100～250	>250～400	≤100	>100～250	>250～400	≤100	>100～250	>250～400
>6～30	1.0	1.2	1.5	1.2	1.5	1.7	0.7	1.0	1.0	1.0	1.0	1.0
>30～50	1.0	1.5	1.7	1.5	1.5	2.0	1.0	1.0	1.2	1.0	1.2	1.2
>50	1.5	1.7	2.0	1.7	2.0	2.5	1.0	1.3	1.5	1.3	1.5	1.5

表 1-38　铣及磨平面时的厚度偏差

/mm

零件厚度	荒铣(IT14)	粗铣(IT12～13)	半精铣(IT11)	精磨(IT8～IT9)
>3～6	-1.30	-0.12～-0.18	-0.075	-0.018～-0.030
>6～10	-0.36	-0.15～-0.22	-0.09	-0.022～-0.036
>10～18	-0.43	-0.18～-0.27	-0.11	-0.027～-0.043
>18～30	-0.52	-0.21～-0.33	-0.13	-0.033～-0.052
>30～50	-0.62	-0.25～-0.39	-0.16	-0.039～-0.062
>50～80	-0.73	-0.30～-0.46	-0.19	-0.046～-0.074
>80～120	-0.87	-0.35～-0.54	-0.22	-0.054～-0.087
>120～180	-1.00	-0.43～-0.63	-0.25	-0.063～-0.100

表 1-39　磨平面加工余量　/mm

零件厚度	第一种									第二种								
	经热处理或未经热处理零件的终磨									热处理后								
										粗磨						半精磨		
	宽度≤200			宽度>200～400			宽度≤200			宽度>200～400			宽度≤200			宽度>200～400		
	平面长度																	
	≤100	>100～250	>250～400	≤100	>100～250	>250～400	≤100	>100～250	>250～400	≤100	>100～250	>250～400	≤100	>100～250	>250～400	≤100	>100～250	>250～400
>6～30	03	03	05	03	05	05	02	02	03	02	03	03	01	01	02	01	02	02
>30～50	05	05	05	05	05	05	03	03	03	03	03	03	02	02	02	02	02	02
>50	05	05	05	05	05	05	03	03	03	03	03	03	02	02	02	02	02	02

4) 齿轮、花键的加工余量

齿轮、花键的加工余量确定见表 1-40～表 1-42。

表 1-40　齿轮精加工余量　/mm

模数			2	3	4	5	6	7	8	9	10	11	12
精滚齿或精插齿			0.6	0.75	0.9	1.05	1.2	1.35	1.5	1.7	1.9	2.1	2.2
磨齿			0.15	0.2	0.23	0.26	0.29	0.32	0.35	0.38	0.4	0.45	0.5
剃齿	D	≤50	0.08	0.09	0.1	0.11	0.12	—					
		>50～100	0.09	0.1	0.11	0.12	0.14						
		>100～200	0.12	0.13	0.14	0.15	0.16						

表 1-41　精铣花键的加工余量　/mm

花键轴基本尺寸	花键长度			
	≤100	>100～200	>200～350	>350～500
	花键厚度及直径的加工余量			
≥10～18	0.4～0.6	0.5～0.7	—	—
>18～30	0.5～0.7	0.6～0.8	0.7～0.9	—
>30～50	0.6～0.8	0.7～0.9	0.8～1.0	—
>50	0.7～0.9	0.8～1.0	0.9～1.2	1.2～1.5

表 1-42　磨花键的加工余量　/mm

花键轴基本尺寸	花键长度			
	≤100	>100～200	>200～350	>350～500
	花键厚度及直径的加工余量			
≥10～18	0.1～0.2	0.2～0.3	—	—
>18～30	0.1～0.2	0.2～0.3	0.2～0.4	—
>30～50	0.2～0.3	0.2～0.4	0.3～0.5	—
>50	0.2～0.4	0.3～0.5	0.3～0.5	0.4～0.6

1.2.5　切削用量的选择

1. 车削加工的切削用量

车削加工的切削用量选择见表 1-43～表 1-48。

表 1-43　外圆车削背吃刀量选择表(端面切深减半)　/mm

轴径	长　度											
	≤100		>100～250		>250～500		>500～800		>800～1200		>1200～2000	
	半精车	精车	半精车	精车	半精车	精车	半精车	精车	半精车	精车	半精车	精车
≤10	0.8	0.2	0.9	0.2	1	0.3	—	—	—	—	—	—
>10～18	0.9	0.2	0.9	0.3	1	0.3	1.1	0.3	—	—	—	—
>18～30	1	0.3	1	0.3	1.1	0.3	1.3	0.4	1.4	0.4	—	—
>30～50	1.1	0.3	1	0.3	1.1	0.4	1.3	0.5	1.5	0.6	1.7	0.6
>50～80	1.1	0.3	1.1	0.4	1.2	0.4	1.4	0.5	1.6	0.6	1.8	0.7
>80～120	1.1	0.4	1.2	0.4	1.2	0.5	1.4	0.5	1.6	0.6	1.9	0.7
>120～180	1.2	0.5	1.2	0.5	1.3	0.6	1.5	0.6	1.7	0.7	2	0.8
>180～260	1.3	0.5	1.3	0.6	1.4	0.6	1.6	0.7	1.8	0.8	2	0.9
>260～360	1.3	0.6	1.4	0.6	1.5	0.7	1.7	0.7	1.9	0.8	2.1	0.9
>360～500	1.4	0.7	1.5	0.7	1.5	0.8	1.7	0.8	1.9	0.9	2.2	1

注：1. 粗加工，表面粗糙度为 Ra50～12.5μm 时，一次走刀应尽可能切除全部余量。

2. 粗车背吃刀量的最大值是由车床功率的大小决定的。中等功率机床可以达到 8～10mm。

表 1-44　高速钢及硬质合金车刀车削外圆及端面的粗车进给量

工件材料	车刀刀杆尺寸/mm	工件直径/mm	切深/mm				
			≤3	3～5	5～8	8～12	>12
			进给量 f/mm · r^{-1}				
碳素结构钢、合金结构钢、耐热钢	16×25	20	0.3～0.4	—	—	—	—
		40	0.4～0.5	0.3～0.4	—	—	—

续表

工件材料	车刀刀杆尺寸/mm	工件直径/mm		切深/mm ≤3	3～5	5～8	8～12	>12
				进给量 f/mm·r^{-1}				
		60	0.5～0.7	0.4～0.6	0.3～0.5	—	—	
		100	0.6～0.9	0.5～0.7	0.5～0.6	0.4～0.5	—	
		400	0.8～1.2	0.7～1	0.6～0.8	0.5～0.6	—	
	20×30，25×25	20	0.3～0.4	—	—	—	—	
		40	0.4～0.5	0.3～0.4	—	—	—	
		60	0.6～0.7	0.5～0.7	0.4～0.6	—	—	
		100	0.8～1	0.7～0.9	0.5～0.7	0.4～0.7	—	
		400	1.2～1.4	1～1.2	0.8～1	0.6～0.9	0.4～0.6	
铸铁及铜合金	16×25	40	0.4～0.5	—	—	—	—	
		60	0.6～0.8	0.5～0.8	0.4～0.6	—	—	
		100	0.8～1.2	0.7～1	0.6～0.8	0.5～0.7	—	
		400	1～1.4	1～1.2	0.8～1	0.6～0.8	—	
	20×30，25×25	40	0.4～0.5	—	—	—	—	
		60	0.6～0.9	0.5～0.8	0.4～0.7	—	—	
		100	0.9～1.3	0.8～1.2	0.7～1	0.5～0.8	—	
		400	1.2～1.8	1.2～1.6	1～1.3	0.9～1.1	0.7～0.9	

注：1. 断续切削、有冲击载荷时，精车进给量乘以修正系数：k=0.75～0.85。

2. 加工耐热钢及其合金时，进给量应不大于 1mm/r。

3. 被加工件无外皮时，表内进给量应乘以系数：k＝1.1。

4. 加工淬硬钢时，进给量应减小。淬硬钢硬度为 HRC45～56 时，乘以修正系数 k=0.8，硬度为 HRC57～62 时，乘以修正系数 k=0.5。

表 1-45　按表面粗糙度选择车削加工的进给量参考值

工件材料	粗糙度等级 Ra	切削速度/(m/min)	刀尖圆弧半径/mm 0.5	1	2
			进给量 f/mm·r^{-1}		
碳钢及合金碳钢	10～5	≤50	0.3～0.5	0.45～0.6	0.55～0.7
		>50	0.4～0.55	0.55～0.65	0.65～0.7
	5～2.5	≤50	0.18～0.25	0.25～0.3	0.3～0.4
		>50	0.25～0.3	0.3～0.35	0.35～0.5
	2.5～1.25	≤50	0.1	0.11～0.15	0.15～0.22
		50～100	0.11～0.16	0.16～0.25	0.25～0.35
		>100	0.16～0.2	0.2～0.25	0.25～0.35
铸铁及铜合金	10～5	不限	0.25～0.4	0.4～0.5	0.5～0.6
	5～2.5		0.15～0.25	0.25～0.4	0.4～0.6
	2.5～1.25		0.1～0.15	0.15～0.25	0.2～0.35

注：本表适用于半精车和精车的进给量的选择。

表 1-46　车削切削速度参考数值表

加工材料		硬度 HBS	背吃刀量 a_p/mm	高速钢刀具		硬质合金刀具						陶瓷(超硬材料)刀具		
						未涂层				涂层				
				v/m·min^{-1}	f/mm·r^{-1}	v/m·min^{-1} 焊接式车刀	v/m·min^{-1} 可转位车刀	f/mm·r^{-1}	刀具材料	v/m·min^{-1}	f/mm·r^{-1}	v/m·min^{-1}	f/mm·r^{-1}	说明
易切碳钢	低碳钢	100～200	1	55～90	0.18～0.2	185～240	220～275	0.18	YT15	320～410	0.18	550～700	0.13	切削条件好时，可用冷压 Al_2O_3 陶瓷，切削条件较差时宜用 Al_2O_3＋TiC 热压混合陶瓷。下同。
			4	41～70	0.4	135～185	160～215	0.5	YT14	215～275	0.4	425～580	0.25	
			8	34～55	0.5	110～145	130～170	0.75	YT5	170～220	0.5	335～490	0.4	
	中碳钢	175～225	1	52	0.2	165	200	0.18	YT15	305	0.18	520	0.13	
			4	40	0.4	125	150	0.5	YT14	200	0.4	395	0.25	
			8	30	0.5	100	120	0.75	YT5	160	0.5	305	0.4	
碳钢	低碳钢	100～200	1	43～46	0.18	140～150	170～195	0.18	YT15	260～290	0.18	520～580	0.13	—
			4	34～33	0.4	115～125	135～150	0.5	YT14	170～190	0.4	365～425	0.25	
			8	27～30	0.5	88～100	105～120	0.75	YT5	135～150	0.5	275～365	0.4	
	中碳钢	175～225	1	34～40	0.18	115～130	150～160	0.18	YT15	220～240	0.18	460～520	0.13	
			4	23～30	0.4	90～100	115～125	0.5	YT14	145～160	0.4	290～350	0.25	
			8	20～26	0.5	70～78	90～100	0.75	YT5	115～125	0.5	200～260	0.4	
	高碳钢	175～225	1	30～37	0.18	115～130	140～155	0.18	YT15	215～230	0.18	460～520	0.13	
			4	24～27	0.4	88～95	105～120	0.5	YT14	145～150	0.4	275～335	0.25	
			8	18～21	0.5	69～76	84～95	0.75	YT5	115～120	0.5	185～245	0.4	
合金钢	低碳钢	125～225	1	41～46	0.18	135～150	170～185	0.18	YT15	220～235	0.18	520～580	0.13	
			4	32～37	0.4	105～120	135～145	0.5	YT14	175～190	0.4	365～395	0.25	
			8	24～27	0.5	84～95	105～115	0.75	YT5	135～145	0.5	275～335	0.4	
	中碳钢	175～225	1	34～41	0.18	105～115	130～150	0.18	YT15	175～200	0.18	460～520	0.13	
			4	26～32	0.4	85～90	105～120	0.4～0.5	YT14	135～160	0.4	280～360	0.25	
			8	20～24	0.5	67～73	82～95	0.5～0.75	YT5	105～120	0.5	220～265	0.4	
	高碳钢	175～225	1	30～37	0.18	105～115	135～145	0.18	YT15	175～190	0.18	460～520	0.13	
			4	24～27	0.4	84～90	105～115	0.5	YT14	135～150	0.4	275～335	0.25	
			8	17～21	0.5	66～72	82～90	0.75	YT5	105～120	0.5	215～245	0.4	

续表

加工材料		硬度 HBS	背吃刀量 a_p/mm	高速钢刀具		硬质合金刀具							陶瓷(超硬材料)刀具		
						未涂层				涂层					
				v/m·min^{-1}	f/mm·r^{-1}	v/m·min^{-1} 焊接式车刀	v/m·min^{-1} 可转位车刀	f/mm·r^{-1}	刀具材料	v/m·min^{-1}	v/m·min^{-1}	f/mm·r^{-1}	v/m·min^{-1}	说明	
高强度钢		225～350	1	20～26	0.18	90～105	115～135	0.18	YT15	150～185	0.18	380～440	0.13	硬度＞HBS300 时宜用 W12Cr4V5Co5 及 W2Mo9Cr 4VCo8 刀具	
			4	15～20	0.4	69～84	90～105	0.4	YT14	120～135	0.4	205～265	0.25		
			8	12～15	0.5	53～66	69～84	0.5	YT5	90～105	0.5	145～205	0.4		
高速钢		200～225	1	15～24	0.13～0.18	76～105	85～125	0.18	YW1,YT15	115～160	0.18	420～460	0.13	加工 W12Cr4V5Co5 等高速钢时宜用 W12Cr4V5Co5 及 W2Mo9Cr4VCo8 刀具	
			4	12～20	0.25～0.4	60～84	69～100	0.4	YW2,YT14	90～130	0.4	250～275	0.25		
			8	9～15	0.4～0.5	46～64	53～76	0.5	YW3,YT5	69～100	0.5	190～215	0.4		
不锈钢	奥氏体	135～275	1	18～34	0.18	58～105	67～120	0.18	YG3X,YW1	84～60	0.18	275～425	0.13	硬度＞HBS225 时宜用 W12Cr4V5Co5 及 W2Mo9Cr 4VCo8 刀具	
			4	15～27	0.4	49～100	58～105	0.4	YG6,YW1	76～135	0.4	150～275	0.25		
			8	12～21	0.5	38～76	46～84	0.5	YG6,YW1	60～105	0.5	90～185	0.4		
	马氏体	175～325	1	20～44	0.18	87～140	95～175	0.18	YW1,YT15	120～260	0.18	350～490	0.13	硬度＞HBS275 时宜用 W12 Cr4V5Co5 及 W2Mo9Cr4VC o8 刀具	
			4	15～35	0.4	69～15	75～135	0.4	YW1,YT15	100～170	0.4	185～335	0.25		
			8	12～27	0.5	55～90	58～105	0.5～0.75	YW2,YT14	76～135	0.5	120～245	0.4		
灰铸铁		160～260	1	26～43	0.18	84～135	100～165	0.18～0.25	YG8,YW2	130～190	0.18	395～550	0.13～0.25	硬度＞HBS190 时宜用 W12Cr4V5Co5 及 W2Mo9Cr 4VCo8 刀具	
			4	17～27	0.4	69～110	81～125	0.4～0.5		105～160	0.4	245～365	0.25～0.4		
			8	14～23	0.5	60～90	66～100	0.5～0.75		84～130	0.5	185～275	0.4～0.5		
可锻铸铁		160～240	1	30～40	0.18	120～160	135～185	0.25	YW1,YT15	185～235	0.25	305～365	0.13～0.25	—	
			4	23～30	0.4	90～120	105～135	0.5	YW1,YT15	135～185	0.4	230～290	0.25～0.4		
			8	18～24	0.5	76～100	85～115	0.75	YW2,YT14	105～145	0.5	150～230	0.4～0.5		
铝合金		30～150	1	245～305	0.18	550～610	—	0.25	YG3X,YW1	—	—	365～915	0.075～0.15	采用金刚石刀具	a_p=0.13～0.4
			4	215～275	0.4	425～550		0.5	YG6,YW1			245～760	0.15～0.3		a_p=0.4～1.25
			8	185～245	0.5	305～365		1	YG6,YW1			150～460	0.3～0.5		a_p=1.25～3.2
铜合金			1	40～175	0.18	84～345	90～395	0.18	YG3X,YW1	—	—	305～1460	0.075～0.15	采用金刚石刀具	a_p=0.13～0.4
			4	34～145	0.4	69～290	76～335	0.5	YG6,YW1			150～855	0.15～0.3		a_p=0.4～1.25
			8	27～120	0.5	64～270	70～305	0.75	YG8,YW2			90～550	0.3～0.5		a_p=1.25～3.2
钛合金		300～350	1	12～24	0.13	38～66	49～76	0.13	YG3X,YW1	—	—	—	—	高速钢采用 W12Cr4V5Co5 及 W2Mo9Cr4VCo8 刀具	
			4	9～21	0.25	32～56	41～66	0.2	YG6,YW1						
			8	8～18	0.4	24～43	26～49	0.25	YG8,YW2						
高温合金		200～475	0.8	3.6～14	0.13	12～49	14～58	0.13	YG3X,YW1	—	—	185	0.075	采用立方氮化硼刀具	
			2.5	3～11	0.18	9～41	12～49	0.18	YG6,YW1			135	0.13		

表 1-47　外圆车削时切削速度公式中的系数和指数选择表

加工材料	加工形式	刀具材料	进给量/mm/r	公式中的系数和指数			
				C_V	X_V	Y_V	m
碳素结构钢 σ_b=0.65GPa	外圆纵车 (K_r>0°)	YT15 (不用切削液)	f≤0.3	291	0.15	0.20	0.20
			f≤0.7	242	0.15	0.35	0.20
			f>0.7	235	0.15	0.45	0.20
	外圆纵车 (K_r>0°)	高速钢 (不用切削液)	f≤0.25	67.2	0.25	0.33	0.125
			f>0.25	43	0.25	0.66	0.125
	外圆纵车 (K_r=0°)	YT15 (不用切削液)	$f \geq a_p$	198	0.30	0.15	0.18
			$f > a_p$	198	0.15	0.30	0.18
	切断及切槽	YT5(不用切削液)		38		0.80	0.20
	切断及切槽	高速钢(用切削液)		21		0.66	0.25
	成型车削	高速钢(用切削液)		20.3		0.50	0.30
耐热钢 1Cr18Ni9Ti HB141	外圆纵车	YG8(不用切削液)		110	0.2	0.45	0.15
		高速钢(用切削液)		31	0.2	0.55	0.15
淬硬钢 HRC50 σ_b=1.65GPa	外圆纵车	YT15 (不用切削液)	f≤0.3	53.3	0.18	0.40	0.10
灰铸铁 HB190	外圆纵车 (K_r>0°)	YT15 (不用切削液)	f≤0.4	189.8	0.15	0.2	0.2
			f>0.4	158	0.15	0.4	0.2
		高速钢 (不用切削液)	f≤0.25	24	0.15	0.30	0.1
			f>0.25	22.7	0.15	0.40	0.1
	外圆纵车 (K_r=0°)	YG6 (用切削液)	$f \geq a_p$	208	0.4	0.2	0.28
			$f > a_p$	208	0.2	0.4	0.28
	切断及切槽	YG6(不用切削液)		54.8		0.4	0.2
		高速钢(不用切削液)		18		0.4	0.15
可锻铸铁	外圆纵车	YG8 (不用切削液)	f≤0.4	206	0.15	0.20	0.2
			f>0.4	140	0.15	0.45	0.2
		高速钢 (用切削液)	f≤0.25	68.9	0.2	0.25	0.125
			f>0.25	48.8	0.2	0.5	0.125
	切断及切槽	YG6(不用切削液)		68.8		0.4	0.2
		高速钢(用切削液)		37.6		0.5	0.25
中等硬度非均质铜合金 HB100～140	外圆纵车	高速钢(不用切削液)	f≤0.2	216	0.12	0.25	0.28
			f>0.2	145.6	0.12	0.5	0.28
硬青铜 HB200～240	外圆纵车	YG8(不用切削液)	f≤0.4	734	0.13	0.2	0.2
			f>0.4	648	0.2	0.4	0.2

续表

加工材料	加工形式	刀具材料	进给量 /mm/r	公式中的系数和指数			
				C_V	X_V	Y_V	m
铝硅合金及铸铝合金	外圆纵车	YG8(不用切削液)	$f \leqslant 0.4$	388	0.12	0.25	0.28
			$f > 0.4$	262	0.12	0.5	0.28

注：1. 内表面加工(镗孔、孔内切槽、内表面成形车削)时，用外圆加工的车削速度乘以系数 0.9。

2. 用高速钢车刀加工结构钢、不锈钢及铸钢，不用切削液时，车削速度乘以系数 0.8。

3. 用 YT 车刀对钢件切断及切槽使用切削液时，车削速度乘以系数 1.4。

4. 成形车削深轮廓及复杂轮廓工件时，切削速度乘以系数 0.85。

5. 用高速钢车刀加工热处理钢件时，车削速度应减少：正火处理钢件，乘以系数 0.95；退火处理钢件，乘以系数 0.9；调质处理钢件，乘以系数 0.8。

6. 加工钢和铸铁的机械性能改变时，车削速度的修正系数 k_{Mv} 可按表《钢和铸铁的强度和硬度改变时车削速度的修正系数 k_M》计算。

7. 其他加工条件改变时，车削速度的修正系数见表《车削条件改变时的修正系数》。

表 1-48　车床切削速度计算表

加工材质		刀具材质	切削速度公式中系数和指数				工作材料修正系数				
材质分类(钢或铁)	钢的强度或铸铁的硬度		C_V	X_V	Y_V	m	K_{mv1}	K_{mv2}	K_{mv3}	K_{mv4}	K_{mv5}
1	1	1	291	0.15	0.2	0.2	0.65	0	0	0	0
工件最大外圆直径/mm	刀具耐用度 T/min	速度计算的修正系数								切深 a_p/mm	进给量 f/mm · r^{-1}
		K_{mv}	K_{sv}	K_{iv}	K_{krv}	$K_{k'rv}$	$K_{r\varepsilon v}$	K_{Bv}	K_{kv}		
150	60	0.65	1	1	1	1	1	1	1	0.5	0.2
K_v	T^m	A_p^{xv}	f^{yv}	$v=\dfrac{C_v}{T^m \alpha_p^{xv} f^{yv}} K_v$						切削速度 v/m · $\min^{-1}$	主轴转速 /r · $\min^{-1}$
0.65	2.27	0.90	0.72							128	270

注：1. 有批注的所有表格均需录入数据。

2. 计算所得的切削速度需进一步与《切削速度参考表》进行比较、优化。

3. 上述计算中：$K_v = K_{mv} K_{sv} K_{iv} K_{krv} K_{k'rv} K_{r\varepsilon v} K_{Bv} K_{kv}$。

2. 铣削加工的切削用量

铣削用量包括铣刀铣削速度、铣刀进给速度、吃刀量。

1) 铣刀铣削速度：$V_c = \pi dn/1000$

式中：d——铣刀直径，mm；

n——主轴(铣刀)转速，r/min。

从上述公式可得到主轴(铣刀)转速 $n=\dfrac{1000V_c}{\pi d}$。

2) 铣刀进给速度：$V_f = znf_z$

式中：f_z——每个刃的进给速度，mm/z；

z——铣刀刃数；

n——铣刀转速，r/mim。

3) 吃刀量：

背吃刀量——平行于铣刀轴线方向测量的切削层尺寸，mm。粗铣时为3mm左右，精铣时为0.3～1mm。

侧吃刀量——垂直于铣刀轴线方向测量的切削层尺寸，mm。

铣削用量的确定见表1-49～表1-51。

(1) 铣削速度的的确定见表1-49。

表1-49　铣削速度 V_c 推荐表

工件材料		硬度HB	铣削速度 V_c/m·min^{-1}	
			高速钢铣刀	硬质合金铣刀
低、中碳钢		<220	21～40	60～150
		225～290	15～36	54～115
		300～425	9～15	36～75
高碳钢		<220	18～36	60～130
		225～325	14～21	53～105
		325～375	8～21	36～48
		375～425	6～10	35～45
合金钢		<220	15～35	55～120
		225～325	10～24	37～80
		325～425	5～9	30～60
工具钢		200～250	12～23	45～83
灰铸铁		110～140	24～36	110～115
		150～225	15～21	60～110
		230～290	9～18	45～90
		300～320	5～10	21～30
可锻铸铁		110～160	42～50	100～200
		160～200	24～36	83～120
		200～240	15～24	72～110
		240～280	9～11	40～60
铸钢	低碳	100～150	18～27	68～105
	中碳	100～160	18～27	68～105
		160～200	15～21	60～90
		200～240	12～21	53～75
	高碳	180～240	9～18	53～80
铝合金			180～300	360～600
铜合金			45～100	120～190
镁合金			180～270	150～600

(2) 铣刀进给速度的确定见表1-50。

表1-50　各种铣刀进给速度　mm/z

工件材料	平铣刀	面铣刀	圆柱铣刀	端铣刀	成形铣刀	高速钢镶刃刀	硬质合金镶刃刀
铸铁	0.2	0.2	0.07	0.05	0.04	0.3	0.1
可锻铸铁	0.2	0.15	0.07	0.05	0.04	0.3	0.09

续表

工件材料	平铣刀	面铣刀	圆柱铣刀	端铣刀	成形铣刀	高速钢镶刃刀	硬质合金镶刃刀
低碳钢	0.2	0.2	0.07	0.05	0.04	0.3	0.09
中高碳钢	0.15	0.15	0.06	0.04	0.03	0.2	0.08
铸钢	0.15	0.1	0.07	0.05	0.04	0.2	0.08

(3) 进给量的确定。在铣削过程中，工件相对于铣刀的移动速度称为进给量。有以下 3 种表示方法。

① 每齿进给量 f_z：指铣刀每转过一个刀齿，工件沿进给方向移动的距离，单位为 mm/z。

② 每转进给量 f：指铣刀每转过一转，工件沿进给方向移动的距离，单位为 mm/r。

③ 每分钟进给量 V_f：指铣刀每旋转 1min，工件沿进给方向移动的距离，单位为 mm/min。

3 种进给量的关系为：

$$V_f = f \cdot n = f_z \cdot z \cdot n = znf_z$$

式中：f_z——每齿进给量，mm/z；

n——铣刀(主轴)转速，r/min；

z——铣刀齿数。

表 1-51　铣削刀的每齿进给量 f_z 推荐值　　/mm·z^{-1}

工件材料	硬度 HB	高速钢铣刀	硬质合金铣刀		
		立铣刀	端铣刀	立铣刀	端铣刀
低碳钢	＜150	0.04～0.20	0.15～0.30	0.07～0.25	0.20～0.40
	150～200	0.03～0.18	0.15～0.30	0.06～0.22	0.20～0.35
中、高碳钢	＜220	0.04～0.20	0.15～0.25	0.06～0.22	0.15～0.35
	225～235	0.03～0.15	0.10～0.20	0.05～0.20	0.12～0.25
	325～425	0.03～0.12	0.08～0.15	0.04～0.15	0.10～0.20
灰铸铁	150～180	0.07～0.18	0.20～0.35	0.12～0.25	0.20～0.50
	180～220	0.05～0.15	0.15～0.30	0.10～0.20	0.20～0.40
	220～300	0.03～0.10	0.10～0.15	0.08～0.15	0.15～0.30
可锻铸铁	110～160	0.08～0.20	0.20～0.40	0.12～0.20	0.20～0.50
	160～200	0.07～0.20	0.20～0.35	0.10～0.20	0.20～0.40
	200～240	0.05～0.15	0.15～0.30	0.08～0.15	0.15～0.30
	240～280	0.02～0.08	0.10～0.20	0.05～0.10	0.10～0.25
合金钢	＜220	0.05～0.18	0.15～0.25	0.08～0.20	0.12～0.40
	220～280	0.05～0.15	0.12～0.20	0.06～0.15	0.10～0.30

续表

工件材料	硬度HB	高速钢铣刀	硬质合金铣刀		
		立铣刀	端铣刀	立铣刀	端铣刀
合金钢	280～320	0.03～0.12	0.07～0.12	0.05～0.12	0.08～0.20
	320～380	0.02～0.10	0.05～0.10	0.03～0.10	0.06～0.15
工具钢	退火状态	0.05～0.10	0.12～0.20	0.08～0.15	0.15～0.50
	＜HRC36	0.03～0.08	0.07～0.12	0.05～0.12	0.12～0.25
	HRC 35～46			0.04～0.10	0.10～0.20
	HRC 46～56			0.03～0.08	0.07～0.10
铝镁合金	95～100	0.05～0.12	0.20～0.30	0.08～0.30	0.15～0.38

(4) 铣削层用量。铣削层用量主要包括铣削宽度、背吃刀量等，分别介绍如下。

① 铣削宽度 a_W 是指铣刀在一次进给中所切掉的工件表层的宽度，单位为 mm。一般立铣刀和端铣刀的铣削宽度约为铣刀的直径的 50%～60%。

② 背吃刀量 a_p 是指铣刀在一次进给中所切掉的工件表层的厚度，即工件已加工表面和待加工表面间的垂直距离，单位为 mm。

③ 一般立铣刀粗铣时的背吃刀量以不超过铣刀半径为原则，一般不超过 7mm，以防止背吃刀量过大而造成刀具损坏，精铣时背吃刀量约为 0.05～0.3mm；端铣刀粗铣时背吃刀量约为 2～5mm，端铣刀精铣时背吃刀量约为 0.1～0.50mm。

3. 钻削加工的切削用量

钻削加工的切削用量选择见表 1-52 至表 1-55。

表 1-52 硬质合金钻头钻销不同材料的切削用量

加工材料	抗拉强度 σ_b/MPa	硬度 HBS	进给量 f/mm·r^{-1}		切削速度 v/m·min^{-1}		切削液
			钻头直径 d_o/mm				
			5～10	11～30	5～10	11～30	
工具钢	1000	300	0.08～0.12	0.12～0.2	35～40	40～45	非水溶性切削油
	1800～1900	500	0.04～0.15	0.05～0.08	8～11	11～14	
	2300	575	＜0.02	＜0.03	＜6	7～10	
铸钢	500～600	—	0.08～0.12	0.12～0.2	35～38	38～40	非水溶性切削油
热处理钢	1200～1800	—	0.02～0.07	0.05～0.15	20～30	25～30	
淬硬钢	—	HRC50	0.01～0.04	0.02～0.06	8～10	8～12	
灰铸铁	—	200	0.2～0.3	0.3～0.5	40～45	45～60	干切或乳化液
黄铜	—	—	0.07～0.15	0.1～0.2	70～100	90～100	

续表

加工材料	抗拉强度 σ_b/MPa	硬度 HBS	进给量 f/mm·r^{-1}		切削速度 v/m·min^{-1}		切削液
			钻头直径 d_0/mm				
			5~10	11~30	5~10	11~30	
合金铸铁	— —	230~350 350~400	0.03~0.07 0.03~0.05	0.05~0.1 0.04~0.08	20~40 8~20	25~45 10~25	非水溶性切削油或乳化液
冷硬铸铁	—	—	0.02~0.04	0.02~0.05	5~8	6~10	
可锻铸铁	—	—	0.15~0.2	0.2~0.4	35~38	38~40	
铝	—	—	0.15~0.3	0.2~0.6	125~270	130~140	干切或汽油
硅铝合金	—	—	0.2~0.6	0.2~0.6	125~270	130~140	
酚醛树脂	—	—	0.2~0.4		10~120		—
热固性树脂	—	—	0.04~0.1		60~90		—

表 1-53　高速钢钻头钻销不同材料的切削用量

加工材料		硬度		切削速度 V/m·min^{-1}	钻头直径 d_0/mm					钻头螺旋角	峰角
		硬度 HBS	硬度 HR		<3	3~6	6~13	13~19	19~25		
					进给量 f/mm·r^{-1}						
碳钢	低碳钢	125~175	HRB71~78	24	0.08	0.13	0.20	0.26	0.32	25°~35°	118°
	中碳钢	175~225	HRB88~98	20	0.08	0.13	0.20	0.26	0.32	25°~35°	118°
	高碳钢	175~225	HRB88~98	17	0.08	0.13	0.20	0.26	0.32	25°~35°	118°
合金刚	W(c)=0.12%~0.25%	175~225	HRB88~98	21	0.08	0.15	0.20	0.40	0.48	25°~35°	118°
	W(c)=0.30%~0.65%	175~225	HRB88~98	15~18	0.05	0.09	0.15	0.21	0.26	25°~35°	118°
工具钢		196	HRB94	18	0.08	0.13	0.20	0.26	0.32	25°~35°	118°
		241	HRC24	15	0.08	0.13	0.20	0.26	0.32	25°~35°	118°

续表

加工材料	硬度		切削速度 V/m·min^{-1}	钻头直径 d_0/mm						钻头螺旋角	峰角
	硬度HBS	硬度HR		<3	3~6	6~13		13~19	19~25		
				进给量 f/mm·r^{-1}							
灰铸铁	软	120~150	≤HRB80	43~46	0.08	0.15	0.25	0.40	0.48	20°~30°	118°
	硬	160~220	HRB80~97	24~34	0.08	0.13	0.20	0.26	0.32	14°~25°	118°
可锻铸铁		112~126	≤HRB71	27~37	0.08	0.13	0.20	0.26	0.32	20°~30°	90°~118°
铜及铜合金	高加工性	~124	HRB10~70	60	0.08	0.15	0.25	0.40	0.48	15°~40°	118°
	低加工性	~124	10~70HRB	20	0.08	0.15	0.25	0.40	0.48	0°~25°	118°
铝及铝合金		45~105	≤HRB62	105	0.08	0.15	0.25	0.40	0.48	32°~42°	90°~118°
塑料		—	—	30	0.08	0.13	0.20	0.26	0.32	15°~25°	118°

表 1-54　高速钢铰刀加工不同材料的切削用量

铰刀直径 d_o/mm	低碳钢 HBS120～200		低合金钢 HBS200～300		高合金钢 HBS300～400		软铸铁 HBS130		中硬铸铁 HBS175	
	f/mm · r^{-1}	v/m · min^{-1}	f/mm · r^{-1}	v/m · min^{-1}	f/mm · r^{-1}	v/m · min^{-1}	f/mm · r^{-1}	v/m · min^{-1}	f/mm · r^{-1}	v/m · min^{-1}
6	0.13	23	0.10	18	0.10	7.5	0.15	30.5	0.15	26
9	0.18	23	0.18	18	0.15	7.5	0.20	30.5	0.20	26
12	0.20	27	0.20	21	0.18	9	0.25	36.5	0.25	29
15	0.25	27	0.25	21	0.20	9	0.30	36.5	0.30	29
19	0.30	27	0.30	21	0.25	9	0.38	36.5	0.38	29
22	0.33	27	0.33	21	0.25	9	0.43	36.5	0.43	29
25	0.51	27	0.38	21	0.30	9	0.51	36.5	0.51	29
6	0.15	21	0.10	17	0.13	46	0.15	43	0.13	21
9	0.20	21	0.18	20	0.18	46	0.20	43	0.18	21
12	0.25	24	0.20	20	0.23	52	0.25	49	0.20	24
15	0.30	24	0.25	20	0.30	52	0.30	49	0.25	24
19	0.36	24	0.30	20	0.41	52	0.38	49	0.30	24
22	0.41	24	0.33	20	0.43	52	0.43	49	0.33	24
25	0.41	24	0.38	20	0.51	52	0.51	49	0.51	24

表 1-55　硬质合金铰刀加工不同材料的切削用量

加工材料			铰刀直径 d_0/mm	切削深度 a_p/mm	进给量 f/mm • r^{-1}	切削速度 V/m • min^{-1}
钢	σ_b / MPa	≤1000	<10	0.08~0.12	0.15~0.25	6~12
			10~20	0.12~0.15	0.20~0.35	
			20~40	0.15~0.20	0.30~0.50	
		>1000	<10	0.08~0.12	0.15~0.25	4~10
			10~20	0.12~0.15	0.20~0.35	
			20~40	0.15~0.20	0.30~0.50	
铸钢 σ_b≤700MPa			<10	0.08~0.12	0.15~0.25	6~10
			10~20	0.12~0.15	0.20~0.35	
			20~40	0.15~0.20	0.30~0.50	
灰铸铁，HBS		≤200	<10	0.08~0.12	0.15~0.25	8~15
			10~20	0.12~0.15	0.20~0.35	
			20~40	0.15~0.20	0.30~0.50	
		>200~450	<10	0.08~0.12	0.15~0.25	5~10
			10~20	0.12~0.15	0.20~0.35	
			20~40	0.15~0.20	0.30~0.50	
黄铜			<10	0.08~0.12	0.15~0.25	10~20
			10~20	0.12~0.15	0.20~0.35	
			20~40	0.15~0.20	0.30~0.50	
铝合金		W(Si)≤7%	<10	0.08~0.12	0.15~0.25	15~30
			10~20	0.12~0.15	0.20~0.35	
			20~40	0.15~0.20	0.30~0.50	
		W(Si)>14%	<10	0.08~0.12	0.15~0.25	10~20
			10~20	0.12~0.15	0.20~0.35	
			20~40	0.15~0.20	0.30~0.50	
热塑性树脂			<10	0.08~0.12	0.15~0.25	15~30
			10~20	0.12~0.15	0.20~0.35	
			20~40	0.15~0.20	0.30~0.50	

1.2.6　机械零件常用钢材及其热处理在工艺路线中的安排

1. 机械零件常用钢材及热处理方法

热处理的方法很多，常见的有退火、正火、淬火和回火等。还有表面热处理，如表面淬火、化学热处理等。钢的热处理分类如图 1.1 所示，机械零件常用钢材及其热处理方法见表 1-56。

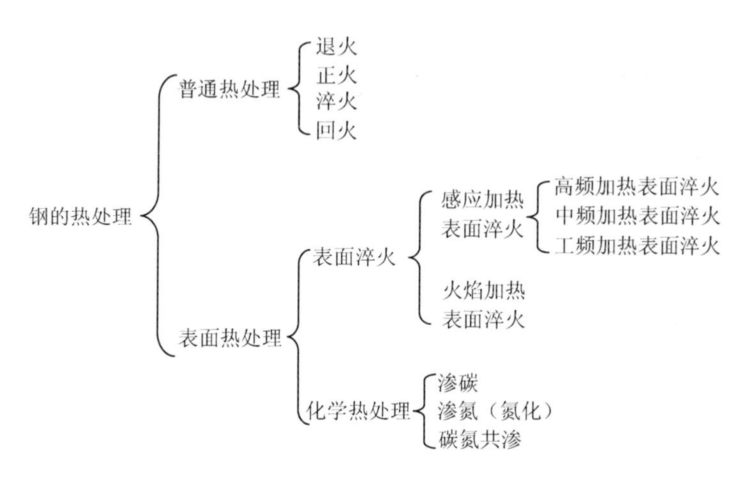

图 1.1　钢的热处理分类

表 1-56　机械零件常用钢材及热处理方法

钢材牌号	热处理名称	热处理代号	热处理后的硬度		用途举例
			HBS	HRC	
10	渗碳淬火	S-C59		56～62	冷压加工并需渗碳淬火的零件，如自攻螺丝，摩擦片等
15	渗碳淬火	S-C59	心部 146～136	56～62	载荷小、形状简单、受摩擦及冲击大零件，如小轴、套、挡铁、销钉等
	渗碳高频	S-G59	心部≤143	56～62	——
35	淬火	C35		30～40	强度要求较高的小型零件，如小轴、螺钉、垫圈、环、螺母等
45	正火	Z	≤229		载荷不大的轴、垫圈、丝杠、套筒、齿轮等
	调质	T215	200～300		截面在 100mm 以下，工作速度不高并受中等单位压力的零件，如齿轮
	调质	T235	220～250		装滚动轴承的轴、花键轴、套、蜗杆、大型定位螺钉、大型定位销等
	氧化处理	Y35		30～40	外形复杂的薄体小零件，其截面在 6～8mm 以下，如套环紧固螺母等
	淬火	C42		40～45	截面在 80mm 以下，形状不复杂，具有较高强度与硬度的零件，如齿轮、轴、离合器、挡铁、定位销、键等
	淬火	C48		45～50	截面在 50mm 以下，不受冲击的高强度耐摩擦零件，如齿轮、轴、棘轮等
	高频淬火回火	G42		40～45	载荷不大，中等速度，承受一定的冲击力的齿轮、离合器、大轴等
	高频淬火回火	G48		45～50	中等速度与低载荷的齿轮、冲击力不大的离合器、直径较大的轴等
	高频淬火回火	G54	心部 220～250	52～58	速度不大，受连续重载荷的作用，模数小于 4mm 的齿轮与直径大于 80mm 的轴等
	调质高频	T-G54		52～58	

续表

钢材牌号	热处理名称	热处理代号	热处理后的硬度		用途举例
			HBS	HRC	
20Cr	渗碳	S-C59	心部≥212	56～62	中等尺寸、高速、受中等单位压力与冲击力的零件，如齿轮、离合器、主轴
	渗碳高频	S-G59		56～62	要求高耐磨性，热处理变形小的零件，如模数3mm以下的齿轮、主轴、花键轴等
20CrMnTi	渗碳淬火	S-C59	心部240～300	56～62	高速、受中等或大的单位压力及冲击载荷的零件，如齿轮蜗杆、主轴
	渗碳高频	S-G59		56～62	
40Cr	调质	T215	200～230		中等速度、承受中等载荷的零件，如齿轮、滚动轴承中运转动主轴、顶尖套、蜗杆、花键轴、轴
	调质	T235	220～250		
	淬火	C42		40～45	中等速度、承受高载荷的零件，如齿轮、主轴、液压泵转子、滑块
	淬火	C48		45～50	中等速度、受高载荷的零件，要求截面小于30mm
	高频淬火回火	G52		50～55	中等速度、受中等压力的齿轮，如果心部强度要求较高，可先进行调质
65Mn	淬火	C45		42～48	带状弹簧，截面大于6mm的弹簧、垫圈
	淬火	C58		55～60	高强度、高耐磨、高弹性的零件，如弹簧卡头、机床主轴
60Si2Mn	淬火	C42		40～45	截面大于12mm，承受较重载荷的大型弹簧
	淬火	C45		42～48	
T10	球化退火	Th球化	≤197		不淬硬的精密丝杠
	调质	T215	200～230		承受大载荷，有一定耐磨性要求的精密丝杠、钻套等
		C61		58～64	
2Cr13	调质	T235	200～255		大气条件下不锈的，不大的零件，如镜面轴、标准尺
CrWMn	淬火	C56		54～58	变形小，耐磨性高的精密丝杠、凸轮样板、模具的导向套
	淬火	C62		60～61	
GCr15	淬火	C60		58～62	耐磨性高，承受压力大的垫块、心轴
	淬火	C63		61～65	承受载荷大，耐磨性高的零件，如叶片泵定子、靠模、滚动轴承
W18Cr4V	淬火	C63		61～65	高硬度、耐磨的零件，如油泵叶片、螺纹磨床顶尖及其他高温耐磨零件

2. 常用钢材热处理在工艺路线中的安排

在机械零件的制造过程中，往往要经过各种冷、热加工，同时在各加工工序之间还经常要穿插多次热处理工艺。按热处理工艺的作用可分为预先热处理和最终热处理，它们在

零件的加工工艺路线中所处的位置如下。

(1) 铸造或锻造—预先热处理—机械(粗)加工—最终热处理—机械(精)加工。

(2) 铸造—时效—切削加工—局部淬火—回火—去应力退火。

(3) 下料—锻造—退火—粗机加工—调质—精机加工—装配。

(4) 备料—装配—预热—焊接—热处理—检验—校正。

常见的各类性能要求的零件热处理的安排如下。

(1) 一般性能要求的零件：毛坯(铸造或锻造加工)—热处理(正火或退火)—切削加工—成品零件。

(2) 性能要求较高的零件：毛坯—预先热处理(正火或退火)—粗加工(车、铣、刨等)—最终热处理(淬火+回火处理或化学热处理、表面热处理等)—精加工(磨削)—成品零件。

(3) 要求精密度较高的零件：毛坯—预先热处理(正火或退火)—粗加工—最终热处理(淬火+回火处理，渗碳)—半精加工(粗磨)—稳定化处理或渗氮处理—精加工(精磨)—稳定化处理—成品零件。

(4) 机床齿轮：可选用 45 钢或 40Cr、40MnB。加工顺序为下料—锻造—正火—粗加工—调质—滚齿—剃齿—齿部高频加热表面淬火+低温回火—成品零件。

(5) 汽车、拖拉机齿轮：可选用 20Cr、20CrMnTi、20MnVB 等进行渗碳或碳氮共渗。

(6) 汽车后桥圆锥主动齿轮：可选用 20CrMnTi。加工顺序为下料—锻造—正火—粗加工—局部镀铜—渗碳、淬火+低温回火—喷丸—精磨—成品零件。

(7) 轴类零件：常选用优质的碳素结构钢(35 钢、40 钢、45 钢、50 钢)。较重要的、截面面积较大的轴选用合金钢(35CrMo、40Cr、40CrNi、40CrNiMo、40MnB)。一般在整体调质后进行表面淬火。

(8) 机床主轴：承受中等载荷、中等转速、冲击载荷不大的主轴选用 45 钢、40Cr、40MnB。轴颈、锥孔等摩擦部位表面要硬化处理。

采用锻件的主轴加工顺序为：下料—锻造—正火—粗加工—调质—半精加工—局部表面淬火+低温回火—磨削加工—成品零件。

当主轴承受的载荷较大时，应选用 20CrMnTi、38CrMoAl 材料，磨削加工前须进行渗碳或渗氮的热处理。当主轴精度要求较高时，应选用 38CrMoAlA 渗碳钢，经调质处理后再进行半精加工，之后再进行渗氮处理。

(9) 内燃机曲轴：根据选用的材料不同可分为两种加工顺序，分别介绍如下。

① 选用材料为优质中碳钢和中碳合金钢(45 钢、40Cr、50Mn、42CrMo、35CrNiMo)以及非调质钢(45V、48MnV、49MnVS3) 。一般在调质或正火后采用中频感应淬火对轴颈进行表面强化处理。

采用锻件的内燃机曲轴加工顺序为：下料—锻造—正火—矫直—粗加工—去应力退火—调质—半精加工—局部表面淬火+低温回火—矫直—精磨—成品零件。

② 选用材料为球墨铸铁(QT600—2、QT700—2、QT900—2)。

采用铸件的内燃机曲轴加工顺序为：铸造—高温正火—高温回火—矫直—切削加工—去应力退火—轴颈气体渗氮(或氮碳共渗)—矫直—精加工—成品零件。

项目2

机床专用夹具的设计

任务 2.1　认识机械加工定位、夹紧符号

2.1.1　机械加工定位符号、夹紧符号概述

《机械加工定位、夹紧符号》(JB/T 5061—2006) 规定了机械加工定位支承符号(简称定位符号)、辅助支承符号、夹紧符号和常用定位、夹紧装置符号(简称装置符号)的类型、画法和使用要求。该标准适用于机械制造行业在设计产品零部件机械加工工艺规程和编制工艺装备设计任务书时使用。详见表 2-1 至表 2-4。

表 2-1　常用定位符号

定位支承类型	符号			
	独立定位		联合定位	
	标注在视图轮廓线上	标注在视图正面	标注在视图轮廓线上	标注在视图正面
固定式	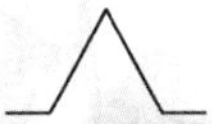	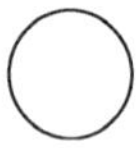	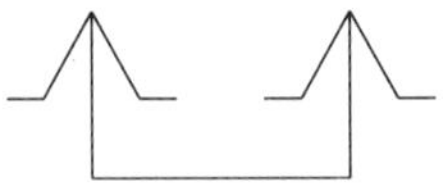	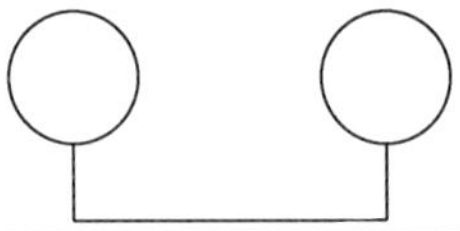
活动式				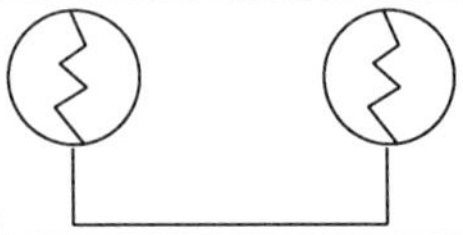

注：视图正面是指观察者面对的投影面。

表 2-2　辅助支承符号

独立支承		联合支承	
标注在视图轮廓线上	标注在视图正面	标注在视图轮廓线上	标注在视图正面

表 2-3　夹紧符号

夹紧动力源类型	符号			
	独立夹紧		联合夹紧	
	标注在视图轮廓线上	标注在视图正面	标注在视图轮廓线上	标注在视图正面
手动夹紧				
液压夹紧	Y	Y	Y	Y
气动夹紧	Q	Q	Q	Q
电磁夹紧	D	D	D	D

注：表中的字母代号为大写汉语拼音字母。

表 2-4　常用的装置符号

序号	符　号	名称	简　图	序号	符　号	名称	简　图
1		固定顶尖		3		回转顶尖	
2		内顶尖		4		外拨顶尖	

续表

序号	符　号	名称	简　图	序号	符　号	名称	简　图
5		内拨顶尖	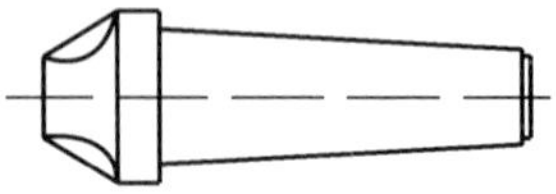	12		三爪卡盘	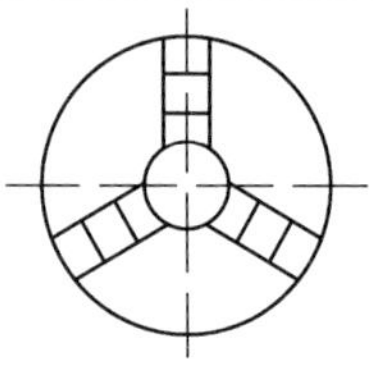
6		浮动顶尖	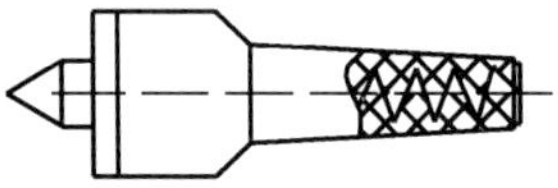	13	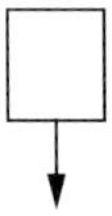	四爪卡盘	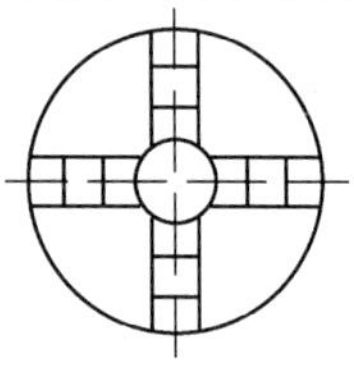
7	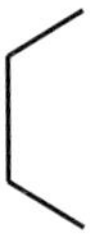	伞形顶尖	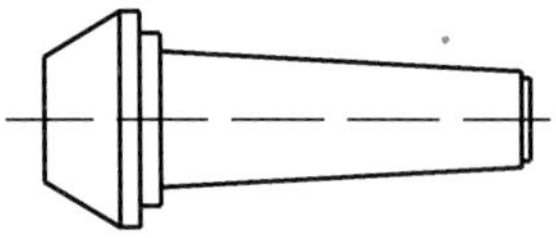	14	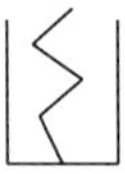	中心架	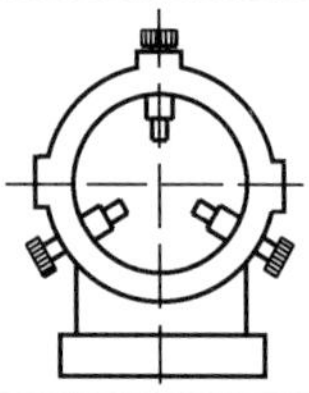
8	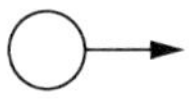	圆柱心轴	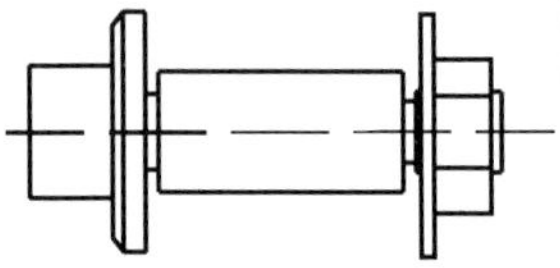	15	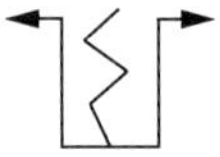	跟刀架	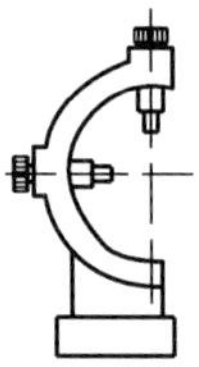
9	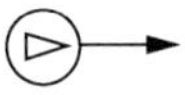	锥度心轴	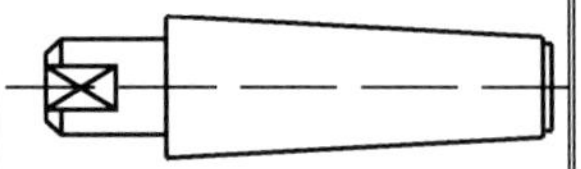	16	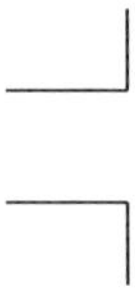	圆柱衬套	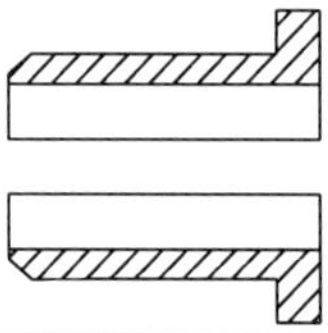
10	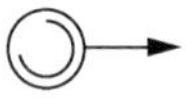	螺纹心轴	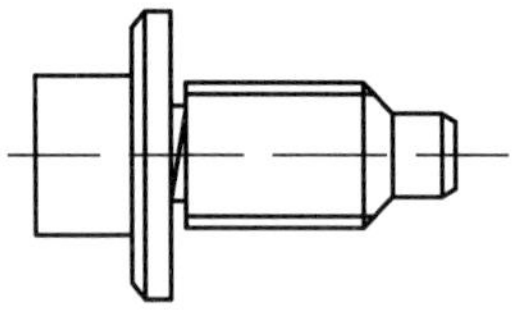	17		螺纹衬套	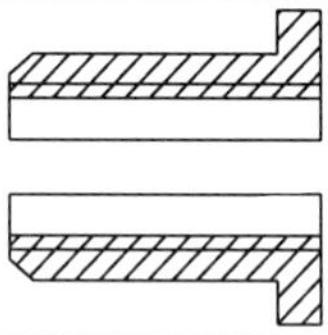
11	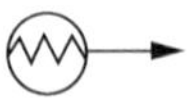	弹性心轴	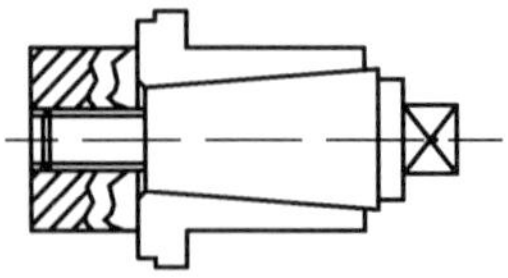	18		止口盘	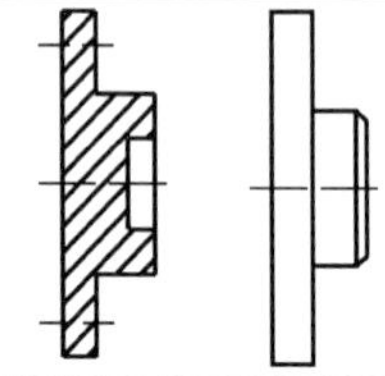
		弹簧夹头	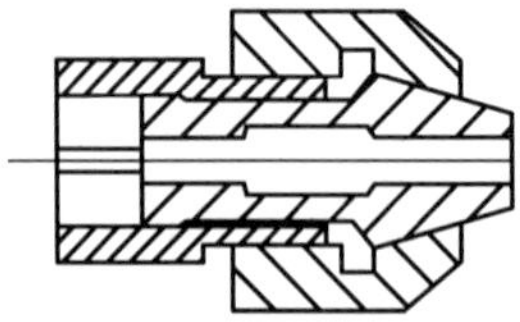	19	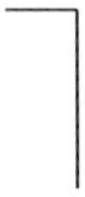	拨杆	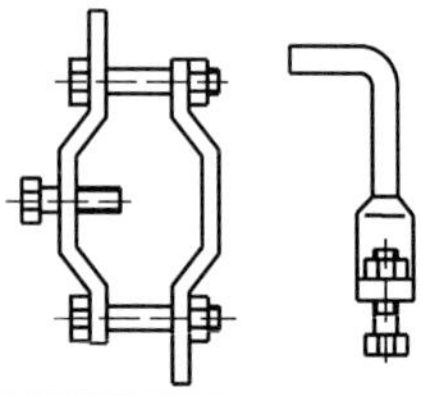

续表

序号	符　号	名称	简　图	序号	符　号	名称	简　图
20		垫铁		24		平口钳	
21		压板		25		中心堵	
22		角铁		26		V形铁	
23		可调支承		27		软爪	

2.1.2　各类定位符号、夹紧符号的综合标注示例

定位符号、夹紧符号和装置符号可单独使用，也可联合使用。定位、夹紧符号与装置符号综合标注示例见表 2-5。

表 2-5　定位、夹紧符号与装置符号综合标注示例

序号	说　明	定位、夹紧符号标注示意图	装置符号标注或与定位、夹紧符号联合标注示意图
1	床头固定顶尖、床尾固定顶尖定位拨杆夹紧		
2	床头固定顶尖、床尾浮动顶尖定位拨杆夹紧		
3	床头内拨顶尖、床尾回转顶尖定位夹紧	回转	

续表

序号	说明	定位、夹紧符号标注示意图	装置符号标注或与定位、夹紧符号联合标注示意图
4	床头外拨顶尖、床尾回转顶尖定位夹紧	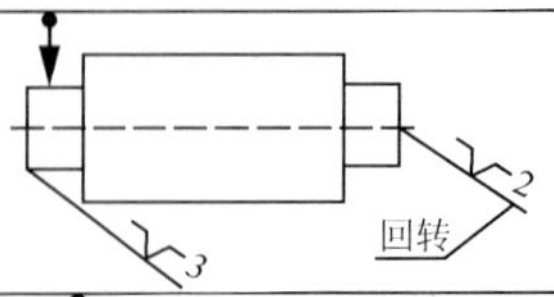 2 回转 3	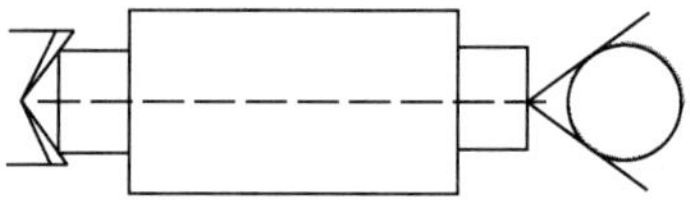
5	床头弹簧夹头定位夹紧，夹头内带有轴向定位，床尾内顶尖定位	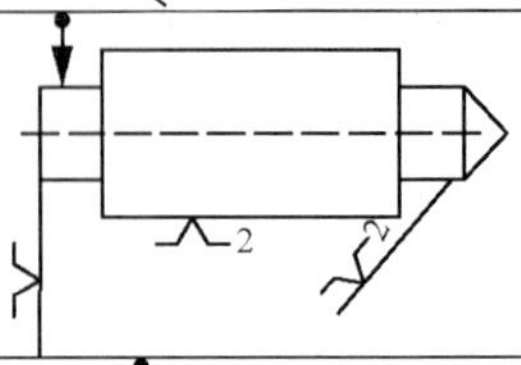 2 2	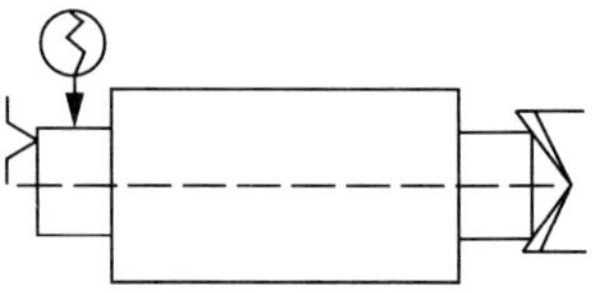
6	弹簧夹头定位夹紧	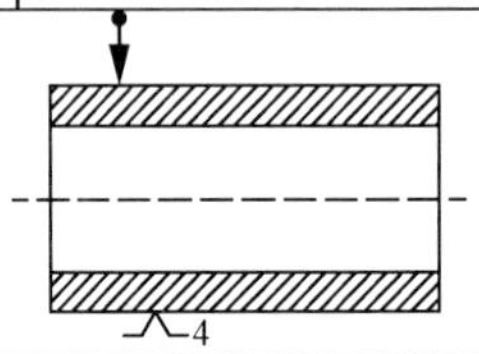 4	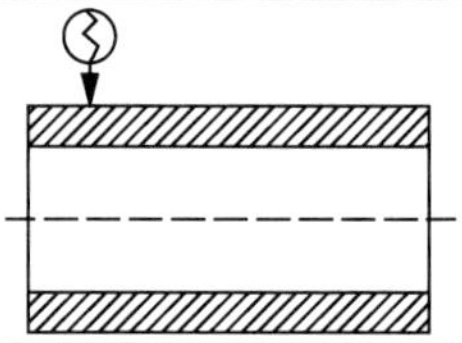
7	液压弹簧夹头定位夹紧，夹头内带有轴向定位	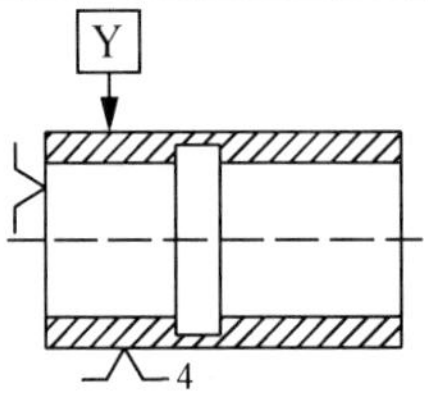 Y 4	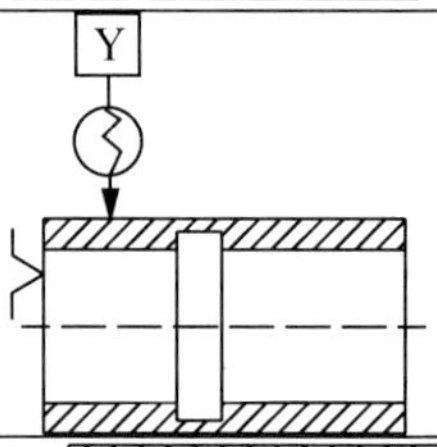 Y
8	弹性心轴定位夹紧	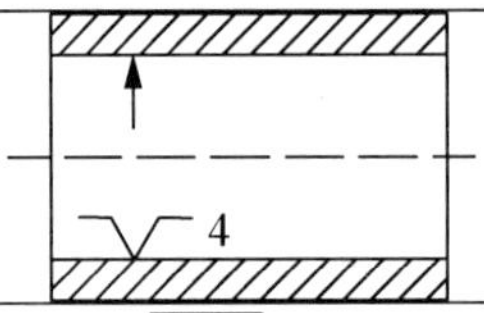 4	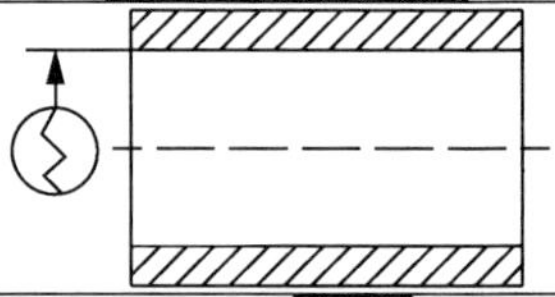
9	气动弹性心轴定位夹紧，带端面定位	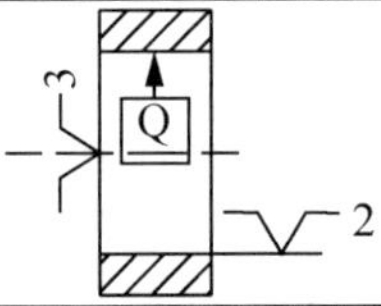 3 Q 2	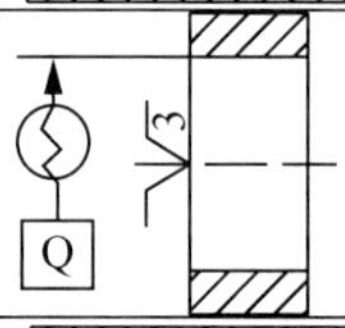 3 Q
10	锥度心轴定位夹紧	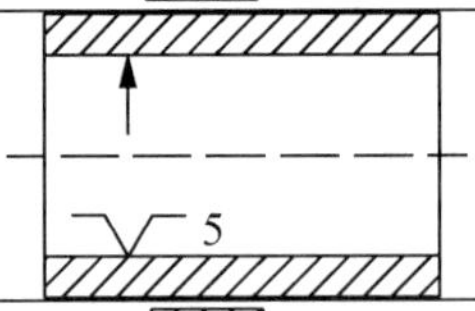 5	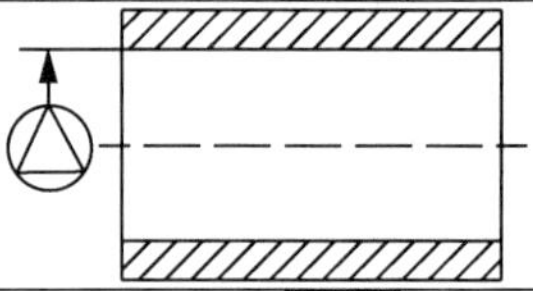
11	圆柱心轴定位夹紧，带端面定位	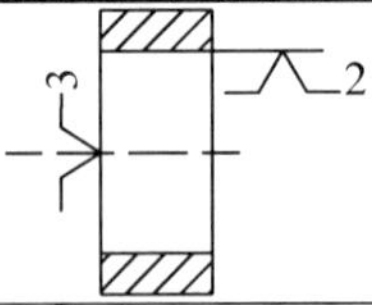 3 2	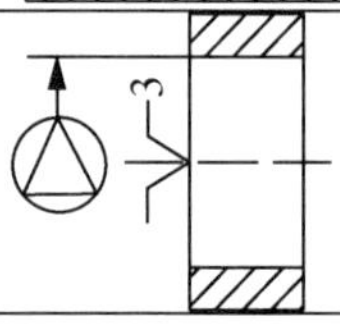 3
12	三爪卡盘定位夹紧	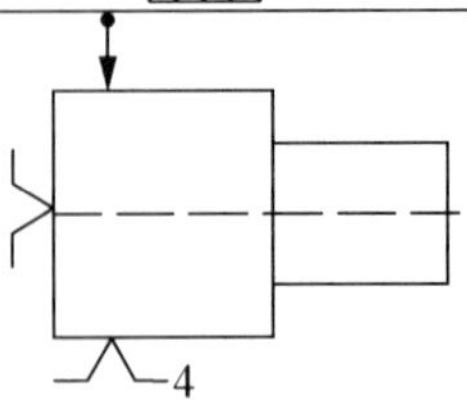 4	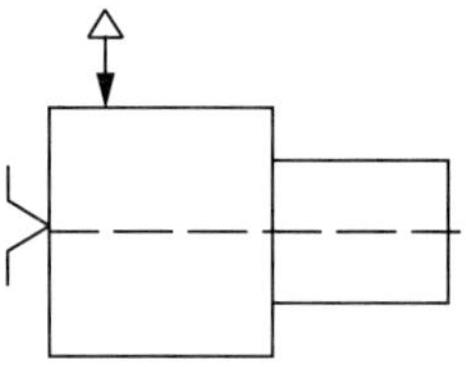

续表

序号	说　明	定位、夹紧符号标注示意图	装置符号标注或与定位、夹紧符号联合标注示意图
13	液压三爪卡盘定位夹紧，带端面定位		
14	四爪卡盘定位夹紧，带轴向定位		
15	四爪卡盘定位夹紧，带端面定位		
16	床头固定顶尖，床尾浮动顶尖定位，中部有跟刀架辅助支承，拨杆夹紧(细长轴类零件)		
17	床头三爪卡盘带轴向定位夹紧，床尾中心架支承定位		
18	止口盘定位螺栓压板夹紧		
19	止口盘定位气动压板联动夹紧		

续表

序号	说　明	定位、夹紧符号标注示意图	装置符号标注或与定位、夹紧符号联合标注示意图
20	螺纹心轴定位夹紧		
21	圆柱衬套带有轴向定位，外用三爪卡盘夹紧		
22	螺纹衬套定位，外用三爪卡盘夹紧		
23	平口钳定位夹紧		
24	电磁盘定位夹紧		
25	软爪三爪卡盘定位卡紧		
26	床头伞形顶尖，床尾伞形顶尖定位，拨杆夹紧		
27	床头中心堵，床尾中心堵定位，拨杆夹紧		

续表

序号	说　明	定位、夹紧符号标注示意图	装置符号标注或与定位、夹紧符号联合标注示意图
28	角铁、V 形铁及可调支承定位，下部加辅助可调支承，压板联动夹紧	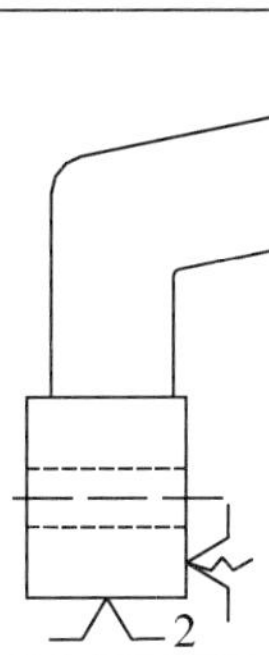	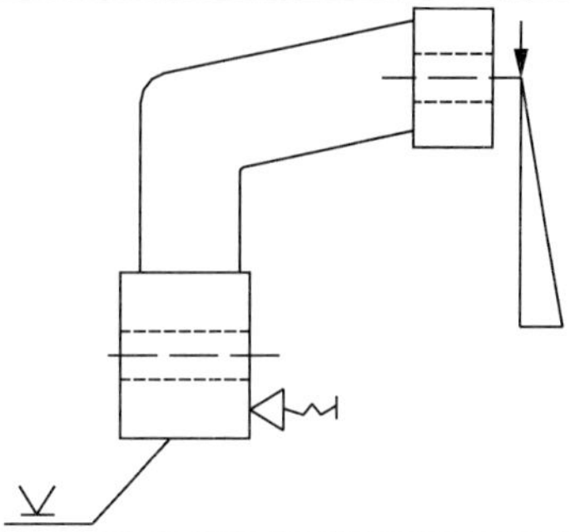
29	一端固定 V 形铁，下平面垫铁定位，另一端可调 V 形铁定位夹紧	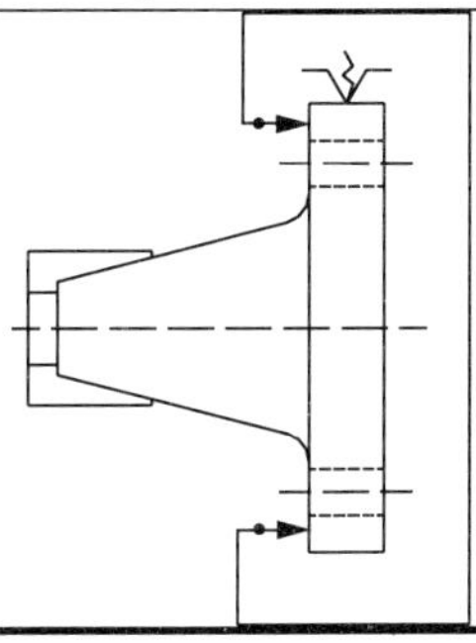	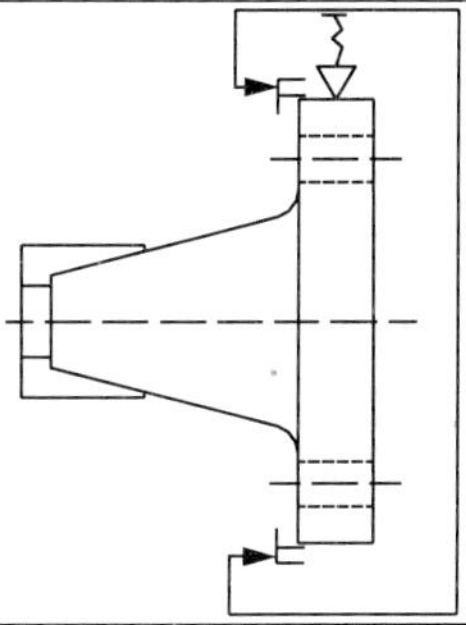

任务 2.2　专用夹具设计计算

机床专用夹具设计中的重要工作之一是夹具的夹紧力分析与计算，计算夹紧力大小的主要依据是夹具所承受的切削力，通常确定切削力有以下 3 种方法。

(1) 由经验公式算出。

(2) 由单位切削力算出。

(3) 由手册上提供的图表查出。

根据切削力的方向、大小，按静力平衡条件求得理论夹紧力，为了保证工件装夹的安全可靠，夹紧机构(或元件)产生的实际夹紧力一般应为理论夹紧力的 1.5～2.5 倍。

2.2.1　切削力的计算

1. 车削切削力的计算

切削力影响因素很多，主要是工件材料、刀具材料及几何参数、加工方式及切削参数等，其他影响因素有切削温度、切削环境等，通常通过切削力的经验公式来进行计算，车削时实际使用的切削力的经验公式有两种：一是指数公式；二是单位切削力。

(1) 指数公式。

主切削力 $F_c = C_{F_c} \cdot a_p^{x_{F_c}} \cdot f^{y_{F_c}} \cdot v_c^{n_{F_c}} \cdot K_{F_c}$

背向力 $F_p = C_{F_p} \cdot a_p^{x_{F_c}} \cdot f^{y_{F_p}} \cdot v_c^{n_{F_p}} \cdot K_{F_p}$

进给力 $F_f = C_{F_f} \cdot a_p^{x_{F_f}} \cdot f^{n_{F_f}} \cdot v_c^{n_{F_f}} \cdot K_{F_f}$

式中：F_c——主切削力，N；

F_p——背向力，N；

F_f——进给力，N；

C_{F_c}、C_{F_p}、C_{F_f}——系数，可查表 2-6；

x_{F_c}、y_{F_c}、n_{F_c}、x_{F_p}、y_{Fp}、n_{F_p}、x_{F_f}、y_{F_f}、n_{F_f}——指数，可查表 2-6；

K_{F_c}、K_{F_p}、K_{F_f}——修正系数，可查表 2-10 和表 2-11；

切削钢和铸铁时 F_P/F_C，F_F/F_C 的比值可查表 2-9；

切削力修正系数 K_{F_c}、K_{F_p}、K_{F_f} 是各种因素对切削力的修正系数的乘积。

即：

$$K_{F_c} = K_{mF_c} K_{k_r F_c} K_{\gamma_o F_c} K_{\lambda_s F_c} K_{\gamma_\varepsilon F_c}$$

$$K_{F_p} = K_{mF_p} K_{k_r F_p} K_{\gamma_o F_p} K_{\lambda_s F_p} K_{\gamma_\varepsilon F_p}$$

$$K_{F_f} = K_{mF_f} K_{k_r F_f} K_{\gamma_o F_f} K_{\lambda_s F_f} K_{\gamma_\varepsilon F_f}$$

特别提示

以上各系数、指数、修正系数值可由《切削用量简明手册》或者《切削原理》等参考书查得。

(2) 单位切削力。单位切削力是指单位切削面积上的主切削力，用 k_c 表示，见表 2-7。

$$k_c = F_c / A_D = F_c / (a_p f) = F_c / (b_d h_d)$$

式中：A_D——切削面积，mm^2；

a_p——背吃刀量，mm；

f—— 进给量，mm/r；

h_d—— 切削厚度，mm；

b_d——切削宽度，mm。

已知单位切削力 k_c，可以求出主切削力 F_c，即 $F_c = k_c a_p f = K_c h_d b_d$。

式中的 k_c 是指 f=0.3mm/r 时的单位切削力，当实际进给量 f 大于或小于 0.3mm /r 时，需乘以修正系数 K_{fk_c}，见表 2-8。

表 2-6　车削时的切削力及切削功率的计算公式

计算公式	
主切削力 F_c/N	$F_c = 9.81 C_{F_c} a_p^{x_{F_c}} f^{y_{F_c}} v_c^{n_{F_c}} k_{F_c}$
背向力 F_p/N	$F_p = 9.81 C_{F_p} a_p^{x_{F_p}} f^{y_{F_p}} v_c^{n_{F_p}} k_{F_p}$
进给力 F_f/N	$F_f = 9.81 C_{F_f} a_p^{x_{F_f}} f^{y_{F_f}} v_c^{n_{F_f}} k_{F_f}$
切削时消耗的功率 P_c/kW	$P_c = F_c v_c \times 10^{-3} / 60$

续表

切削力公式中的系数和指数														
加工材料	刀具材料	加工型式	主切削力 F_c				背向力 F_p				进给力 F_f			
			C_{F_c}	x_{F_c}	y_{F_c}	n_{F_c}	C_{F_p}	x_{F_p}	y_{F_p}	n_{F_p}	C_{F_f}	x_{F_f}	y_{F_f}	n_{F_f}
结构钢及铸钢 σ_b=0.637 GPa	硬质合金	外圆纵车、横车及镗孔	270	1.0	0.75	−0.15	199	0.9	0.6	−0.3	294	1.0	0.5	−0.4
		切槽及切断	367	0.72	0.8	0	142	0.73	0.67	0	—	—	—	—
		切螺纹	133	—	1.7	0.71	—	—	—	—	—	—	—	—
	高速钢	外圆纵车、横车及镗孔	180	1.0	0.75	0	94	0.9	0.75	0	54	1.2	0.65	0
		切槽及切断	222	1.0	1.0	0	—	—	—	—	—	—	—	—
		成形车削	191	1.0	0.75	0	—	—	—	—	—	—	—	—
灰铸钢 HBS190	硬质合金	外圆纵车、横车及镗孔	92	1.0	0.75	0	54	0.9	0.75	0	46	1.0	0.4	0
		切螺纹	103	—	1.8	0.82	—	—	—	—	—	—	—	—
	高速钢	外圆纵车、横车及镗孔	114	1.0	0.75	0	119	0.9	0.75	0	51	1.2	0.65	0
		切槽及切断	158	1.0	1.0	0	—	—	—	—	—	—	—	—

表 2-7　硬质合金外圆车刀切削常用金属是单位切削力和单位切削功率(f = 0.3mm / r)

加工材料				试验条件		单位切削力 k_c/N・mm^{-2}	单位切削功率 Pa/kW・(mm^3・s^{-1})$^{-1}$
名称	牌号	制造热处理状态	硬度 HBS	车刀几何参数	切削用量范围		
碳素结构钢合金结构钢	Q235	热轧或正火	134～137	$\gamma_o=15°$ $K_r=75°$ 前面带卷屑槽	a_p=1～5mm f=0.1～0.5mm v_c=90～105m/min	1884	1884×10^{-6}
	45		187			1962	1962×10^{-6}
	40Cr		212			1962	1962×10^{-6}
	45	调质	229	$b_r=0.2$mm $\gamma_o=20°$ $\lambda_s=0°$ $b_r=0$ 其余同第一项		2305	2305×10^{-6}
	40Cr		285			2305	2305×10^{-6}
不锈钢	1Cr18Ni9Ti	淬火回火	170～179	$\gamma_o=20°$ 其余同第一项		2453	2453×10^{-6}

表 2-8　进给量对单位切削力或单位切削功率的修正系数 K_{fk_c}，K_{fp_s}

f /mm • r-1	0.1	0.15	0.2	0.25	0.3	0.35	0.4	0.45	0.5	0.6
K_{fk_c}，K_{fp_s}	1.18	1.11	1.06	1.03	1	0.97	0.96	0.94	0.925	0.9

表 2-9　切削钢和铸铁时 F_P/F_C，F_F/F_C 比值

工件材料		主偏角 κ_r		
		45°	75°	90°
钢	F_P/F_C	0.55～0.65	0.35～0.5	0.25～0.4
	F_F/F_C	0.25～0.4	0.35～0.5	0.4～0.55
铸铁	F_P/F_C	0.3～0.45	0.2～0.35	0.15～0.3
	F_F/F_C	0.1～0.2	0.15～0.3	0.2～0.35

表 2-10　钢和铸铁的强度改变时切削力的修正指数 K_{mF}

加工材料	结构钢及铸钢	灰铸铁	可锻铸铁
系数 K_{mF}	$K_{mF}=(\frac{\sigma_b}{0.637})^{n_F}$	$K_{mF}=(\frac{HRS}{190})^{n_F}$	$K_{mF}=(\frac{HRS}{150})^{n_F}$

上列公式中的指数 n_F

加工材料	车削时的切削力						钻削	
	F_c		F_p		F_f		M 及 F	
	刀具材料							
	硬质合金	高速钢	硬质合金	高速钢	硬质合金	高速钢	硬质合金	高速钢
结构钢及铸钢	0.75	0.35　0.75	1.35	2	1	1.5	0.75	
灰铸铁及可锻铸铁	0.4	0.55	1	1.3	0.8	1.1	0.6	

表 2-11　加工钢及铸铁时刀具几何参数改变时切削力的修正系数

参数		刀具材料	修正系数			
名称	数值		名称	切削力		
				F_c	F_p	F_f
主偏角 K_r	30°	硬质合金	K_{KrF}	1.08	1.30	0.78
	45°			1.0	1.0	1.0
	60°			0.94	0.77	1.11
	75°			0.92	0.62	1.13
	90°			0.89	0.50	1.17
	30°	高速钢		1.08	1.63	0.7
	45°			1.0	1.0	1.0
	60°			0.98	0.71	1.27
	75°			1.03	0.54	1.51
	90°			1.08	0.44	1.82

续表

参数		刀具材料	修正系数			
名称	数值		名称	切削力		
				F_c	F_p	F_f
前角 γ_o	−15°	硬质合金	$K_{\gamma_{oF}}$	1.25	2.0	2.0
	−10°			1.2	1.8	1.8
	0°			1.1	1.4	1.4
	10°			1.0	1.0	1.0
	20°			0.9	0.7	0.7
	12°～15°	高速钢		1.15	1.6	1.7
	20°～25°			1.0	1.0	1.0
刃倾角 λ_s	+5°	硬质合金	$K_{\lambda_{sF}}$	1.0	0.75	1.07
	0°				1.0	1.0
	−5°				1.25	0.85
	−10°				1.5	0.75
	−15°				1.7	0.65
刀尖圆弧半径 r_ε / mm	0.5	高速钢	$K_{r_{\varepsilon F}}$	0.87	0.66	1.0
	1.0			0.93	0.82	
	2.0			1.0	1.0	
	3.0			1.04	1.14	
	5.0			1.1	1.33	

2. 钻削切削力的计算

钻头每一切削刃都产生切削力，包括切向力(主切削力)、背向力(径向力)和进给力(轴向力)。当左右切削刃对称时，背向力抵消，最终构成对钻头影响的是进给力 F_f 与切削转矩 M_c。

钻削时轴向进给力 F_f、切削转矩 M_c 的计算公式为：

$$F_f = C_{F_f} D^{z_{F_f}} f^{y_{F_f}} K_{F_f} \qquad M_c = C_{M_c} D^{z_{M_c}} f^{y_{M_c}} K_{M_c}$$

对应不同的工件材料、刀具材料及加工方式，钻削的进给力、切削转矩见表 2-12。

(注：公式中的系数 C_{F_f} 、C_{M_c} 、K_{F_f} 、K_{M_c} 和指数 Z_{F_f} 、y_{F_f} 、z_{M_c} y_{M_c} 可以参看《切削用量简明手册》表 2.32 及表 2.33)。

表 2-12　钻削时切削力及切削转矩的计算公式

工作材料	加工方式	刀具材料	切削转矩计算公式	切削力计算公式
结构钢和铸钢	钻	高速钢	$M_c=345D^2f^{0.8}K_P$	$F_f=680Df^{0.7}K_P$
	扩、钻		$M_c=900D\,a_p^{0.9}f^{0.8}K_P$	$F_f=378\,a_p^{1.3}f^{0.7}K_P$
耐热钢 (1Cr18Ni9Ti，141HB)	钻	高速钢	$M_c=410D^2f^{0.7}K_P$	$F_f=1430Df^{0.7}K_P$
灰铸铁 190HB			$M_c=210D^2f^{0.8}K_P$	$F_f=427Df^{0.8}K_P$

续表

工作材料	加工方式	刀具材料	切削转矩计算公式	切削力计算公式
灰铸铁 190HB	钻	硬质合金	M_c=120$D^{2.2}f^{0.8}K_P$	F_f=420$D^{1.2}f^{0.75}K_P$
	扩、钻	高速钢	M_c=850$D^2 a_p^{0.75} f^{0.8}K_P$	F_f=235 $a_p^{1.2} f^{0.4}K_P$
可锻铸铁 150HB	钻		M_c=210$D^2f^{0.8}K_P$	F_f=433$Df^{0.8}K_P$
		硬质合金	M_c=100$D^{2.2}f^{0.8}K_P$	F_f=325$D^{1.2}f^{0.75}K_P$
多相金相组织铜合金：120HB		高速钢	M_c=120$D^2f^{0.8}K_P$	F_f=315$Df^{0.8}K_P$

注：M_c——切削转矩，N·mm；

D——钻头直径，mm；

a_p——背吃刀量，mm，对扩钻：$a_p=0.5(D-d)$；

d——扩孔前的孔径，mm；

F_f——轴向切削力，N；

f——每转进给量，mm；

K_p——修正系数，按表 2-13 选取。

特别提示

(1) 若钻头的横刃未经刃磨，则钻孔轴向力要比上述公式的计算值大 33%。

(2) 无扩孔钻孔及铰孔的切削力计算公式可以近似地按镗孔的圆周切削力 F_z 的计算公式求出每齿的圆周切削力，然后再求出总的圆周切削力及切削转矩，此时，公式中的进给量 f 应为每齿进给量 f_z (即 f/z，z——刀具的齿数)。

表 2-13　修正系数 K_p

材料	结构钢铸铁	灰铸铁	可锻铸铁	铜合金：多相金组织：平均硬度＝120HB	铜合金：多相金组织：平均硬度＞120HB	铜合金：基本金相组织是多相的铜铅合金及基本组织是单相的，含铅量＜10%的铜铅合金	铜合金：单相金相组织	铜合金：含铅量＞15%的铜铅合金	钢
K_p	$\left(\frac{\sigma_b}{750}\right)^{0.75}$	$\left(\frac{HB}{190}\right)^{0.6}$	$\left(\frac{HB}{160}\right)^{0.6}$	1	0.75	0.65～0.7	1.8～2.2	0.25～0.45	1.7～2.1

3. 铣削切削力的计算

对应不同的刀具材料、工件材料及铣刀类型，铣削的切削力计算公式见表 2-14。

表 2-14　铣削力的计算公式

刀具材料	工件材料	铣刀类型	计算公式
高速钢	碳钢、青铜、铝合金、可锻铸铁等	圆柱铣刀、立铣刀、盘铣刀、锯片铣刀、角度铣刀、半圆成形铣刀	$F_f = 10C_p a_p^{0.85} f_z^{0.72} D^{-0.85} a_w z K_p$
		端铣刀	$F_f=10C_P a_p^{1.1} f_z^{0.80} D^{-1.1} a_w^{0.95} zK_P$
高速钢	灰铸钢	圆柱铣刀、立铣刀、盘铣刀、锯片铣刀	$F_f=10C_P a_p^{0.83} f_z^{0.65} D^{-0.83} a_w zK_P$
		端铣刀	$F_f=10C_P a_p^{1.1} f_z^{0.72} D^{-1.1} a_w^{0.9} zK_P$
硬质合金	碳钢	圆柱铣刀	$F_f=930 a_p^{0.88} f_z^{0.75} a_f^{0.75} D^{-0.87} a_w z$
		三面刃铣刀	$F_f=2380 a_p^{0.90} f_z^{0.80} D^{-1.1} a_w^{1.1} n^{-0.1} z$
		两面刃铣刀	$F_f=2500 a_p^{0.80} f_z^{0.70} D^{-1.1} a_w^{0.85} z$
		立铣刀	$F_f=120 a_p^{0.85} f_z^{0.75} D^{-0.73} a_w n^{0.13} z$
		端铣刀	$F_f=11500 a_p^{1.06} f_z^{0.88} D^{-1.3} a_w^{0.90} n^{-0.18} z$
	可锻铸铁	端铣刀	$F_f=4520 a_p^{1.1} f_z^{0.7} D^{-0.13} a_w n^{0.20} z$
	灰铣刀	圆柱铣刀	$F_f=520 a_p^{0.9} f_z^{0.80} D^{-0.90} a_w z$
		端铣刀	$F_f=500 a_p^{1.0} f_z^{0.74} D^{-1.0} a_w^{0.90} z$

注：F_f——铣削力，N；

C_P——在用高速钢(W18Cr4V)铣刀铣削时，考虑工件材料及铣刀类型的系数，其值按表 2-15 选取；

a_p——背吃刀量，mm，指铣刀刀齿和切出工件过程中，接触弧在垂直走刀方向平面中测得的投影长度；

f_z——每齿进给量，mm；

D——铣刀直径，mm；

a_W——铣削宽度，mm，指平行于铣刀轴线方向测得的切削层尺寸；

n——铣刀每分钟转数；

z——铣刀的齿数；

K_p——用高速钢(W18Cr4V)铣削时，考虑工件材料力学性能不同的修正系数，对于结构钢、铸钢：$K_p=(\frac{\sigma_b}{750})^{0.3}$，对于灰铸铁：$K_p=(\frac{HB}{190})^{0.55}$；

σ_b——工件材料的抗拉强度，MPa；

HB——工件材料的布氏硬度值(取最大值)。

表 2-15　考虑工件材料及铣刀类型的系数 C_p 值

铣刀类型	C_p 值				
	碳钢	可锻铸钢	灰铸钢	青铜	碳合金
圆柱铣刀、立铣刀等	68.2	30	30	22.6	17
圆盘铣刀、锯片铣刀	82.4	52	52	37.5	18
端铣刀	68.3	30	30	22.5	17
角度铣刀	38.9	—	—	—	—
半圆成形铣刀	47	—	—	—	—

2.2.2　夹紧力的计算

夹紧力是一个很复杂的问题，一般只能粗略估算。加工过程中，工件受到切削力、重力、离心力和惯性力等作用，从理论上讲，夹紧力作用效果必须与上述作用力(矩)相平衡。不同条件下，上述作用力平衡系中对工件所起作用各不相同，如采用一般切削规范加工中、小工件时起决定作用的因素是切削力(矩)；加工笨重大型工件时，还须考虑工件重力的作用；高速切削时，不能忽视离心力和惯性力的作用，此外，影响切削力的因素还有很多，例如工件材质不匀，加工余量大小不一致，刀具磨损程度以及切削时冲击等因素都使切削力随时发生变化。

为简化夹紧力计算，通常假设工艺系统是刚性的，切削过程是稳定的，这些假设条件下，根据切削经验公式或切削力计算图表求出切削力，然后找出加工过程中最不利瞬时状态，按静力学原理求出夹紧力大小。为了保证夹紧可靠，还需要乘以安全系数即计算出实际需要的夹紧力，夹紧力的计算公式为：

$$F_J=KF_{计}$$

式中：$F_{计}$——最不利条件下由静力平衡计算求出的夹紧力；

F_J——实际需要夹紧力；

K——安全系数，一般取 K=1.5～3，粗加工取大值，精加工取小值。

任务 2.3　制定机床夹具公差和技术要求

在设计机床夹具(以下简称夹具)时，合理地制定它的公差和技术要求是一项非常重要的工作。因为它直接影响夹具的制造成本和使用效果，更重要的是通过它来保证工件工序的尺寸公差和技术要求。

夹具公差和技术要求主要包括以下内容。

(1) 夹具装配图和零件图上的尺寸公差。

(2) 夹具各组成元件间的配合种类和公差等级，各元件工作表面和它们之间的形位公差。

(3) 夹具元件的材料、热处理条件、制造使用说明以及机构性能要求等。

2.3.1　掌握制定夹具公差和技术要求的基本原则

制定夹具公差和技术要求必须以产品图样、工艺规程和设计任务书为依据，对被加工工件的尺寸、公差和技术要求等进行全面分析、细致思考，制定夹具公差和技术要求的基本原则如下。

(1) 为保证工件的加工精度，在制定夹具的公差和技术要求时，应使夹具制造误差的总和

不超过工件相应公差的 1/5～1/3，否则应进行工序误差的分析计算，使其满足误差计算不等式。

(2) 为增加夹具使用的可靠性，延长夹具的使用寿命，必须考虑夹具使用中的磨损补偿问题。应根据加工的现有设备条件和制造夹具的技术水平，在不增加制造困难的前提下，尽量地把夹具的公差制定得小一些。

(3) 夹具一般属于单件生产，在夹具制造中，为了提高夹具的制造精度、减少加工的难度，可采用调整法、修配法、装配后加工、就地加工等方法，此时，允许夹具各组成元件的制造公差适当放宽要求。

(4) 夹具中的尺寸、公差和技术要求应表示清楚，不允许相互矛盾和重复；凡注有公差要求的部位，必须有相应的检验基准。

(5) 夹具中对于精度要求较高的定位元件，应用较好的材料制造，其淬火硬度一般不低于 HRC50，以保持制造精度。

(6) 夹具设计中不论工件尺寸公差是单向还是双向分布，都应改为平均尺寸作为基本尺寸和双向对称分布的公差。例如，工件原始的尺寸公差为$150_{+0.00}^{+0.06}$ mm，夹具设计时，应把工件尺寸及公差改为(150.03±0.03)mm，夹具的基本尺寸定为 150.03mm，夹具制造误差原则上不能超过工件相应公差的 1/3，即±0.01mm 作为夹具的制造误差，这样才能满足工件的精度要求；再如，工件原始尺寸为$160_{+0.02}^{+0.08}$ mm，夹具设计时，应改为(160.05±0.03)mm，改后的平均尺寸为 160.05mm，夹具上相应的基本尺寸及制造公差应设计为160.05±0.01mm，这样才能保证设计的夹具能满足工件加工尺寸公差的要求。

2.3.2　掌握夹具总装图应标注的尺寸、公差和技术要求

夹具是由许多组成元件装配而成的，装配后必须保证工件的定位精度，从而满足工件的加工要求。在夹具总装图上，除了一部分可直接用尺寸公差、配合公差(GB/T 1800.1～1800.2—2009)和形位公差(GB/T 1182—2008) 规定的符合表示夹具应达到精度外，对于不便于在图中表示的，还要用文字说明表示其技术要求或特殊要求。

夹具总装图上应标注的尺寸、公差和技术要求，随各个具体夹具，具体设计制造和使用工厂的不同而有所不同。一般来说，在夹具总装图上应标注的基本尺寸、公差和技术要求有以下几种。

1. 夹具的轮廓尺寸

一般是指夹具的最大外形轮廓尺寸。特别是当夹具结构中有可动部分时，应包括可动部分处于极限位置时在空间所占的尺寸。例如：夹具有超出夹具外的回转部分时，应注出最大回转半径；有升降部分时，应注出其最高和最低位置尺寸。由此可见，标注夹具最大外形轮廓尺寸就可知道夹具在空间实际所占位置和可能的活动范围，从而可以检验所设计夹具是否会与机床和刀具等发生干涉。

2. 配合尺寸

配合尺寸通常是指工件定位基准与定位元件之间、导向元件与刀具(或刀杆)之间以及夹具各组成元件之间的配合要求。这时不仅标注配合尺寸的大小，而且需标注配合种类和公差等级。

3. 夹具各组成元件间的相互位置和相关尺寸公差

为了使夹具制造和装配后达到设计规定的精度要求，除一部分可直接用尺寸公差来标注

外，还有需要用文字说明或符号表示的相互位置精度要求，习惯上统称为夹具的技术要求。

根据夹具的功用，其技术要求分为以下几个方面。

(1) 定位面与定位面之间的尺寸公差和相互位置精度(如平行度、垂直度要求等)。

(2) 定位面与夹具安装基面(或找正基面)间的相互位置精度。

(3) 导向中元件间、导向一对刀元件与定位面间的相互位置精度。

(4) 导向一对刀元件与夹具安装基面(或找正基面)间的相互位置精度。

上述相互位置精度的具体公差数值将在“夹具各组成元件间的相互位置精度和相关尺寸公差的制定”，以及“各类机床夹具的公差和技术要求的制定”中详述。

(5) 有时将夹具的强度试验、焊缝试验、平衡试验及密封性试验等要求，也列入技术要求中。

4. 夹具与刀具的联系尺寸

它是用来确定夹具上导向一对刀元件位置的，如铣床夹具，即为对刀块工作面与定位面间的位置尺寸；钻、镗床夹具就是钻(镗)套与定位面间的位置尺寸；钻(镗)套间的位置尺寸，以及钻(镗)套与刀具导向部分的配合尺寸等。

5. 夹具与机床的联系尺寸

它用来表示夹具是如何与机床连接的，从而确定夹具在机床上的位置。如车床夹具、磨床夹具与机床主轴前端的联系尺寸；铣床夹具、刨床夹具则是夹具上的定位键与机床工作台的T型槽的配合尺寸等。

6. 装配尺寸和制造使用方面的特殊要求

这种尺寸和要求主要是为了保证夹具装配后能满足使用要求而规定的。

标注夹具总装图上的技术要求和有关定位尺寸时，所采用的定位面(线)可参考表2-16。

表2-16　夹具上常用的定位表面

定位元件名称	定位元件简图	标注技术要求或有关尺寸时采用的定位表面(线)	定位元件名称	定位元件简图	标注技术要求或有关尺寸时采用的定位表面(线)
定位销	ϕd	定位销 ϕd 的轴线	定位环	ϕd	定位销 ϕd 的轴线
支承板	定位表面A	定位表面A或支承平面A	V形块	ϕd 标棒	与V形块接触的 ϕd 标棒轴线

2.3.3　制定夹具各组成元件间的相互位置精度和相关尺寸公差

一般夹具的公差按其是否与工件的工序尺寸有关可分为与工件加工要求有关的和无关的两类。

1. 与工件加工要求有关的夹具尺寸公差和技术要求

这一类公差可直接根据被加工工件的尺寸公差和技术要求来制定夹具相关的尺寸公差和技术要求。例如：夹具定位元件之间(如平面双孔定位时，两定位销间的中心距)，导向、对刀元件之间(如孔系加工时，钻、镗套间的中心距)，以及导向、对刀元件与定位元件之间(如对刀块工作面至定位面间的距离)等有关的尺寸公差和位置公差。这类夹具公差是与工件的加工精度密切相关的，因此，按被加工工件的工序尺寸公差确定。

由于误差的分析计算还不很完善，因此在制定这类夹具公差时，不能都采用分析计算法，而多数仍尚用经验公式来确定，即一般取夹具的公差为工件相应工序尺寸公差的 1/5～1/2。在具体选取时，则必须结合被加工工件的加工精度要求、批量大小以及工厂在制造夹具方面的生产技术水平等因素进行细致分析和全面考虑。通常有下列规律可循。

(1) 当工件的加工精度要求较高时，若夹具公差取得过小，将造成夹具难于制造，甚至无法制造。这时则可使夹具公差所占比例略大些。反之，工件加工精度要求较低时，夹具公差所占比例则可适当取小些。

(2) 当工件的生产批量大时，为了保证夹具的使用寿命，这时夹具公差宜取小些，以增大夹具的磨损公差；而当工件的生产批量小时，此时夹具使用寿命问题并不突出，但为了便于制造，故夹具公差可取得大些。

(3) 若工厂制造夹具的技术水平较高，则夹具公差可取小些。

表 2-17 列出各类机床夹具公差与工件相应公差的比例关系，按此比例可选取夹具公差。

表 2-17　机床夹具公差与工件相应公差的比例关系

夹具类型	工件工序尺寸公差/mm				
	0.03～0.10	0.10～0.20	0.20～0.30	0.30～0.50	自由尺寸
车床夹具	$\frac{1}{4}$	$\frac{1}{4}$	$\frac{1}{5}$	$\frac{1}{5}$	$\frac{1}{5}$
钻床夹具	$\frac{1}{3}$	$\frac{1}{4}$	$\frac{1}{4}$	$\frac{1}{5}$	$\frac{1}{5}$
镗床夹具	$\frac{1}{3}$	$\frac{1}{3}$	$\frac{1}{4}$	$\frac{1}{4}$	$\frac{1}{5}$

表 2-18 和表 2-19 分别列出了按被加工工件相应尺寸公差和角度公差选取夹具公差的参考数据。

表 2-18　按工件直线尺寸公差确定夹具相应尺寸公差的参考数据　　/mm

工件尺寸公差		夹具尺寸公差	工件尺寸公差		夹具尺寸公差
由	到		由	到	
0.008	0.01	0.005	0.20	0.24	0.08
0.01	0.02	0.006	0.24	0.28	0.09
0.02	0.03	0.010	0.28	0.34	0.10
0.06	0.05	0.015	0.34	0.45	0.15
0.05	0.06	0.025	0.45	0.65	0.20
0.06	0.07	0.030	0.65	0.90	0.30
0.07	0.08	0.035	0.90	1.30	0.40
0.08	0.09	0.040	1.30	1.50	0.50
0.09	0.10	0.045	1.50	1.60	0.60
0.10	0.12	0.50	1.60	2.00	0.70
0.12	0.16	0.060	2.00	2.50	0.80
0.16	0.20	0.070	2.50	3.00	1.00

表 2-19　按工件角度公差确定夹具相应角度公差的参考数据

工件角度公差		夹具角度公差	工件角度公差		夹具角度公差
由	到		由	到	
0° 00′50″	0° 01′30″	0° 00′30″	0° 20′00	0° 25′00	0° 10′00″
0° 01′30″	0° 02′30″	0° 01′00″	0° 25′00	0° 35′00″	0° 12′00″
0° 02′30″	0° 03′30″	0° 01′30″	0° 35′00″	0° 50′00″	0° 15′00″
0° 02′30″	0° 04′30″	0° 02′00″	0° 50′00″	1° 00′00″	0° 20′00″
0° 04′30″	0° 06′00″	0° 02′30″	1° 00′00	1° 30′00″	0° 30′00″
0° 06′00″	0° 08′00″	0° 03′00″	1° 30′00″	2° 00′00″	0° 40′00″
0° 08′30″	0° 10′00″	0° 04′00″	2° 00′00″	3° 00′00″	1° 00′00″
0° 10′00″	0° 15′00″	0° 05′00″	3° 00′00″	4° 00′00″	1° 20′00″
0° 15′00″	0° 20′00	0° 08′00″	4° 00′00″	5° 00′00″	1° 40′00″

此外，夹具各组成环元件间的相互位置精度要求一般考虑以下几个方面。

(1) 定位支承面间或定位支承面与夹具安装基面的相互位置精度要求，如图 2.1 所示。

(2) 定位支承面自身的形位公差要求。

(3) 导向元件间、导向元件与定位面或夹具安装基准面间的相互位置要求。图 2.2 所示为当加工孔为ϕd时，要求钻孔中心线与其定位基准面垂直，夹具设计时必须首先保证定位表面与夹具底面 B 间的平行度要求，其次保证钻套中心对夹具底面 B(或定位表面 A)的垂直度要求，钻模只有保证了上述这两项技术要求，才能满足工件所要求的垂直度。

(4) 对刀块工作面至定位面的距离公差。

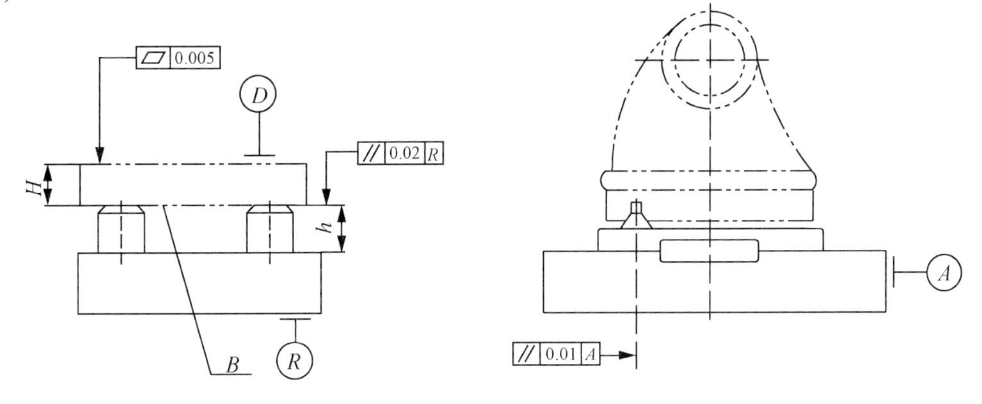

图 2.1　定位支承面间或定位支承面与夹具安装基面的相互位置精度要求

图 2.3 所示为在轴上铣削键槽的对刀装置和定位简图。加工要求保证键槽对轴中心线对称，为此，工件定位用的 V 形块的轴线，必须对夹具两位键的工作侧面规定平行度要求(图中未示出)。

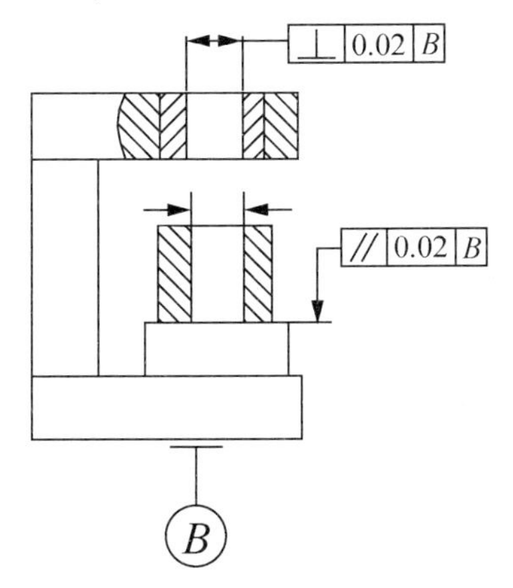

图 2.2　导向元件和定位面与夹具安装基要间的相互位置要求

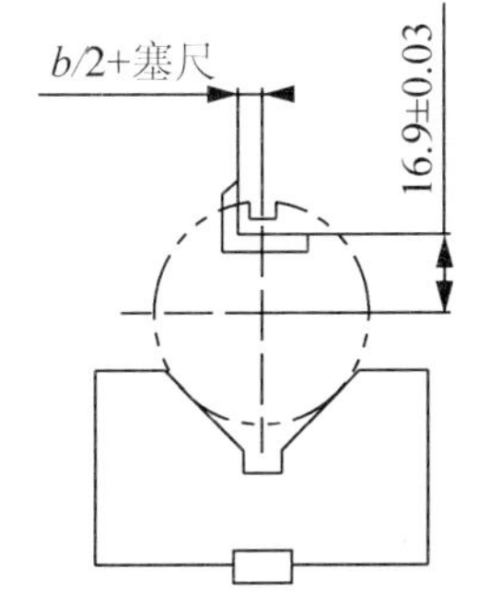

图 2.3　对刀块工作面至定位表面间距离的制造公差

为方便确定刀具的位置，一般常采用对刀块。如图 2.2 所示之键槽加工尺寸为 $20_{-0.2}^{\ 0}$ mm，此尺寸公差为单向分布，应化为平均尺寸对称公差，即为(19.9±0.1)mm，然后按此尺寸(19.9mm)减去塞尺的厚度(3mm)，即 19.9−3=16.9(mm)，作为对刀块工作面到定位面的尺寸，其公差数值应按相应工序尺寸公差的 1/5～1/2 确定。如取 1/3 则为(1/3) ×0.2≈ 0.06= ±0.03(mm)，即为图 2.3 所示之尺寸公差(16.9±0.03) mm。

而对刀块垂直工作面到定位面的距离，则应按槽宽 b 的 1/2 来确定，即在该尺寸上再加上塞尺厚度(3mm)，如图 2.3 所示之尺寸 b/2+塞尺。其公差数值同上述方法确定。

以上这些技术要求都是为了满足工件的加工要求而提出的。但是，有时为了保证操作正常而安全地进行，也需要规定一些其他技术要求。如有些钻孔工序，被钻孔与其定位基准面间并无垂直度要求，但为了使钻头正常工作，不致因卡住而折断，这时也在钻模总装图上规定钻套中心线对钻模底面的垂直度要求(一般 100mm 内的公差为 0.05mm)等。

凡与工件技术要求有关的夹具技术要求，其公差数值同样按工件相应技术要求公差的

1/5～1/2 选取。若工件没有提出具体技术要求，可参考下列数值选用。

① 同一平面上的支承钉或支承板的平面度公差为 0.02mm。

② 定位面对夹具安装基面的平行度或垂直度在 100mm 内公差为 0.02mm。

其他有关数据，在“各类机床夹具的公差和技术要求的制定”中介绍。

2. 与工件工序尺寸无关的夹具公差和技术要求

与工件工序尺寸无关的尺寸公差多属于夹具内部的结构尺寸公差，例如定位元件与夹具体的配合尺寸公差、夹紧机构上各组成零件间的配合尺寸公差等。这类尺寸公差主要是根据零件在夹具中的功用和装配要求而直接根据国家标准选取配合种类和公差等级的，并根据机构性能要求提出相应的要求。

2.3.4 夹具公差与配合的选择

1. 夹具常用的配合种类和公差等级

夹具的公差与配合应符合国家标准(GB/T 1800.1～1800.2—2009) 。机床夹具常用的配合种类和公差等级见表 2-20，常用的夹具元件的公差配合见表 2-21。

表 2-20 机床夹具常用的配合种类和公差等级

<table>
<tr><th colspan="2" rowspan="2">配合件的工作形式</th><th colspan="2">精度要求</th><th rowspan="2">示 例</th></tr>
<tr><th>一般精度</th><th>较高精度</th></tr>
<tr><td colspan="2">定位元件与工件定位基面间的配合</td><td>H7/h6、H7/g6、H7/f7</td><td>H6/h5、H6/g5、H6/f5</td><td>定位销与工件定位基准孔的配合</td></tr>
<tr><td colspan="2">有导向作用，有相对运动的元件间的配合</td><td>H7/h6、H7/g6、H7/f7
H7/ h6、G7/ h6、F8/ h6</td><td>H6/h5、H6/g5、H6/f5
H6/ h5、G6/ h5、F7/ h5</td><td>移动定位元件、刀具与导套的配合</td></tr>
<tr><td colspan="2">无导向作用但有相对运动的元件间的配合</td><td>H8/f9、H8/d9</td><td>H8/f8</td><td>移动夹具底座与滑座的配合</td></tr>
<tr><td rowspan="2">没有相对运动元件间配合</td><td>无紧固件</td><td colspan="2">H7/n6、H7/r6、H7/s6</td><td rowspan="2">固定支承钉、定位销</td></tr>
<tr><td>有紧固件</td><td colspan="2">H7/m6、H7/k6、H7/js6</td></tr>
</table>

注：表中配合种类和公差等级仅供参考，根据夹具的实际结构和功用要求也可选用其他的配合种类和公差等级。

表 2-21 常用夹具元件的公差配合

<table>
<tr><th>元件名称</th><th colspan="2">部件及配合</th><th>备 注</th></tr>
<tr><td rowspan="2">衬套</td><td colspan="2">外径与本体 H7/r6 或者 H7/n6</td><td rowspan="2"></td></tr>
<tr><td colspan="2">内径 F7 或 F6</td></tr>
<tr><td rowspan="2">固定钻套</td><td colspan="2">外径与钻模板 H7/r6 或者 H7/n6</td><td></td></tr>
<tr><td colspan="2">内径 G7 或 G8</td><td>基本尺寸是刀具的最大尺寸</td></tr>
<tr><td>可换钻套</td><td colspan="2">外径与衬套 F7/m6 或者 F7/k6</td><td></td></tr>
<tr><td>快换钻套</td><td>内径</td><td>钻孔与扩孔时 F8</td><td>基本尺寸是刀具的最大尺寸</td></tr>
</table>

续表

元件名称	部件及配合		备　　注
快换钻套	内径	粗铰孔时　G7	基本尺寸是刀具的最大尺寸
		精铰孔时　G6	
镗套	外径与衬套　H6/h5(H6/j5)；H7/h6(H7/js6)		滑动式回转镗套
	内径与衬套　H6/g5(H6/h5)；H7/g6(H7/h6)		滑动式回转镗套
支承钉	与夹具体配合　H7/r6；H7/n6		
定位销	与工件定位基面配合　H7/g6、H7/f7 或 H6/g5、H6/f6		
	与夹具体配合　H7/r6 、H7/n6		
可换定位销	与衬套配合　H7/h6		
钻模板铰链轴	轴与孔配合　G7/h6 、F8/h6		

2. 夹具常用元件的配合实例

表 2-22 列举了一些常用元件的配合，供夹具设计时参考。

表 2-22　夹具常用元件的配合

配合元件名称		图　　例	配合元件名称		图　　例
定位销和支承钉与其配合件的典型配合	盖机式钻模定位销	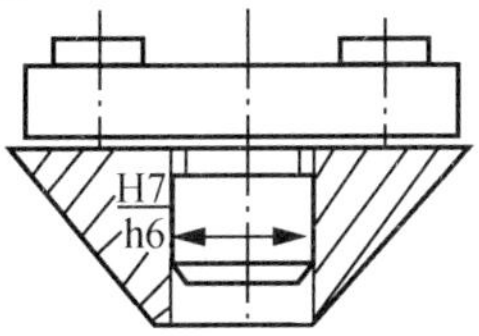 $\frac{H7}{h6}$	可动元件的典型配合	滑动钳口	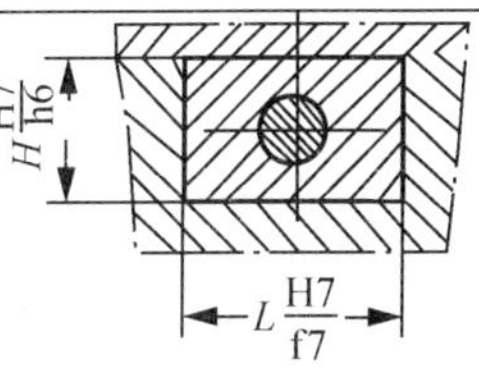 $H\frac{H7}{h6}$ $L\frac{H7}{f7}$
	支承钉	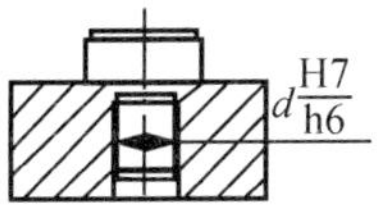 $d\frac{H7}{h6}$		滑动 V 形块	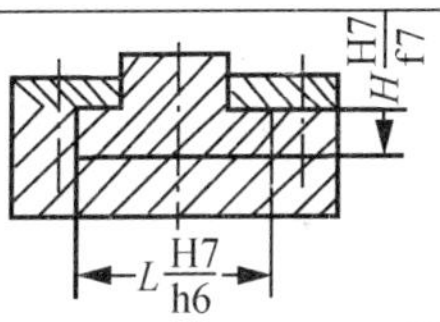 $H\frac{H7}{f7}$ $L\frac{H7}{h6}$
活动支承件的典型配合	浮动锥形定位销	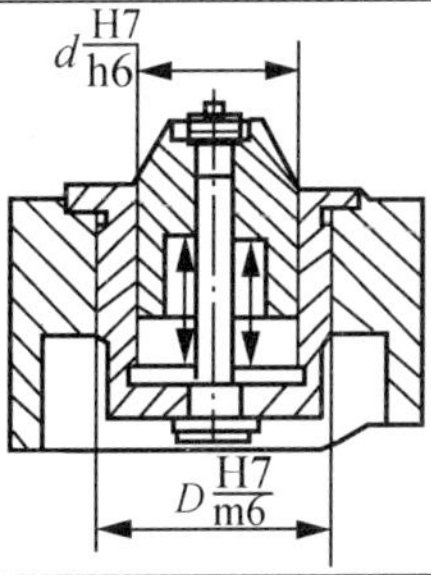 $d\frac{H7}{h6}$ $D\frac{H7}{m6}$		滑动夹具底板	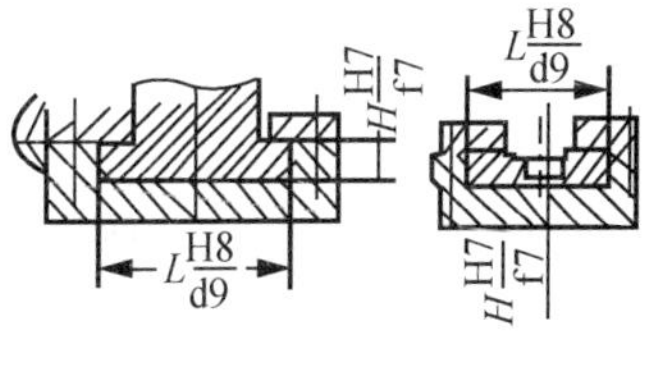 $H\frac{H7}{f7}$ $L\frac{H8}{d9}$ $L\frac{H8}{d9}$ $H\frac{H7}{f7}$
活动支承件的典型配合	浮动 V 形块	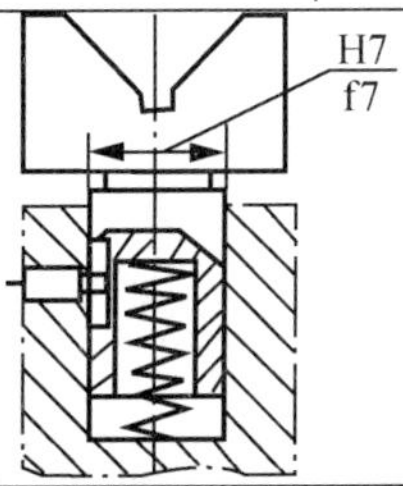 $\frac{H7}{f7}$	固定元件的典型配合	钻模板	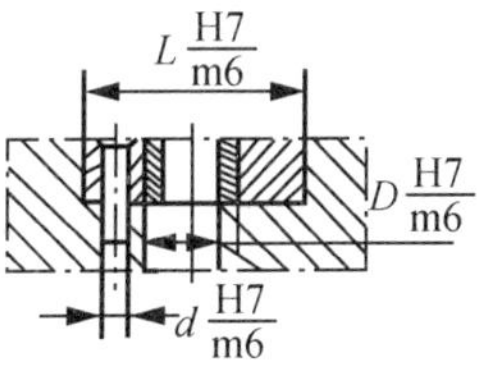 $L\frac{H7}{m6}$ $D\frac{H7}{m6}$ $d\frac{H7}{m6}$

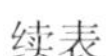

续表

配合元件名称		图例
固定元件的典型配合	对刀块	$d\frac{H7}{n6}$，$L\frac{H7}{m6}$
	固定V形块	$L\frac{H7}{m6}$
夹紧件的典型配合	柱塞夹紧装置	$d\frac{H7}{n6}$，$d\frac{H7}{n6}$，$D\frac{H11}{d11}$
	偏心夹紧机构	$d\frac{H9}{f9}$，$S\frac{H11}{f11}$，$d_1\frac{H9}{f9}$，$\frac{H11}{h11}$
	偏心夹紧机构	$\frac{H7}{n6}$，$D\frac{H7}{n7}$，$d_1\frac{H7}{n9}$，$d_2\frac{H7}{n9}$，$D_1\frac{H7}{n9}$
分度定位机构的典型配合	分度定位销	$D\frac{H7}{n5}$，$d\frac{H7}{n7}$，$d_1\frac{H11}{d11}$
夹紧件的典型配合	联动夹紧压板	$d\frac{H11}{d11}$，$d_1\frac{H9}{f9}$
	双向夹紧压板	$L\frac{H12}{b12}$，$d\frac{F9}{n6}$，$d\frac{F7}{n6}$
	钮向夹紧装置	$D\frac{H9}{f9}$，$d\frac{F11}{d11}$
	钩形压板	$d\frac{H9}{f9}$
分度定位机构的典型配合	分度转销	$d_3\frac{H7}{n6}$，$D\frac{H7}{n6}$，$d\frac{H7}{h6}$
销动支承的典型配合	销动支承	$D_2\frac{H7}{n6}$，$d\frac{H7}{h6}$，$D_1\frac{H7}{f9}$，$D_3\frac{H9}{f9}$，$D_4\frac{H7}{k6}$，$d_1\frac{H9}{n8}$

续表

配合元件名称		图　例	配合元件名称		图　例
分度定位机构的典型配合	杠杆式定位销		其他典型配合	铰链钻销板	
	分度插销				

2.3.5　各类机床夹具公差和技术要求的制定

由于各类机床的加工工艺特点，夹具与机床的连接方式等的不同，对夹具也有不同的要求。因此，各类机床夹具在其元件的组成、夹具的整体结构和技术要求等方面都有其各自的特点。按其特点，通常把机床夹具分为车、磨(外圆磨)床夹具，铣、刨床夹具和钻、镗床夹具 3 类。

1. 车、磨床夹具公差和技术要求的制定

常用的车、磨床夹具多为心轴与卡盘两种类型。保证工件回转轴线的坐标位置所必要的尺寸精度和位置精度，是车、磨床夹具要解决的主要问题。

1) 心轴

心轴可分为刚性的和弹性胀开式心轴两种。表 2-23 是一般常用刚性心轴和弹性胀开式心轴的制造公差，心轴的基本尺寸就是被加工工件定位基准孔的最小尺寸。

表 2-23　一般常用心轴的制造公差　/mm

工件定位基面的基本尺寸	心轴的结构形式			
	刚性心轴		弹性胀开式心轴	
	精加工	一般加工	精加工	一般加工
>6～10	0.005～0.014	0.025～0.047	0.013～0.028	0.040～0.062
>10～18	0.006～0.017	0.032～0.059	0.016～0.034	0.050～0.077
>18～30	0.007～0.020	0.040～0.073	0.020～0.040	0.065～0.098
>30～50	0.009～0.025	0.050～0.089	0.025～0.050	0.080～0.119
>50～80	0.010～0.029	0.060～0.106	0.030～0.060	0.100～0.146
>80～120	0.012～0.034	0.072～0.126	0.036～0.071	0.120～0.174
>120～180	0.014～0.039	0.085～0.148	0.043～0.083	0.145～0.208

当表 2-23 中的心轴公差不能满足工件加工要求时，可按表 2-24 选用其他配合种类和公差等级。

表 2-24　心轴的配合种类和公差等级

刚性心轴		弹性胀开式心轴	
精加工	一般加工	精加工	一般加工
h5、g5、h6	h6、g6、f7	h6、g6、f7	f7、e8

2) 卡盘

一般小型卡盘(指直径小于 140mm 的卡盘)可用锥柄与机床主轴的锥孔连接；径向尺寸较大的卡盘常用过渡盘将夹具(卡盘)与机床主轴连接起来，即夹具以其定位孔按 H7/js6 或 H7/h6 配合，安装在过渡盘的凸缘上，而过渡盘以圆孔按 H7/js6 或 H7/h6 和主轴的定位轴颈相配合；或以相应的锥孔与主轴的长锥或短锥相配合，以保证卡盘的回转轴线与机床主轴的回转轴线同轴。因此，过渡盘的凸缘对其圆孔或锥孔应严格同轴，一般同轴度公差应控制在 0.01mm 以内。卡盘类夹具除上述要求外，定位面与夹具的安装基面间也需要有较严格的技术要求，其要求与心轴的要求基本相同。

表 2-25 是一般车、磨床夹具径向全跳动公差的示例，关于技术要求中的相关数值，可以按表 2-25 选取，如果工件没有标注相互位置精度要求，车、磨床夹具径向全跳动公差一般可取 0.010～0.020mm(磨床夹具应取得更严些)。

表 2-25　车、磨床夹具径向全跳动公差　/mm

工件的同轴度公差	定位面对其回转轴线的径向全跳动公差	
	心轴类夹具	一般车、磨床夹具
0.05～0.10	0.005～0.010	0.01～0.02
0.10～0.20	0.010～0.015	0.02～0.04
0.2 以上	0.015～0.030	0.04～0.06

注：其他的位置度公差如同轴度、垂直度、对称度、平行度等以此为参考。

3) 车、磨床夹具的技术要求

车、磨床夹具的技术要求一般应包括以下几个方面。

(1) 与工件定位基面相配合的定位面，对其回转轴线或相当于回转轴线间的同轴度要求。

(2) 当工件定位基面与心轴阶梯定位面配合时，应规定此阶梯定位面对其回转轴线的同轴度要求。

(3) 轴向定位面(端面)对径向定位面的垂直度要求。

(4) 定位面对夹具安装基面的平行度或垂直度要求。

(5) 定位面的直线度、平面度或位置度要求。

(6) 各定位面间的垂直度或平行度要求。

(7) 有关制造、使用或平衡的要求等。

2. 铣、刨床夹具公差和技术要求的制定

铣、刨床夹具常使用对刀块、定位键或找正基面来确定夹具与刀具、夹具与机床间的相对位置。它们与定位面之间的相互位置精度直接影响被加工工件的加工精度。所以，铣、刨床夹具公差和技术要求的制定直接与其有关。

1) 对刀块

对刀块是用来确定夹具与刀具相对位置的元件。对刀时，不允许铣刀与对刀块的工作面直接接触，而通过塞尺(平面型或圆柱型)来确定刀具的位置，以免划伤对刀块的工作表面。常用的塞尺有厚度为 1、3、5mm 的平面塞尺和工作直径为 3、5mm 的圆柱塞尺两类。其公差均按 h6 制造。

对刀块应做成单独的元件，用螺钉和销钉装夹在夹具体便于操作的位置上。不能用夹具上的其他元件兼作对刀块。

在夹具总装图上，对刀块的位置应根据定位面来确定，并需按工件加工精度要求，制定对刀块工作面的坐标尺寸、公差和位置精度要求。在对刀块工作面与刀具之间，应按照已确定的塞尺厚度 S 在图上对刀块的位置标注“S mm 塞尺”的尺寸。

2) 定位键

定位键是用来确定夹具与机床工作台之间正确相对位置的元件。定位键应该用两个，分别用螺钉紧固在夹具底面的键槽中，定位键的下半部分的两侧面与铣床工作台中间的一条 T 型槽相配合，一般铣床工作台中间 T 型槽精度较高，T 型槽的公差为 H7 或者 H9，T 型槽与定位键的配合一般采用 H7/h6 或 H9/b8。

对于精度要求较高或重型的夹具，一般不采用定位键，而是在夹具体上设置找正基面，用它来找正夹具在机床上的位置。

在铣、刨床夹具中，对刀块工作表面和定位键的工作侧面与定位面的相互位置精度要求，应根据被加工工件的相应要求来确定，它们之间的数值关系见表 2-26。

表 2-26　对刀块工作面、定位键工作侧面与定位面的技术要求　/mm

工件加工面对其定位基准的位置要求	对刀块工作面、定位键工作侧面与定位面的平行度或垂直度的公差
0.05～0.10	0.01～0.02
0.10～0.20	0.02～0.05
0.20 以上	0.05～0.10

3) 铣、刨床夹具的技术要求

铣、刨床夹具的技术要求主要根据工件的精度要求来确定，一般应包括以下几个方面。

(1) 定位面对夹具安装基面的平行度或垂直度要求。

(2) 定位面(导向定位面或轴心线)对定位键工作侧面(或找正基面)的平行度或垂直度要求。

(3) 定位面的平面度或位置度要求。

(4) 定位面间的平行度或垂直度要求。

(5) 对刀块工作面到定位面距离的制造公差要求。

技术要求中的公差数值应按被加工工件的具体加工要求来确定或按表 2-27 和表 2-28 选用。当工件没有具体相互位置要求时，则可参考下列数据。

(1) 对刀块工作面对定位面的平行度或垂直度在 100mm 内的公差为 0.03mm。

(2) 定位面与定位键工作侧面间的平行度或垂直度在 100mm 内的公差为 0.02mm。

表 2-27　按工件公差确定夹具对刀块到定位表面制造公差　/mm

工件的公差	对刀块对定位表面的相互位置	
	平行或垂直时	不平行或不垂直时
＜±0.10	±0.02	±0.015
±0.10～±0.25	±0.05	±0.035
±0.25 以上	±0.10	±0.08

表 2-28　对刀块工作面、定位表面和定位键侧面间的技术要求

工件加工表面对定位基准的技术要求/mm	对刀块工作面及定位键侧面对定位表面的垂直度或平行度/mm·(100mm)$^{-1}$
0.05～0.10	0.01～0.02
0.10～0.20	0.02～0.05
0.20 以上	0.05～0.10

3. 钻、镗床夹具公差和技术要求的制定

钻模、镗模的公差和技术要求除定位元件、定位面与钻(镗)模的安装基面间以及其他相互位置要求外，主要还有钻(镗)套与刀具导向部分的公差与配合；钻(镗)套中心距的尺寸公差和各钻(镗)套间、钻(镗)套与定位面间等的相互位置精度要求。

1) 钻模

(1) 钻套的公差与配合。钻套的类型有固定式钻套、可换式钻套、快换式钻套、特殊式钻套，钻套内径的基本尺寸为刀具最大极限尺寸，其公差按基轴制配合制定。一般钻孔、扩孔和粗铰孔时，钻套内径常采用间隙配合 F8 或 G7。精铰孔时，采用间隙配合 G7 或 G6。当刀具的导向部分不是切削部分，而是圆柱导向部分(如接长的扩孔钻、铰刀、刀杆等)导向时，也可按基孔制的相应配合，即钻套内径采用 H7，刀具导向部分采用 f7、g6、g5。根据工件的加工精度和加工方法(钻、扩、铰等)的不同，应采用不同的配合种类和公差等级，其公差与配合见表 2-29，供设计时参考。

表 2-29　钻套的公差与配合

<table>
<tr><th>钻套名称</th><th colspan="3">加工方法及配合部位</th><th>配合种类及公差等级</th><th>备注</th></tr>
<tr><td rowspan="2">固定钻套</td><td colspan="3">外径与钻模板</td><td>H7 /r6、H7 /n6、H6 /n5</td><td></td></tr>
<tr><td colspan="3">内径</td><td>H6、H7</td><td></td></tr>
<tr><td rowspan="2">可换钻套及快换钻套</td><td rowspan="2">钻孔及扩孔</td><td colspan="2">外径与衬套</td><td>H7/ g6、H7 /f7</td><td></td></tr>
<tr><td>钻孔及扩孔</td><td>刀具切削部分导向</td><td>F7/h6、G7/h6</td><td>①</td></tr>
</table>

续表

钻套名称	加工方法及配合部位			配合种类及公差等级	备注
可换钻套及快换钻套	钻孔及扩孔	钻孔及扩孔	刀柄或刀杆导向	H7 /f7、H7 /g6	
	粗铰孔	外径与衬套		H7 /g6、H7 /h6	
		内径		F8、G7	①
	精铰孔	外径与衬套		H6/g5、H6 /h5	
		内径		G7、G6	①

注：①基本尺寸为刀具的最大尺寸。

钻套内外圆的同轴度：当内径公差为 H7 时，公差为 0.008mm；当内径公差为 H6 时，内径小于 50mm，公差为 0.005mm；内径大于 50mm，公差为 0.01mm。

(2) 钻套的位置尺寸及相互位置精度。钻套的位置尺寸是指：各钻套中心线间的距离钻套中心到定位面的距离及其相互位置精度要求等。应根据被加工工件的具体加工精度要求，相应地对夹具提出精度要求，以确保工件的加工精度。工件被加工孔的轴线位置，有时与其定位基准保持平行或垂直关系，这时在夹具上只标注与工件相应的坐标尺寸及公差即可；有时被加工孔的轴线与其定位基准成倾斜位置，这时，应通过工艺孔间接地标注尺寸和公差来满足工件的加工精度要求。表 2-30 是按工件工序尺寸公差来确定钻套中心距的，或钻套中心到定位面间的制造公差，供设计时参考。

表 2-30　钻套中心距或钻套中心到定位面间的制造公差　/mm

工件孔中心距或到定位基准的公差	钻套中心距或钻套中心到定位面的制造公差	
	平行或垂直时	不平行或不垂直时
±0.05～±0.10	±0.005～±0.02	±0.005～±0.015
±0.10～±0.25	±0.02～±0.05	±0.015～±0.035
±0.25 以上	±0.05～±0.10	±0.035～±0.080

被加工孔的相互位置精度要求在夹具上也应由相应的相互位置精度要求来保证。为此，必须要求钻套中心线对定位面，或对夹具的安装基面保持相应的相互位置精度要求。其公差数值应按工件的加工技术要求来确定，具体数据见表 2-31。当工件加工孔无相互位置精度要求时，则可按钻套中心线对夹具安装基面的平行度或垂直度在 100mm 内公差为 0.05mm 来确定。

表 2-31　钻套中心线对夹具安装基面的相互位置精度　/mm

加工孔对其定位基准面的平行度或垂直度公差	钻套中心线对夹具安装基面的平行度或垂直度要求
0.05～0.10	0.01～0.02
0.10～0.25	0.02～0.05
0.25 以上	0.05

(3) 钻床夹具的主要技术要求。钻床夹具的主要技术要求一般应包括以下几个方面。

① 定位面对夹具安装基面的平行度或垂直度要求。

② 钻套中心线对定位面或对夹具安装基面的平行度或垂直度要求。

③ 同轴线钻套的同轴度要求。

④ 定位面的直线度、平面度或位置度要求。

⑤ 定位面和钻套中心线对夹具找正基面的平行度或垂直度要求。

⑥ 各钻套间、钻套与定位面间的尺寸要求及相互位置要求。

2) 镗模

镗模是箱体类工件孔系加工极为重要的夹具。它与钻模有许多共同之处，但也有一些特殊的要求。

(1) 镗套。镗套内径的基本尺寸即镗杆的基本尺寸，其公差按基孔制制定。关于镗杆与周定镗套、镗套与衬套、衬套与镗模支架的常用配合种类和公差等级已列入表 2-32 中，供设计时参考。

表 2-32　镗套的公差与配合

配合表面加工方法	镗杆与固定镗套	镗套与衬套	衬套与镗模支架
粗镗	H7/h6、H7/g6	H7/h6、H7/g6	H7/n6、H7/s6
精镗	H6/h5、H6/g5	H6/h5、H6/g5	H7/n6、H7/r6

注：① 滑动导向、摩擦面的线速度不宜超过 24m/min。

② 一般粗镗是指镗削 IT8 以下的孔，而精镗则指镗削 IT7 的孔。

回转镗套与镗杆的配合多采用 H7/h6 或 H6/h5。当加工孔的位置精度要求较高时，建议镗杆与镗套的配合采用研配法，使其配合间隙小于 0.01mm；精加工时，镗套内孔的圆度公差取被加工孔圆度公差的 1/6～1/5；镗套内外圆的同轴度一般取 0.005～0.01mm。

(2) 镗杆。镗杆直径一般可按经验公式选取，即

$$d=(0.7\sim0.8)\,D$$

式中：d——镗杆直径，mm；

D——工件被加工孔径，mm。

或根据被镗孔直径，按表 2-33 所列数据选取镗杆直径。

表 2-33　镗杆直径和工件孔径的关系　/mm

工件孔径	40～50	51～70	71～85	86～100	101～140	141～200
镗杆直径 d	32	40	50	60	80	100

镗杆直径太细，刚度不好，使用不方便。故其直径一般应大于 25mm，在特殊情况下，也不得小于 15mm。直径大于 80mm 时，应制成空心的，以减轻重量。

同一根镗杆上的直径应选择性一致，以便于镗杆的制造和易于保证加工精度。

镗杆的主要技术要求应包括以下几个方面。

① 导向部分的圆度和圆柱度的公差为其直径公差的 1/2。

② 镗杆两端导向部分的同轴度在 500mm 内公差为 0.01mm。

③ 装镗刀块的刀孔对镗杆轴线的位置公差为 0.01～0.05mm，对镗杆的垂直度在

100mm 内公差为 0.01～0.02mm。

④ 镗杆的传动销孔轴线对镗杆轴线的垂直度和位置度均应小于 0.01mm。

⑤ 当用低碳合金钢或低碳钢做镗杆时，渗碳层深度为 0.8～1.2 mm，淬火硬度为 61～63HRC，装刀孔表面不淬火。

⑥ 导向部分的表面粗糙度一般为 *Ra*0.8～0.4μm；镗杆上刀孔的表面粗糙度一般为 *Ra*1.6μm。

(3) 镗模的主要技术要求。对于镗模的技术要求的公差数值一般根据经验，在被加工工件相应公差的 1/5～1/3 范围内选取。如果工件图上没有标注有关要求的公差，可按下述常用经验数据标注。

镗模的主要技术要求，一般应包括以下几个方面。

① 定位面对夹具安装基面的平行度或垂直度要求(一般取 0.01mm)。

② 镗套中心线对定位面的平行度或垂直度要求(一般取 0.01～0.02mm)。

③ 镗套轴线对找正基面的平行度或垂直度要求(一般取 0.01～0.02mm)。

④ 同轴线镗套的同轴度要求(精镗时取 0.005～0.01mm，粗镗时取 0.01～0.02mm)。

⑤ 各镗套间的平行度或垂直度要求(一般取 0.01～0.02mm)。

⑥ 定位面的直线度和平面度或位置度要求(一般取 0.01mm)。

2.3.6　夹具零件的公差和技术要求

1. 夹具标准零件及部件的技术要求

夹具常用的零件及部件都已标准化(参阅 JB/T 8004.1～10—1999，JB/T 8006～8045—1999)，从标准中可查得夹具零件及部件的结构尺寸、精度等级、表面粗糙度、材料及热处理条件等。它们的技术要求可参阅《机床夹具零件及部件技术条件》(JB/T 8044—1999) 。

机床夹具零件及部件技术要求(JB/T 8044—1999)规定如下。

1) 一般要求

(1) 制造零件及部件采用的材料应符合相应的国标(GB)的规定，允许采用力学性能不低于原规定牌号的其他材料制造。

(2) 铸件不允许有裂纹、气孔、砂眼、缩松、夹渣、浇冒、飞边、毛刺应铲平，结疤、粘砂应清除干净。

(3) 锻件不许有裂纹、皱折、飞边、毛刺等缺陷。

(4) 铸件或锻件，机械加工前应经时效处理或退火、正火处理。

(5) 零件加工表面不应有锈蚀或机械损伤。

(6) 热处理后的零件应清除氧化皮、脏物和油污，不允许有裂纹或龟裂等缺陷。

(7) 零件上内外螺纹均不得渗碳。

(8) 加工面未注公差的尺寸，其尺寸公差按《一般公差未注公差的线性和角度尺寸的公差》GB/T 1804—2000 中 IT13 的规定。

(9) 未注形位公差的加工面应按《形状和位置公差未注公差值》GB/T 1184—1996 中 8 级精度的规定。

(10) 经磁力吸盘吸附过的零件应退磁。

(11) 零件的中心孔应按《中心孔》GB/T 145—2001 的规定。

(12) 零件焊缝不应有未填满的弧坑、气孔、夹渣、基体材料烧伤等缺陷，焊接后应经退火或正火处理。

(13) 按《冷拉圆钢、方钢、六角钢尺寸、外形、重量及允许偏差》GB/T 905—1994，采用冷拉四方钢材、六角钢材或圆钢材制造的零件，其外尺寸符合要求时，可不加工。

(14) 铸件和锻件机械加工余量和尺寸偏差按各部相应标准的规定。

(15) 一般情况下，零件的锐边应倒钝。

(16) 零件滚花按《滚花》GB/T 6403.3—2008 的规定。

(17) 砂轮越程槽按《砂轮越程槽》GB/T 6403.5—2008 的规定。

(18) 普通螺纹基本尺寸应符合《普通螺纹 基本尺寸》GB/T 196—2003 的规定，其公差和配合按《普通螺纹公差》GB/T 197—2003 规定中的中等精度。

(19) 非配合的锥度和角度的自由公差按《一般公差 未注公差的线性和角度尺寸的公差》GB/T 1804—2000 中 C 级的规定。

(20) 图面上未注明的螺纹精度一般选 H6/g6 精度等级，未注明的粗糙度按 $Ra3.2\mu m$。

(21) 螺纹的通孔及沉头座尺寸按《紧固件》GB/T 152.2—1988～152.4—1988 的规定。

(22) 普通螺纹收尾及倒角按《普通螺纹收尾、肩距、退刀槽和倒角》GB/T 3—1997 的规定。

(23) 螺钉的技术要求按 GB/T 3098.3—2000 的规定； 螺钉末端按《紧固件 外螺纹零件的末端》GB/T 2—2001 的规定。

(24) 螺母的技术要求按 GB/T 3098.2—2000 的规定。

(25) 梯形螺纹牙型与基本尺寸应符合《梯形螺纹第 3 部分：基本尺寸》GB/T 5796.3—2005，其公差应符合《梯形螺纹 第 4 部分：公差》GB/T 5796.4—2005 的规定。

(26) 偏心轮工作面母线对配合孔中心线的平行度在 100mm 长度上应不大于 0.1mm。

(27) 垫圈的外廓对内孔的同轴度应不大于表 2-34 的规定。

表 2-34 非配合锥度和角度的自由角度公差

/mm

公称直径	4～8	10～12	16～20	≥24
同轴度	0.4	0.5	0.6	0.7

2) 装配质量

(1) 装配时各零件均应清洗干净，不得残留有铁屑和其他各种杂物，移动和转动部位应加油润滑。

(2) 固定连接部位不得松动、脱落，活动连接部位中的各种运动部件应动作灵活、平稳、无阻涩现象。

3) 验收规则

(1) 产品应由制造厂按相应标准的要求进行检验。

(2) 产品的验收可参照《紧固件验收检查》GB/T 90.1—2002 所规定的验收规则进行抽检。

2. 夹具专用零件公差和技术要求

设计夹具专用零件及部件时，其公差和技术要求应依据夹具总装配图上标注的配合种

类和精度等级，以及技术要求，参照《机床夹具零件及部件技术条件》(JB/T 8044—1999) 制定。一般包括以下内容。

(1) 夹具零件毛坯的技术要求如毛坯的质量、硬度、毛坯热处理以及精度要求等。

(2) 夹具零件常用材料和热处理的技术要求包括为改善机械加工性能和为达到要求的力学性能而提出的热处理要求，所定要求应与选用的材料和零件在夹具中的作用相适应。

夹具主要零件常用材料及热处理技术要求见表 2-35。

表 2-35　夹具主要零件常用的材料及热处理技术要求

零件种类	零件名称	推荐材料	热处理要求
定位元件	支承钉	*D*≤12mm，T7A	淬火 HRC60～64
		D>12mm，20 钢	渗碳深 0.8～1.2mm，淬火 HRC60～64
	支承板	20 钢	渗碳深 0.8～1.2mm，淬火 HRC60～64
	可调支承螺钉	45 钢	头部淬火 HRC38～42 *L*<50mm，整体淬火 HRC33～38
	定位销	*D*≤16mm，T7A	淬火 HRC53～58
		D>16mm，20 钢	渗碳深 0.8～1.2mm，淬火 HRC53～58
	定位心轴	*D*≤35mm，T8A	淬火 HRC55～60
		D>35mm，45 钢	淬火 HRC43～48
	V 形块	20 钢	渗碳深 0.8～1.2mm，淬火 HRC60～64
夹紧元件	斜楔	20 钢或 45 钢	渗碳深 0.8～1.2mm，淬火 HRC58～62， 淬火 HRC43～48
	压紧螺钉	45 钢	淬火 HRC38～42
	螺母	45 钢	淬火 HRC33～38
	摆动压板	45 钢	淬火 HRC43～48
	普通螺钉压板	45 钢	淬火 HRC38～42
	钩形压板	45 钢	淬火 HRC38～42
	圆偏心轮	20 钢或优质工具钢	渗碳深 0.8～1.2mm，淬火 HRC60～64 淬火 HRC60～64
其他专用元件	对刀块	20 钢	渗碳深 0.8～1.2mm，淬火 HRC50～55
	塞尺	T7A	淬火 HRC60～64
	定向键	45 钢	淬火 HRC43～48
	钻套	内径≤25mm，T10A	渗碳深 0.8～1.2mm，淬火 HRC60～64
		外径>25mm，20 钢	淬火 HRC60～64
	衬套	内径≤25mm，T10A	渗碳深 0.8～1.2mm，淬火 HRC60～64
		外径>25mm，20 钢	淬火 HRC60～64
	固定式镗套	20 钢	渗碳深 0.8～1.2mm，淬火 HRC55～60
夹具体		HT150 或 HT200	时效处理

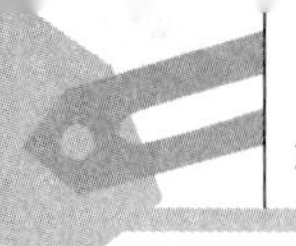

(3) 夹具零件的尺寸公差和技术要求。

① 工件有公差要求的尺寸，夹具零件的相应尺寸公差应为 1/5～1/2 的工件公差。

② 工件无公差要求的直线尺寸、夹具零件的相应尺寸公差可取为±0.1mm。

③ 工件无角度公差要求的角度尺寸、夹具零件相应角度公差可取为±10′。

④ 紧固件用孔中心距 L 的公差。当 $L<150$mm 时，可取±0.1mm；$L>150$mm 时，取±0.15mm。

⑤ 夹具体上的找正基面是用来找正夹具在机床上位置的，同时也是夹具制造和检验的基准。因此，必须保证夹具体上安装其他零件(尤其是定位元件)的表面与找正基面的垂直度或平行度应小于 0.01mm。

⑥ 找正基面本身的直线度或平面度应小于 0.05mm。

⑦ 夹具体、模板、立柱、角铁、定位心轴等夹具元件的平面与平面之间、平面与孔之间、孔与孔之间的平行度、垂直度和同轴度等，应取工件相应公差的 1/3～1/2。

(4) 夹具零件的表面粗糙度。夹具定位元件工作表面的粗糙度数值应比工件定位基准表面的粗糙度数值降低 1～3 个数值段。夹具其他零件主要表面的粗糙度见表 2-36。

表 2-36　夹具零件主要表面的粗糙度 *Ra*　/μm

表面形状	表面名称		精度等级	外圆或外侧面	内孔或内侧面	举例
圆柱面	有相对运动的配合表面		6	0.2(0.25、0.32)		快换钻套、手动定位销
			7	0.2(0.25、0.32)	0.4(0.5、0.63)	导向销
			8、9	0.4(0.5、0.63)		衬套定位销
			11	1.6(2.0、2.5)	3.2(4.0、5.0)	转动轴颈
	无相对运动的配合表面		7	0.4(0.5、0.63)	0.8(1.0、1.25)	圆柱销
			8、9	0.8(4.0、5.0)	1.6(2.0、2.5)	手柄
	其他			3.2(4.0、5.0)		活动手柄、压板
平面	有相对运动的配合表面	一般平面	7	0.4(0.5、0.63)		T 形槽
			8、9	0.8(1.0、1.25)		活动 V 形块、偏心轮、铰链两侧面
			11	1.6(2.0、2.5)		叉头零件
		特殊配合	精确	0.4(0.5、0.63)		燕尾导轨
			一般	1.6(2.0、2.5)		燕尾导轨
	无相对运动的表面		8、9	0.8(1.0、1.25)	1.6(2.0、2.5)	定位键侧面
			特殊配合	0.8(1.0、1.25)	1.6(2.0、2.5)	键两侧面
	有相对运动的导轨面		精确	0.4(0.50、0.63)		导轨面
			一般	1.6(2.0、2.5)		导轨面

续表

表面形状	表面名称		精度等级	外圆或外侧面	内孔或内侧面	举例
平面	无相对运动	夹具体面	精确	0.4(0.5、0.63)		夹具体安装面
			中等	0.8(1.0、1.25)		夹具体安装面
			一般	1.6(2.0、2.5)		夹具体安装面
		安装夹具体操作台的基面	精确	0.4(0.5、0.63)		夹具体安装面
			中等	1.6(2.0、2.5)		夹具体安装面
			一般	3.2(4.0、5.0)		安装元件的表面
锥形表面	中心孔		精确	0.4(0.5、0.63)		顶尖、中心孔、铰链侧面
			一般	1.6(2.0、2.5)		导向定位件导向部分
	无相对运动	安装刀具的锥柄和锥孔	精确	0.2(0.25　、0.32)	0.4(0.5　、0.63)	工具圆锥
			一般	0.4(0.5、0.63)	0.8(1.0　、1.25)	弹簧夹头、圆锥销、轴
		固定紧固用		0.4(0.5、0.32)	0.8(1.0　、1.25)	锥形锁紧表面
紧固件表面	螺钉头部			3.2(4.0、5.0)		螺栓、螺钉
	穿过紧固件的内孔面			6.3(8.0、10.0)		压板孔
密封配合面	有相对运动			0.1(0.125、0.16)		缸体内表面
	无相对运动	软垫圈		1.6(2.0、2.5)		缸盖端面
		金属垫圈		0.8(0.1、0.125)		缸盖端面
定位平面			精确	0.4(0.5、0.63)		定位件工作面
			一般	0.8(1.0、1.25)		定位件工作面
孔面	径向轴承		D、E	0.4(0.5、0.63)		安装轴承内孔
			G	0.8(1.0、1.250)		
端面	推力轴承			1.6(2.0、2.5)		安装推力轴承端面
孔面	滚针轴承			0.4(0.5、0.63)		安装轴承内孔
刮研平面	20～25 点/25 mm×25mm			0.5(0.63、0.08)		结合面
	20～25 点/25 mm×25mm			0.1(0.12、0.16)		
	20～25 点/25 mm×25mm			0.2(0.25、0.32)		
	20～25 点/25 mm×25mm			0.4(0.5、0.63)		
	20～25 点/25 mm×25mm			0.8(1.0、1.25)		

2.3.7 夹具制造和使用说明

1. 制造说明

对于要用特殊方法进行加工或装配才能达到图样要求的夹具，必须在夹具的总装图加注制造说明。其内容有以下几个方面。

(1) 必须先进行装配或装配一部分以后再进行加工的表面。

(2) 用特殊方法加工的表面。

(3) 新型夹具的某些特殊结构。

(4) 某些夹具手柄的特殊位置。

(5) 制造时需要相互配作的零件。

(6) 气、液压动力部件的试验技术要求。

2. 使用说明

为了正确合理地使用与保养夹具，有些夹具图中尚需注以使用说明，一般包括以下内容。

(1) 多工位加工的加工顺序。

(2) 夹紧力的大小、夹紧的顺序、夹紧的方法。

(3) 使用过程中，需加的平衡装置。

(4) 装夹多种工件的说明。

(5) 使用的通用夹具或转台。

(6) 使用时的安全问题。

(7) 使用时的调整说明。

(8) 高精度夹具的保养方法。

2.3.8 夹具设计图纸中应注意的制图及其他问题

1. 图纸与比例

图纸大小应按国标规定选取，如 A0、A1、A2、A3、A4，若需加长加宽，也应按国标要求加长加宽，不应有随意性加长加宽现象。

比例选取应严格按国标规定的比例选取，不可任取比例。

2. 标题栏与明细栏

标题栏应采用机标或国标，一旦选定，整套图纸应一致，不应有两种以上规格，注意装配图与零件图在填写时的区别(装配图中间部分反映：××装配图，零件图中间部分反映零件的：××材料牌号)，标题栏格式、明细表格式如图 2.4 和图 2.5 所示，明细栏示例如图 2.6 所示。

明细栏中的代号应按标准件、常用件、借用件、自制件分类标记，标准件有国标代号，借用件有其自身的代号，自制件应由本套图纸设计者按一定顺序编排代号，并应与相应零件图的图样代号一致。

名称栏中，对于标准件，如螺栓、轴承，应该有其特征尺寸代号，如螺栓 M10×50，滚动轴承 6408。对于常用件应在备注栏内写出其重要参数或尺寸，如齿轮，在备注栏内应

写明模数 m、齿数 z 等；弹簧应写 $\phi d\times D\times h$(或 n)；对于减速机应有传动比 i、许用扭矩；液压缸、气缸应有 $\phi D\times L$；电机应有功率 N，转速 n。

参见以下示例。

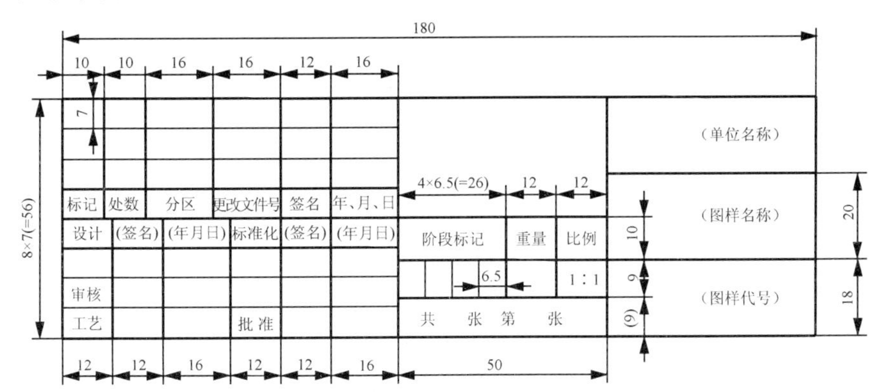

图 2.4　标题栏格式

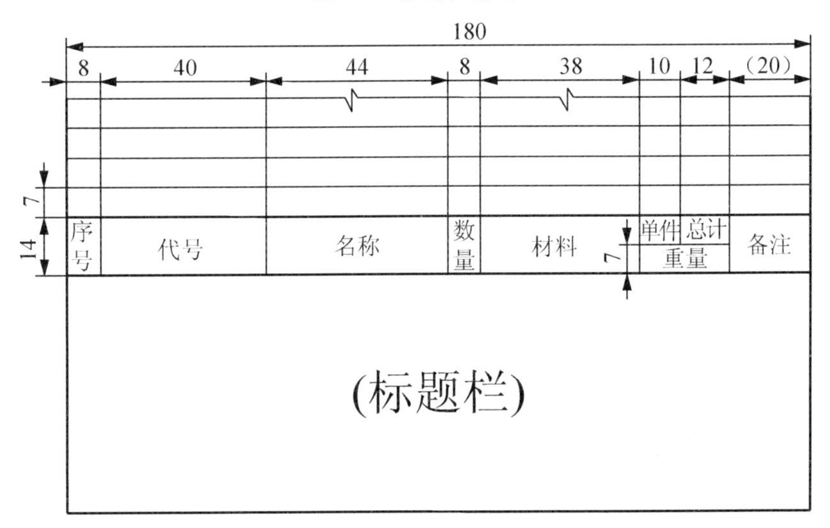

图 2.5　明细表格式

11	GB/T 70.1	螺钉 M6x8	4				
10		电机	1				1.5 kW，1500rpm
9	GB/T 68	螺钉 M5x12	6				
8	09.03.06	固定圈	1	Q235			
7	GB/T 117	销 3x20	1				
6	GB/T 1155	油杯 6	1				
5	06.03.02	螺杆	1	45			借用件
4	09.03.04	轴	1	45			
3	09.03.03	箱体	1	HT250			
2	09.03.02	传动齿轮	2	45			m=3，z=20
1	09.03.01	机架	1	HT250			
序号	代号	名称	数量	材料	单重	总重	备注

图 2.6　明细栏示例

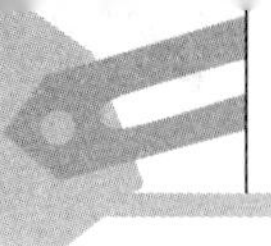

3. 装配图

(1) 装配图主要表达部件的工作原理、装配关系、连接方式、传动路线、零件的相对位置关系以及主要零件的主要结构。

(2) 装配图中的尺寸主要有五类。

① 性能(规格)尺寸，主要是表示机器的性能或规格的尺寸，是设计时确定的。

② 装配尺寸，主要包括以下两类。

a. 零件间的配合尺寸。有三类配合：间隙、过渡、过盈，如轴与孔ϕ50H8/f7。当一般零件与轴承配合时，省略轴承的公差代号，如轴与轴承配合：ϕ50js6，孔类零件(轴承座)与轴承配合：ϕ5js7。

b. 零件间的相对位置尺寸。

③ 总体(外形)尺寸：机器或部件的总长、总宽、总高尺寸。

④ 安装尺寸：机器或部件安装在地基或其他部件上所需相关联的尺寸。

⑤ 其他重要尺寸：设计时要确定有关机器的中心高、生产线工作高等。

(3) 装配图中的技术要求主要有：①装配时要达到的要求，指定的装配方法；②检验要求；③使用、运输要求等。

4. 零件图

零件图主要表达零件结构，在图纸中还应注意以下几个问题。

(1) 配合尺寸与一般尺寸的区别。

(2) 加工面与非加工面，其表面粗糙度的标注区别。

(3) 形位公差标的位置，基准标注的位置。

(4) 零件材料及热处理方式的匹配，及达到相应硬度的一致性。

(5) 冷(机)加工类零件技术要求与热加工类零件的技术要求区别。

(6) 零件工艺结构的图示法与说明法(技术要求中书写)。

(7) 常用件如齿轮类、链轮类(蜗轮、蜗杆类)、同步带轮类，应有相应表格显示其参数、尺寸等。同理，诸如弹簧也应有相应的表格，详情请查机械设计手册。

(8) 对粉末冶金、标准成型、铸造、滚压、注塑成型等加工方法获得的零件，其加工精度、表面粗糙度应按零件类别在技术要求中写明要求。

5. 图线、字体

(1) 粗实线一般取 0.5、0.7mm，依据图形复杂程度、零件大小，以达到线条清晰为要求来选取。

(2) 细线，取粗实线的 1/3～1/2。(装配图可取 1/3)

(3) 中心线、虚线：短画与间隔分别取 1mm，长画可依据图形选恰当的长度。

(4) 汉字为长仿宋字体，在 AutoCAD 中数字样式可取 Solid Edge ISO，宽度比例因子为 0.7；或者采用 AutoCAD 标准的汉字字体文件：gbenor.shx(数字)和 ghcbig.shx(长仿宋体)，宽度因子取 1 即可。字体高度一般取 14、10、7、5mm 等，尺寸标注的数字高度为 3.5mm 或 5mm，要与图形匹配；箭头比例取 6*d*(CAD 图中设 2.5～4)。

在同一图形中，字体、线型比例、线宽均应统一，不能有多种不同的样式。

项目3

机床专用量规的设计

任务 3.1 认识专用量规

专用量规是一种没有刻度的专用检验工具。专用量规与通用测量器具不同，通用测量器具可以有具体的指示值，能直接测量出工件的尺寸，而用专用量规检验零件时，只能判断零件是否在规定的检验极限范围内，不能得出零件尺寸、形状和位置误差的具体数值。但是专用量规结构简单，使用方便、可靠，检验效率高，在机械制造中得到广泛应用。通过专用量规检验的产品可以保证工件在生产中的互换性，因此广泛应用于成批大量生产中。

专用量规的设计以光滑极限量规的设计为主，光滑极限量规的标准是《光滑极限量规 技术条件》GB/T 1957—2006。光滑极限量规有孔用塞规和轴用环规(或卡规)之分，无论塞规和环规都有通规和止规，且它们成对使用。

塞规是孔用极限量规，它的通规是根据孔的最小极限尺寸确定的，作用是防止孔的作用尺寸小于孔的最小极限尺寸；止规是按孔的最大极限尺寸设计的，作用是防止孔的实际尺寸大于孔的最大极限尺寸。孔用塞规的实物图和工作图如图 3.1 所示。

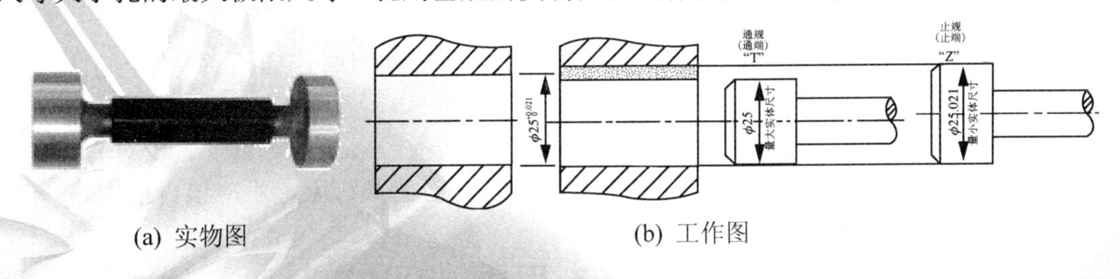

(a) 实物图　　(b) 工作图

图 3.1 塞规(检验孔径是否合格)

环规(或卡规)是轴用量规，它的通规是按轴的最大极限尺寸设计的，其作用是防止轴的作用尺寸大于轴的最大极限尺寸；止规是按轴的最小极限尺寸设计的，其作用是防止轴的实际尺寸小于轴的最小极限尺寸。轴用环规的实物图和工作图如图 3.2 所示。

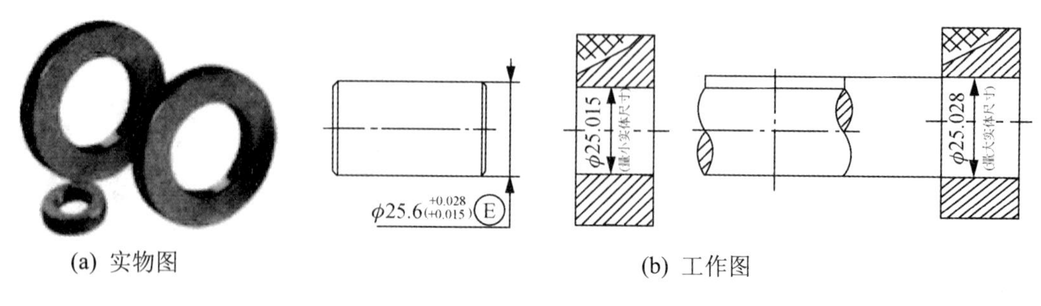

(a) 实物图　　(b) 工作图

图 3.2　环规(检验轴径是否合格)

专用量规(以光滑极限量规为主)规检验零件时，只有通规通过，止规不通过，被测件才合格，如图 3.3 所示。

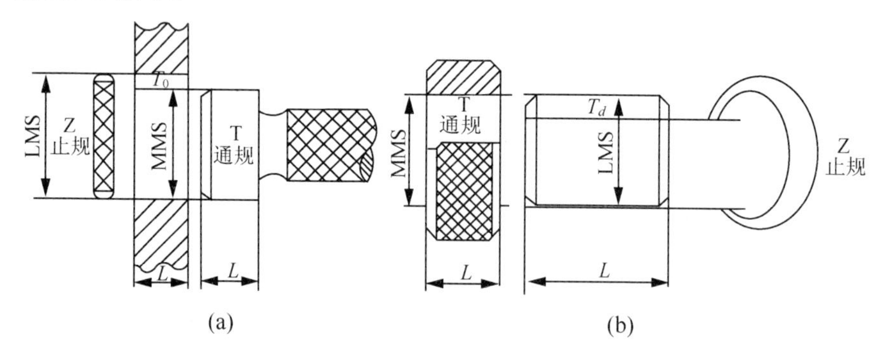

(a)　　(b)

图 3.3　光滑极限量规

专用量规按用途可分为以下 3 类。

(1) 工作量规。工作量规是工人在生产过程中检验工件用的量规，通规用代号 T 表示，止规用代号 Z 表示。通常用新的或者磨损较少的量规作为工作量规。

(2) 验收量规。验收量规是检验部门或用户代表验收产品时使用的量规。验收量规不需要另行制造，一般选择磨损较多或者接近其磨损极限的工作量规作为验收量规。

(3) 校对量规。校对量规是校对轴用工作量规的量规，以检验其是否符合制造公差和在使用中是否达到磨损极限。由于孔用工作量规使用通用计量器具检验，所以不需要校对量规。校对量规有以下几种。

校通—通(TT)是检验轴用工作量规通规的校对量规。校对时，应该通过轴用工作量规(通规)，否则通规不合格。

校止—通(ZT)是检验轴用工作量规止规的校对量规。校对时，应该通过轴用工作量规(止规)，否则止规不合格。

校通—损(TS)是检验轴用工作量规通规是否达到磨损极限的校对量规。校对时，应该不通过轴用工作量规(通规)，否则该通规已达到或者超过磨损极限，不应该再使用。

任务 3.2　准备专用量规设计资料

3.2.1　专用量规设计原则

专用量规的设计原则主要包括以下内容。

(1) 应保证零件的实际尺寸、形状和位置误差在图样规定的公差带内。

量规测量部位：原则上其型式通规测量面应是全形的，止规测量面应是非全形、点状的。

量规定位部位：量规定位部位应和零件的设计基准或工艺基准一致，以保证在加工工序和成品检验中都能使用。

(2) 使用方便，有较高的检验效率。

(3) 在保证测量精度和使用方便的条件下，应具有良好的制造工艺性和磨损后的可修复性。

(4) 要有足够的刚性，防止测量和存放过程中产生变形。在保证足够刚性条件下，尽量减轻重量。

(5) 量规工作表面应有较高的耐磨性和抗腐蚀性。

(6) 量规公差带在特殊情况下，可以不按标准规定确定，而根据实际生产情况确定。

3.2.2　专用量规设计中的极限尺寸判断原则(泰勒原则)

单一要素的孔和轴遵守包容要求时，要求其被测要素的实体处处不得超越最大实体边界，而实际要素局部实际尺寸不得超越最小实体尺寸。从检验角度出发，在国家标准“极限与配合”中规定了极限尺寸判断原则，即专用量规的设计应符合极限尺寸判断原则(泰勒原则)。它是光滑极限量规设计的重要依据，阐述如下。

孔或轴的体外作用尺寸不允许超过最大实体尺寸。即对于孔，其体外作用尺寸应不小于最小极限尺寸；对于轴，其体外作用尺寸不大于最大极限尺寸。

任何位置上的实际尺寸不允许超过最小实体尺寸。即对于孔，其实际尺寸不大于最大极限尺寸；对于轴，其实际尺寸不小于最小极限尺寸。

实际尺寸与极限尺寸的尺寸关系如下。

对于孔：$D_M\ (D_{min}) \leqslant D_{fe}$，$D_a \leqslant D_L\ (D_{max})$；

对于轴：$d_L\ (d_{min}) \leqslant d_a$，$d_{fe} \leqslant d_M\ (\mathrm{d}_{max})$。

显而易见，作用尺寸由最大实体尺寸控制，而实际尺寸由最小实体尺寸控制。光滑极限量规的设计应遵循这一原则。

3.2.3　专用量规常用材料

专用量规的常用材料及热处理要求、适用范围见表 3-1。

专用量规用硬质合金毛坯规格见表 3-2 和表 3-3。

表 3-1　量规常用材料、热处理要求、适用范围

材料名称	牌号	硬度 HRC	材料特性	适用范围
优质低碳结构钢	10 15 20	58～65	经渗碳能得到较高的表面硬度，金属体内仍能保持热处理前高韧性的特点，不易断裂。使用过程中不易变形。尺寸稳定，制造工艺性好，价格便宜。但渗碳时间长，变形较大，热处理前需留较大的加工余量，耐磨性能不及高碳工具钢和合金工具钢	广泛用作一般量规的材料，如塞规、环规、卡规、板状量规、位置量规

续表

材料名称	牌号	硬度 HRC	材料特性	适用范围
优质中碳结构钢	45	35～40	强度较高，韧性较好，切削性能好，一般在正火或淬火、回火后使用	用于量规上不含工作面的非磨损连接结构件
高碳工具钢	T7、T8	50～56	淬火、回火后能得到高硬度，加工周期短，对粗加工所留余量(与碳素钢比)要求不严格，耐磨性较优质低碳钢好。不便于局部淬火，制造工艺性差。热处理后材料组织内部有较多的残余奥氏体，量规在使用过程中易变形，尺寸稳定性差	小尺寸的塞规、塞尺、衬套和形状塞规
	T10、T12	60～66		
优质高碳工具钢	T7A、T8A	50～56		
	T10A、T12A	60～66		
低碳合金结构钢	12CrNi2A	58～65	热处理变形小，耐磨性好，强度高而有适当的韧性，热处理时效后尺寸稳定性好，但热处理前切削性能较差，不便于机械加工，材料价格贵	形状较复杂的形状量规、轮廓度、螺旋面、花键量规等。适用于要求热处理后变形小、热处理后不便于磨削加工的量规
合金工具钢	8MnSiCr12 9SiCr CrWMn CrMn	58～65		
铬轴承钢	GCr15	58～65		
硬质合金	YT15 YG6、YG8	73～78	耐磨性较高，但冲击韧性差	提高量规寿命，镶在钢基体量规上

表 3-2　塞规用硬质合金环毛坯尺寸 /mm

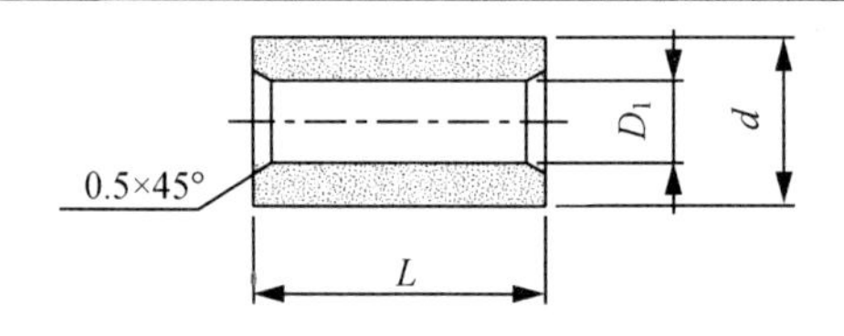

被测孔的直径 D	d	D_1	L 通端	L 止端	被测孔的直径 D	d	D_1	L 通端	L 止端
＞5～6	D+0.5	3	6	4	＞21～24	D+0.5	13	12	6
＞6～8		3.5			＞24～26		15	14	7
＞8～10		4			＞26～28		18		
＞10～11		4.5	8	4	＞28～30				
＞11～13		6			＞30～31		20	16	8
＞13～14					＞31～34		23		
＞14～16		8	10	5	＞34～36		25		
＞16～18		10			＞36～39		28		
＞18～21		11	12	6	＞39～40				

表 3-3　塞规、卡规用硬质合金片毛坯尺寸　　/mm

H	2.5		3	3.5			4							5					6
B	2	3	4	6	8						14			10	12		18		23
L	6	11	15	20	16	24	22	26	30	35	28	32	38	40	44	48	32	42	52

任务 3.3　制定专用量规公差和技术要求

3.3.1　量规公差带设计

1. 工作量规

1) 量规制造公差

量规的制造精度比工件高得多，但量规在制造过程中，不可避免会产生误差，因而对量规规定了制造公差。通规在检验零件时，要经常通过被检验零件，其工作表面会逐渐磨损以至报废。为了使通规有一个合理的使用寿命，还必须留有适当的磨损量。因此通规公差由制造公差(T)和磨损公差两部分组成。

止规由于不经常通过零件，磨损极少，所以只规定了制造公差。

量规设计时，以被检验零件的极限尺寸作为量规的基本尺寸。

图 3.4 所示为光滑极限量规公差带图。国家标准规定量规的公差带不得超越工件的公差带。

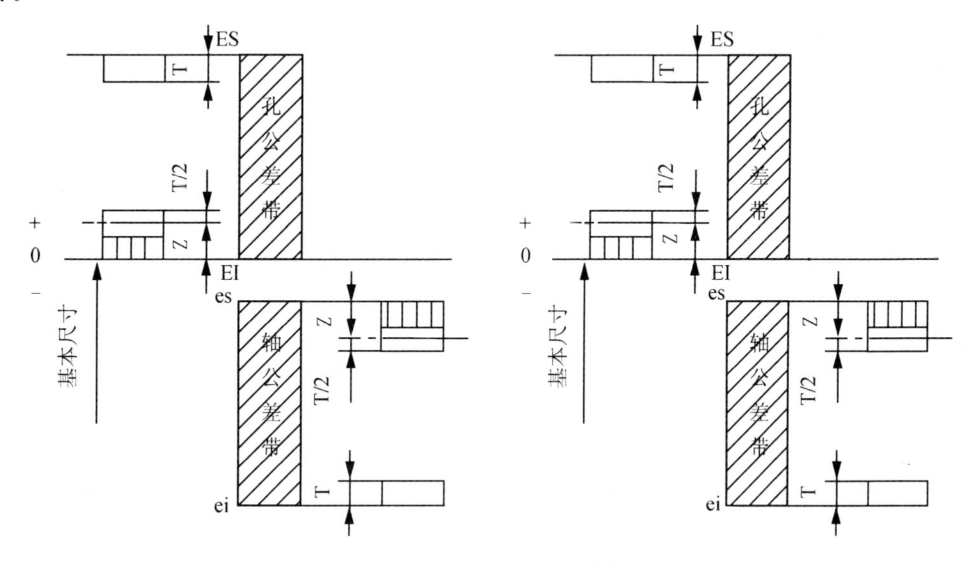

图 3.4　光滑极限量规公差带图

通规尺寸公差带的中心到工件最大实体尺寸之间的距离 Z(称为公差带位置要素)，体现了通规的平均使用寿命。通规在使用过程中会逐渐磨损，所以在设计时应留出适当的磨损储量，其允许磨损量以工件的最大实体尺寸为极限。止规的制造公差带是从工件的最小实体尺寸算起，分布在尺寸公差带之内。

制造公差 T 和通规公差带位置要素 Z 是综合考虑了量规的制造工艺水平和一定的使用寿命，按工件的基本尺寸、公差等级给出的。由图 3.4 可知，量规公差 T 和位置要素 Z 的数值太大，对工件的加工不利；T 值太小则量规制造困难，Z 值太小则量规使用寿命短。因此根据我国目前量规制造的工艺水平，国家标准合理规定了量规公差，具体数值见表 3-4。

国家标准规定的工作量规的形状和位置误差应在工作量规制造公差范围内，其形位公差为量规尺寸公差的 50%。考虑到制造和测量的困难，当量规制造公差≤0.002mm 时，其形状位置公差为 0.001mm。

表 3-4　IT6-IT16 级工作量规制造公差和位置要素值(摘录)

工件基本尺寸 D/mm	IT6			IT7			IT8			IT9			IT10			IT11		
	IT6	T/μm	Z/μm	IT7	T/μm	Z/μm	IT8	T/μm	Z/μm	IT9	T/μm	Z/μm	IT10	T/μm	Z/μm	IT11	T/μm	Z/μm
≤3	6	1	1	10	1.2	1.6	14	1.6	2	25	2	3	40	2.4	4	60	3	6
>3～6	8	1.2	1.4	12	1.4	2	18	2	2.6	60	2.4	4	48	3	5	75	4	8
>6～10	9	1.4	1.6	15	1.8	2.4	22	2.4	3.2	36	2.8	5	58	3.6	6	90	5	9
>10～18	11	1.6	2	18	2	2.8	27	2.8	4	43	3.4	6	70	4	8	110	6	11
>18～30	13	2	2.4	20	2.4	3.4	33	3.4	5	52	4	7	84	5	9	130	7	13
>30～50	16	2.4	2.8	25	3	4	39	4	6	62	5	8	100	6	11	160	8	16
>50～80	19	2.8	3.4	60	3.6	4.6	46	4.6	7	74	6	9	120	7	13	190	9	19
>80～120	22	3.2	3.8	35	4.2	5.4	54	5.4	8	87	7	10	140	8	15	220	10	22

2) 量规极限偏差的计算

量规极限偏差的计算步骤如下。

(1) 确定工件的基本尺寸及极限偏差。

(2) 根据工件的基本尺寸及极限偏差确定工作量规制造公差 T 和位置要素值 Z。

(3) 计算工作量规的极限偏差，相关计算公式见表 3-5。

表 3-5　工作量规极限偏差的计算

	检验孔的量规	检验轴的量规
通端上偏差	$T_s = EI + Z + \frac{T}{2}$	$T_{sd} = es - Z + \frac{T}{2}$
通端下偏差	$T_i = EI + Z - \frac{T}{2}$	$T_{id} = es - Z - \frac{T}{2}$
止端上偏差	$Z_s = ES$	$Z_{sd} = ei + T$
止端下偏差	$Z_i = ES - T$	$Z_{id} = ei$

2. 验收量规

在光滑极限量规国家标准中，没有单独规定验收量规公差带，但规定检验部门应使用磨损较多的通规，用户代表应使用接近工件最大实体尺寸的通规以及接近工件最小实体尺

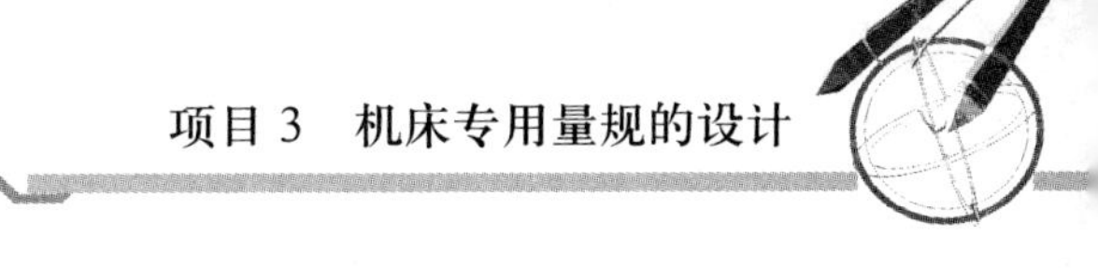

寸的止规。

3. 校对量规公差

校对量规的尺寸公差带完全位于被校对量规的制造公差和磨损极限内，校对量规的尺寸公差等于被校对量规尺寸公差的一半，形状误差应控制在其尺寸公差带内。

3.3.2　量规结构

进行量规设计时，应明确量规设计原则，合理选择量规的结构，然后根据被测工件的尺寸公差带计算出量规的极限偏差并绘制量规的公差带图及量规的零件图。

光滑极限量规的设计应符合极限尺寸判断原则(泰勒原则)。根据这一原则，通规应设计成全形的，即其测量面应具有与被测孔或轴相应的完整表面，其尺寸应等于被测孔或轴的最大实体尺寸，其长度应与被测孔或轴的配合长度一致。止规应设计成两点式的，其尺寸应等于被测孔或轴的最小实体尺寸。

但在实际应用中，极限量规常偏离上述原则。例如：为了用已标准化的量规，允许通规的长度小于结合面的全长；对于尺寸大于 100mm 的孔，全形塞规通规很笨重，不便使用，这时允许用不全形塞规；环规通规不能检验正在顶尖上加工的工件及曲轴，允许用卡规代替；检验小孔的塞规止规，为了便于制造常用全形塞规。

通规和止规的形状对检验的影响如图 3.5 和图 3.6 所示。

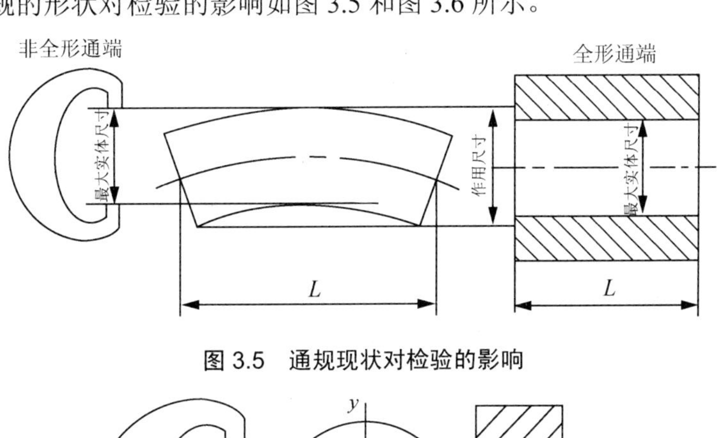

图 3.5　通规现状对检验的影响

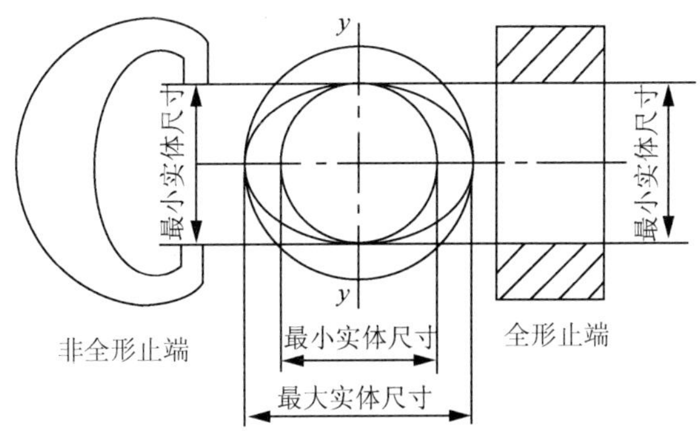

图 3.6　止规现状对检验的影响

必须指出，只有在保证被检验工件的形状误差不致影响配合性质的前提下，才允许使用偏离极限尺寸判断原则的量规。

检验光滑工件的光滑极限量规型式很多，具体选择时可参照国标推荐，如图 3.7 所示。

图中推荐了不同尺寸范围的不同量规型式，左边纵向的“1”、“2”表示推荐顺序，优先用“1”行。零线上为通规，零线下为止规。

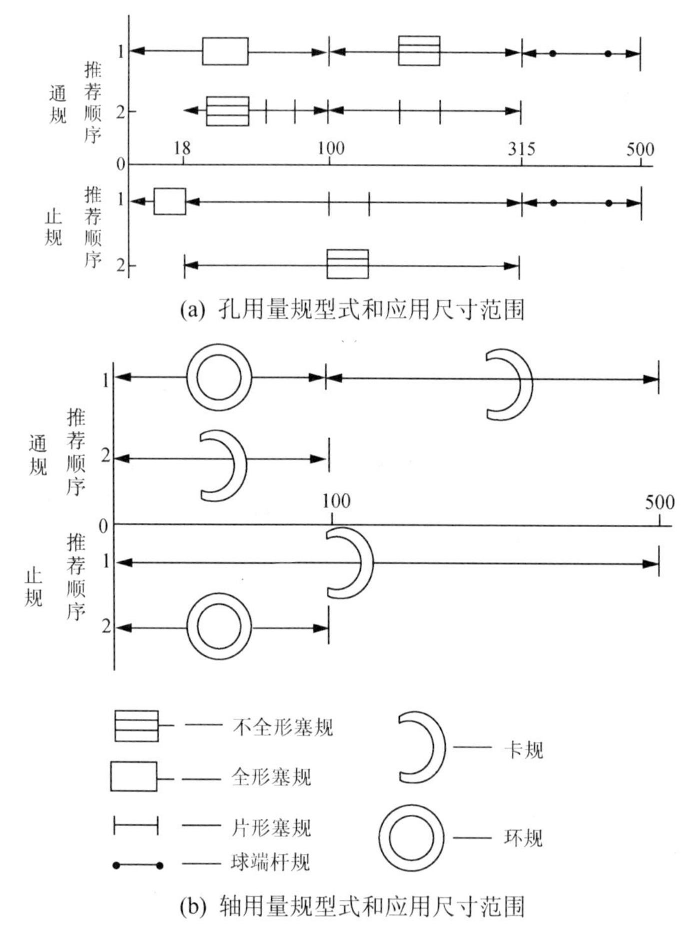

(a) 孔用量规型式和应用尺寸范围

(b) 轴用量规型式和应用尺寸范围

图 3.7　量规型式和应用尺寸范围

图 3.8 分别给出了几种常用的轴用、孔用量规的结构型式，供设计时使用。图 3.8(a)为轴用量规，图 3.8(b)、图 3.8(c)和图 3.8(d)为非全形孔用量规，图 3.8(e)为量规的结构实物图。

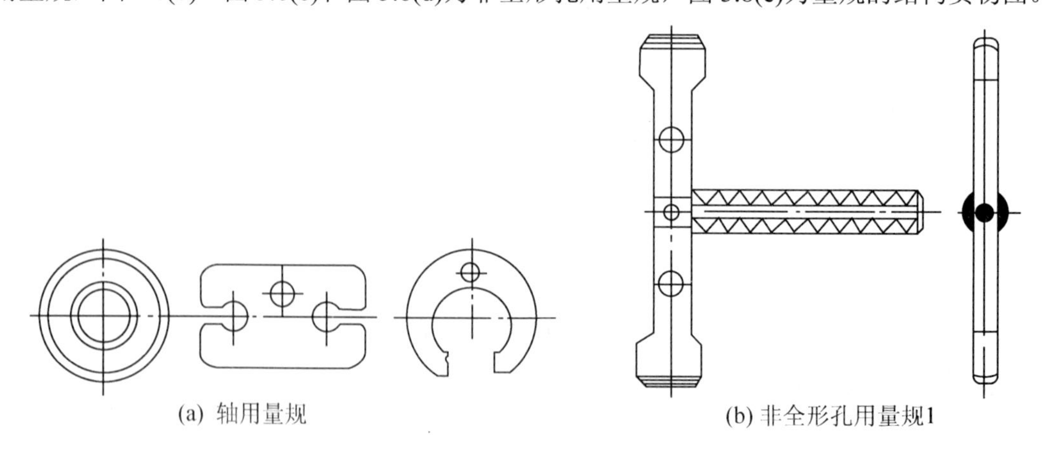

(a) 轴用量规　　(b) 非全形孔用量规1

图 3.8　常用量规结构型式

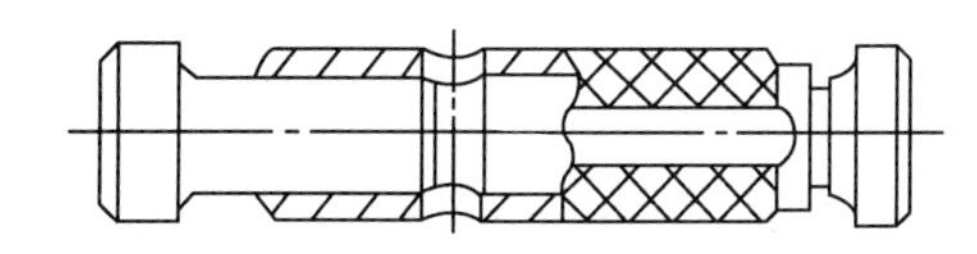

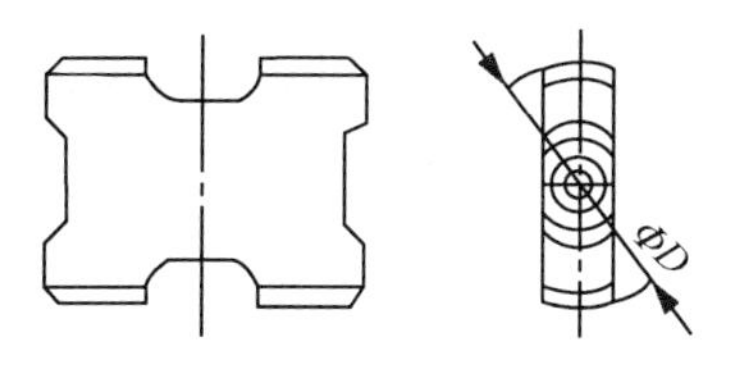

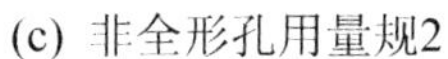

(c) 非全形孔用量规2

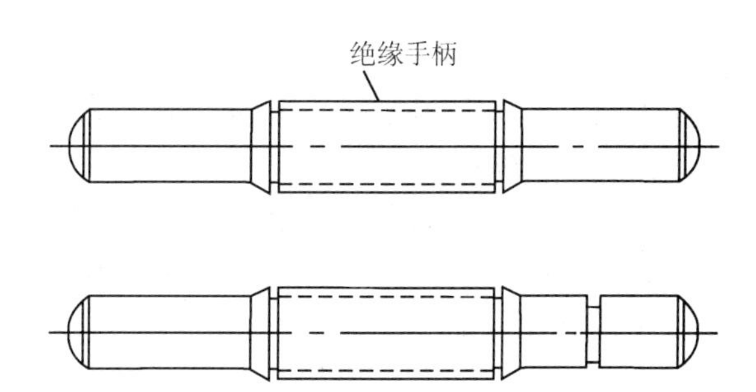

(d) 非全形孔用量规3

(e) 量规的结构实物图

图 3.8　常用量规结构型式(续)

在《光滑极限量规型式和尺寸》GB/T 10920—2008 中，对于孔、轴的光滑极限量规的结构、通用尺寸、适用范围、使用顺序都作了详细的规定和阐述，设计可参考有关手册。选用量规结构型式时，同时必须考虑工件结构、大小、产量和检验效率等。

3.3.3　量规制造的通用技术要求

量规制造的通用技术要求如下。

(1) 用优质低碳结构钢(10、15、20 号钢)制造的量规，其工作面应渗碳。渗碳层深度(指量规成品的渗碳层深度，不包括加工余量)规定见表 3-6。

表 3-6　渗碳层深度(量规成品的渗碳层深度)　　/mm

量规厚度或直径	渗碳层深度
＞3～6	0.3～0.5
＞6～10	0.5～0.8
＞10	0.8～1.2

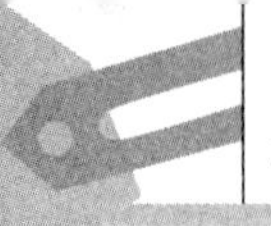

(2) 镶硬质合金的量规，可采用铜焊或粘接。焊缝不得有缺焊、较大的气孔和杂质。允许喷涂硬质合金代替。

(3) 凡经淬火、焊接或铸造的量规，均应经过时效处理。对尺寸较大、精度较高的量规，还必须经冰冷处理。

(4) 量规的工作面不应有锈迹、毛刺、黑斑、划痕、裂纹等明显影响使用质量和外观的缺陷。许可有局部的轻微凹痕或划痕。其他非工作面亦不应有锈蚀和裂纹。

(5) 应在工作面上检验量规的硬度。不能在工作面上检验时，允许在距工作面边缘不超过 3mm 的非工作面上检验。

(6) 不允许用敲击方法改变量规的尺寸和表面形状。

(7) 量规应经过氧化或其他防锈处理。

(8) 量规零件的中心孔，一般按《中心孔》GB/T 145—2001 的规定，选 B 型。不允许保留中心孔时，应在图样上注明。中心孔锥面应研光。

(9) 量规工作部位的形状和位置公差，除有特殊规定者外，应不大于其尺寸公差的 50%，但不小于 0.002mm。当量规尺寸公差小于或等于 0.002mm 时，其形状和位置公差定为 0.001mm。对于校对量规，因其尺寸公差已很小，所以形状和位置公差不再另外规定，仅限制在其尺寸公差之内。

(10) 对于板形的深度、高度量规和位置量规，其非工作面的平面度公差值按表 3-7 确定。

表 3-7　非工作面的平面度公差值　/mm

最大轮廓尺寸	＜100	＜100～250	＜250～500
平面度公差值	0.1	0.15	0.25

(11) 位置量规工作部位的位置公差一般遵守独立原则，校对量规可按最大实体原则处理。

(12) 量规未注公差尺寸的极限偏差按《一般公差　未注公差的线性和角度尺寸的公差》GB/T 1804—2000 的规定。

(13) 本通用技术要求与图样的技术要求有矛盾时，按图样规定的要求制造与验收。

3.3.4　量规其他技术要求

量规的其他技术要求如下。

(1) 工作量规的形状误差应在量规的尺寸公差带内，形状公差为尺寸公差的 50%，但尺寸公差小于 0.001mm 时，由于制造和测量都比较困难，形状公差都规定为 0.001mm。

(2) 量规测量面的材料可用淬火钢(合金工具钢、碳素工具钢等)和硬质合金，也可在测量面上镀以耐磨材料，测量面的硬度应为 HRC58～65。

(3) 量规测量面的粗糙度，主要是量规使用寿命、工件表面粗糙度以及量规制造的工艺水平考虑。一般量规工作面的粗糙度应比被检工件的表面粗糙度要求严格些，量规测量面粗糙度要求可参照表 3-8 选用。

① 被测尺寸的公差等级越高，量规工作面表面粗糙度数值一般应越小。

② 公差等级相同时，大尺寸比小尺寸、孔比轴、硬质合金比钢质材料、型面比平面的表面粗糙度数值要大。

③ 表面粗糙度数值应优先选用第一系列。对不同结构的量规，在满足其表面使用功能

的前提下，从有利于加工出发，亦可从第二系列中选取。

④ 校对量规工作面的表面粗糙度 *Ra* 值应为被校对的量规工作面的表面粗糙度 *Ra* 的一半。

⑤ 量规非工作面的表面粗糙度规定如下。

a．非工作面的表面粗糙度 *Ra* 应为 1.6～3.2μm(未经切削的表面除外)。

b．与工作面相邻、没有经过氧化处理的非工作表面的 *Ra* 应不大于 1.6μm。

c．量规上刻印记的表面刻线量规的刻线部位表面必须磨光，其表面粗糙度 *Ra* 应为 0.8～1.6μm。

表 3-8　量规测量面的表面粗糙度参数 *Ra* 值

工作量规	工件基本尺寸/mm		
	≤120	＞120～315	＞315～500
	Ra/μm		
IT6 级孔用量规	≤0.025	≤0.05	≤0.1
IT6 至 IT9 级轴用量规 IT6 至 IT9 级孔用量规	≤0.05	≤0.2	≤0.2
IT10 至 IT12 级孔、轴用量规	≤0.1	≤0.2	≤0.4
IT13 至 IT16 级孔、轴用量规	≤0.2	≤0.4	≤0.4

第 2 篇

机械制造综合实训

项目4

典型零件的加工

零件加工实训概述

1. 零件加工实训目的

(1) 熟悉零件加工的各种机械加工方法。
(2) 能较熟练地了解并掌握典型零件的作用、用途、种类。
(3) 能完成中等复杂程度零件的工艺编制工作。
(4) 能完成中等复杂程度零件的加工、检测等工作。
(5) 具备分析和解决典型零件加工技术问题的能力。

2. 零件加工实训内容

(1) 结合课程设计审查准备加工的零件图。
(2) 列备料单，编制典型零件的加工工艺。
(3) 实训指导老师审核学生编制的加工工艺。
(4) 在老师指导下熟悉并操作机床，按照图样、零件加工工艺的要求进行典型零件的加工。
(5) 典型零件的加工质量检测。

3. 零件加工实训的组织与要求(略，参看项目5的专用夹具加工实训的组织与要求)

4. 典型零件的加工

1) 典型零件加工的技术准备(略，参看项目5的专用夹具加工的技术准备)
2) 典型零件加工的特点
(1) 典型零件加工的基本要求。
① 保证典型零件的质量。
② 保证典型零件的加工周期。

③ 保证典型零件加工成本低廉。

(2) 典型零件加工的过程。

① 典型零件加工工艺规程制定。典型零件的加工工艺文件是加工零件的指令性文件。由于零件加工实训是单件生产，只需编制工艺过程卡，说明典型零件加工的加工工序名称、加工内容、加工设备以及必要的说明等。

② 典型零件的加工。典型零件的加工是按照加工工艺来组织生产的，一般可以采用常规的机械加工方法加工出符合要求的零件。

任务 4.1 典型轴类零件的加工

4.1.1 轴类零件概述

1. 轴类零件的功用和结构特点

轴类零件是机械加工中经常遇到的零件之一。在机器中，轴类零件主要用来支承传动零件(齿轮、带轮、离合器等)，以实现运动和动力的传递，如机床主轴；有的轴用来装卡工件，如心轴。

轴类零件是回转体零件，其长度大于直径。轴类零件一般由同轴心线的圆柱面、圆锥面、螺纹和相应的端面所组成，有些轴上还有花键、沟槽、径向孔等。

按结构形状的不同，轴可分为光轴、阶梯轴、空心轴和异型轴(包括曲轴、半轴、凸轮轴、偏心轴、十字轴和花键轴等)4 类，如图 4.1 所示。

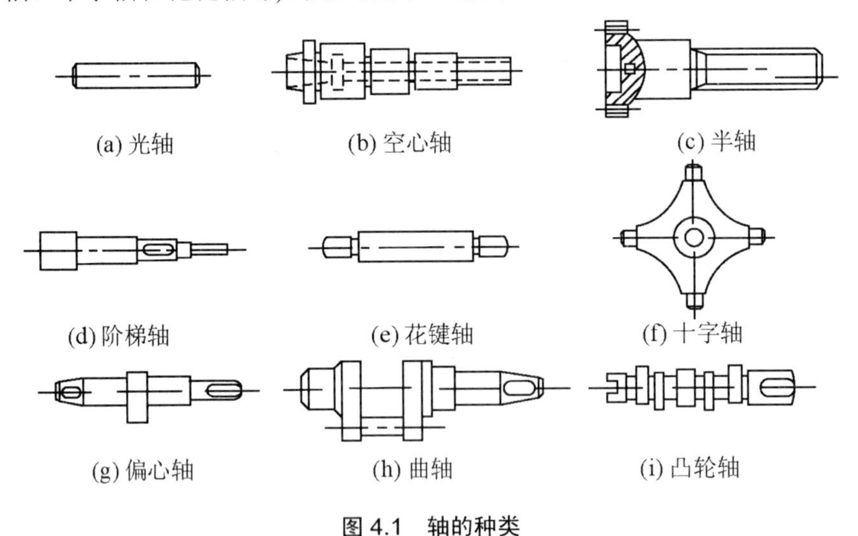

图 4.1 轴的种类

若按轴的长度 L 和直径 d 的比例来分，又可分为刚性轴($L/d \leqslant 12$)和挠性轴($L/d > 12$)两类。

2. 轴类零件的主要技术要求

轴类零件的主要技术要求包括以下 5 项内容。

(1) 尺寸精度。支承轴颈需与轴承的内圈配合，是轴类零件的主要表面，它影响轴的

旋转精度与工作状态，尺寸精度要求较高，通常为 IT5～IT7；配合轴颈与各类传动件配合，其精度稍低，常为 IT6～IT9。

(2) 形状精度。主要指轴颈表面、外圆锥面、锥孔等重要表面的圆度、圆柱度，一般为 6～9 级，形状精度的选择要和尺寸精度相适应。

(3) 位置精度。主要包括内外表面、重要轴面的同轴度，圆的径向跳动，重要端面对轴心线的垂直度，端面间的平行度等，一般为 5～10 级。

(4) 表面粗糙度。轴的加工表面都有粗糙度的要求，一般根据加工的可能性和经济性来确定。支承轴颈常为 0.2～1.6μm，传动件配合轴颈为 0.4～3.2μm。

(5) 平衡。对于回转速度较高的零件或异形回转体，还要对其进行静、动平衡试验。

3. 轴类零件的材料、毛坯及热处理

45 钢是轴类零件的常用材料，经过调质(或正火)后，可得到较好的切削性能，而且能够获得较高的强度和韧性，淬火后表面硬度可达 HRC45～52。

40Cr 等合金结构钢适用于中等精度而转速较高的轴类零件。这类钢经调质和淬火，具有较好的综合力学性能。

轴承钢 GCr15 和弹簧钢 65Mn 等材料，经过调质和表面高频淬火后，表面硬度可达 HRC50～58，并具有较高的耐疲劳性能和较好的耐磨性，可制造较高精度的轴。

精密机床的主轴，如磨床砂轮轴、坐标镗床主轴，可选用 38CrMoAlA 渗氮钢。这种钢经调质和表面渗氮处理后，能获得很高的表面硬度和耐磨性及抗疲劳性能。而且由于渗氮处理要比渗碳和各种淬火热处理的变形要小，不易产生裂纹，所以更有利于获得高精度和高性能。

轴类零件的毛坯常用棒料和锻件。光滑轴、直径相差不大的非重要阶梯轴宜选用棒料，一般比较重要的轴大都采用锻件作为毛坯，只有某些大型的、结构复杂的轴采用铸件。

根据生产规模的不同，毛坯的锻造方式有自由锻和模锻两种。中小批生产多采用自由锻，大批量生产时通常采用模锻。

轴类零件应根据不同的工作条件和使用要求选用不同的材料，并且采用不同的热处理方法，以获得一定的强度、韧性和耐磨性。

4.1.2　轴类零件加工工艺分析

1. 轴类零件定位基准与装夹方法的选择

在轴类零件加工中，为保证各主要表面的相互位置精度，选择定位基准时，应尽可能使其与装配基准重合并使各工序的基准统一，而且还要考虑在一次安装中尽可能加工出较多的面。

轴类零件加工时，精基准的选择通常有两种。

首选方案是采用顶尖孔作为定位基准。这样可以实现基准统一，能在一次安装中加工出各段外圆表面及其端面，可以很好地保证各外圆表面的同轴度以及外圆与端面的垂直度，加工效率高并且所用夹具结构简单。所以对于实心轴(锻件或棒料毛坯)，在粗加工之前，应先打顶尖孔，以后的工序都用顶尖孔定位。对于空心轴，由于中心的孔钻出后，顶尖孔消失，可采用下面的方法。

(1) 在中心通孔的直径较小时，可直接在孔口倒出宽度不大于 2mm 的 60° 锥面，用倒角锥面代替中心孔。

(2) 在不宜采用倒角锥面作为定位基准时，可采用带有中心孔的锥堵或带锥堵的拉杆心轴，如图 4.2 所示。锥堵与工件的配合面应根据工件的形状做成相应的锥形，如图 4.2(a)所示。如果轴的一端是圆柱孔，则锥堵的锥度取 1∶500，如图 4. 2(b)所示。通常情况下，锥堵装好后不应拆卸或更换，如必须拆卸，重装后必须按重要外圆进行找正并修磨中心孔。

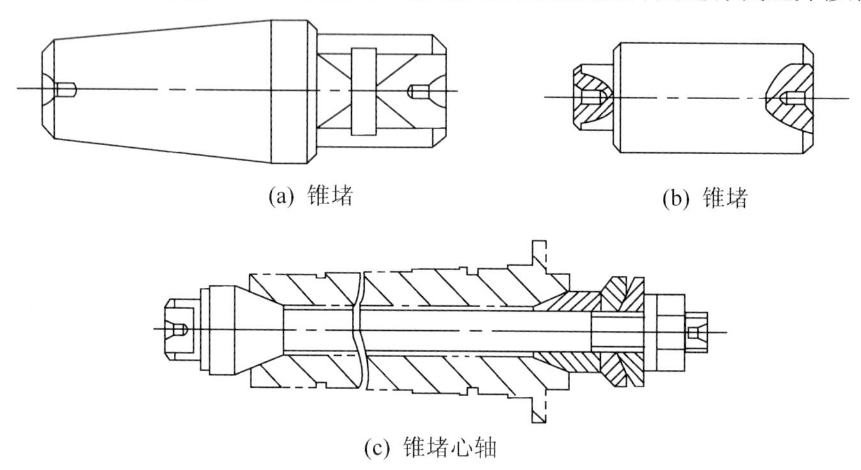

(a) 锥堵　　(b) 锥堵

(c) 锥堵心轴

图 4.2　锥堵与锥堵心轴

如果轴的长径比较大，而刚性较差，通常还需要增加中间支承来提高系统的刚性，常用的辅助支承是中心架或跟刀架。

精基准选择的另一方案是采用支承轴径定位，因为支承轴径既是装配基准，也是各个表面相互位置的设计基准，这样定位符合基准重合的原则，不会产生基准不重合误差，容易保证关键表面间的位置精度。

2. 轴类零件中心孔的修研

作为定位基面的中心孔的形状误差(如多角形、椭圆等)会复映到加工表面上去，中心孔与顶尖的接触精度也将直接影响加工误差。因此对于精密轴类零件，在拟定工艺过程时必须保证中心孔具有较高的加工精度。

单件小批生产时，中心孔主要在卧式车床或钻床上钻出；大批量生产时，均用铣端面打中心孔机床来加工中心孔，不但生产率高，而且能保证两端中心孔在同一轴线上，保证同一批工件两端中心孔间距相等。

中心孔经过多次使用后可能产生磨损或拉毛，或者因热处理和内应力而使表面产生氧化皮或发生位置变动，因此在各个加工阶段(特别是热处理后)必须修研中心孔，甚至重新钻中心孔。修研中心孔常用的方法如下。

(1) 用油石或橡胶砂轮修研。修研时将圆柱形的油石或橡胶砂轮夹在车床的卡盘上，用装在刀架上的金刚石笔将它的前端修成顶尖形状，然后将工件顶在油石和车床后顶尖之间，加入少量的润滑油，高速开动车床使油石转动进行修研，同时手持工件断续转动，以达到均匀修整的目的。这种方法油石或砂轮的损耗量大，不适合大批量生产。

(2) 用铸铁顶尖修研。与第一种方法基本相同，只是用铸铁顶尖代替油石顶尖，顶尖转速略低一些，而且修研时要加研磨剂。

(3) 用硬质合金顶尖修研。修研用的工具为硬质合金顶尖，它的结构是在 60° 锥面上磨出六角形，并留有 0.2～0.5mm 的等宽刃带。这种方法生产率高，但修研质量稍差，多用于普通轴中心孔的修研，或作为精密轴中心孔的粗研。

(4) 用中心孔专用磨床磨削。这种方法精度和效率都较高，表面粗糙度可达 *Ra*0.32μm，圆度达 0.8μm。

3. 轴类零件典型加工工艺路线

对于 7 级精度、表面粗糙度 *Ra*1～0.5μm 的一般传动轴，其典型工艺路线如下。

正火—车端面、钻顶尖孔—粗车各表面—精车各表面—铣花键、键槽等—热处理—修研顶尖孔—粗磨外圆—精磨外圆—检验。

轴类零件的粗车、半精车虽然都是在车床上进行，但随着批量不同，所选的机床也不同，加工方法存在较大差异。一般单件小批生产中使用卧式车床，大批量生产则广泛采用液压仿形车床或多刀半自动车床。对于形状复杂的轴类零件，在转塔车床或数控车床上加工效果更好。

轴上花键、键槽等次要表面的加工，一般都在外圆精车之后、磨削之前进行。因为如果在精车前就铣出键槽，在精车时由于断续切削而易产生振动，既影响加工质量，又容易损坏刀具，也难以达到键槽的尺寸要求。当然，它们的加工也不宜放在主要表面的磨削之后进行，以免划伤已加工好的主要表面。

在轴类零件的加工过程中，通常都要安排适当的热处理，以保证零件的力学性能和加工精度，并改善切削加工性。一般毛坯锻造后安排正火工序，而调质处理则安排在粗加工后，以消除粗加工产生的应力，获得较好的金相组织。如果工件表面有一定的硬度要求，则需要在磨削之前安排淬火工序或在粗磨后、精磨前安排渗氮处理工序。

4. 细长轴加工工艺特点

丝杠、光杠等细长轴刚性差，加工过程中极易产生变形，加工效率低。即使在切削用量很小的情况下，也容易发生弯曲变形和振动，难以保证较高的加工质量。生产中常采用下面的办法来解决这些问题。

(1) 采用跟刀架。跟刀架装在刀架的拖板上和刀具一起纵向移动，这样可以消除由于径向切削力作用于工件把工件顶弯的现象，但是一定要注意把跟刀架的中心与机床顶尖中心调整一致。粗车时，跟刀架的支承块装在刀尖后面 1～2mm 处；精车时装在刀尖的前面，以免划伤精车过的表面。

(2) 采用恰当的工件装夹方法。车削细长轴时，常采用一头夹一头顶的装夹方法，如图 4.3 所示。车削时，在卡盘夹持的一端轴上车出一个缩径，缩径的直径约为工件棒料直径的一半。缩径的作用就像一个万向接头，可以增加工件的柔性，消除由于坯料本身的弯曲而在卡盘强制夹持下产生的轴心线歪斜。在各卡爪与工件之间垫上钢丝，也可以起到同样的作用。同时后顶尖采用弹性顶尖，这样工件在热伸长后，可以使顶尖轴向伸缩，减少工件的变形。

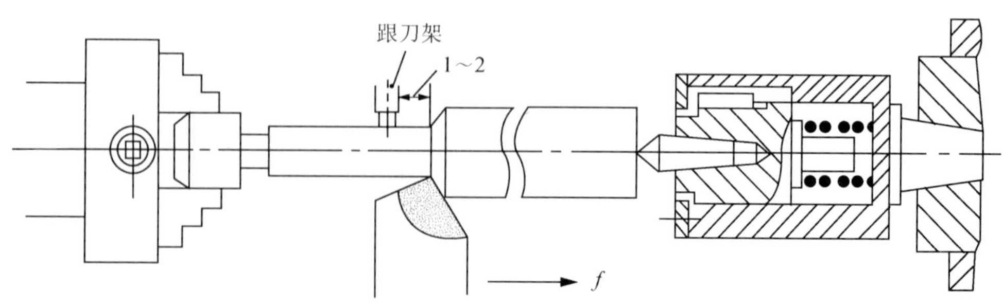

图 4.3　细长轴工件和跟刀架的安装

(3) 采用反向进给。如图 4.3 所示，进给方向由卡盘一端指向尾座，刀具作用在工件上的轴向力对工件的作用是拉伸而不是压缩，由于后面采用了可伸缩的尾座顶尖，可以补偿工件轴向的伸长，所以不会把工件压弯。

(4) 采用恰当的车刀。车削细长轴时可用主偏角较大的车刀，同时采用较大的进给量，这样可以增大轴向力，减小径向力，使工件在强有力的拉伸作用下，消除径向的颤动，达到平稳切削的效果。此外，粗车刀前刀面还可开出断屑槽，以实现良好断屑；精车刀常采用一定的负刃倾角，使切屑流向待加工表面，防止已加工表面刮伤。

(5) 合理存放零件。细长轴的结构特点决定了零件在存放或搬运过程中应尽量竖放或垂直吊置，以免因自重而引起弯曲变形。

(6) 采用无进给磨削。磨削细长轴时，由于磨削力的影响，工件容易弯曲变形，造成实际磨削深度减小，磨出的工件呈腰鼓形状。所以为了获得精确的几何形状和尺寸精度，磨削细长轴时必须进行多次无进给光磨，直到火花完全消失为止。

4.1.3　典型轴类零件的加工实例

实例 1. 定位销轴的加工

定位销轴的产品简图和立体图如图 4.4 所示。

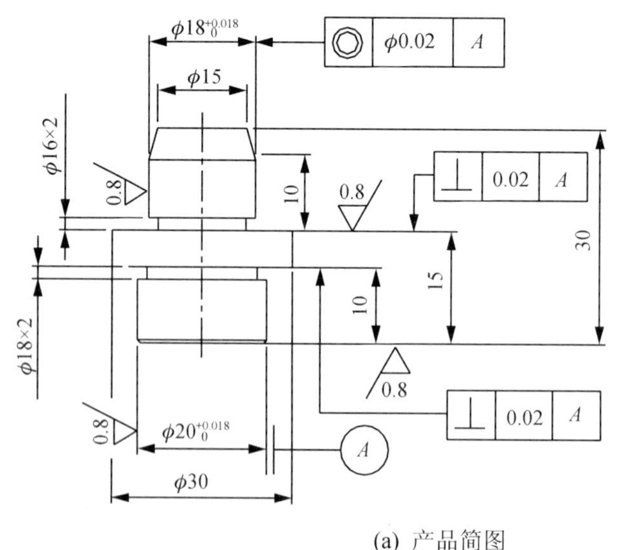

技术要求：
(1)尖角倒钝。
(2)防锈处理。
(3)热处理HRC55～60。
(4)材料T10A。

(a) 产品简图

图 4.4　定位销轴

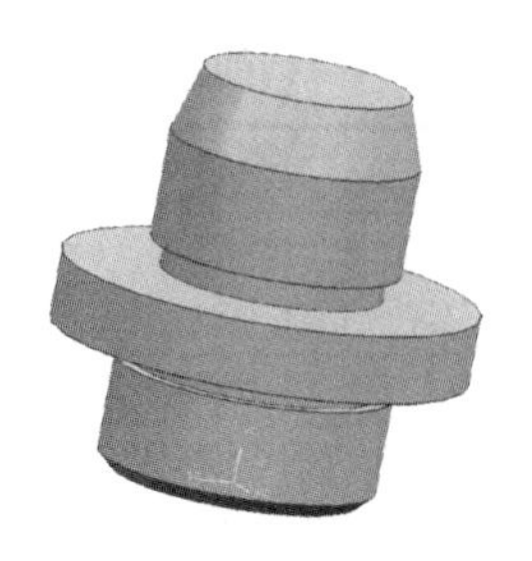

(b) 立体图

图 4.4　定位销轴(续)

1) 零件图样分析

(1) 图 4.4 中以 $\phi20^{+0.018}_{+0}$ mm 轴心线为基准，尺寸 $\phi18^{+0.018}_{+0}$ mm 与尺寸 $\phi20^{+0.018}_{+0}$ mm 两轴段的同轴度公差要求为 $\phi0.02$ mm。

(2) 图 4.4 中以 $\phi20^{+0.018}_{+0}$ mm 轴心线为基准，外径尺寸 $\phi30$mm 的圆柱两端面与基准轴心线的垂直度公差为 0.02mm。

(3) 工件热处理后硬度为 HRC55～60。

(4) 选用材料为高级优质碳素工具钢 T10A。

2) 定位销轴工艺分析

(1) 定位销轴在单件或小批量生产时，采用普通车床加工。批量较大时可采用专业性较强的设备加工，如转塔车床等。

(2) 零件除单件下料外，批量生产时可采用 5 件一组连下。在车床上加工时，车一端后，用切刀切下一件，加工完一批后，再加工另一端面。

(3) 由于该零件有同轴度要求，在车削工序需要加工出两端中心孔，零件淬火后采用中心孔定位再磨削，这样可以更好地保证零件的精度要求。

(4) 零件长度 L 和直径 D 的比值较小，在热处理时不容易变形，所以可留有较少的磨削余量。

(5) 对精度要求较低的零件，可将粗、精加工合成为一道工序完成。

(6) 同轴度和垂直度的检验可采用如图 4.5 所示的工具检测，也可采用偏摆仪检测。

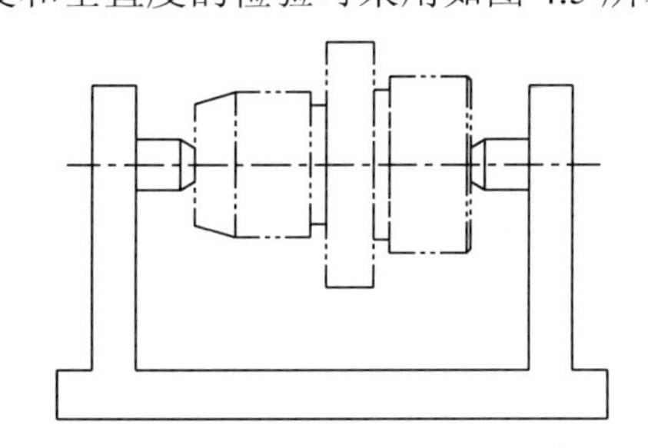

图 4.5　定位销轴同轴度检具

3) 加工定位销轴

定位销轴的加工步骤等相关事宜见表 4-1。

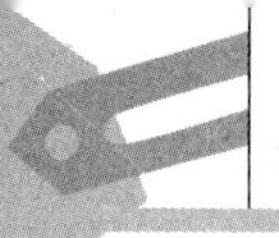

表 4-1　定位销轴加工操作技能训练

技能训练名称	定位销轴加工
工具、量具、刃具及材料	游标卡尺、外径千分尺、直尺、中心钻、车刀、镗刀、棕刚玉砂轮。 材料为 T10A 钢
步骤	**备料：** 备 ϕ35mm × 35mm 料， 材 料 T10A 圆钢 **粗车：** 夹毛坯的一端外圆，粗车外圆尺寸至 ϕ24mm，长度为 8^{+1}_{+0}mm，端面见平即可。继续车外圆尺寸至 ϕ33mm，长度为 9mm，粗糙度为 Ra12.5μm **粗车：** 掉头，夹已加工外圆尺寸 ϕ24mm，车另一端各部，保证外圆为 ϕ21mm，保证总长为 32mm **精车：** 以 ϕ21mm 外圆定位夹紧车外圆 ϕ24mm 尺寸至 $\phi20^{+0.4}_{+0.3}$mm，长度为 10mm，车退刀槽 ϕ18mm×2mm，车端面，保证外圆为 $\phi20^{+0.4}_{+0.3}$mm，总长为 $10^{+0.3}_{-0.4}$mm，将尺寸 ϕ33mm 车至图纸尺寸 ϕ30mm，钻中心孔 A2 **精车：** 以 $\phi20^{+0.4}_{+0.3}$mm 外圆定位夹紧(垫上铜皮)，车另一端外圆至 $\phi18^{+0.4}_{+0.3}$mm。车 ϕ30mm 外圆处长度尺寸至 $5^{+0.8}_{+0.6}$mm，保证定位销轴总长为 30mm；车小头 ϕ15mm 处锥度；切退刀槽 ϕ16mm×2mm，钻中心孔 A2 **检验：** 按工艺要求检查车后尺寸 **热处理：** 热处理 HRC55～60 **磨：** 修研两端中心孔，并以两中心孔定位装夹工件，磨削两轴径 $\phi20^{+0.018}_{+0}$mm 和 $\phi18^{+0.018}_{+0}$mm 至图样尺寸，并磨削两端面，保证垂直度 **清洗：** 清洗零件 **检验：** 成品检验(按产品图检验)
注意事项	(1) 定位销轴是在夹具体中起定位用的零件，外圆 $\phi20^{+0.018}_{+0}$ mm 起定位作用，ϕ15mm 与 $\phi18^{+0.018}_{+0}$ mm 形成的锥体起导向作用 (2) 由于在使用中需要反复装夹工件，所以要求定位销轴具有较好的耐磨性。因此应选用较好的材料，如 T10A 或 20 号钢，并进行表面渗碳淬火处理

成绩评定	项目	质量检测内容	配分	评分标准	实测结果	得分
	备料	ϕ 35mm×35mm，T10A 圆钢	5 分	材料选择错误不得分		
	粗车	粗车外圆至 ϕ24mm，车外圆至 ϕ33mm	10 分	超差不得分		
	粗车	车另一端各部，保证外圆为 ϕ21mm，保证总长为 32mm	10 分	超差不得分		
	精车	车外圆至 $\phi20^{+0.4}_{+0.3}$mm，车退刀槽，车端面保证 $10^{+0.3}_{-0.4}$mm，车外圆至 ϕ30mm，钻中心孔 A2	15 分	超差不得分		
	精车	车外圆至 $\phi18^{+0.4}_{+0.3}$mm，车长度至尺寸 $5^{+0.8}_{+0.6}$mm，车锥度，车退刀槽，钻中心孔 A2	20 分	超差不得分		
	检验	按工艺要求检查车后尺寸	5 分	不检验不得分		
	热处理	热处理 HRC55～60	5 分	不处理不得分		
	磨	修研两端中心孔，磨削两轴径至 $\phi20^{+0.018}_{+0}$mm 和 $\phi18^{+0.018}_{+0}$mm 尺寸，磨削两端面	15 分	超差不得分		
	检验	成品检验(按产品图检验)	5 分	不检验不得分		
	安全文明生产		10 分	违者不得分		

实例 2. 凸轮轴的加工

凸轮轴的产品简图和立体图如图 4.6 所示。

1) 零件图样分析

(1) 图 4. 6 以 $\phi 30f7(^{-0.020}_{-0.041})$ mm、$\phi 28^{+0}_{-0.013}$ mm 的轴心线为基准，其中外圆 $\phi 28^{+0}_{-0.013}$ mm 为基准 A，外圆 $\phi 30^{+0}_{-0.013}$ mm 为基准 B，尺寸 $\phi 40^{+0.033}_{+0.017}$ mm 相对于基准 A-B 的跳动公差要求为 0.015mm。

(2) 图 4. 6 中半圆形槽的两个侧面相对于基准 A($\phi 28^{+0}_{-0.013}$ mm)外圆面的对称度要求为 0.1mm。

(3) 工件热处理后硬度为 HRC40～45。

(4) 选用材料为 45 钢。

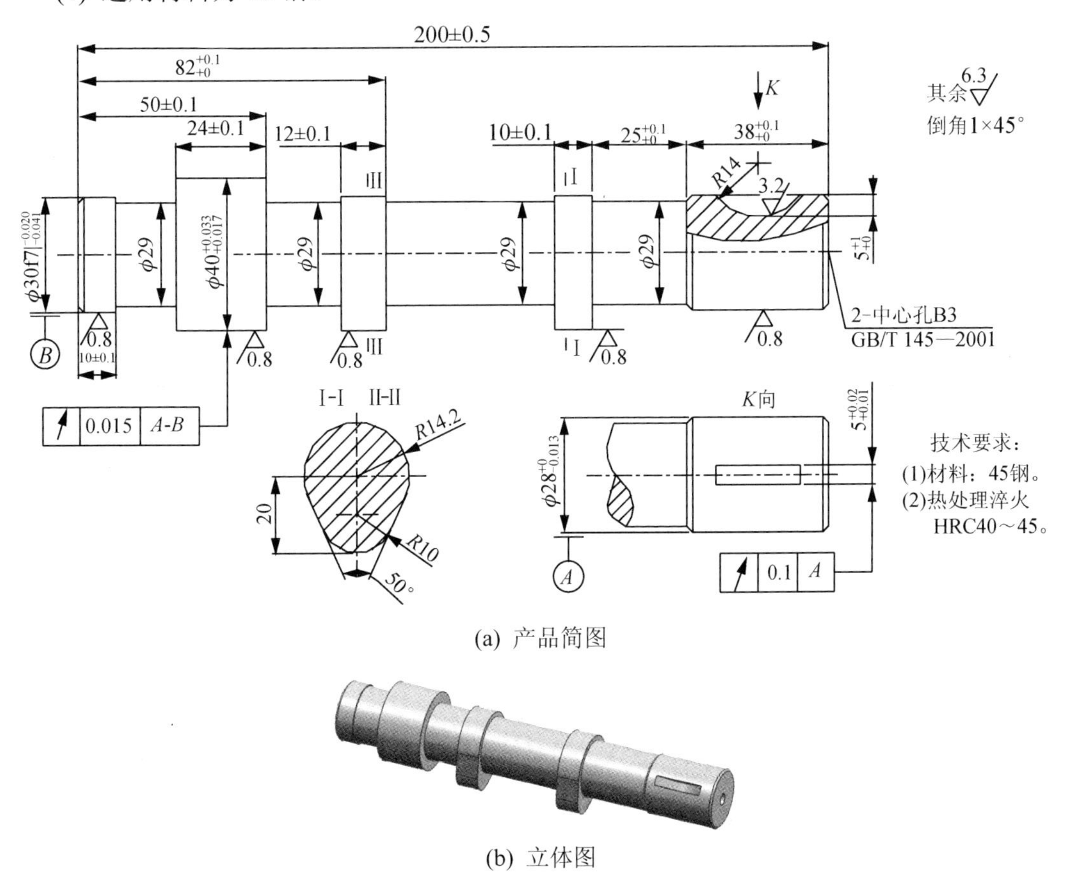

(a) 产品简图

(b) 立体图

图 4.6 凸轮轴

2) 凸轮轴工艺分析

(1) 凸轮轴是轴类零件中比较复杂的一种曲轴。在磨削加工方面，凸轮轴也是比较难加工的轴。凸轮轴在单件或小批量生产时，采用普通车床加工，批量较大时，可采用专业性较强的设备加工，如仿形车床、仿形铣床、仿形磨床等。

(2) 凸轮轴的毛坯形式很多，对于材料为 45 钢的凸轮轴，其毛坯选择锻件。若是大批生产，可以采用模锻件。对于模锻件毛坯尤其是精磨锻件毛坯来说，毛坯精度是由锻模来保证的，其精度较高，加工余量也较小。毛坯锻造后经过喷丸处理，使表面平整、光洁，无飞边、毛刺等缺陷。

(3) 在确定粗基准时常选择支承轴颈的毛坯外圆柱面及它的一个侧面作为定位基准。对于各支承轴径和连接轴颈外圆表面的半精加工、精加工及凸轮的半精加工、精加工及光整加工，均以两顶尖孔作为精基准。

(4) 凸轮形面粗加工采用靠模仿形车削；凸轮形面精加工采用双靠模凸轮磨床或者数控凸轮磨床。

3) 加工凸轮轴

凸轮轴的加工及相关要求等见表 4-2。

表 4-2　凸轮轴加工操作技能训练

技能训练名称	凸轮轴加工
工具、量具、刃具及材料	游标卡尺、外径千分尺、中心钻、车刀、仿形车刀、棕刚玉砂轮。 材料为 40Cr
步骤	**备料：** 锻件，材料 45 钢 **热处理：** 锻件作退火处理 **车：** 端面及外圆的粗车，外圆留余量 2mm，端面留余量 2mm **车：** 车基准 A 一端，保证总长(201 ± 0.2)mm，车基准 A 外圆至 $\phi28.5_{-0.03}^{+0}\times38_{+0}^{+0.1}$ mm，车第一处外圆至 $\phi29\times25_{+0}^{+0.1}$ mm，车右凸轮外圆至 $\phi35.2_{-0.05}^{+0}\times20$ mm，钻中心孔，倒角 **车：** 车基准 B 一端，保证总长(200 ± 0.5)mm，车第二处外圆 $\phi29$ mm 及端面，保证长度 $82_{+0}^{+0.1}$ mm 及右凸轮厚度(10 ± 0.1)mm，车左凸轮外圆至 $\phi35.2_{-0.05}^{+0}$ mm，车第三处外圆 $\phi29$ mm 及端面，保证长度尺寸(50 ± 0.1)mm 及左凸轮厚度(12 ± 0.1)mm，车大外圆至 $\phi40.5_{-0.03}^{+0}$ mm，车基准 B 外圆至 $\phi30.5_{-0.03}^{+0}\times(10\pm0.1)$ mm，车第四处外圆 $\phi29$ mm 及端面，保证长度尺寸(24 ± 0.1)mm，钻中心孔，倒角 **车：** 仿形车凸轮的外形，留磨削余量 0.5mm **铣：** 铣削半圆形槽，半径为 R14mm，槽宽 $5_{+0.01}^{+0.02}$ mm，槽深 5_{+0}^{+1} mm **磨：** 粗磨 ϕ 30.5mm、ϕ 40.5mm 和 ϕ 28.5mm 的外圆，分别留热处理后的磨削余量 0.4 mm **检验：** 按工艺要求检查热处理前的零件尺寸 **热处理：** 淬火 HRC40～45 **磨：** 修磨两端中心孔 **磨：** 粗磨 ϕ 30.5mm、ϕ 40.5mm 和 ϕ 28.5mm 的外圆，分别留精磨余量 0.15 mm **磨：** 精磨 ϕ 30.5mm、ϕ 40.5mm 和 ϕ 28.5mm 外圆至图纸尺寸，分别为 $\phi30_{-0.041}^{-0.020}$ mm,$\phi40_{+0.017}^{+0.033}$ mm,$\phi28_{-0.03}^{+0}$ mm **磨：** 粗、精磨凸轮的外形至产品图纸尺寸 **洗：** 清洗零件 **检验：** 成品检验(按产品图检验)
注意事项	(1) 凸轮的外形可以用仿形车加工，单件生产可以采用线切割或者数控加工 (2) 凸轮轴是一个比较复杂的曲轴，也是一个精密零件，所以在各方面加工要求都比较高，在热处理以前要对凸轮轴上的非凸轮外圆进行粗磨作为热处理后校对同轴度的基准，因为凸轮轴在热处理后易产生变形 (3) 凸轮轴的主要加工面必须光滑无毛刺，重要的磨削表面应保证表面粗糙度 $Ra0.8\mu m$

续表

	项目	质量检测内容	配分	评分标准	实测结果	得分
成绩评定	备料	锻件， 材 料 45 钢	5 分	材料选择错误不得分		
	热处理	锻件作退火处理	5 分	超差不得分		
	车	端面及外圆的粗车，外圆留余量 2mm，端面留余量 2mm	5 分	超差不得分		
	车	车基准 *A* 一端，保证总长 (201± 0.2)mm，车外圆 ϕ 28.5mm、ϕ 29mm，车右凸轮外圆 ϕ 35.2mm，钻中心孔，倒角	10 分	超差不得分		
	车	车基准 *B* 一端，保证总长，车外圆 ϕ 40.5mm、ϕ 29mm、ϕ 30.5mm，车左凸轮外圆 ϕ 35.2mm，钻中心孔，倒角	5 分	超差不得分		
	仿形车	仿形车凸轮的外形加工	10 分	超差不得分		
	铣	铣削半圆形槽	5 分	超差不得分		
	磨	粗磨 ϕ 30.5mm、ϕ 40.5mm 和 ϕ 28.5mm 的外圆，留磨削余量 0.4 mm	5 分	超差不得分		
	热处理	淬火 HRC40～45	5 分	不处理不得分		
	磨	修磨两端中心孔	5 分	超差不得分		
	磨	粗磨外圆 ϕ 30.5mm、ϕ 40.5mm 和 ϕ 28.5mm，留余量 0.15 mm	5 分	超差不得分		
	磨	精磨 $\phi30_{-0.041}^{-0.020}$ mm，$\phi40_{+0.017}^{+0.033}$ mm，$\phi28_{-0.03}^{+0}$ mm	10 分	超差不得分		
	磨	粗、精磨凸轮的外形至产品图纸尺寸	10 分	超差不得分		
	检验	成品检验(按产品图检验)	5 分	不检验不得分		
	安全文明生产		10 分	违者不得分		

实例 3. C6150 车床主轴的加工

C6150 车床主轴的产品简图和立体简图如图 4. 7 所示。

1) 零件图样分析

(1) 图 4.7 反映出该零件由内外锥面、内孔、外槽、外螺纹等部分组成，直线与直线相交合理，工艺性好，符合加工要求。

(2) 该零件为一复合轴类零件，有两处莫氏 6 号锥度的锥面(锥孔)，表面粗糙度值要求 Ra 为0.8μm；有多个台阶和退刀、越程工艺槽；还有三处外螺纹：M 76×2mm、M 90×2mm、

M 95×2mm。外轮廓的两处轴颈与轴承配合，另两处轴颈与齿轮配合，它们的表面粗糙度要求较高，*Ra*为0.4μm 。

(3) 图中左段尺寸ϕ80k5mm 与中间尺寸ϕ90g5mm、右端尺寸ϕ100j5mm 的圆柱同轴度公差要求为ϕ0.01mm，圆度公差为 0.004mm，轴心线与各自基准的平行度公差要求为 0.008mm。

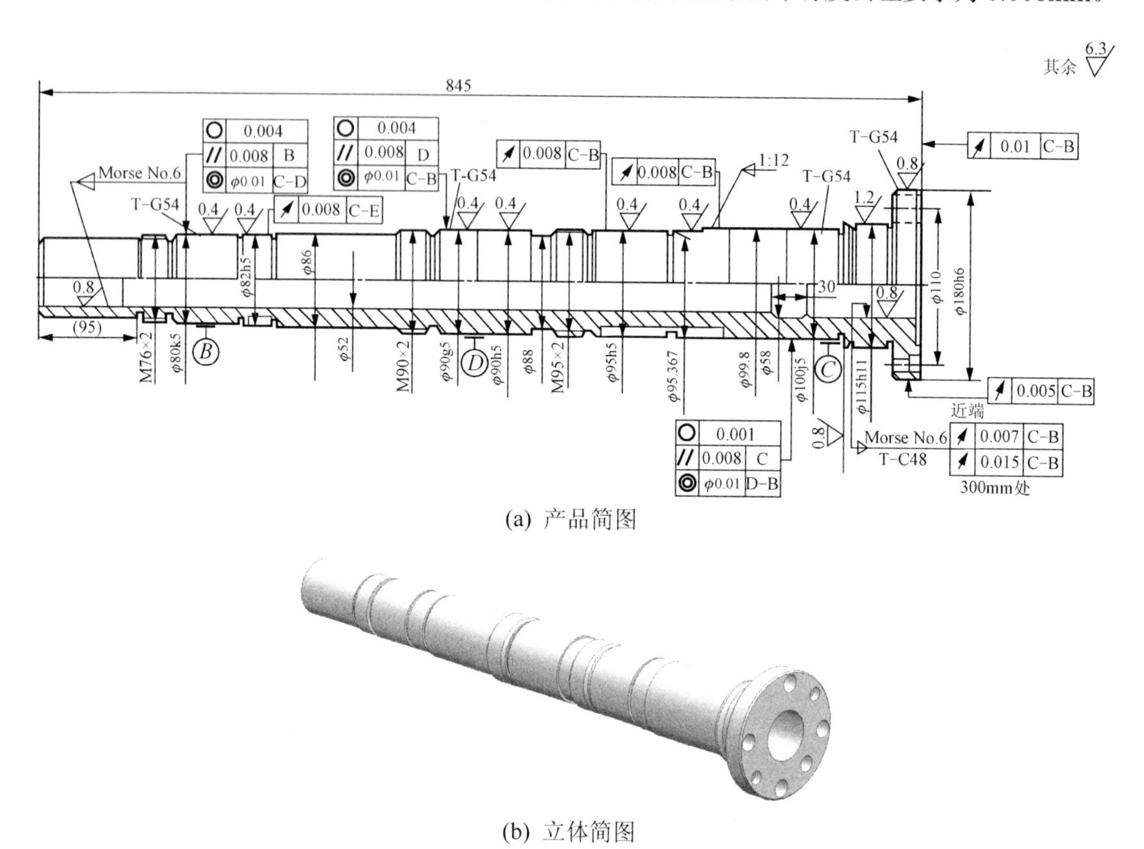

(a) 产品简图

(b) 立体简图

图 4.7　C6150 车床主轴

(4) 右端莫氏 6 号锥孔与左端尺寸ϕ80k5mm、右端尺寸ϕ100j5mm 的跳动公差为 0.015mm，其中右端的跳动公差为 0.007mm。

(5) 热处理：图中ϕ180mm、ϕ100mm、ϕ90mm、ϕ80mm 各部位需进行调质高频淬火，保证硬度 HRC54，*B* 端锥孔淬火处理，硬度 HRC48。

(6) 选用材料为 45 号钢。

2) C6150 车床主轴加工工艺过程分析

从产品简图中可以看出，C6150 车床主轴的加工既有轴类零件加工的共性，也有空心轴加工的工艺特点，分析如下。

(1) 加工阶段的划分。由于主轴是多阶梯带通孔的零件，切除大量金属后会引起残余应力重新分布而导致主轴变形，所以安排工序时，一定要粗精分开。C6150 主轴的加工就是以重要表面的粗加工、半精加工和精加工为主线，适当穿插其他表面的加工工序而组成的工艺路线，各阶段的划分大致以热处理为界，注意以下几点。

① 外圆加工顺序的安排要照顾主轴本身的刚度，应先加工大直径后加工小直径，以免一开始就降低主轴刚度。

② 就基准统一而言，希望始终以顶尖孔定位，避免使用锥堵，则深孔加工应安排在最后。但深孔加工是粗加工工序，要切除大量金属，加工过程中会引起主轴变形，所以最好在粗车外圆之后就把深孔加工出来。

③ 花键和键槽加工应安排在精车之后、粗磨之前，如果在精车之前就铣出键槽，将会造成断续车削，既影响质量又易损坏刀具，而且也难以保证键槽的尺寸精度。

④ 因主轴的螺纹对支承轴颈有一定的同轴度要求，故螺纹加工放在淬火之后的精加工阶段进行，以免受半精加工所产生的应力以及热处理变形的影响。

⑤ 主轴是加工要求很高的零件，需安排多次检验工序。检验工序一般安排在各加工阶段前后以及重要工序前后和花费工时较多的工序前后，总检验则放在最后。

(2) 定位基准的选择。为避免引起变形，主轴通孔的加工不能安排在最后，所以安排工艺路线时不可能用主轴本身的中心孔作为统一的定位基准，而要使用中心孔和外圆表面互为基准。其工艺路线如下。

① 用毛坯外圆表面作为粗基准面，钻中心孔。

② 用中心孔定位，粗车外圆表面和端面。

③ 用外圆表面定位，钻中心通孔。

④ 用外圆表面定位，半精加工中心通孔、大端锥孔和小端圆柱孔(或锥孔)。

⑤ 用带有中心孔的锥套心轴(如图 4.8 所示)定位，进行半精加工和精加工工序。

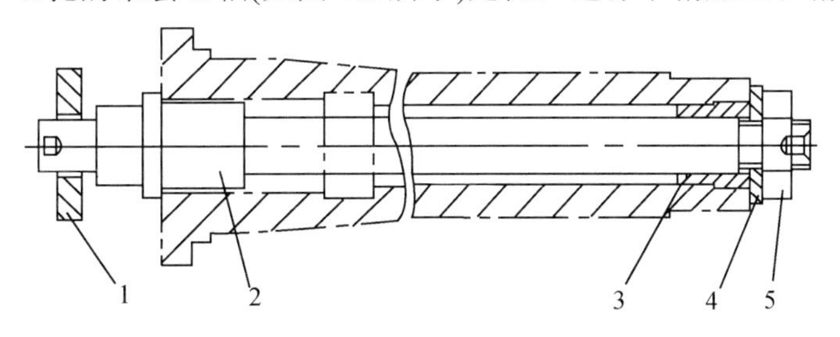

图 4.8　锥套心轴

1—夹头；2—心轴；3—锥套；4—垫圈；5—螺母

(3) 工序顺序的安排如下。

① 安排定位基面加工。在主轴的加工过程中，在任何加工阶段总是先安排好定位基面的加工，为加工其他表面做好准备，如粗加工阶段工序 4，半精加工阶段工序 10，精加工阶段工序 15。

② 安排其他表面和次要表面的加工。对于主轴上的花键、键槽、螺纹等次要表面的加工，通常安排在外圆精车或粗磨以后、精磨之前进行，否则会在外圆终加工时产生冲击，不利于保证加工质量，影响刀具的寿命，或者破坏主要表面已经获得的精度。

③ 深孔的加工。为使中心孔能够在多道工序中使用，深孔加工应靠后安排。但深孔加工属于粗加工，余量大、发热多、变形大，所以不能放到最后加工。本例安排在外圆半精车之后，以便有一个较为精确的轴径作为定位基准，这样加工出的孔容易保证主轴壁厚均匀。

(4) 主要表面加工方法的选择如下。

① 主轴各外圆表面的加工。主轴各外圆表面的车削通常划分为粗车、半精车和精车 3 个步骤。为了提高生产率，不同生产条件下采用不同的机床设备。单件小批生产时，采用卧式车床；成批生产时，采用液压仿形车床、转塔车床或数控车床；大批量生产时，常采用液压仿形车床或多刀半自动车床等。一般精度的车床主轴精加工采用磨削方法，安排在最终热处理之后，用以纠正热处理中产生的变形，并最后达到精度和表面粗糙度要求。

磨削主轴一般在外圆磨床或万能磨床上进行，前后两定位顶尖都采用高精度的固定顶尖，并注意调整顶尖和中心孔的接触面积。必要时要研磨顶尖孔，对磨床砂轮轴的轴承也提出很高的要求。

② 主轴锥孔的精加工。主轴锥孔的精加工是主轴加工的最后一个关键工序。C6150 型车床主轴的锥孔加工在改装的专用锥孔磨床上进行，采用两个支承轴径表面作为定位基面，并以ϕ82mm 轴肩作轴向定位。安装主轴支承轴径的夹具有图 4.9 所示 3 种，可根据生产类型和加工要求选用。锥孔磨削时，为减少磨床工件头架主轴的圆跳动对工件回转精度的影响，工件头架主轴必须通过浮动连接传动工件，工件的回转轴心线应由前述磨削夹具确定，这样可以消除工件头架主轴回转中心线圆跳动对工件回转轴心线产生的影响。

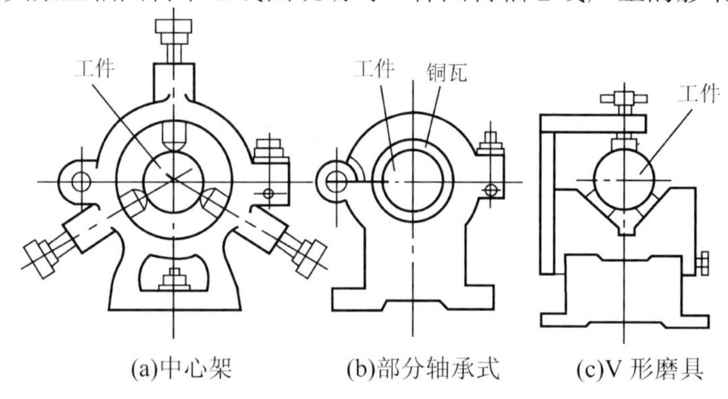

图 4.9 主轴锥孔的磨夹具

③ 主轴中心通孔的加工。C6150 车床主轴的中心通孔加工属于深孔加工，使用的刀具细长、刚性差、排屑困难、散热条件差，因此加工困难，工艺较复杂。单件小批生产时，可在普通钻床上用接长的麻花钻加工。但要注意，加工中需要多次退出钻头，以便排屑冷却钻头、工件。生产批量较大时，采用深孔钻床及深孔钻头可以获得较高的加工质量和生产效率。

④ 其他有表面粗糙度要求的各表面的加工。ϕ80mm，ϕ90mm，ϕ95mm，ϕ100mm 的外圆柱面表面粗糙度值均为 0.4μm；ϕ115mm 处的外圆柱表面粗糙度值为 3.2μm；两处内部莫氏 6 号锥孔表面粗糙度值为 0.8μm；其他未注圆柱面、端面、圆锥面表面粗糙度值均为 6.3μm。零件各表面精度要求较高，在进行零件表面及内孔的精加工时要合理选择刀具。在设置机床转速时，采用大转速、小进给量来加工，并且要选用润滑性好、散热快的切削液。

(5) 加工过程中及结束后的检验。在零件加工过程中和加工结束后，要对主轴的尺寸精度、形状精度、位置精度和表面粗糙度进行全面检查，以确保各项精度指标达到图样要求。

主轴的最终检验要按一定顺序进行。先检验各个外圆的尺寸精度、素线平行度和圆度，

再用外观比较法检验各表面的粗糙度和表面缺陷，最后再用专用检具检验各表面之间的位置精度。这样可以判断和排除不同性质误差对测量精度的干扰。

检验前、后支承轴径对公共基准的同轴度误差时，通常采用图 4.10 所示的方法。如果支承轴径的圆度误差很小，可以忽略，千分表的读数可作为各对应轴径相对于轴心线的同轴度误差。

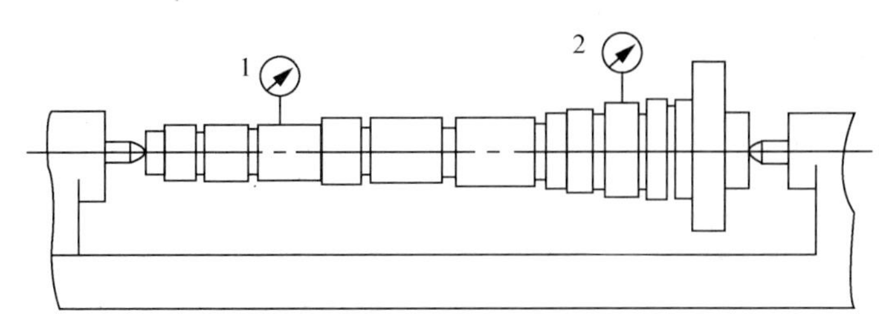

图 4.10　支承轴径同轴度的检验

C6150 车床主轴上其他各表面相对于支承轴径位置精度的检验常在图 4.11 所示的专用检具上进行。按照检验要求在各个有关表面放置千分表，用手轻轻转动主轴，通过千分表读数的值即可测出各项误差。检验主轴前锥孔对支承轴径的径向圆跳动和端面圆跳动时，为了消除检验心棒测量部分和圆锥体之间的同轴度误差，应将心棒转过 180°插入主轴锥孔再测一次，求两次读数的平均值。前端锥孔的形状误差和尺寸精度，可用专用锥度量规检验，并用涂色法检查锥孔表面的接触情况，这项检验应在检验锥孔跳动之前进行。

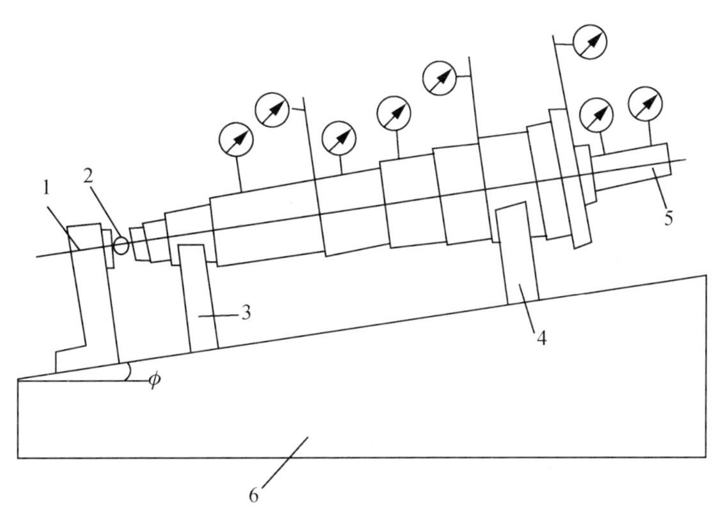

图 4.11　主轴相互位置精度的检验

1—挡铁；2—钢球；3、4—V 形架；5—检验心棒；6—测量座

3) 加工 C6150 车床主轴

C6150 车床主轴的加工步骤及相关要求等见表 4-3。其机械加工工艺过程卡见表 4-4。

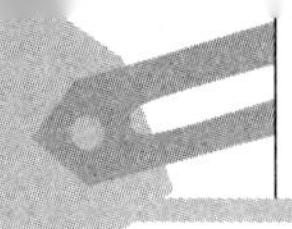

表 4-3　C6150 车床主轴加工操作技能训练

技能训练名称	C6150 车床主轴加工					
工具、量具、刃具及材料	游标卡尺、外径千分尺、ϕ 50mm 麻花钻、ϕ 52mm 麻花钻、直尺、样冲、划规、中心钻、车刀、镗刀、铣刀、棕刚玉砂轮 材料为 45 钢					
步骤	具体见表 4-4　C6150 车床主轴机械加工工艺过程卡					
注意事项	具体见 C6150 车床主轴加工工艺过程分析中的(1) 加工阶段的划分，(2) 定位基准的选择，(3) 工序顺序的安排，(4) 主要表面加工方法的选择，(5) 加工过程中及结束后的检验					
成绩评定	项目	质量检测内容	配分	评分标准	实测结果	得分
	备料	锻造， 45 号钢	5分	材料选择错误不得分		
	热处理	正火	5分	不处理不得分		
	钻	见表 4-4 中序号 3～4	5分	超差不得分		
	粗车	见表 4-4 中序号 5～6	5分	超差不得分		
	钻	见表 4-4 中序号 7～8	5分	超差不得分		
	热处理	调质，硬度 HBS230～250	5分	不处理不得分		
	半精车	见表 4-4 中序号 10～12	5分	超差不得分		
	车锥孔	见表 4-4 中序号 13～14	5分	超差不得分		
	钻、扩孔	见表 4-4 中序号 15～16	5分	超差不得分		
	热处理	热处理：按图中 ϕ 180mm、ϕ 100mm、ϕ 90mm、ϕ 80mm 各部位调质高频淬火，硬度 HRC54，*B* 端锥孔硬度 HRC48	5分	不处理不得分		
	精车	见表 4-4 中序号 18	5分	超差不得分		
	粗磨外圆	见表 4-4 中序号 19	5分	超差不得分		
	粗磨锥孔	见表 4-4 中序号 20～21	5分	超差不得分		
	铣键槽	见表 4-4 中序号 22	5分	超差不得分		
	车螺纹	见表 4-4 中序号 23	5分	超差不得分		
	精磨外圆	见表 4-4 中序号 24	5分	超差不得分		
	磨外锥面	见表 4-4 中序号 25～26	5分	超差不得分		
	精磨锥孔	见表 4-4 中序号 27～28	5分	超差不得分		
	检验	成品检验(按产品图检验)	5分	不检验不得分		
	安全文明生产		5分	违者不得分		

表 4-4　C6150 车床主轴机械加工工艺过程卡(简化的表格)　/mm

序号	工序名称	工序内容	定位基面	设备
1	锻造	锻造		
2	热处理	正火		回火炉
3	锯	锯小端，保证总长(853±1.5) mm		锯床
4	钻中心孔	钻中心孔	小端外形	钻床
5	粗车	粗车各外圆(均留余量 2.5～3mm)，ϕ 115mm 外圆只车一段	大端外形及端面，小端中心孔	C731 液压仿形车床

续表

序号	工序名称	工序内容	定位基面	设备
6	粗车	(1) 粗车基准 *B* 面、ϕ180mm 外圆，均放余量 2.5～3mm (2) 粗车法兰后端面及ϕ115mm 外圆，与上工序接平；半精车ϕ100mm 外圆为ϕ(102±0.05) mm(工艺要求)；车小头端面，保留中心部分(不大于 20mm)	(1) 小端外形，ϕ100mm 表面(搭中心架) (2) 大端外形，小端中心孔	C630 车床
7	钻	钻ϕ50mm 中心导向孔	小端外形，ϕ100mm 表面(搭中心架)	C630 车床
8	钻	钻ϕ50mm 中心通孔	小端外形，ϕ100mm 表面(搭中心架)	深孔钻床
9	热处理	调质，硬度 HBS 230～250		
10	半精车	车小端面，车内孔，孔口倒角	大端外形，ϕ80mm 表面(搭中心架)	C620 车床
11	半精车	半精车各外圆及 1∶12 锥面，留磨量 0.5～0.6mm，螺纹外径留磨量 0.2～0.3mm，ϕ80mm、ϕ72mm 外圆车至尺寸	大端外形，小端孔口倒角	C731M 液压仿形车床
12	半精车	(1) 半精车大端法兰，车内环槽ϕ58mm×30mm；(2) 半精车法兰后端面，半精车ϕ115mm 外圆，车各沉槽及斜槽，倒角	(1) 小端外形，ϕ100mm 外圆(搭中心架) (2) 大端外形，小端孔口倒角	C620 车床
13	车小端锥孔	车小端锥孔(配莫氏 6 号锥堵，涂色法检查接触率≥30%)	两端支承轴颈	C620 车床
14	车大端锥孔	车大端锥孔(配莫氏 6 号锥堵，涂色法检查接触率≥30%)及端面	两端支承轴颈	C620 车床
15	钻孔	钻主轴右端法兰各孔，孔口倒角	*B* 面，ϕ180mm 外圆及 16h10 mm 键槽	专用钻床
16	扩	扩中心ϕ52mm 通孔	大端外形，ϕ80mm 外圆(搭中心架)，径向跳动不大于 0.05mm	深孔钻床
17	热处理	热处理：按图中ϕ180、ϕ100、ϕ90、ϕ80 各部位调质高频淬火，硬度 HRC54，*B* 端锥孔淬火，硬度 HRC48		
18	精车	精车各外圆并切槽、车ϕ100mm×15mm 内凹面、倒角	锥堵顶尖孔，(1) 小端外形，ϕ100mm 外圆(搭中心架) (2) 大端外形，ϕ80mm 外圆(搭中心架)	C620 车床
19	粗磨外圆	粗磨ϕ80k5mm、ϕ82h5mm、ϕ90g5mm、ϕ90h5mm、ϕ95h5mm、ϕ100j5mm、ϕ115h11mm 外圆	锥堵顶尖孔，用锥套心轴夹持，找正ϕ80mm、ϕ100mm 外圆，径向跳动不大于 0.03mm	M1432B 外圆磨床
20	粗磨小端锥孔	粗磨小端锥孔(重配莫氏 6 号锥堵，涂色法检查接触率≥40%)	后支承轴颈及ϕ100j5mm 外圆	M2110A 内圆磨床

续表

序号	工序名称	工序内容	定位基面	设备
21	粗磨大端锥孔	粗磨大端锥孔(重配莫氏 6 号锥堵，涂色法检查接触率≥40%)	前支承轴颈及 ϕ 80k5mm 外圆	M2110A 内圆磨床
22	铣键槽	(1) 铣 ϕ 95h5 键槽，键槽尺寸 16h10mm (2) 铣 ϕ 82h5 键槽，键槽尺寸 12h10mm	(1) ϕ 95mm 外圆；(2) ϕ 82mm 外圆(在 ϕ 100mm 处加辅助支承)	3#万能铣床
23	车螺纹	精车 M95×2mm、M90×2mm、M76×2mm 螺纹，精车法兰后端面	大端外形，小端孔口倒角；找正 ϕ 100mm、ϕ 80mm 外圆	C6150 车床
24	精磨	精磨各外圆、*A*、*B* 面	锥套心轴夹持，找正 ϕ 100mm、ϕ 80mm 外圆，径向跳动不大于 0.01	M1432 外圆磨床
25	粗磨外锥面	粗磨 1∶12 外锥面	锥堵顶尖孔	M1432 外圆磨床
26	精磨外锥面	精磨 1∶12 外锥面及大端端面	锥堵顶尖孔	专用组合磨床
27	精磨小端锥孔	精磨小端莫氏 6 号内锥孔(卸堵，涂色法检查接触率≥70%)	前支承轴颈及 ϕ 100j5mm 外圆	专用主轴锥孔磨床
28	精磨大端锥孔	精磨大端莫氏 6 号内锥孔(卸堵，涂色法检查接触率≥70%)	前支承轴颈及 ϕ 80k5mm 外圆，找正 ϕ 100mm、ϕ 80mm 外圆，径向跳动不大于 0.005mm，以 ϕ 82mm 轴肩作轴向定位	专用主轴锥孔磨床
29	钳工	端面孔去锐边倒角，去毛刺		
30	检验	按照图纸要求检验各部分尺寸	前支承轴颈及 ϕ 80k5mm 外圆	偏摆仪、专用检具等
31	入库	涂油入库		

任务 4.2　典型套筒类零件的加工

4.2.1　套筒类零件概述

1. 套筒类零件的功用和结构特点

套筒类零件是指回转体零件中的空心薄壁件，是机械加工中常见的一种零件，在各类机器中应用范围很广，主要起支承或导向作用。由于功用不同，其形状结构和尺寸有很大的差异，常见的有支承回转轴的各种形式的轴承圈和轴套、夹具上的钻套和导向套、内燃机上的气缸套和液压系统中的液压缸、电液伺服阀的阀套等。其大致的结构形式如图 4.12 所示。

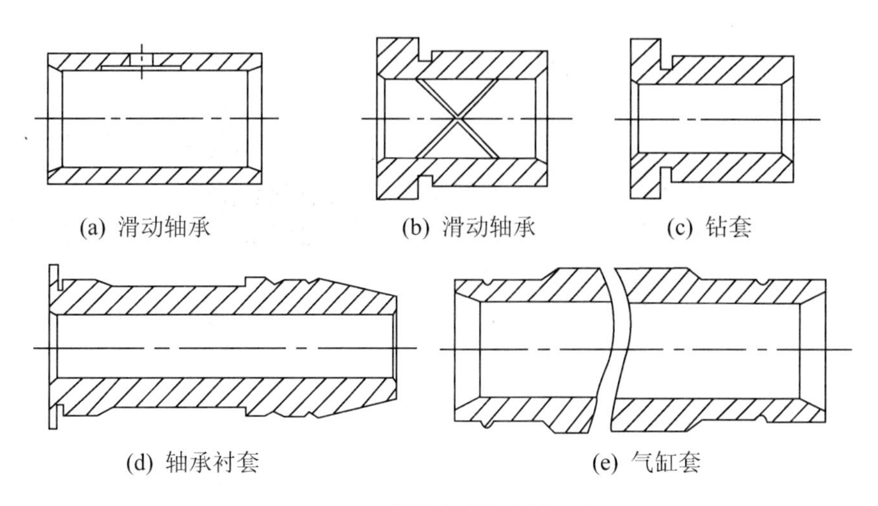

图 4.12　套筒类件的结构形式

套筒类零件的结构与尺寸随其用途不同而异，但其结构一般都具有以下特点：外圆直径 d 一般小于其长度 L，通常 $L/d<5$；零件的主要表面为同轴度要求较高的内外旋转表面；内孔与外圆直径之差较小，故壁薄易变形。

2. 套筒类零件主要技术要求

套筒类零件的主要表面是孔和外圆，主要技术要求如下。

(1) 孔的技术要求。孔是套筒零件起支承或导向作用最主要的表面，常与运动轴、主轴、活塞、滑阀相配合。其直径尺寸精度一般为 IT7，精密轴套取 IT6。由于与气缸和液压缸相配的活塞上有密封圈，故对活塞的尺寸精度要求较低，通常取 IT9。内孔的形状精度应控制在孔径公差以内，一些精密套筒的形状精度控制在孔径公差的 1/3～1/2。对于长套筒，除了有圆度要求外，还应有圆柱度要求。为了保证零件的功用，提高其耐磨性，孔的表面粗糙度为 *Ra* 2.5～0.16μm，要求高的孔的表面粗糙度为 *Ra*0.04μm。

(2) 外圆表面的技术要求。外圆是套筒的支承面，常采用过盈配合或过渡配合同箱体或机架上的孔相连接。外圆的外径尺寸精度通常取 IT6～IT7，形状精度控制在外径公差以内，表面粗糙度为 *Ra*5～0.63μm。

(3) 孔与外圆轴线的同轴度要求。若孔的最终加工方法是通过将套筒装入机座后合件进行加工的，其套筒内、外圆间的同轴度要求可以低一些；若最终加工是在装入机座前完成，则同轴度要求较高，一般为 0.01～0.05mm。

(4) 孔轴线与端面的垂直度要求。套筒的端面(包括凸缘端面)若在工作中承受轴向载荷，或虽不承受载荷，但在装配或加工中作为定位基准时，端面与孔轴线的垂直度要求较高，一般为 0.02～0.05mm。

3. 套筒类零件的材料、毛坯及热处理

套筒类零件毛坯材料的选择主要取决于零件的功能要求、结构特点及使用时的工作条件。套筒类零件一般用钢、铸铁、青铜或黄铜和粉末冶金等材料制成。有特殊要求的套筒类零件可采用双层金属结构或选用优质合金钢(38CrMoAlA，18CrNiWA)。双层金属结构是应用离心铸造法在钢或铸铁轴套的内壁上浇注一层巴氏合金等轴承合金材料，采用这种制

造方法虽增加了一些工时，但能节省有色金属，而且提高了轴承的使用寿命。

套筒类零件毛坯制造方式的选择与毛坯结构尺寸、材料和生产批量的大小等因素有关。孔径较大(一般直径大于 20mm)时，常采用型材(如无缝钢管)、带孔的锻件或铸件；孔径较小(一般直径小于 20mm)时，多选择热轧或冷拉棒料，也可采用实心铸件；大批量生产时，可采用冷挤压、粉末冶金等先进工艺，不仅节约原材料，而且生产率及毛坯质量精度均可提高。

套筒类零件的功能要求和结构特点决定了套筒类零件的热处理方法有渗碳淬火、表面淬火、调质、高温时效及渗氮。

4.2.2 套筒类零件加工工艺分析

套筒类零件的主要加工表面有内孔、外圆和端面，其中内孔既是装配基准又是设计基准，加工精度和表面粗糙度一般要求较高；内外圆之间的同轴度及端面与孔的垂直度也有一定技术要求。

随着结构形式的差异、加工精度的高低和基准使用情况的不同，套筒类零件加工工艺也不一样，典型的工艺路线大致如下。

调质(或正火)—粗车端面、外圆—钻孔、粗精镗孔—钻法兰小孔、插键槽等—热处理—磨外圆—磨端面、磨内孔。

外圆表面加工可以根据精度要求选择车削和磨削。孔加工方法的选择需要考虑零件的结构特点、孔径大小、长径比、精度和表面粗糙度要求以及生产规模等各种因素。对于加工精度要求较高的孔，常用的方案是：钻孔—半精车孔或镗孔—粗磨孔—精磨孔。

另外，一般套筒类零件在加工中还有两个主要的问题是保证内外圆的相互位置精度(即保证内、外圆表面的同轴度以及轴线与端面的垂直度)以及防止套筒类零件在各工序加工过程中发生变形。

1. 保证相互位置精度

套筒类零件内外表面的同轴度以及端面与孔轴线的垂直度要求一般都较高，通常可采用下列 3 种工艺方案。

(1) 在一次安装中完成内外表面及端面的全部加工。采用这种工艺方案可消除工件的安装误差并获得很高的相互位置精度，因而能达到位置度要求。但由于工序比较集中，尺寸较大的套筒安装不便，故多用于尺寸较小的套筒车削加工，一般在自动车床或转塔车床等机床上完成内外表面及端面的加工。

(2) 全部加工分在几次安装中进行，先加工孔，然后以孔为定位基准加工外圆表面。采用这种工艺方案加工套筒，由于孔精加工常采用拉孔、滚压孔等工艺方案，生产效率较高，同时可以解决镗孔和磨孔时因镗杆、砂轮杆刚性差而引起的加工误差。当以孔为基准加工套筒的外圆时，常用刚度较好的小锥度心轴安装工件。小锥度心轴结构简单，易于制造，心轴用两顶尖安装，其安装误差很小，因此可获得较高的位置精度。

(3) 全部加工分在几次安装中进行，先加工外圆，然后以外圆表面为定位基准加工内孔。该方法工件装夹迅速可靠，但一般卡盘安装误差较大，使得加工后工件的相互位置精度较低。如果欲使同轴度误差较小，则须采用定心精度较高的夹具，如弹性膜片卡盘、液性塑料夹头、经过修磨的三爪自定心卡盘和软爪等。

2. 防止变形的工艺措施

套筒类零件的结构特点是孔壁较薄，薄壁套类零件在加工过程中，常因夹紧力、切削力和热变形的影响而产生变形，致使加工精度降低。需要热处理的薄壁套筒，如果热处理工序安排不当，也会造成不可校正的变形。为防止变形常采取一些工艺措施。

(1) 减少热变形引起的误差。工件在加工过程中受切削热后要膨胀变形，从而影响工件的加工精度。为了减少热变形对加工精度的影响，应在粗、精加工之间留有充分冷却的时间，并在加工时注入足够的切削液。热处理对套筒变形的影响也很大，除了改进热处理方法外，在安排热处理工序时，应安排在精加工之前进行，以使热处理产生的变形在以后的工序中得到纠正。

(2) 减少夹紧力的影响。在工艺上采取以下措施减少夹紧力的影响。

① 采用径向夹紧时，夹紧力不应集中在工件的某一径向截面上，而应使其分布在较大的面积上，以减小工件单位面积上所承受的夹紧力，从而减少其变形。例如工件外圆用卡盘夹紧时，可以采用软卡爪，以增加卡爪的宽度和长度，如图 4.13 所示。同时软卡爪应采取自镗的工艺措施，以减少安装误差，提高加工精度。图 4.14 是用开缝套筒装夹薄壁工件，由于开缝套筒与工件接触面大，夹紧力均匀分布在工件外圆上，不易产生变形。当薄壁套筒以孔为定位基准时，宜采用涨开式心轴。

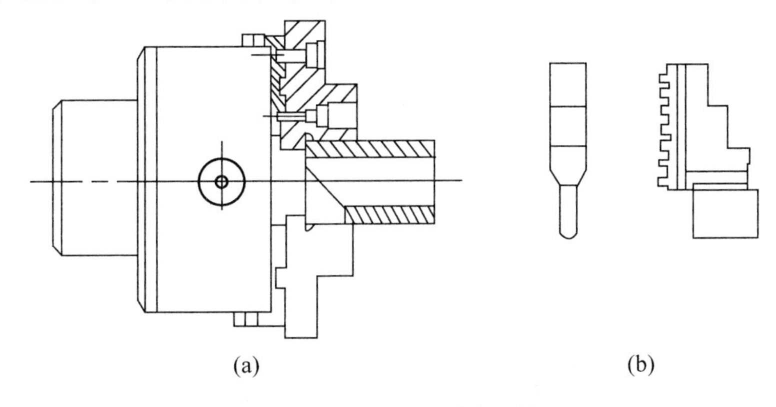

图 4.13　用软卡爪装夹工件

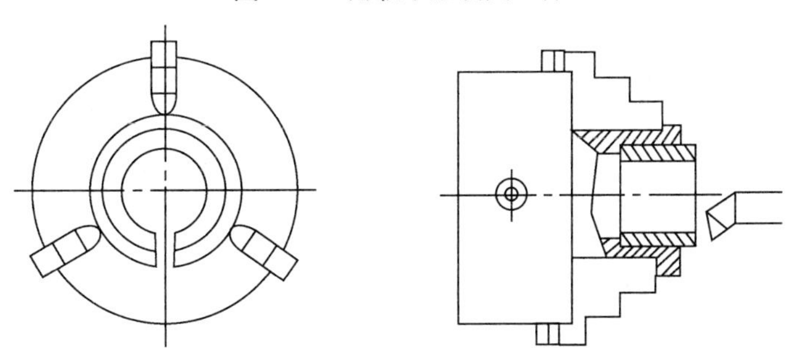

图 4.14　用开缝套筒装夹薄壁工件

② 夹紧力的作用位置宜选在零件刚性较强的部位，以改善夹紧力作用导致的薄壁零件变形。

③ 改变夹紧力的方向，将径向夹紧改为轴向夹紧，如图 4.15 所示。

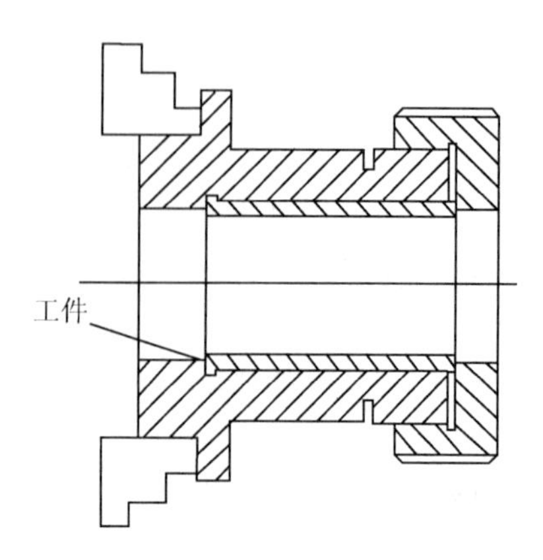

图 4.15　轴向夹紧工件

④ 在工件上制出加强刚性的工艺凸台或工艺螺纹以减少夹紧变形，加工时用特殊结构的卡爪夹紧，如图 4.16 所示，加工终了时将凸边切去。

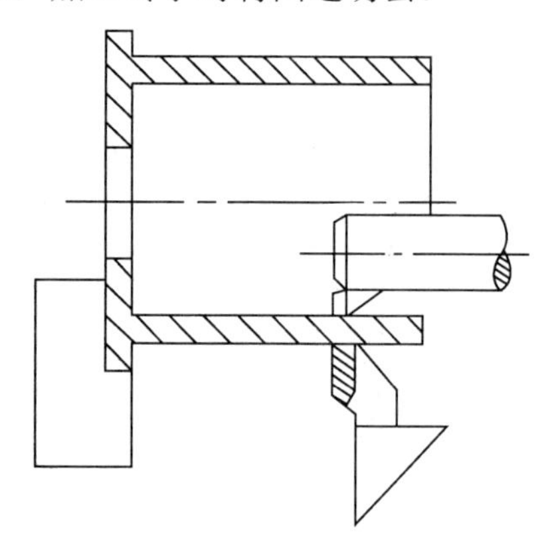

图 4.16　辅助凸边的作用

(3) 减小切削力对工件变形的影响。

① 增大刀具主偏角和前角，使加工时刀刃锋利，减少径向切削力。

② 将粗、精加工分开，使粗加工产生的变形能在精加工中得到纠正，并采取较小的切削用量。

③ 内外圆表面同时加工，使切削力抵消。

(4) 热处理放在粗加工和精加工之间，这样安排可减少热处理对变形的影响。

(5) 套筒类零件热处理后一般会产生较大变形，在精加工时可得到纠正，但要注意适当加大精加工的余量。

4.2.3　典型套筒类零件的加工实例

实例 1. 密封件定位套的加工

密封件定位套的产品简图和立体图如图 4.17 所示。

1) 零件图样分析

(1) $\phi165_{-0.15}^{-0.10}$mm 中心线对 $\phi130_{+0.015}^{+0.045}$mm 基准孔中心线的同轴度公差要求为 $\phi0.025$mm。

(2) $\phi180_{-0.15}^{-0.10}$mm 中心线对 $\phi130_{+0.015}^{+0.045}$mm 基准孔中心线的同轴度公差要求为 $\phi0.025$mm。

(3) $\phi130^{+0.045}_{+0.015}$ mm 右端面对其轴心线的垂直度公差为 0.03mm 。

(4) 铸件人工时效处理。

(5) 尖角倒钝 $1\times45^{\circ}$ 。

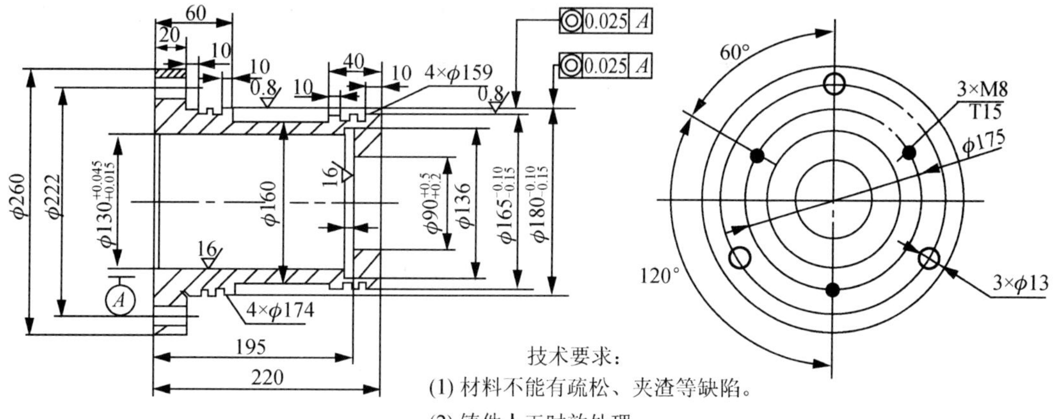

技术要求：

(1) 材料不能有疏松、夹渣等缺陷。

(2) 铸件人工时效处理。

(3) 尖角倒钝。

(4) 材料HT200。

(a) 产品简图

(b) 立体图

图 4.17　密封件定位套

2) 密封件定位套工艺分析

(1) 定位套孔壁较薄，在各道工序加工时应注意选用合理的夹紧力，以防工件变形。

(2) 密封件定位套内、外圆有同轴度要求，为保证加工精度，工艺安排应粗、精加工分开。

(3) 在精磨 $\phi130^{+0.045}_{+0.015}$ mm 孔时，同时靠磨 $\phi136$ mm 右端面，以保证 $\phi130^{+0.045}_{+0.015}$ mm 右端面对其中心线的垂直度公差为 0.03mm 。

(4) $\phi165^{-0.10}_{-0.15}$ mm 外圆、$\phi180^{-0.10}_{-0.15}$ mm 外圆中心线对 $\phi130^{+0.045}_{+0.015}$ mm 基准孔中心线的同轴度误差的检测方法如图 4.18 所示。采用 1∶3000 锥度的检验芯轴，检测方法为：将工件套在检验芯轴上，再将芯轴装在偏摆仪上，将百分表触头与工件外圆接触，检验芯轴转动一圈，百分表内反映出的变化数值即为同轴度误差。

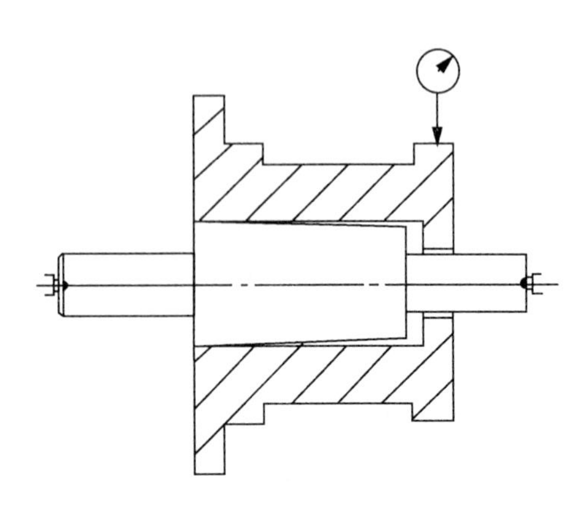

图 4.18 同轴度检验示意图

3) 加工密封件定位套

加工密封件定位套的步骤及相关要求等见表 4-5。其机械加工工艺过程卡见表 4-6。

表 4-5 密封件定位套加工操作技能训练

<table>
<tr><td colspan="2">技能训练名称</td><td colspan="5">密封件定位套加工</td></tr>
<tr><td colspan="2">工具、量具、刃具及材料</td><td colspan="5">游标卡尺、外径千分尺、ϕ 6.8mm 麻花钻、ϕ 13mm 麻花钻、M8mm 丝锥、直尺、样冲、划规、中心钻、车刀、镗刀、棕刚玉砂轮
材料为 HT200</td></tr>
<tr><td>步骤</td><td colspan="6">具体见表 4-6 密封件定位套机械加工工艺过程卡</td></tr>
<tr><td>注意事项</td><td colspan="6">(1) 零件孔壁较薄，在各道工序加工时应注意选用合理的夹紧力，以防工件变形
(2) $\phi165_{-0.15}^{-0.10}$mm 外圆、$\phi180_{-0.15}^{-0.10}$ mm 外圆中心线对 $\phi130_{+0.015}^{+0.045}$ mm 基准孔中心线的同轴度要求为 0.025mm；$\phi130_{+0.015}^{+0.045}$ mm 右端面对其轴心线的垂直度公差为 0.03mm</td></tr>
<tr><td rowspan="13">成绩评定</td><td>项目</td><td>质量检测内容</td><td>配分</td><td>评分标准</td><td>实测结果</td><td>得分</td></tr>
<tr><td>备料</td><td>铸件各部分留加工余量 7mm</td><td>5分</td><td>材料选择错误不得分</td><td></td><td></td></tr>
<tr><td>热处理</td><td>人工时效处理</td><td>5分</td><td>不处理不得分</td><td></td><td></td></tr>
<tr><td>粗车</td><td>表 4-6 中序号 4</td><td>10 分</td><td>超差不得分</td><td></td><td></td></tr>
<tr><td>粗车</td><td>表 4-6 中序号 5</td><td>10 分</td><td>超差不得分</td><td></td><td></td></tr>
<tr><td>精车</td><td>表 4-6 中序号 6</td><td>10 分</td><td>超差不得分</td><td></td><td></td></tr>
<tr><td>精车</td><td>表 4-6 中序号 7</td><td>10 分</td><td>超差不得分</td><td></td><td></td></tr>
<tr><td>磨</td><td>表 4-6 中序号 8</td><td>10 分</td><td>超差不得分</td><td></td><td></td></tr>
<tr><td>磨</td><td>表 4-6 中序号 9</td><td>10 分</td><td>超差不得分</td><td></td><td></td></tr>
<tr><td>钳</td><td>表 4-6 中序号 10</td><td>5分</td><td>超差不得分</td><td></td><td></td></tr>
<tr><td>钳</td><td>表 4-6 中序号 11</td><td>5分</td><td>超差不得分</td><td></td><td></td></tr>
<tr><td>检验</td><td>成品检验(按产品图检验)</td><td>10 分</td><td>不检验不得分</td><td></td><td></td></tr>
<tr><td colspan="2">安全文明生产</td><td>10 分</td><td>违者不得分</td><td></td><td></td></tr>
</table>

表 4-6　密封件定位套机械加工工艺过程卡(简化的表格)　/mm

序号	工序名称	工序内容	工艺装备
1	铸	铸件各部分留加工余量 7mm	
2	清砂	清砂	
3	热处理	人工时效处理	
4	粗车	夹毛坯的一端外圆(小外圆一端)，粗车外圆尺寸，兼顾铸件壁厚均匀，车内径各部尺寸，留加工余量 5mm；车端面，保证总长为 226mm，法兰盘壁厚 23mm，其余留加工余量 5mm	CA6163
5	粗车	掉头，以已车内径定位并夹紧工件，法兰盘外圆找正，车外圆各部，留加工余量 5mm	CA6163
6	精车	夹工件的一端外圆(小外圆一端)，车内径至尺寸 $\phi130_{-0.8}^{-0.6}$ mm，在深 195mm 处车内槽 $\phi136$mm×4mm；车外端面，保证工件总长 222mm，车 $\phi260$mm 法兰盘厚度至 22mm	CA6163
7	精车	掉头，以已车内径定位并夹紧工件，精车外圆各部，除了 $\phi160$mm 外圆，其余各部外圆尺寸均留磨削余量 0.8mm；车外端面，保证工件总长 220mm，车内径尺寸 $\phi90_{+0.2}^{+0.5}$ mm 至尺寸 $\phi90_{+0.12}^{+0.2}$ mm，切各环槽至图纸尺寸	CA6163
8	磨	夹工件的一端外圆(小外圆一端)，内径找正，粗、精磨内径至图纸尺寸 $\phi130_{+0.015}^{+0.045}$ mm，靠磨 $\phi136$mm 右端面，磨内径至图纸尺寸 $\phi90_{+0.2}^{+0.5}$ mm	M1432A
9	磨	以已磨削加工的内径 $\phi90_{+0.2}^{+0.5}$ mm 定位并夹紧工件，磨削 $\phi165_{-0.15}^{-0.10}$ mm 外圆、$\phi180_{-0.15}^{-0.10}$ mm 外圆至图纸尺寸	M1432A
10	钳	划线：划 $\phi175$mm 直径上均布的 3×M8mm 孔的中心位置线，划 $\phi222$mm 直径上均布的 3×$\phi13$mm 孔的中心位置线	
11	钳	钻孔 3×$\phi13$mm，钻 3×M8mm 的螺纹底孔 $\phi6.7$mm，攻螺纹 3×M8mm、深 15mm	Z525
12	检验	按照图纸要求检验各部分尺寸	偏摆仪
13	入库	涂油入库	

实例 2. 柱塞套的加工

柱塞套的产品简图及立体图如图 4.19 所示。

1) 零件图样分析

(1) $\phi7.5_{-0.02}^{+0.05}$ mm (基准 C)中心线对 $\phi14_{-0.043}^{-0.016}$ mm (基准 A)孔中心线的同轴度公差要求为 $\phi0.01$mm。

(2) $\phi17.85_{-0.10}^{+0}$ mm 中心线对 $\phi7.5_{-0.02}^{+0.05}$ mm (基准 C)孔中心线的跳动公差要求为↗ 0.10mm。

(3) $4-\phi(3\pm0.03)$mm 对 $\phi14_{-0.043}^{-0.016}$ mm (基准 A)孔中心线的位置度公差为 $\phi0.01$mm。

(4) $\phi17.85_{-0.10}^{+0}$ mm 端面的平面度要求。

(5) $\phi7.5_{-0.02}^{+0.05}$ mm 的内孔圆度公差要求为 0.005mm。

(6) $\phi17.85_{-0.10}^{+0}$ mm 端面的表面粗糙度要求 $Ra0.2\mu m$，$\phi7.5_{-0.02}^{+0.05}$ mm 内孔的表面粗糙度要

求为 Ra0.05 μm。

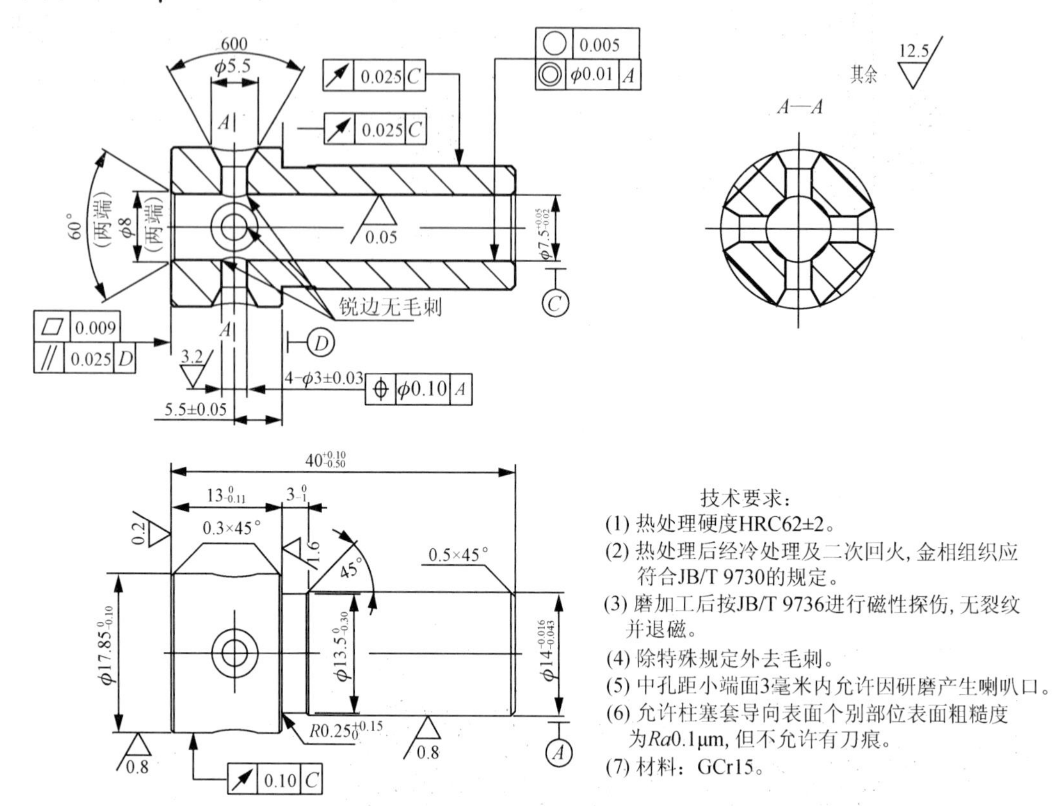

(a) 产品简图

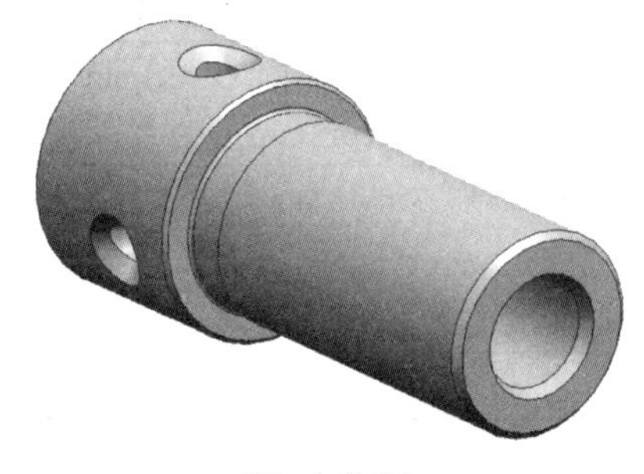

(b) 立体图

图 4.19 柱塞套

2) 柱塞套工艺分析

(1) 柱塞套的形位公差及表面粗糙度要求较高，普通的磨削无法达到图纸的要求，需要考虑采用珩磨及研磨工艺。

(2) 柱塞套内、外圆有同轴度要求，为保证加工精度，工艺安排应粗、精加工分开。

(3) $4-\phi(3\pm0.03)$mm 的回油孔，通过钻-铰孔工艺完成。

3) 加工柱塞套

柱塞套的加工步骤及相关要求等见表 4-7。

表 4-7 柱塞套加工操作技能训练

技能训练名称	柱塞套加工				
工具、量具、刃具及材料	游标卡尺、外径千分尺、ϕ2.9mm 麻花钻、ϕ3mm 铰刀、倒角用麻花钻、直尺、样冲、划规、中心钻、车刀、镗刀、棕刚玉砂轮、珩磨条、珩磨杆 材料为 GCr15				
步骤	锯：备ϕ23mm×45mm 料，材料 GCr15 圆钢 车：孔、端面及外圆的粗、精车，孔、外圆留余量 0.4mm，端面留余量 0.4mm 钻：钻回油孔至 $4-\phi2.9_{0}^{+0.05}$ mm 粗磨：粗磨外圆至 $\phi17.85_{-0.04}^{+0}$ mm 热处理：淬火至硬度为 HRC(62±2)，冷处理及一次回火 珩磨：粗珩内孔，保证尺寸 $\phi7.5_{-0.01}^{+0.015}$ mm 磨：磨削基准面 D，保证尺寸 (5.5 ± 0.05)mm 精磨：精磨小外圆至 $\phi14_{-0.043}^{-0.016}$ mm，保证长度 $27_{-0.39}^{+0.1}$ mm 精磨：磨大端平面，保证长度尺寸 $13_{-0.08}^{+0}$ mm 铰：铰回油孔至 $4-\phi(3\pm0.03)$mm 热处理：二次回火，并时效处理 研磨：第一次精光研磨内孔至 $\phi7.5_{+0}^{+0.05}$ mm 研磨：第二次精光研磨内孔至 $\phi7.5_{+0.02}^{+0.05}$ mm 研磨：机研磨大端面，保证长度尺寸 $13_{-0.11}^{+0}$ mm 清洗：清洗零件 检验：成品检验(按产品图检验)				
注意事项	(1) 零件的尺寸精度、形位公差、表面粗糙度均要求较高，$\phi7.5_{-0.02}^{+0.05}$ mm 内孔的表面粗糙度要求为 Ra0.05μm，需要通过两次精光研磨来保证要求 (2) 考虑到热处理引起的变形，$4-\phi(3\pm0.03)$mm 的铰孔工序安排在精磨小外圆、精磨大端平面之后，并在两次回火时效处理之前完成				
成绩评定	项目	质量检测内容	配分	评分标准	实测结果	得分
	锯	备ϕ23mm×45mm 料，材料 GCr15 圆钢	5分	材料选择错误不得分		
	车	孔、端面及外圆的粗车、精车	15 分	超差不得分		
	钻	钻回油孔 $4-\phi2.9_{0}^{+0.05}$ mm	5 分	超差不得分		
	粗磨	粗磨外圆至 $\phi17.85_{-0.04}^{+0}$ mm	5分	超差不得分		
	热处理	淬火至硬度为 HRC(62±2)，一次回火	5分	不处理不得分		
	珩磨	粗珩内孔 $\phi7.5_{-0.01}^{+0.015}$ mm	5分	超差不得分		
	磨	磨削基准面 D，保证 (5.5 ± 0.05)mm	5分	超差不得分		
	精磨	精磨小外圆至 $\phi14_{-0.043}^{-0.016}$ mm	5分	超差不得分		
	精磨	磨大端平面保证 $13_{-0.08}^{+0}$ mm	5分	超差不得分		
	铰	铰回油孔至 $4-\phi(3\pm0.03)$mm	5分	超差不得分		
	热处理	二次回火，时效处理	5分	不处理不得分		
	研磨	一次精光研磨内孔至 $\phi7.5_{+0}^{+0.05}$ mm	5分	超差不得分		
	研磨	二次精光研磨内孔至 $\phi7.5_{+0.02}^{+0.05}$ mm	5分	超差不得分		
	研磨	机研磨大端面保证长度 $13_{-0.11}^{+0}$ mm	5分	超差不得分		
	检验	成品检验(按产品图检验)	10 分	不检验不得分		
	安全文明生产		10 分	违者不得分		

任务 4.3　典型圆柱齿轮类零件的加工

4.3.1　圆柱齿轮类零件概述

1. 圆柱齿轮的功用和结构特点

圆柱齿轮是机械传动中应用最广泛的零件之一，其功用是按规定的传动比传递运动和动力。

齿轮的结构由于使用要求不同而具有各种不同的形状，但从工艺角度可将齿轮看成是由齿圈和轮体两部分构成。按照齿圈上轮齿的分布形式，齿轮可分为直齿、斜齿、人字齿等；按照轮体的结构特点，齿轮大致分为盘形齿轮、套筒齿轮、轴齿轮、扇形齿轮和齿条等，如图 4.20 所示。

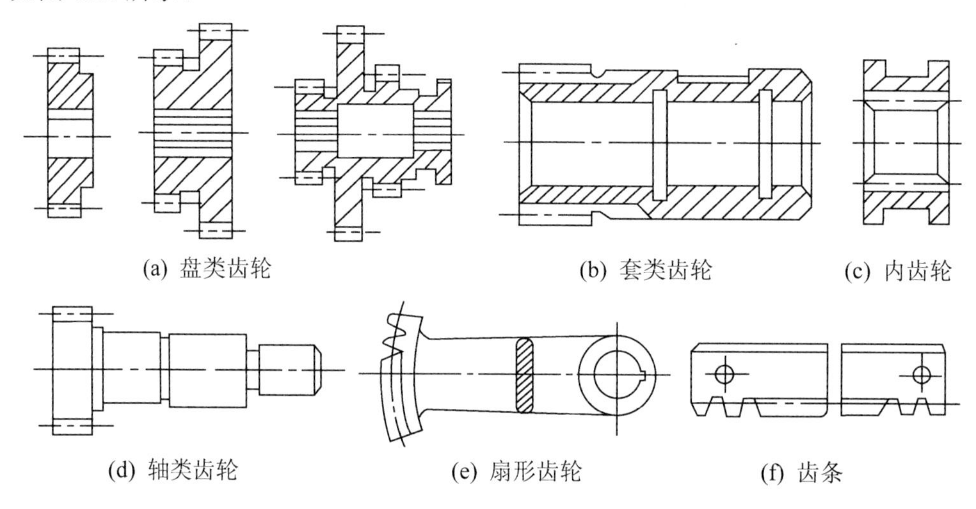

图 4.20　圆柱齿轮的结构形式

一个圆柱齿轮可以有一个或多个齿圈。普通的单齿圈齿轮工艺性好，而双联或三联齿轮的小齿圈往往会受到台阶的影响，限制了某些加工方法的使用，一般只能采用插齿加工。如果齿轮精度要求高，需要剃齿或磨齿时，通常将多齿圈齿轮做成单齿圈齿轮的组合结构。

2. 圆柱齿轮的主要技术要求

齿轮本身的制造精度对整个机器的工作性能、承载能力及使用寿命都有很大影响。根据齿轮的使用条件，对齿轮传动提出以下几个方面的要求。

(1) 运动精度。要求齿轮能准确地传递运动，传动比恒定，即要求齿轮在一转中的转角误差不超过一定范围。

(2) 工作平稳性。要求齿轮传递运动平稳，以减小冲击、振动和噪声。这要求齿轮转动时瞬时速比的变化要小，也就是要限制短周期内的转角误差。

(3) 接触精度。齿轮在传递动力时，为了不致因载荷分布不均匀使接触应力过大，引起齿面过早磨损，要求齿轮工作时齿面接触均匀，并保证有一定的接触面积且符合要求的接触位置。

(4) 齿侧间隙。齿轮传动时非工作齿面间要留有一定间隙，以储存润滑油，补偿因温度、弹性变形所引起的尺寸变化和加工、装配时的一些误差。

齿轮的制造精度和齿侧间隙主要根据齿轮的用途和工作条件而定。对于分度传动用齿轮，主要要求齿轮的运动精度较高；对于高速动力传动用齿轮，对工作平稳性精度有较高要求；对于重载低速传动用齿轮，要求齿面有较高的接触精度；对于换向传动和读数机构用的齿轮，则应严格控制齿侧间隙。

3. 齿轮的材料、热处理和毛坯

(1) 材料的选择。齿轮应按照使用时的工作条件选用合适的材料。齿轮材料的合适与否对齿轮的加工性能和使用寿命都有直接的影响。一般来说，对于低速重载的传力齿轮，齿面受压产生塑性变形和磨损，且轮齿易折断，应选用机械强度、硬度等综合力学性能较好的材料，如 18CrMnTi；线速度高的传力齿轮，齿面容易产生疲劳点蚀，所以齿面应有较高的硬度，可用 38CrMoAlA 氮化钢；承受冲击载荷的传力齿轮，应选用韧性好的材料，如低碳合金钢 18CrMnTi；非传力齿轮可以选用不淬火钢、铸铁、夹布胶木、尼龙等非金属材料。一般用途的齿轮均用 45 钢等中碳结构钢和低碳结构钢如 20Cr、40Cr、20CrMnTi 等制成。

(2) 齿轮的热处理。齿轮加工中根据不同的目的，安排两种热处理工序。

① 毛坯热处理：在齿坯加工前后安排预先热处理正火或调质，其主要目的是消除锻造及粗加工引起的残余应力，改善材料的可切削性和提高综合力学性能。

② 齿面热处理：齿形加工后，为提高齿面的硬度和耐磨性，常进行渗碳淬火、高频感应加热淬火、碳氮共渗和渗氮等热处理工序。

(3) 齿轮毛坯。齿轮的毛坯形式主要有棒料、锻件和铸件。棒料用于小尺寸、结构简单且对强度要求低的齿轮。当齿轮要求强度高、耐磨和耐冲击时多用锻件。直径为 400～600mm 的齿轮，常用铸造毛坯。为了减少机械加工量，对大尺寸、低精度齿轮，可以直接铸出轮齿；对于小尺寸、形状复杂的齿轮，可用精密铸造、压力铸造、精密锻造、粉末冶金、热轧和冷挤等新工艺制造出具有轮齿的齿坯，以提高劳动生产率，节约原材料。

4.3.2 圆柱齿轮类零件加工工艺分析

1. 定位基准选择

齿轮加工时的定位基准应尽可能与设计基准相一致，以避免由于基准不重合而产生的误差，即按照“基准重合”的原则进行加工。在齿轮加工的整个过程中(如滚、剃、珩、磨等)也应尽量采用相同的定位基准，即选用“基准统一”的原则。

对于小直径轴齿轮，可采用两端中心孔或锥体作为定位基准以符合“基准统一”原则；对于大直径的轴齿轮，通常用轴颈和一个较大的端面组合作为定位基准以符合“基准重合”原则；带孔齿轮则以孔和一个端面组合作为定位基准，这样的加工安排既符合“基准重合”原则，又符合“基准统一”原则。

2. 齿轮加工路线和齿坯加工

齿轮加工的工艺路线要根据齿轮材质和热处理要求、齿轮结构及尺寸大小、精度要求、生产批量和车间设备条件而定。一般齿轮加工的工艺路线可归纳如下。

毛坯制造—齿坯热处理—齿坯加工—轮齿加工—轮齿热处理—轮齿主要表面精加工—轮齿的精整加工。

齿形加工前的齿轮加工称为齿坯加工。齿坯加工的主要内容包括：齿坯孔的加工、端面和中心孔的加工(对于轴类齿轮)以及齿圈外圆和端面的加工。对于轴类齿轮和套筒齿轮的齿坯，其加工过程和一般轴、套类零件基本相同，下面主要讨论盘类齿轮齿坯的加工工艺方案。

齿坯的加工工艺方案主要取决于齿轮的轮体结构和生产类型。

(1) 大批量加工中等尺寸齿轮齿坯时，多采用“钻—拉—多刀车”的工艺方案。毛坯经过模锻和正火后，以毛坯外圆及端面定位，在钻床上钻孔或扩孔，然后到拉床上拉孔，接着以孔定位在多刀或多轴半自动车床上粗精车外圆、端面，切槽及倒角。

这种工艺方案由于采用高效机床，可以组成流水线或自动线，所以生产效率高。

(2) 中批生产的齿坯加工，常采用“车—拉—车”的工艺方案。先在卧式车床或转塔车床上对齿坯进行粗车和钻孔，然后拉孔，再以孔定位，精车外圆、端面。

这种方案的特点是加工质量稳定，生产效率较高。当齿坯孔有台阶或端面有槽时，可以充分利用转塔车床上的转塔刀架来进行多工位加工，在转塔车床上可一次完成齿坯的全部加工。

(3) 单件小批生产齿轮时，齿坯的孔、端面及外圆的粗、精加工一般都在通用车床上经两次装夹完成，但必须注意将孔和基准端面的精加工在一次装夹内完成，以保证位置精度。

3. 齿形加工方案

齿圈上的齿形加工是整个齿轮加工的核心。齿形加工方法很多，按加工中有无切削，可分为无切削加工和有切削加工两大类。

无切削加工包括热轧齿轮、冷轧齿轮、精锻、粉末冶金等新工艺。无切削加工具有生产率高，材料消耗少、成本低等一系列的优点，目前已推广使用。但因其加工精度较低，工艺不够稳定，特别是生产批量小时难以采用，这些缺点限制了它的使用。

齿形的有切削加工，具有良好的加工精度，目前仍是齿形的主要加工方法。按其加工原理可分为成型法和展成法两种。如指状铣刀铣齿、盘形铣刀铣齿、用成型砂轮磨齿、齿轮拉刀拉内、外齿等，是成型法加工齿形；而滚齿、剃齿、插齿、珩齿和磨齿等，是展成法加工齿形。其中剃齿、珩齿和磨齿属于齿形的精加工方法。

齿形加工方案的选择主要取决于齿轮的精度等级、结构形状、生产类型和齿轮的热处理方法及生产工厂的现有条件。对于不同精度的齿轮，常用的齿形加工方案如下。

(1) 8级精度以下的齿轮。调质齿轮用滚齿或插齿就能满足要求。对于淬硬齿轮可采用滚(插)齿—剃齿或冷挤—齿端加工—淬火—校正孔的加工方案。根据不同的热处理方式，在淬火前齿形加工精度应提高1级以上。

(2) 6～7级精度齿轮。对于淬硬齿面的齿轮可采用滚(插)齿—齿端加工—表面淬火—校正基准—磨齿(蜗杆砂轮磨齿)的加工方案，该方案加工精度稳定；也可采用滚(插)—剃齿或冷挤—表面淬火—校正基准—内啮合珩齿的加工方案，这种方案加工精度稳定，生产率高。不淬硬齿面的齿轮采用滚齿—剃齿的加工方案。

(3) 5级以上精度的齿轮。这种齿轮一般采用粗滚齿—精滚齿—表面淬火—校正基准—粗磨齿—精磨齿的加工方案。大批量生产时也可采用粗磨齿—精磨齿—表面淬火—校正基

准—磨削外珩自动线的加工方案。这种加工方案加工的齿轮精度可稳定在 5 级以上，且齿面加工纹理十分错综复杂，噪声极低，是品质极高的齿轮。每条加工线的二班制年生产纲领可达到 15～20 万件。磨齿是目前齿形加工中精度最高、表面粗糙度值最小的加工方法，最高精度可达 3～4 级。

4. 齿端加工

齿轮的齿端加工方式有倒圆、倒尖、倒棱和去毛刺 4 种方式。经倒圆、倒尖、倒棱后的齿轮(如图 4.21 所示)沿轴向移动时容易进入啮合。齿端倒圆应用最多，图 4.22 是用指状铣刀倒圆的原理图。倒圆时，齿轮慢速旋转，指状铣刀在高速度旋转的同时沿齿轮轴向做往复直线运动。齿轮每转过一齿，铣刀往复运动一次，两者在相对运动中完成齿端倒圆。同时由齿轮的旋转实现连续分齿，生产率较高。齿端加工应安排在齿形淬火之前进行。

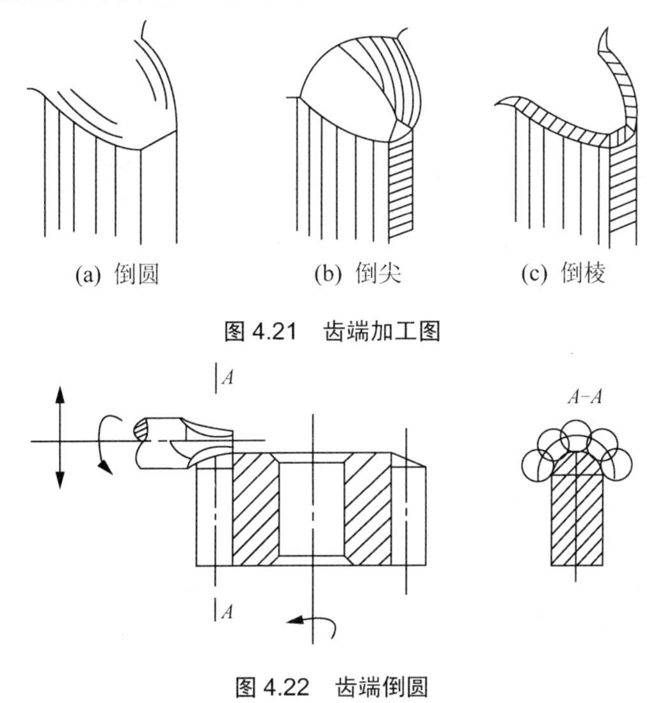

(a) 倒圆　(b) 倒尖　(c) 倒棱

图 4.21　齿端加工图

图 4.22　齿端倒圆

5. 精基准修正

齿轮淬火后其孔常发生变形，孔直径可缩小 0.01～0.05mm。为确保齿形精加工质量，必须对基准孔进行修正。修正一般采用磨孔或推孔的方法。对于成批或大批量生产的未淬硬的齿轮或外径定心的花键孔及圆柱孔齿轮，常采用推孔方法。推孔生产率高，并可用加长推刀前导引部分的措施来保证推孔的精度。以小径定心的花键孔或已淬硬的齿轮以磨孔为好，这样可稳定地保证精度。磨孔应以齿面定位，以符合互为基准的定位原则。

4.3.3　圆柱齿轮的齿形加工方法

1. 滚齿

(1) 滚齿加工原理。滚齿加工是按照展成法的原理来加工齿轮的。用滚刀加工齿轮相当于一对交错轴的螺旋齿轮啮合。在这对啮合的齿轮副中，一个齿轮齿数很少，只有一个或几个，螺旋角很大，就演变成了一个蜗杆状齿轮。为了形成切削刃，在该齿轮垂直于螺旋线的方向上开出容屑槽，磨前、后刀面形成切削刃和前、后角，于是就变成了滚刀。滚刀与齿坯按啮合传动关系做相对运动，在齿坯上切出齿槽，形成渐开线齿面，如图 4. 23(a)所示。在滚切过程中，分布在螺旋线上的滚刀各刀齿相继切出齿槽中一薄层金属，每个齿槽在滚刀旋转过程中由几个刀齿依次切出，渐开线齿廓则由切削刃一系列的瞬时位置包络而成，如图 4. 23(b)所示。因此，滚齿加工时齿面的成型方法是展成法，成型运动是由滚刀的旋转运动和工件的旋转运动组成的复合运动，这个复合运动称为展成运动。当滚刀与工件连续啮合转动时，便在工件整个圆周上依次切出所有齿槽。在这一过程中，齿面的形成与齿轮分度是同时进行的，因而展成运动也就是分度运动。

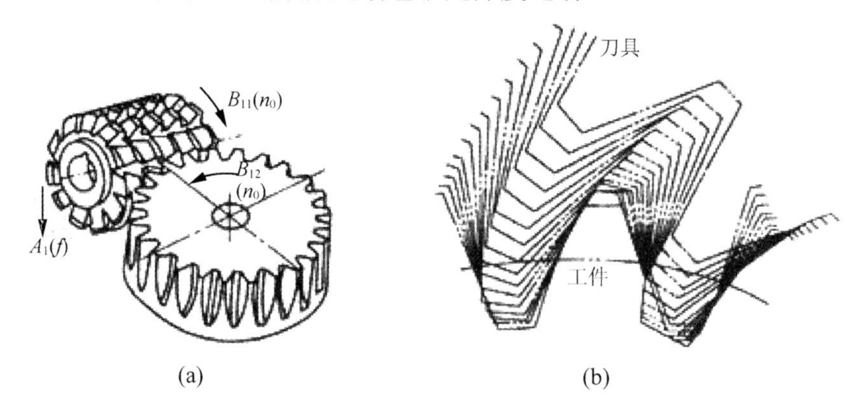

图 4.23　滚齿加工原理

综上所述，为了得到渐开线齿廓和齿轮齿数，滚齿时，滚刀和工件间必须保持严格的相对运动关系，即当滚刀转过 1 转时，工件相应地转过 K/Z 转(K 为滚刀头数，Z 为工件齿数)。

(2) 滚齿加工的工艺特点有以下几点。

① 加工精度高。属于展成法的滚齿加工，不存在成型法铣齿的那种齿形曲线理论误差，所以分齿精度高，一般可加工 7～8 级精度的齿轮。因滚齿时齿面由滚刀的刀齿包络而成，参加切削的刀齿数有限，故齿面的表面粗糙度值较大。为提高加工精度和齿面质量，宜将粗、精滚齿分开。

② 生产率高。滚齿加工属于连续切削，无辅助时间损失，生产率一般比铣齿、插齿加工高。

③ 一把滚刀可加工模数和压力角与滚刀相同而齿数不同的圆柱齿轮。在齿轮齿形加工中，滚齿应用最广泛，它除可加工直齿、斜齿圆柱齿轮外，还可以加工蜗轮、花键轴等，但一般不能加工内齿轮、扇形齿轮和相距很近的双联齿轮。滚齿不仅适用于单件小批量生产，也适用于大批量生产。

2. 插齿

1) 插齿加工原理

插齿也是生产中普遍应用的一种切齿方法。

(1) 插齿原理。从插齿过程原理上分析，插齿刀和工件的相对运动相当于一对轴线相互平行的圆柱齿轮相啮合，插齿刀就是一个磨有前、后角具有切削刃的高精度齿轮。

(2) 插齿的主要运动如图 4. 24 所示。

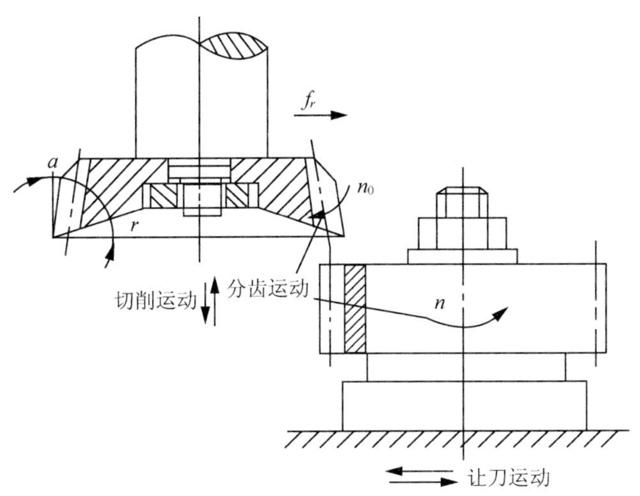

图 4.24　插齿时的运动

① 切削运动，指插齿刀的上下往复运动。

② 分齿展成运动。插齿刀与工件间应保持正确的啮合关系。插齿刀每往复一次，工件相对刀具在分度圆上转过的弧长为加工时的圆周进给运动，故刀具与工件的啮合过程也就是圆周进给过程。

③ 径向进给运动。插齿时，为逐步切至全齿深，插齿刀应有径向进给量 f_r。

④ 让刀运动。插齿刀做上下往复运动时，向下是切削行程。为了避免刀具擦伤已加工的齿面并减少刀齿的磨损，在插齿刀向上运动时，工作台带动工件退出切削区一段距离(径向)，即让刀运动。当插齿刀在工作行程时，工作台再恢复原位。

2) 插齿加工的工艺特点

插齿与滚齿同为常用的齿形加工方法，它们的加工精度和生产率也大体相当，但在精度指标、生产率和应用范围等方面都有其特点。

(1) 插齿的加工质量。

① 插齿加工的齿形精度比滚齿高。这是因为插齿刀在制造时，可通过高精度磨齿机获得精确的渐开线齿形。

② 插齿后的齿面粗糙度值比滚齿小。其原因是插齿的圆周进给量通常较小，插齿过程中包络齿面的切削刃数较滚齿多，因而插齿后的齿面粗糙度值小。

③ 插齿的运动精度比滚齿差。因为插齿机的传动链比滚齿机多了一个刀具蜗轮副，即多了一部分传动误差。另外，插齿刀的一个刀齿相应切削工件的一个齿槽，因此插齿刀本身的周节累积误差必然会反映到工件上。而滚齿时因为工件的每一个齿槽都由滚刀相同的 2～3 圈刀齿加工出来，故滚刀的齿距累积误差不影响被加工齿轮的齿距精度，所以滚齿的运动精度比插齿高。

④ 插齿的齿向误差比滚齿大。插齿的齿向误差主要决定于插齿机主轴往复运动轨迹与工作台回转轴线的平行度误差。插齿刀往复运动频率高，主轴与套筒的磨损大，因此插齿的齿向误差常比滚齿大。

所以就加工精度来说，对运动精度要求不高的齿轮，可直接用插齿来进行齿形精加工，而对于运动精度要求较高的齿轮和剃前齿轮(剃齿不能提高运动精度)，用滚齿较为有利。

(2) 插齿的生产率。切制模数较大的齿轮时，插齿速度要受插齿刀主轴往复运动惯性和机床刚性的制约，切削过程又有空程时间损失，故生产率比滚齿加工要低。但在加工小模数、多联齿、齿宽窄的齿轮时，插齿生产率会比滚齿高。

(3) 插齿的应用范围。从上面分析可知，插齿适合于加工模数小、齿宽较小、工作平稳性要求较高而运动精度要求不太高的齿轮，尤其适用于加工内齿轮、多联齿轮中的小齿轮、齿条及扇形齿轮等。但加工斜齿轮时需用螺旋导轨，不如滚齿方便。

3. 剃齿

(1) 剃齿加工原理。剃齿加工采用一对螺旋角不等的螺旋齿轮啮合的原理，剃齿刀与被切齿轮的轴线空间交叉一个角度，如图 4.25(a)所示，剃齿刀为主动轮 1，被切齿轮为从动轮 2，它们的啮合运动为无侧隙双面啮合的自由展成运动。在啮合传动中，由于轴线交叉角“φ”的存在，齿面间沿齿向产生相对滑移，此滑移速度$v_{切}=\left(v_{t2}-v_{t1}\right)$，即为剃齿加工的切削速度。

剃齿刀的齿面开有很多小刀槽而形成刀刃，通过滑移将齿轮齿面上的加工余量切除。由于是双面啮合，剃齿刀的两侧面都能进行切削加工，但由于两侧面的切削角度不同，一侧为锐角，切削能力强，另一侧为钝角，切削能力弱，以挤压擦光为主，故对剃齿质量有较大影响。为使齿轮两侧获得同样的剃削条件，在剃削过程中，剃齿刀做交替正反转运动。

剃齿加工需要有以下几种运动：剃齿刀带动工件的高速正、反转运动是基本运动；工件沿轴向往复运动使齿轮全齿宽均能剃出；工件每往复一次做径向进给运动以切除全部余量。

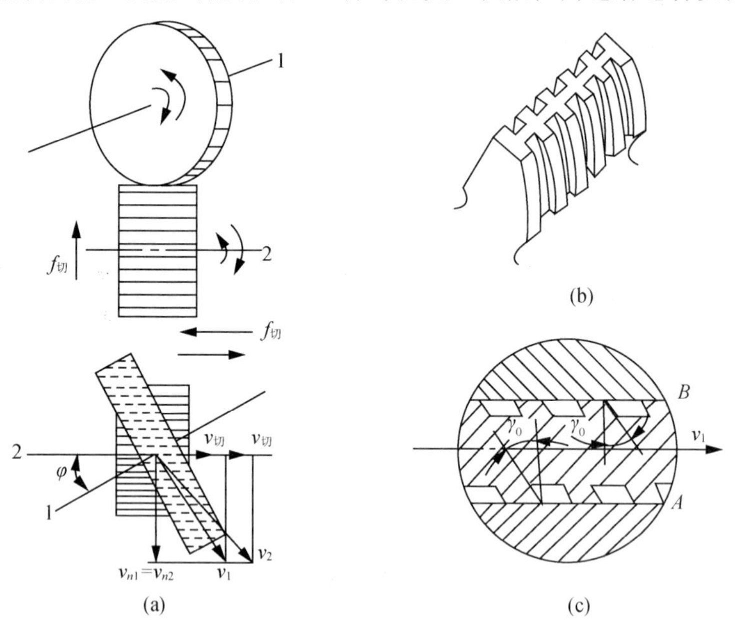

图 4.25 剃齿原理

1—剃齿刀；2—被加工齿轮

剃齿加工的过程是剃齿刀与被切齿轮在轮齿双面紧密啮合的自由展成运动中实现微细切削的过程，而实现剃齿的基本条件是轴线存在一个交叉角。当交叉角为零时，切削速度

为零，剃齿刀对工件没有切削作用。

(2) 剃齿加工的工艺特点。剃齿加工有如下工艺特点。

① 由于剃齿加工是自由啮合，机床无展成运动传动链，故机床结构简单，调整容易。

② 剃齿时对齿圈径向跳动有修正作用。但剃齿对公法线长度变动没有修正作用。由于剃齿刀本身的修正作用，剃齿对基节偏差和齿形误差有较强的修正能力。

③ 剃齿加工精度一般为 6～7 级，表面粗糙度 *Ra* 为 0.8～0.4μm，用于未淬火齿轮的精加工。

④ 剃齿前的齿轮精度应比剃齿后低一级。但由于剃齿不能修正齿轮公法线长度变动量，故剃齿前此项精度不能低于剃齿后的要求。

⑤ 剃齿生产率很高，加工一个中等尺寸的齿轮一般只需 2～4min，与磨齿相比较，可提高生产率 10 倍以上。

4. 珩齿

淬火后的齿轮轮齿表面有“氧化皮”，影响齿面粗糙度，热处理引起的变形也影响齿轮的精度。由于工件已淬硬，除可用磨削加工外，也可以采用珩齿进行精加工。

珩齿原理与剃齿相似，珩轮与工件类似于一对螺旋齿轮呈无侧隙啮合，利用啮合处的相对滑动，并在齿面间施加一定的压力来进行珩齿。

珩齿时的运动和剃齿相同，即珩轮带动工件高速正、反向转动，工件沿轴向往复运动同时还有径向进给运动。与剃齿不同的是，珩齿开动后需一次径向进给到预定位置，故开始时齿面压力较大，随后逐渐减小，直到压力消失时珩齿便结束。

珩轮由磨料(通常为 80#～180#粒度的电刚玉)和环氧树脂等原料混合后在铁芯浇铸而成。珩齿加工是齿轮热处理后的一种精加工方法。

与剃齿相比较，珩齿具有以下工艺特点。

(1) 珩轮结构和磨轮相似，但珩齿速度较低(通常为 1～3m/s)，加之磨粒粒度较细，珩轮弹性较大，故珩齿过程实际上是一种低速磨削、研磨和抛光的综合过程。

(2) 珩齿时，齿面间隙除沿齿向有相对滑动外，沿齿形方向也存在滑动，因而齿面形成复杂的网纹，提高了齿面质量，其粗糙度可从珩齿前的 *Ra*1.6μm 降到 *Ra*0.8～0.4μm。

(3) 珩轮弹性较大，对珩前齿轮的各项误差修正作用不强。因此对珩轮本身的精度要求不高，珩轮误差一般不会反映到被珩齿轮上。

(4) 珩轮主要用于去除热处理后齿面上的氧化皮和毛刺。珩齿余量一般不超过 0.025mm，珩轮转速可达到 1000 r/min 以上，纵向进给量为 0.05～0.065mm/r。

(5) 珩轮生产率较高，一般一分钟珩一个齿轮，通过 3～5 次往复即可完成珩齿加工。

5. 磨齿

磨齿是目前齿形加工中精度最高的一种方法。它既可磨削未淬硬齿轮，也可磨削淬硬的齿轮。磨齿精度可达到 4～6 级，齿面表面粗糙度达 *Ra*0.8～0.2μm，对齿轮误差及热处理变形有较强的修正能力。磨齿多用于硬齿面高精度齿轮及插齿刀、剃齿刀等齿轮刀具的精加工。其缺点是生产率低，加工成本高，故适用于单件小批生产。

根据齿面渐开线的形成原理，磨齿方法分为仿形法和展成法两类。仿形法磨齿是用成型砂轮直接磨出渐开线齿形，目前应用甚少；展成法磨齿是将砂轮工作面制成假想齿条的两侧面，通过与工件的啮合运动包络出齿轮的渐开线齿面。

下面介绍几种常用的磨齿方法。

(1) 双片蝶形砂轮磨齿。图 4.26 所示为双片蝶形砂轮磨齿。

两片蝶形砂轮磨齿构成假想齿条的两个侧面，磨齿时，砂轮只在原位以 n_0 旋转。展成运动(工件的往复移动 v 和相应的正反转动)是通过滑座 7 和由框架 2、滚圆盘 3 及钢带 4 组成的滚圆盘钢带机构实现的。为了磨出全齿宽，工件通过工作台 1 实现轴向的慢速进给运动。当一个齿槽的两侧齿面磨完后，工件快速退离砂轮，经分度机构分齿后，再进入下一个齿槽反向进给磨齿。

由于这种磨齿方法中展成运动的传动环节少，传动运动精度高，所以是现有磨齿机中精度较高的一种，加工精度可达 4 级。但由于碟形砂轮刚性较差，每次进给磨去的余量很少，故生产率很低，适用于单件小批生产中外啮合直齿轮和斜齿轮的高精度加工。

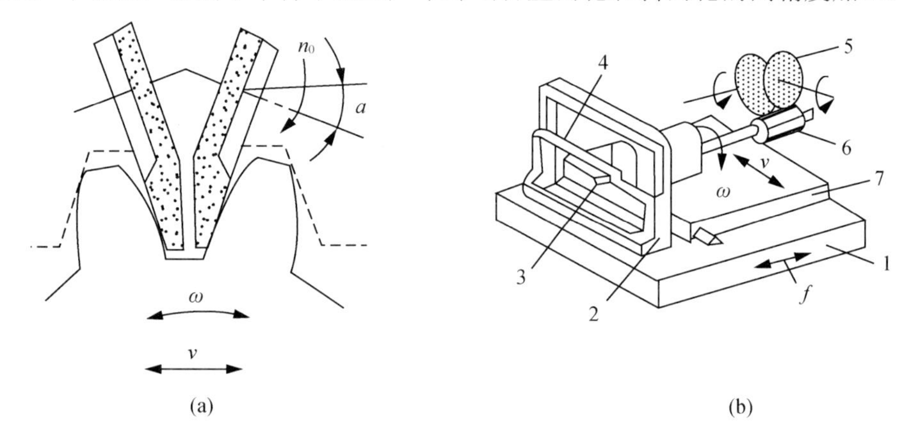

图 4.26　碟形砂轮磨齿原理

1—工作台；2—框架；3—滚圆盘；4—钢带；5—碟形砂轮；6—工件；7—滑座

(2) 锥面砂轮磨齿。图 4.27 所示为锥面砂轮磨齿。由图 4.27 可以看出，这种磨齿方法所用砂轮的齿形相当于假想齿条的一个齿廓，砂轮一方面以 n_o 高速旋转，一方面沿齿宽方向以 v_o 做往复移动。被磨齿轮放在与假想齿条相啮合的位置，一面以 ω 旋转，一面以 v 移动，实现展成运动。磨完一个齿后，工件还需作分度运动，以便磨削另一个齿槽，直至磨完全部轮齿为止。

采用锥形砂轮磨齿时，形成展成运动的机床传动链较长，结构复杂，故传动误差较大，磨齿精度较低，一般只能达到 5～6 级。

(3) 蜗杆砂轮磨齿。如图 4.28 所示，这是一种最新发展起来的连续分度磨齿机，目前在汽车变速箱齿轮精加工生产中被广泛应用。它的加工原理同滚齿相似，只是相当于将滚刀换成蜗杆砂轮。这种磨齿方法的砂轮转速很高(2000r/min)，砂轮转一周，齿轮转过一个齿，工件转速也很高，而且可以连续磨齿，所以磨齿效率很高，一般磨削一个齿轮仅需几分钟。这种磨齿方法是目前磨齿方法中生产效率最高的一种，磨齿精度也比较高，可达 5～6 级，但是这种磨齿方法的缺点是砂轮修形困难。该机床上工件和砂轮的转速分别由两台同步电动机控制。机床装有电气校正系统和 PC 控制系统，自动化程度高。

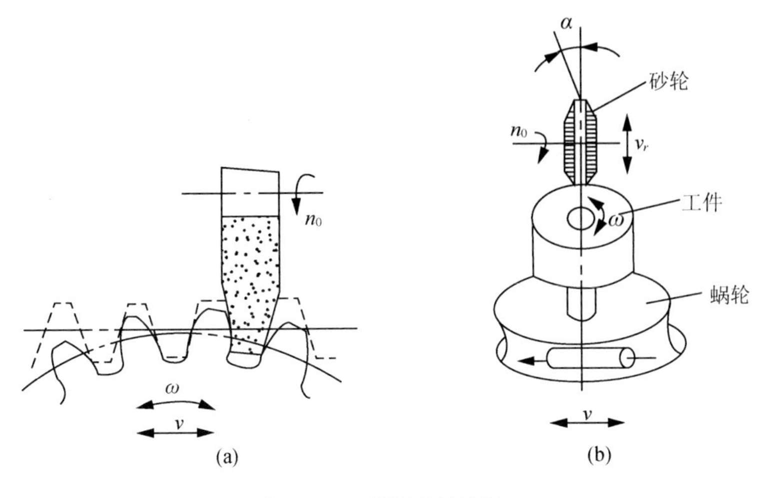

图 4.27　锥面砂轮磨齿

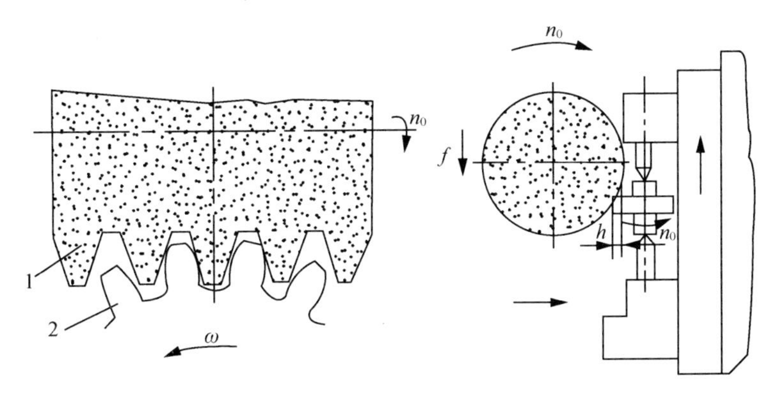

图 4.28　蜗杆砂轮磨齿

4.3.4　典型齿轮类零件的加工实例

圆柱齿轮的加工工艺因齿轮的结构形状、精度等级、生产批量及生产条件的不同而采用不同的加工方案。齿轮加工工艺过程大致要经过以下几个阶段：毛坯热处理、齿坯加工、齿形加工、齿端加工、齿面热处理、精基准修正及齿形精加工等。

实例 1. 双联齿轮的加工

双联齿轮的产品简图及立体图如图 4.29 所示。

1) 零件图样分析

(1) 图中以花键大径 $\phi35\,\mathrm{H}7\mathrm{mm}$ 轴心线为基准(基准 A)，双联齿轮的两个端面相对于基准 A 的跳动公差要求为↗ 0.02mm。

(2) 工件热处理 G52。

(3) 材料为 40Cr，精度为 7-6-6 级，齿轮精度较高。

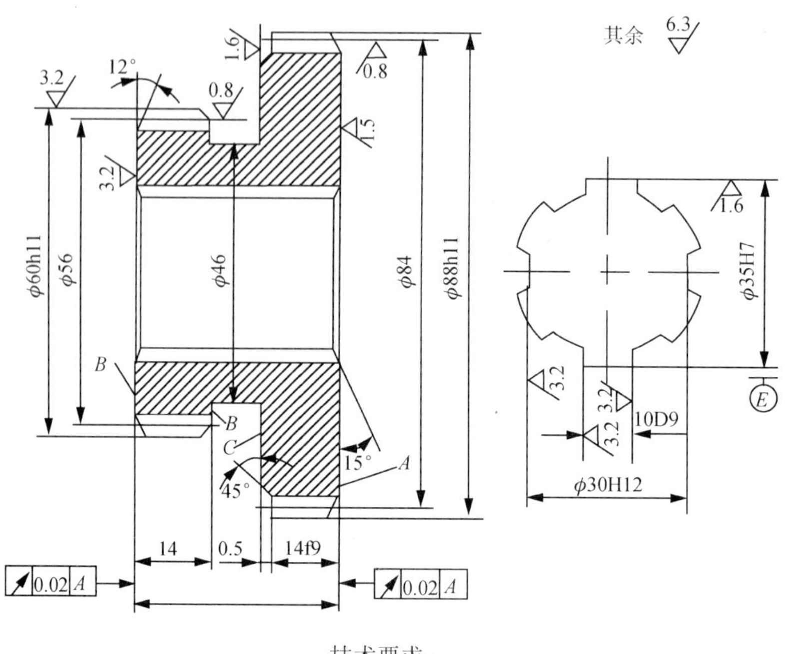

技术要求：

(1) 热处理 G52。

(2) 材料为 40Cr。

齿号	I	II	齿号	I	II
模数	2mm	2mm	基节偏差	±0.016mm	±0.016mm
齿数	28	42	齿形公差	0.017mm	0.018mm
精度等级	7GK	7JL	齿向公差	0.017mm	0.017mm
公法线长度变动量	0.039mm	0.024mm	公法线平均长度	$21.36_{-0.05}^{0}$ mm	$27.60_{-0.05}^{0}$ mm
齿圈径向跳动	0.050mm	0.042mm	跨齿数	4	5

(a) 产品简图

(b) 立体图

图 4.29　双联齿轮

2) 双联齿轮工艺分析

(1) 双联齿轮是带孔的盘状齿轮，孔是其设计基准(亦是装配基准和测量基准)，为避免由于基准不重合而产生的误差，应选孔为定位基准，即遵循“基准重合”的原则。具体而言，应选花键大径ϕ35H7mm 孔及一端面作为精基准。由于本齿轮全部表面都需加工，而孔作为精基准应先进行加工，因此应选外圆及一端面为粗基准。

(2) 小端齿轮无法滚削，采用插齿工序完成。

(3) 热处理 G52 提高了齿轮的强度、硬度，但也会产生热处理变形影响齿面精度，热处理后需要增加对定位基准的修磨及对齿面的修磨工序。

3) 加工双联齿轮

加工双联齿轮的步骤及相关要求等见表 4-8。

表 4-8　双联齿轮加工操作技能训练

<table>
<tr><td colspan="2">技能训练名称</td><td colspan="5">双联齿轮加工</td></tr>
<tr><td colspan="2">工具、量具、刃具及材料</td><td colspan="5">游标卡尺、外径千分尺、内径千分尺、内径百分表、中心钻、ϕ 10mm 钻头、YT15 外圆车刀、镗刀、棕刚玉砂轮、滚刀、插齿刀、剃齿刀 、珩磨轮
材料为 40Cr 钢</td></tr>
<tr><td>步骤</td><td colspan="6">锻：毛坯锻造
热处理：正火
车：粗车外圆及端面，留余量 1.5～2mm，钻镗花键底孔至尺寸 $\phi29.6_{+0}^{+0.05}$ mm
拉：拉花键孔(单件生产采用线切割，保证花键大径精度、小径精度)
钳：钳工去毛刺
车：上芯轴，精车外圆、端面及槽至图纸要求
检验：按工艺要求检查车后尺寸
滚：滚齿(Z=42)，留剃余量 0.07～0.10mm
插：插齿(Z=28)，留剃余量 0.04～0.06mm
倒角：倒角(Ⅰ、Ⅱ齿 12° 牙角)
钳：钳工去毛刺
剃：剃齿(Z=42)，剃齿后公法线长度至尺寸上限
剃：剃齿(Z=28)，采用螺旋角度为 5°的剃齿刀，剃齿后公法线长度至尺寸上限
热处理：齿部高频淬火 G52
推孔：推孔(单件生产磨内孔至图纸要求)
珩齿：珩齿(Z=42)，珩齿后公法线长度至图纸范围
珩齿：珩齿(Z=38)，珩齿后公法线长度至图纸范围
清洗：清洗零件
检验：成品检验(按产品图检验)</td></tr>
<tr><td>注意事项</td><td colspan="6">齿轮淬火后基准孔产生变形，为保证齿形精加工质量，对基准孔必须给予修正。对圆柱孔齿轮的修正可以采用推孔或者磨孔</td></tr>
<tr><td rowspan="4">成绩评定</td><td>项目</td><td>质量检测内容</td><td>配分</td><td>评分标准</td><td>实测结果</td><td>得分</td></tr>
<tr><td>备料</td><td>毛坯锻造，材料 40Cr</td><td>5分</td><td>材料选择错误不得分</td><td></td><td></td></tr>
<tr><td>热处理</td><td>正火</td><td>5分</td><td>不处理不得分</td><td></td><td></td></tr>
<tr><td>车</td><td>粗车外圆及端面，钻镗花键底孔至尺寸 $\phi29.6_{+0}^{+0.05}$ mm</td><td>5分</td><td>超差不得分</td><td></td><td></td></tr>
</table>

续表

成绩评定	车	拉花键孔(单件生产采用线切割)	5分	超差不得分		
	钳	钳工去毛刺	5分	超差不得分		
	车	精车外圆、端面及槽至要求	10分	超差不得分		
	滚	滚齿($Z=42$)	5分	超差不得分		
	插	插齿($Z=28$)、	5分	超差不得分		
	倒角	倒角(Ⅰ、Ⅱ齿12°牙角)	5分	不处理不得分		
	钳	钳工去毛刺	5分	不处理不得分		
	剃	剃齿($Z=42$)，剃齿后公法线长度至尺寸上限	5分	超差不得分		
	剃	剃齿($Z=28$)，剃齿后公法线长度至尺寸上限	5分	超差不得分		
	热处理	齿部高频淬火G52	5分	不处理不得分		
	推孔	推孔(单件生产磨内孔)	5分	超差不得分		
	珩	珩齿($Z=42$)	5分	超差不得分		
	珩	珩齿($Z=38$)	5分	超差不得分		
	检验	成品检验(按产品图检验)	5分	不检验不得分		
	安全文明生产		10分	违者不得分		

实例2. 中间轴齿轮的加工

中间轴齿轮的产品简图及立体图如图4.30所示。

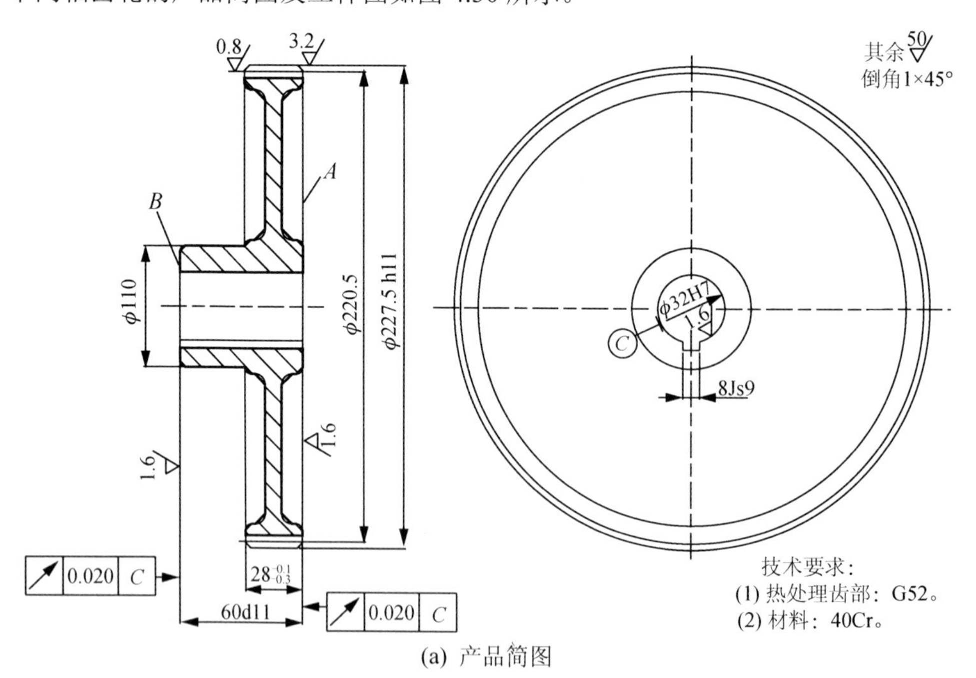

(a) 产品简图

图4.30　中间轴齿轮

模数	3.5mm	基节偏差	±0.014mm
齿数	63	齿形公差	0.030mm
精度等级	655KM	齿向公差	0.017mm
公法线长度变动量	0.025mm	公法线平均长度	$70.03^{0}_{-0.05}$ mm
齿圈径向跳动	0.035mm	跨齿数	7

(a) 产品简图(续)

(b) 立体图

图 4.30　中间轴齿轮(续)

1) 零件图样分析

(1) 图中以内孔ϕ32H7mm 轴心线为基准(基准 *A*)，中间轴齿轮的两个端面相对于基准 *A* 的跳动公差要求为↗ 0.02mm 。

(2) 工件热处理 G52。

(3) 材料为 40Cr，精度为 6-5-5 级，齿轮精度较高。

2) 齿轮工艺分析

(1) 为避免由于基准不重合而产生的误差，应选孔为定位基准，即遵循“基准重合”的原则。具体而言，应选ϕ32H7mm 孔及一端面(图示 *A* 面)作为精基准。由于本齿轮全部表面都需加工，而孔作为精基准应先进行加工，因此应选外圆及一端面为粗基准。

(2) 齿轮精度为 6-5-5 级，齿轮精度较高，采用磨齿工艺保证。

(3) 为了避免热处理 G52 后产生的变形影响齿面精度，键槽加工考虑热处理后进行。

3) 加工中间轴齿轮

加工中间轴齿轮的步骤及相关要求等见表 4-9。

表 4-9　中间轴齿轮加工操作技能训练

技能训练名称		中间轴齿轮加工
工具、量具、刃具及材料		游标卡尺、外径千分尺、内径千分尺、内径百分表、中心钻、ϕ 10mm 钻头、YT15 外圆车刀、镗刀、棕刚玉砂轮、滚刀、剃齿刀、珩磨轮 材料为 40Cr 钢
步骤	**锻**：毛坯锻造 **热处理**：正火 **粗车**：粗车各部分，留余量 1.5～2mm **精车**：精车各部分，内孔至ϕ 31.7H7mm，总长留加工余量 0.2 mm，其余至尺寸	

续表

<table>
<tr><td rowspan="11">步骤</td><td colspan="6">检验：按工艺要求检查车后尺寸</td></tr>
<tr><td colspan="6">滚：滚齿(齿厚留磨加工余量 0.10～0.15mm)</td></tr>
<tr><td colspan="6">钳：倒角</td></tr>
<tr><td colspan="6">钳：钳工去毛刺</td></tr>
<tr><td colspan="6">热处理：齿部高频淬火 G52</td></tr>
<tr><td colspan="6">插：插键槽</td></tr>
<tr><td colspan="6">磨：磨内孔至 ϕ 32H7mm，靠磨大端 A 面</td></tr>
<tr><td colspan="6">磨：平面磨 B 面至总长度尺寸</td></tr>
<tr><td colspan="6">磨：磨齿</td></tr>
<tr><td colspan="6">清洗：清洗零件</td></tr>
<tr><td colspan="6">检验：成品检验(按产品图检验)</td></tr>
<tr><td>注意事项</td><td colspan="6">为保证齿形精加工质量，对齿轮淬火后基准孔产生的变形采用磨削工艺解决，如磨孔、磨平面、磨齿等</td></tr>
<tr><td rowspan="15">成绩评定</td><td>项目</td><td>质量检测内容</td><td>配分</td><td>评分标准</td><td>实测结果</td><td>得分</td></tr>
<tr><td>备料</td><td>毛坯锻造，材料 40Cr</td><td>5 分</td><td>材料选择错误不得分</td><td></td><td></td></tr>
<tr><td>热处理</td><td>正火</td><td>5 分</td><td>不处理不得分</td><td></td><td></td></tr>
<tr><td>车</td><td>粗车各部分，留余量 1.5～2mm</td><td>10 分</td><td>超差不得分</td><td></td><td></td></tr>
<tr><td>车</td><td>精车各部分，内孔至 ϕ 31.7H7mm，总长留余量 0.2 mm，其余至尺寸</td><td>15 分</td><td>超差不得分</td><td></td><td></td></tr>
<tr><td>滚</td><td>滚齿</td><td>5 分</td><td>超差不得分</td><td></td><td></td></tr>
<tr><td>倒角</td><td>倒角</td><td>5 分</td><td>不处理不得分</td><td></td><td></td></tr>
<tr><td>钳</td><td>钳工去毛刺</td><td>5 分</td><td>不处理不得分</td><td></td><td></td></tr>
<tr><td>热处理</td><td>齿部高频淬火 G52</td><td>5 分</td><td>不处理不得分</td><td></td><td></td></tr>
<tr><td>插</td><td>插键槽</td><td>5 分</td><td>超差不得分</td><td></td><td></td></tr>
<tr><td>磨</td><td>磨内孔至尺寸，靠磨大端 A 面</td><td>5 分</td><td>超差不得分</td><td></td><td></td></tr>
<tr><td>磨</td><td>平面磨 B 面至总长</td><td>5 分</td><td>超差不得分</td><td></td><td></td></tr>
<tr><td>磨</td><td>磨齿</td><td>15 分</td><td>超差不得分</td><td></td><td></td></tr>
<tr><td>检验</td><td>成品检验(按产品图检验)</td><td>5 分</td><td>不检验不得分</td><td></td><td></td></tr>
<tr><td colspan="2">安全文明生产</td><td>10 分</td><td>违者不得分</td><td></td><td></td></tr>
</table>

任务 4.4　典型拨叉类零件的加工

4.4.1　拨叉类零件概述

1. 拨叉类零件的功用和结构特点

拨叉类零件是机械加工中经常遇到的零件之一，拨叉零件主要用在操纵机构中，比如改变车床滑移齿轮的位置，实现变速；或者应用于控制离合器的啮合、断开的机构中，从

而控制横向或纵向进给。拨叉类零件结构形状较复杂，一般由圆柱体(拨叉头)、拨叉槽结构、拨叉脚结构组成，圆柱体内有光孔或者花键孔，其结构如图 4.31 所示。拨叉上的花键孔通过与轴的配合来传递凸轮曲线传来的运动，零件的拨叉脚部位与滑移齿轮相配合，通过扳动变速手柄改变拨叉零件的位置，再带动滑移齿轮，以实现系统调速、转向。其应用如图 4.32 所示，该拨叉位于车床变速机构中，起换挡作用，使主轴回转运动按照工作者的要求工作，获得所需的速度和扭矩。

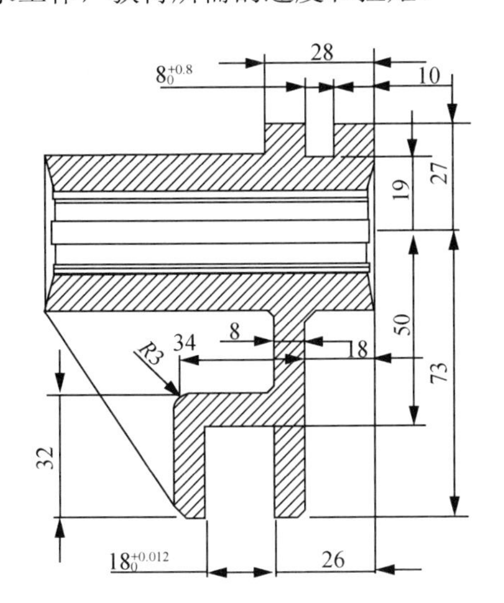

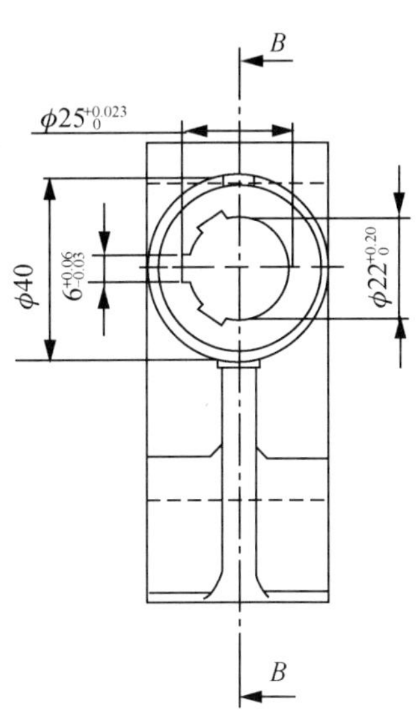

图 4.31　拨叉结构示意图

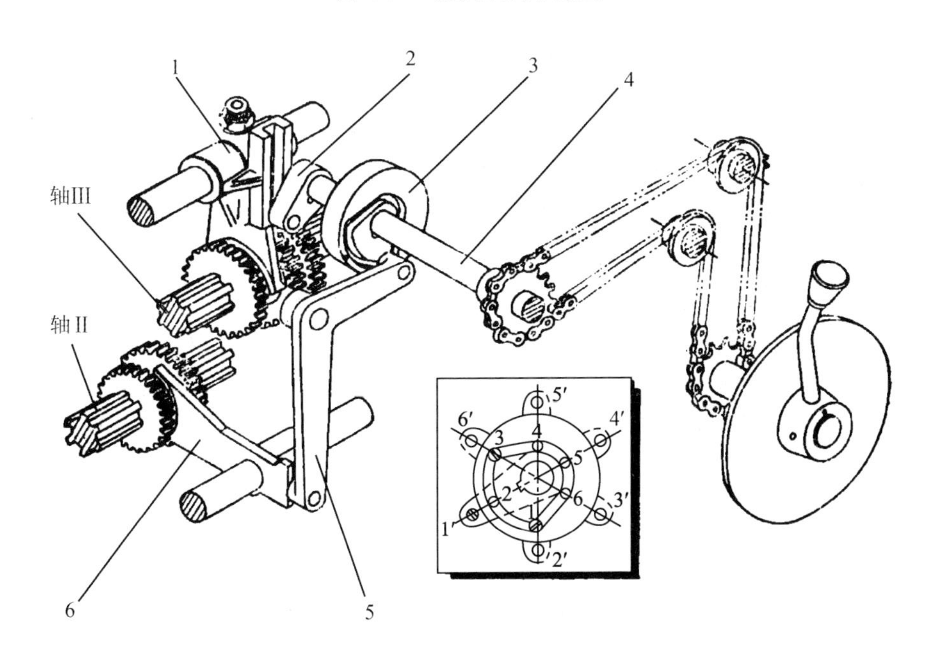

图 4.32　拨叉应用于机床变速机构中

1—拨叉；2—曲柄；3—凸轮；4—轴；5—杠杆；6—轴；7—螺钉

2. 拨叉类零件的主要技术要求

拨叉类零件的主要技术要求如下。

(1) 尺寸精度。拨叉内孔与轴相配合，内孔可以是光孔或者花键孔，是拨叉类零件的主要表面，它影响拨叉的工作状态，尺寸精度要求较高，通常为IT5～IT8。

(2) 位置精度。包括圆柱体(拨叉头)、拨叉槽、拨叉脚平面间的跳动要求、垂直度要求、端面间的平行度要求等，一般为5～10级。

(3) 表面粗糙度。拨叉类零件的加工都有表面粗糙度的要求，一般根据加工的可能性和经济性来确定。内孔常为 *Ra*0.8～1.6μm，拨叉槽为 *Ra*3.2～12.5μm，拨叉脚为 *Ra*3.2～12.5μm。

3. 拨叉类零件的材料、毛坯及热处理

灰铸铁、铸钢是拨叉类零件的常用材料，零件毛坯为铸件。灰铸铁生产工艺简单，铸造性能优良，经过正火后，可得到较好的切削性能，而且能够获得较高的强度和韧性。拨叉脚可以通过局部淬火提高强度和硬度，淬火后表面硬度可达HRC45～52。

4.4.2 拨叉类零件加工工艺分析

1. 拨叉类零件定位基准与装夹方法的选择

在拨叉类零件加工中，为保证各主要表面的相互位置精度，选择定位基准时应尽可能使其与装配基准重合并使各工序的基准统一，而且还要考虑在一次安装中尽可能加工出较多的面。

(1) 精基准的选择。根据拨叉零件的技术要求和装配要求，通常选择拨叉圆柱端(拨叉头)后端面和拨叉内孔作为精基准，零件上的很多表面都可以采用它们作为基准进行加工，即遵循了“基准统一”原则。拨叉内孔的轴线是设计基准，选用它作精基准定位加工拨叉脚两端面和拨叉圆柱端的台阶面，实现了设计基准和工艺基准的重合，保证了被加工表面的垂直度和平行度要求。另外，由于拨叉件刚度较差，受力容易产生碎裂，为了避免机械加工中可能产生的夹紧损坏，根据夹紧力应垂直于主要定位基面的原则，以及夹紧力作用在刚度较大部位的原则，设定的夹紧力作用点不能作用在叉杆上。可以选用拨叉圆柱端(拨叉头)后端面作为精基准，夹紧力可作用在拨叉圆柱端(拨叉头)的前端面上，这样设定的夹紧点稳定可靠。

(2) 粗基准的选择。作为粗基准的表面应该平整，没有飞边、毛刺或其他表面缺陷。选择拨叉头前端面和拨叉脚底面作为粗基准。采用拨叉头前端面作粗基准加工后端面，可以为后续工序准备好精基准。

2. 拨叉类零件典型加工工艺路线

对于7～8级精度、表面粗糙度 *Ra*1.6～12.5μm 的一般拨叉类零件，其典型工艺路线如下。

铸造—正火—粗车拨叉头端面、钻内孔—精车拨叉头端面、内孔—铣拨叉脚端面—铣拨叉操纵槽—热处理—磨拨叉脚端面—检验。

拨叉类零件的粗车、半精车虽然都是在车床上进行，但随着批量不同，所选的机床也不同，加工方法存在较大差异。一般单件小批生产中使用卧式车床，对于形状复杂的拨叉

类零件，在数控车床上加工效果更好。

拨叉类零件上拨叉脚、操纵槽等次要表面的加工，一般都在外圆精车之后、磨削之前进行。因为如果在精车前就铣出操纵槽，难以控制操纵槽的尺寸要求。它们的加工也不宜放在主要表面的磨削之后进行，以免划伤已加工好的主要表面。

在拨叉类零件的加工过程中，通常都要安排适当的热处理，以保证零件的力学性能和加工精度，并改善切削加工性。一般毛坯铸造后安排正火工序，以消除铸造产生的应力，获得较好的金相组织。如果工件表面有一定的硬度要求，则需要在磨削之前安排淬火工序。

4.4.3　典型拨叉类零件的加工实例

实例 1. 车床拨叉的加工

车床拨叉的产品简图和立体图如图 4.33 所示。

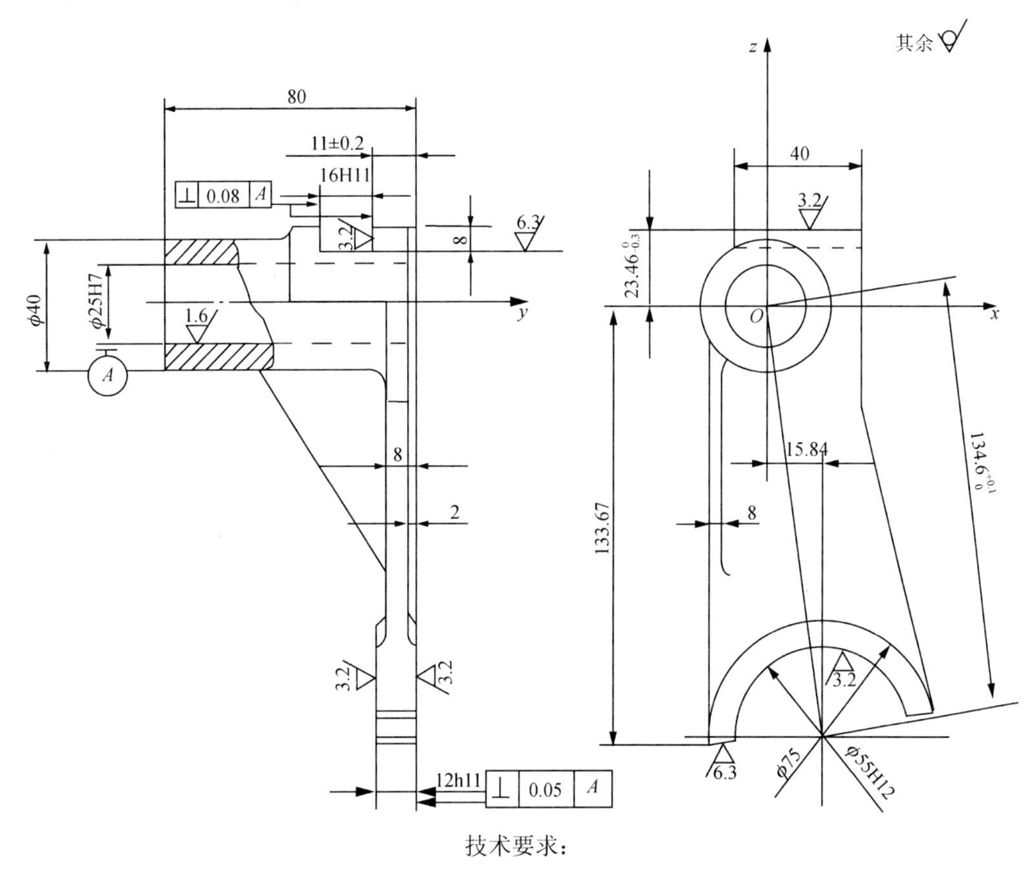

技术要求：

(1) 铸件表面应清除毛刺、披缝结瘤和粘砂，不应有裂缝、砂眼和局部疏松、多针孔及夹渣等缺陷。

(2) 正火处理，硬度 HB180～229，拨叉脚局部淬火，淬火硬度不小于 HRC50，淬火深度 0.7～1.2mm。

(3) 未注铸造圆角 *R*3～*R*5。

(4) 去锐边毛刺。

(5) 材料：ZG310-570。

(a) 产品简图

图 4.33　车床拨叉

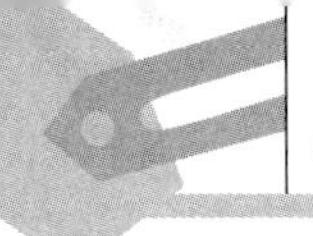

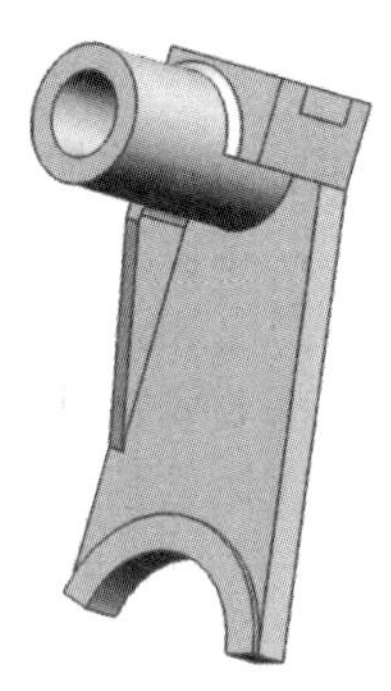

(b) 立体图

图 4.33　车床拨叉(续)

1) 零件图样分析

(1) 以ϕ25mm 孔为中心的加工表面包括ϕ25H7mm 的通孔以及ϕ40mm 的圆柱两端面，其中主要加工表面为ϕ25H7mm 通孔。

(2) 以ϕ55mm 孔为中心的加工表面包括ϕ55H12mm 的孔以及ϕ55H12mm 的两个端面，其中主要加工表面是ϕ55H12mm 的孔。

(3) 铣 16H11mm 的槽。该组加工表面包括：此槽的端面、16H11mm 的槽的底面、16H11mm 的槽两侧面。

(4) ϕ55mm 孔端面与ϕ25H7mm 孔的垂直度公差为 0.1mm，16H11mm 的槽与ϕ25H7mm 的孔的垂直度公差为 0.08mm。

(5) 拨叉脚局部淬火，硬度 HRC 45～52。

(6) 选用材料为 ZG310-570。

2) 车床拨叉工艺分析

该零件除主要工作表面(拨叉脚部槽的两端面、ϕ25H7mm 孔)和拨叉头台阶面外，其余表面加工精度均较低，不需要高精度机床加工，通过铣削、钻床的粗加工就可以达到加工要求。由上面分析可知，加工时应先加工一组表面，再以这组加工后的表面为基准加工另外一组。可以先加工ϕ25H7mm 通孔，然后以此作为基准采用专用夹具进行加工，并且保证位置精度要求。再根据各加工方法的经济精度及机床所能达到的位置精度，加工其他表面。

3) 加工车床拨叉

加工车床拨叉的步骤及相关要求等见表 4-10。

表 4-10　车床拨叉加工操作技能训练

技能训练名称	车床拨叉加工
工具、量具、刃具及材料	游标卡尺、外径千分尺、直尺、中心钻、YT15 外圆车刀、ϕ24mm 麻花钻、YT15 扩孔刀、ϕ24.8mm 铰刀、ϕ25mm 铰刀、YT15 镗刀、三面刃铣刀、锯片铣刀、棕刚玉砂轮 材料为 ZG310-570
步骤	**铸造**：铸件，材料 ZG310-570 **热处理**：正火处理，硬度 HB180～229 **车**：车拨叉头ϕ25H7mm 的右端面，钻、镗、铰ϕ25H7mm 的孔，孔表面粗糙度 *Ra*1.6μm，倒角 **校正**：校正拨叉脚

续表

步骤	铣：粗铣 ϕ 55H12mm 孔的两端面，使两端面的间距为 14mm 铣：精铣拨叉脚两端面，保证两端面的间距为(12.6±0.1)mm 镗：粗镗下端孔 镗：精镗下端孔至 ϕ 55H12mm，孔表面粗糙度 *Ra*3.2μm 铣：粗铣拨叉槽 16H11mm 至 15mm 铣：精铣拨叉槽至 16H11mm，保证槽的侧面表面粗糙度 *Ra*3.2μm，底面的表面粗糙度 *Ra*1.6μm 铣：铣 ϕ 55H12mm 的孔，保证中心尺寸 $134.6^{+0.1}_{+0}$ mm 钳：去毛刺 检验：按工艺要求检查热处理前工件尺寸 热处理：拨叉脚局部淬火，淬火硬度不小于 HRC50 校正：校正拨叉脚 磨：磨削拨叉脚两端面，保证两端面的间距为 $12^{-0.06}_{-0.18}$ mm，表面粗糙度 *Ra*3.2μm 清洗：清洗零件 检验：成品检验(按产品图检验)
注意事项	从图中可以看出，拨叉 ϕ 55mm 孔端面与 ϕ 25H7mm 孔垂直度公差为 0.1mm，16H11mm 的槽与 ϕ 25H7mm 的孔垂直度公差为 0.08mm，应先加工拨叉 ϕ 25H7mm 孔，然后以此作为基准采用专用夹具进行加工，并且保证垂直度要求

成绩评定	项目	质量检测内容	配分	评分标准	实测结果	得分
	备料	铸件，材料 ZG310-570	5 分	材料选择错误不得分		
	热处理	正火处理，硬度 HB180～229	5 分	不处理不得分		
	车	车拨叉头 ϕ 25H7mm 的右端面，钻、镗、铰 ϕ 25H7mm 的孔，倒角	15 分	超差不得分		
	校正	校正拨叉脚	5 分	不处理不得分		
	铣	粗铣 ϕ 55H12mm 孔的两端面	5 分	超差不得分		
	铣	精铣拨叉脚两端面	5 分	超差不得分		
	镗	粗镗下端孔	5 分	超差不得分		
	镗	精镗下端孔 ϕ 55H12mm	5 分	超差不得分		
	铣	粗铣拨叉槽	5 分	超差不得分		
	铣	精铣拨叉槽至 16H11mm	5 分	超差不得分		
	铣	铣开 ϕ 55H12mm 的孔，保证中心尺寸 $134.6^{+0.1}_{+0}$ mm	5 分	超差不得分		
	热处理	拨叉脚局部淬火，淬火硬度不小于 HRC50	5 分	不处理不得分		
	校正	校正拨叉脚	5 分	不处理不得分		
	磨	磨削拨叉脚两端面至尺寸	10 分	超差不得分		
	检验	成品检验(按产品图检验)	5 分	不检验不得分		
	安全文明生产		10 分	违者不得分		

实例 2. 拖拉机Ⅱ—Ⅲ挡拨叉的加工

拖拉和Ⅱ—Ⅲ挡拨叉的产品简图及立体图如图 4.34 所示。

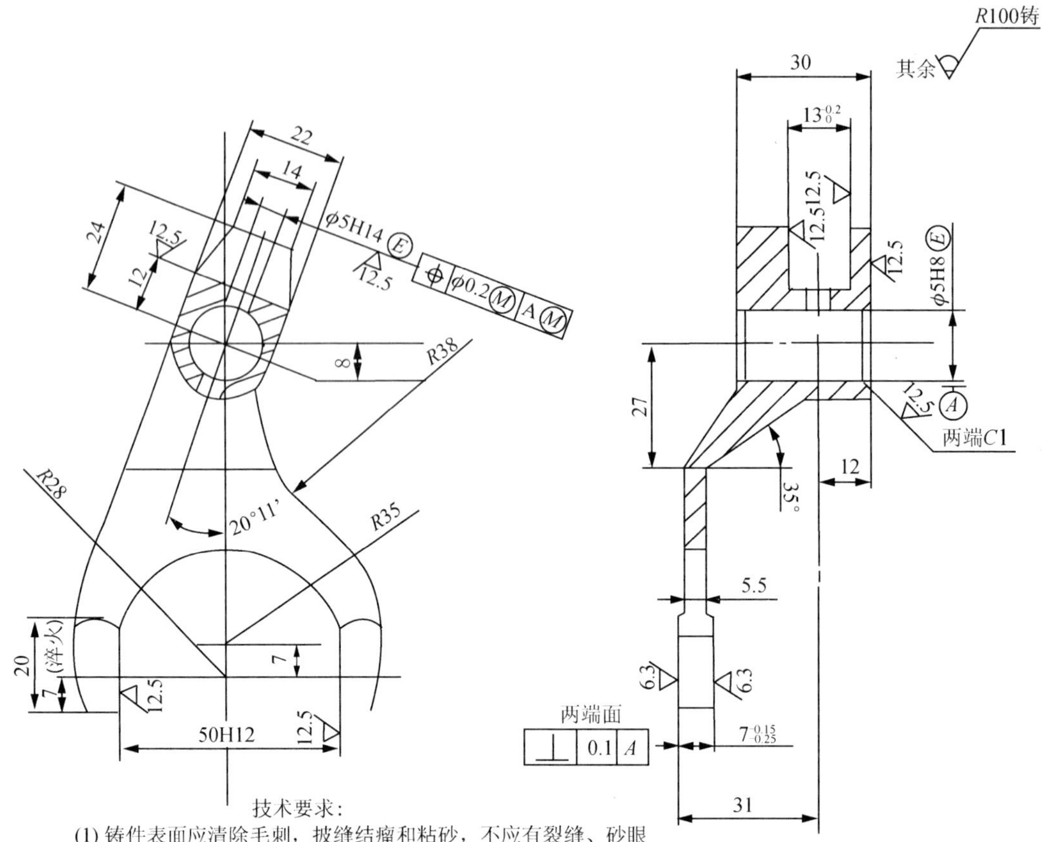

技术要求：

(1) 铸件表面应清除毛刺，披缝结瘤和粘砂，不应有裂缝、砂眼和局部疏松、多针孔及夹渣等缺陷。

(2) 正火处理，硬度180～229HB，拨叉脚局部淬火，硬度不小于50HRC，淬深0.7～1.2mm。

(3) 未注铸造圆角为R3～5。

(4) 去除锐边毛刺。

(5) 不加工表面清砂洗净，涂铁红环氧底漆。

(a) 产品简图

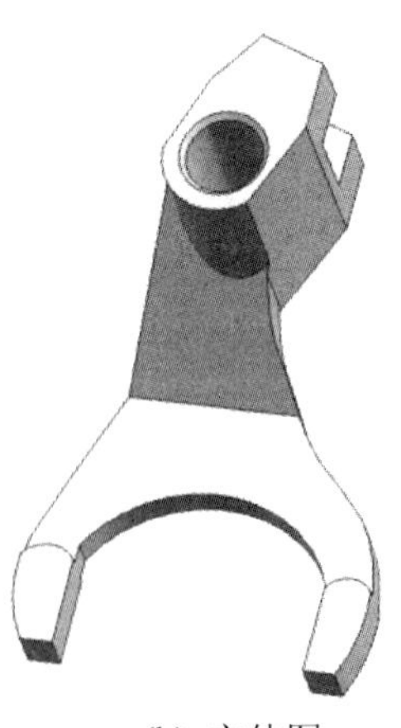

(b) 立体图

图 4.34　拖拉机Ⅱ—Ⅲ挡拨叉

1) 零件图样分析

(1) 以ϕ15mm 孔为中心的加工表面包括ϕ15H8 mm 的通孔以及孔的端面。其中主要加工表面为ϕ15H7mm 通孔。

(2) 铣$13_{+0}^{+0.2}$ mm 的操纵槽。该组加工表面包括：此槽的端面、$13_{+0}^{+0.2}$ mm 的槽的底面、$13_{+0}^{+0.2}$ mm 的槽两侧面、槽内通孔ϕ5H14mm。

(3) 拨叉脚的加工表面。该组加工表面包括拨叉脚的两端面，拨叉脚内侧面尺寸要求50H12mm，拨叉脚的厚度尺寸$7_{-0.25}^{-0.15}$ mm。

(4) 拨叉脚端面与ϕ15H8mm 孔垂直度公差为 0.1mm，操纵槽内通孔ϕ5H14mm 的中心线与ϕ15H8mm 的孔位置度公差为ϕ0.2mm 。

(5) 拨叉脚局部淬火，硬度不小于 HRC50。

(6) 选用材料为 HT200。

2) 拖拉机Ⅱ—Ⅲ挡拨叉工艺分析

该零件除主要工作表面(拨叉脚部槽的两端面、ϕ15H8mm 孔)和拨叉头下台阶面外，其余表面加工精度均较低，不需要高精度机床加工，通过铣削、钻床的粗加工就可以达到加工要求，可以先加工ϕ15H8mm 通孔，然后以此作为基准采用专用夹具进行后续加工，并且保证位置精度要求。

3) 拖拉机Ⅱ—Ⅲ挡拨叉加工

加工拖拉机Ⅱ—Ⅲ挡拨叉的步骤及相关要求等见表 4-11。

表 4-11　拖拉机Ⅱ—Ⅲ挡拨叉加工操作技能训练

技能训练名称	拖拉机Ⅱ—Ⅲ挡拨叉加工
工具、量具、刃具及材料	游标卡尺、外径千分尺、直尺、中心钻、YT15 外圆车刀、ϕ14mm 麻花钻，YT15 扩孔刀、ϕ14.8mm 铰刀、ϕ15 mm 铰刀、YT15 镗刀、三面刃铣刀、棕刚玉砂轮 材料为 HT200
步骤	**铸造**：铸件，材料 HT200 **热处理**：正火处理，硬度 HB180～229 **车**：车拨叉头ϕ15H8mm 的右端面，钻、镗、铰ϕ15H8mm 的孔，孔表面粗糙度 *Ra*1.6μm，倒角 **校正**：校正拨叉脚 **铣**：粗铣拨叉脚的两端面，使两端面的间距为 9mm **铣**：精铣拨叉脚两端面，保证两端面的间距为(7.6±0.1)mm **铣**：铣拨叉脚内侧面，使两端面的间距为 50H12mm **铣**：铣$13_{+0}^{+0.2}$ mm 的操纵槽至尺寸 **钻**：钻操纵槽内通孔ϕ5H14mm **钳**：去毛刺 **检验**：按工艺要求检查热处理前工件尺寸 **热处理**：拨叉脚局部淬火，淬火硬度不小于 HRC50 **校正**：校正拨叉脚 **磨**：磨削拨叉脚两端面，保证两端面的间距为$7_{-0.25}^{-0.15}$ mm，表面粗糙度 *Ra*6.3μm **清洗**：清洗零件 **检验**：成品检验(按产品图检验)

续表

<table>
<tr><td>注意事项</td><td colspan="6">从图中可以看出，拨叉脚端面与φ15H8mm 孔垂直度公差为 0.1mm，操纵槽内通孔φ5H14mm 的中心线与φ15H8mm 的孔位置度公差为φ0.2mm，先加工拨叉φ15H8mm 孔，然后以此作为基准采用专用夹具进行加工，以保证垂直度、位置度等要求</td></tr>
<tr><td rowspan="15">成绩评定</td><td>项目</td><td>质量检测内容</td><td>配分</td><td>评分标准</td><td>实测结果</td><td>得分</td></tr>
<tr><td>备料</td><td>铸件，材料 HT200</td><td>5 分</td><td>材料选择错误不得分</td><td></td><td></td></tr>
<tr><td>热处理</td><td>正火处理，硬度 HB180～229</td><td>5 分</td><td>不处理不得分</td><td></td><td></td></tr>
<tr><td>车</td><td>车拨叉头φ15H8mm 的右端面，钻、镗、铰φ15H8mm 的孔，倒角</td><td>15 分</td><td>超差不得分</td><td></td><td></td></tr>
<tr><td>校正</td><td>校正拨叉脚</td><td>5 分</td><td>不处理不得分</td><td></td><td></td></tr>
<tr><td>铣</td><td>粗铣拨叉脚的两端面</td><td>5 分</td><td>超差不得分</td><td></td><td></td></tr>
<tr><td>铣</td><td>精铣拨叉脚两端面</td><td>5 分</td><td>超差不得分</td><td></td><td></td></tr>
<tr><td>镗</td><td>铣拨叉脚内侧面</td><td>5 分</td><td>超差不得分</td><td></td><td></td></tr>
<tr><td>镗</td><td>铣 $13_{+0}^{+0.2}$ mm 的操纵槽</td><td>10 分</td><td>超差不得分</td><td></td><td></td></tr>
<tr><td>铣</td><td>钻操纵槽内通孔φ5H14mm</td><td>10 分</td><td>超差不得分</td><td></td><td></td></tr>
<tr><td>热处理</td><td>拨叉脚局部淬火，淬火硬度不小于 HRC50</td><td>5 分</td><td>不处理不得分</td><td></td><td></td></tr>
<tr><td>校正</td><td>校正拨叉脚</td><td>5 分</td><td>不处理不得分</td><td></td><td></td></tr>
<tr><td>磨</td><td>磨削拨叉脚两端面，保证间距 $7_{-0.25}^{-0.15}$ mm</td><td>10 分</td><td>超差不得分</td><td></td><td></td></tr>
<tr><td>检验</td><td>成品检验(按产品图检验)</td><td>5 分</td><td>不检验不得分</td><td></td><td></td></tr>
<tr><td colspan="2">安全文明生产</td><td>10 分</td><td>违者不得分</td><td></td><td></td></tr>
</table>

项目5

典型零件的专用夹具加工

专用夹具加工实训概述

1. 专用夹具加工实训目的

(1) 掌握夹具钳工的基本操作技能。

(2) 较熟练地掌握车、铣、磨、线切割、电火花、数控机床、热处理等工种的操作技能，熟悉零件的各种机械加工方法。

(3) 能完成中等复杂程度零件的工艺编制工作。

(4) 能完成中等复杂程度夹具的加工、装配、试用、检测等工作。

(5) 具备分析和解决夹具加工技术问题的能力。

2. 专用夹具加工实训内容

(1) 结合课程设计审查、修改准备加工的夹具装配图及零件图。

(2) 列备料单，编制夹具零件加工工艺。

(3) 实训指导老师审核学生设计的夹具图样和夹具零件的加工工艺。

(4) 老师指导学生熟悉、操作机床，按照图样、工艺过程进行非标夹具零件的加工。

(5) 专用夹具的装配、调整、检测。

3. 专用夹具加工实训的组织与要求

(1) 检查实训时需要使用的机床设备是否处于正常工作状态。

(2) 检查每台机床工具柜中的所需机床附件及工具是否齐备。

(3) 准备好机床设备常用的润滑油、切削液、棉纱、毛刷等。

(4) 备齐所需的量具、刀具、工具等。

(5) 备齐所需各种夹具零件图样及经指导老师审核过的夹具总图样和非标零件图及加工工艺文件。

(6) 编制备料单，按备料单准备好标准件、非标零件的毛坯等。

(7) 实训时夹具加工类型可以多样化。根据实际情况制作各类夹具 1～3 副，让学生在实训中接触各种类型的夹具结构，相互学习交流。

4. 专用夹具零件加工

1) 专用夹具加工的技术准备

(1) 审查专用夹具的全套图样。

① 审查专用夹具的装配关系。

a. 检查夹具的工作原理能否保证零件的加工要求。

b. 检查装配图的表达是否清楚、正确、合理。

c. 检查有关零件之间的相互关系是否正确。

d. 检查夹具的总体技术要求是否合理。

e. 检查装配图的序号、标题栏、明细表是否完整正确。

② 审查待加工件(夹具非标零件)。

a. 审查零件图与装配图的结构是否相符。

b. 审查零件图的投影关系是否完整、正确。

c. 审查零件的位置尺寸、装配尺寸是否完整、正确。

d. 审查零件的技术要求是否合理。

(2) 编制标准件及外购件的采购单。

编制夹具的标准件及待制零件毛坯材料的采购单，见明细表 5-1。

表 5-1 标准件和外购件明细表

序号	零件名称	零件序号	材料	规格及代号	数量	估价/元
1						
2						
3						
4						
⋮						
⋮						

(3) 审查待加工件(夹具非标零件)的加工工艺

① 审查待加工件加工工艺的内容。待加工零件的加工工艺要进行全面的审查，其目的是既要保证零件图样的技术要求，同时又要与实训基地的实际加工条件相符合。其审查的内容如下。

a. 审定各加工件的加工工艺是否能达到图样的技术要求。

b. 审查所选的加工设备的技术经济性是否合理。

c. 审查原加工工艺选择的设备与实训基地是否相符，若有不相符的，则要改变工艺，在保证零件的加工要求的前提下，尽量采用实训基地现有的加工设备。

d. 审定原工艺在使用的工艺装备、刀具、量具及辅具在实训基地是否具备，若不具备，则要改变工艺，尽量采用实训基地现有的加工条件。

e. 若有的零件实训基地不具备加工，则要考虑外协加工。

② 审查待加工件的毛坯图。在审查夹具加工零件的毛坯时，应考虑实训基地是否具备条件生产零件的毛坯，如有的毛坯件不能生产，则要考虑外协加工，并列出外协加工坯料单。

2) 专用夹具的加工特点

机床专用夹具是机械加工中必不可少的工艺装备。机床专用夹具的加工过程是指根据零件某加工工序的加工要求，加工出满足零件加工精度，具有一定生产效率和使用寿命的夹具过程。机床专用夹具的加工是典型的单件生产，所以夹具的加工与其他机械产品零件加工有很大的差别，有其自身的加工特点。

(1) 专用夹具加工的基本要求

① 保证夹具的质量。保证夹具的质量是指在正常生产条件下，按加工工艺过程所加工的夹具应达到设计图样上所规定的全部精度的要求，并能保证零件加工工序的加工要求。

② 保证夹具的加工周期。夹具的加工周期是指在规定的时间内将夹具加工完毕。在加工夹具时在保证夹具精度的前提下，应力求加工周期短，以保证夹具能按期完成。

③ 保证夹具一定的使用寿命。夹具的使用寿命是指夹具在使用过程中的耐用度，一般以夹具加工合格工件数量为衡量标准。夹具使用寿命是衡量夹具加工质量的重要指标。

④ 保证夹具加工成本低廉。夹具的加工成本是指夹具的加工费用。由于夹具是单件生产，在生产中不能按照批量组织生产，因而夹具的加工成本较高。为了降低夹具的加工成本，应根据被加工工件的生产批量，合理设计夹具的结构，制订合理的夹具的加工方案，尽可能降低其加工成本。

(2) 专用夹具加工的过程

专用夹具的加工过程和其他机械产品的加工过程一样，包括以下内容。

① 夹具设计。夹具图样设计是加工夹具中最关键的技术工作之一，是夹具加工的依据。夹具设计内容见本书项目 2：掌握机床夹具的设计技能。

② 夹具非标零件加工工艺规程制定。夹具非标零件的加工工艺文件是加工夹具零件的指令性文件。由于夹具是单件生产，制订工艺规程以加工工序为单位，即编制机械加工工艺过程卡。在过程卡中简要说明夹具或零部件的加工工序名称、加工内容、加工设备以及其他必要的说明等。

③ 夹具零部件的加工。夹具的零部件加工是按照加工工艺来组织生产的，一般可以采用常规的机械加工方法加工出符合要求的零部件。

④ 夹具的装配与调试。

任务 5.1　典型轴类零件的专用夹具加工

5.1.1　专用夹具设计主旨

图 5.1 为凸轮轴的产品铣加工简图，数量为中批量，在成批生产中，该工序中零件的端面及外圆、凸轮等精车工序已加工完毕。本工序要求加工凸轮轴的半圆形键槽，键槽用尺寸与半圆键相同的圆盘铣刀加工，选用 X52K 卧式铣床，工序的主要技术要求如下。

(1) 半圆形槽的半径为 R14mm，槽宽 $5^{+0.02}_{+0.01}$ mm，且两个侧面相对于基准 A($\phi 28.5^{+0}_{-0.05}$ mm)外圆面的对称度要求为 0.1mm。

(2) 半圆形槽深 5^{+1}_{+0} mm。

(3) 键槽的表面粗糙度 Ra 为 3.2μm。

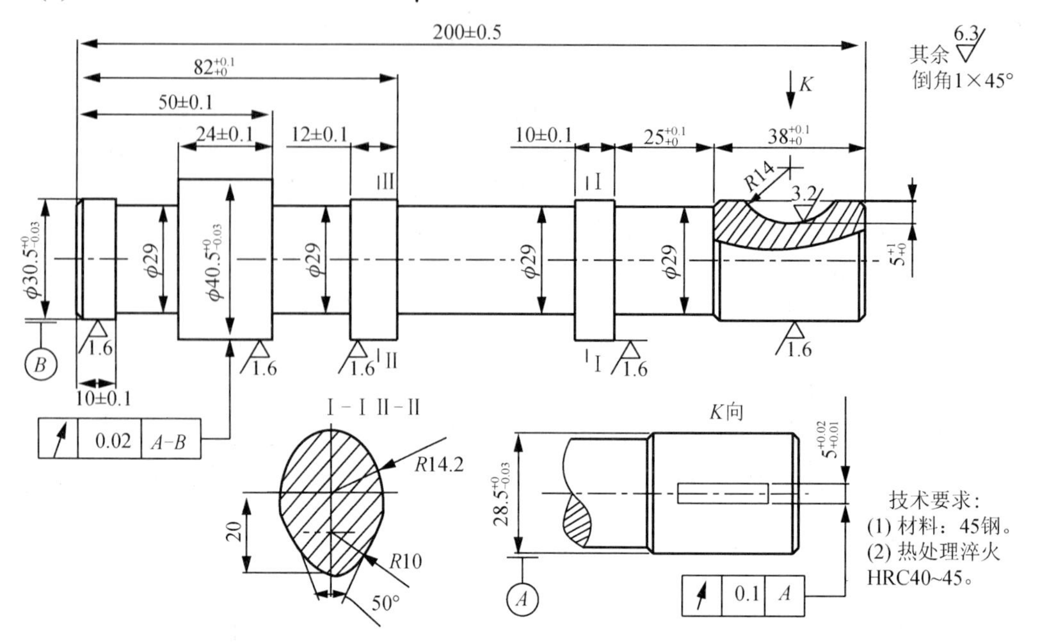

图 5.1　凸轮轴铣加工简图

在加工半圆形键槽时，键槽深度方向的尺寸精度要求不是很高，由铣削直接加工就可以达到要求；键槽宽度方向的尺寸精度要求较高，键槽的宽度由刀具尺寸保证，在卧式铣床上选用半圆键槽铣刀(GB 1127−2007) 加工；键槽的位置精度及表面粗糙度要求较高，键槽的表面粗糙度由刀具及相应的切削参数保证，键槽的位置精度由设计的夹具来保证。

由图 5.1 可知，此零件为轴类零件，材料为 45 钢，经淬火和高温回火后，具有较高的综合力学性能，强度硬度适中，易铣削。外形简单，其他各表面已经车削加工过，半圆键槽宽度尺寸的公差要求较高，且有对称度的要求。已车削加工的直径ϕ30.5mm、ϕ40.5 和ϕ28.5mm 的外圆精度较高，都可以作为定位基准面，在本道工序加工时，主要应考虑提高劳动生产率、降低劳动强度，夹具设计重点应在定位基准的确定及装夹操作的方便性上。

5.1.2　选择定位基准

为了保证工件被加工表面的技术要求，必须使工件相对刀具和机床处于正确的加工位置，在使用夹具的情况下，就要使机床、刀具、夹具和工件之间保持正确的加工位置。显然，工件的定位是其中极为重要的一个环节。

要使工件完全定位，就必须限制工件在空间的 6 个自由度，此即为工件的“六点定位原则”，同时，工件定位时应该限制的自由度的数目应根据工序的加工要求而确定，对于不影响加工精度的自由度可以不加限制，采用不完全定位(非六点定位)可以简化定位装置。

根据半圆形键槽的两侧面相对于基准面的对称度要求，需要限制工件 X 方向转动自由度、Y 方向转动自由度和 Z 方向转动自由度；根据半圆形键槽的槽宽和深度要求，需要限制工件 Y 方向移动自由度和 Z 方向移动自由度，所以本夹具的设计根据加工需要，只需要限制 5 个自由度，即选用不完全定位的定位方式。

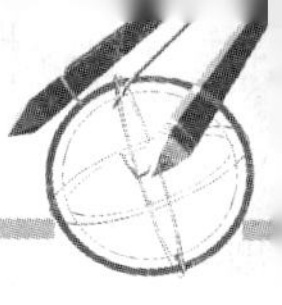

1. 定位方案

方案 1：以轴两端的中心孔作为定位基准，同时选择轴的一个端面为定位基准，共限制工件 5 个自由度。

方案 2：以 ϕ40.5mm 和 ϕ28.5mm 的外圆为定位基准(选用 V 形块定位元件)，限制 2×2=4 个自由度，端面轴向定位于侧面的垫板上，限制 1 个自由度，共限制工件 5 个自由度。

方案的比较：方案 2 由于 V 形块的特性，所以较易保证槽的对称度要求。

方案 1 的不足之处是由于轴两端的中心孔与工件之间接触面积小，铣削加工时的切削力较大，不易保证槽的对称度。

经上述分析比较，确定采用方案 2，具体见图 5.2 铣槽定位方案，即把工件直径 ϕ40.5mm 和直径 ϕ28.5mm 两个外圆放在两个 V 形块上定位，限制 4 个自由度，端面轴向定位于夹具里垫板的侧面上，限制 1 个自由度。

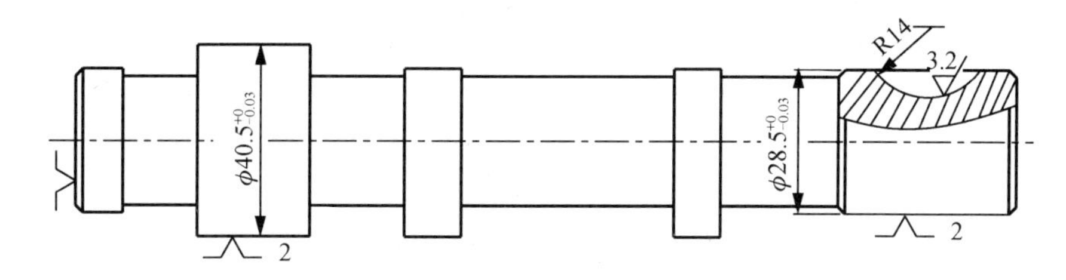

图 5.2　铣槽定位方案

2. 选择定位元件

选用 V 形块实现圆周方向的定位，V 形块的优点有：①定位精度高；②安装方便；③中性好；④V 形块结构已经标准化。V 形块的缺点是结构较复杂，制造要求较高。选用夹具里的垫板可实现轴向方向的定位。

5.1.3　确定夹紧方案

机械加工过程中，为保持工件定位时所确定的加工位置，防止工件在切削力、惯性力、离心力及重力等作用下发生位移和振动，一般机床夹具应有一定的夹紧装置，以将工件压紧。因此，夹紧装置的合理性、可靠性和安全性对工件加工的技术和经济效果有重大影响。

由于铣削加工时切削量较大且为断续切削，故切削力较大，易产生冲击和振动，而且铣削力的分力会产生两个方向的分力，故夹紧方案要考虑与之相对应的圆周方向和轴向方向的夹紧力，考虑夹紧力的方向应方便装夹和有利于减小夹紧力、减小工件的变形，夹紧力的方向最好与切削力、重力方向一致。

根据夹紧力的方向应朝向主要限位面以及作用点应落在定位元件的支承范围内的原则，采用了图 5.3 及图 5.4 的夹紧方案，如图 5.3 铣槽夹紧方案(圆周方向)所示，采用铰链式压板有利于工件方便地装卸，夹紧力的方向与切削力分力、重力方向重合，夹紧力朝向 V 形块的 V 形面，使工件装夹稳定可靠，且夹紧力的方向有助于圆周方向的定位；如图 5.4 铣槽夹紧方案(轴向方向)所示，夹紧力朝向工件的轴向方向，与切削力分力方向一致，而且夹紧力的作用点靠近加工表面，防止铣削时产生振动和变形，提高了定位的稳定性和可靠性。

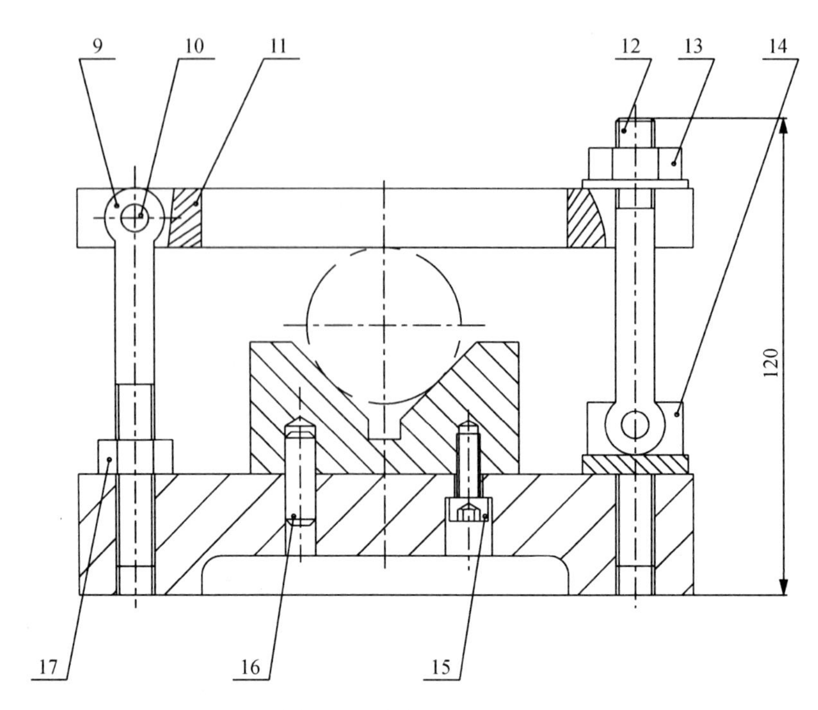

图 5.3　铣槽夹紧方案(圆周方向)

9—铰链螺杆 1；10—ϕ5 圆柱销；11—铰链压板；12—铰链螺杆 2；
13—M10 带肩六角螺母；14—铰链座；15—M8 螺钉；16—ϕ6 圆柱销；17—M10 螺母

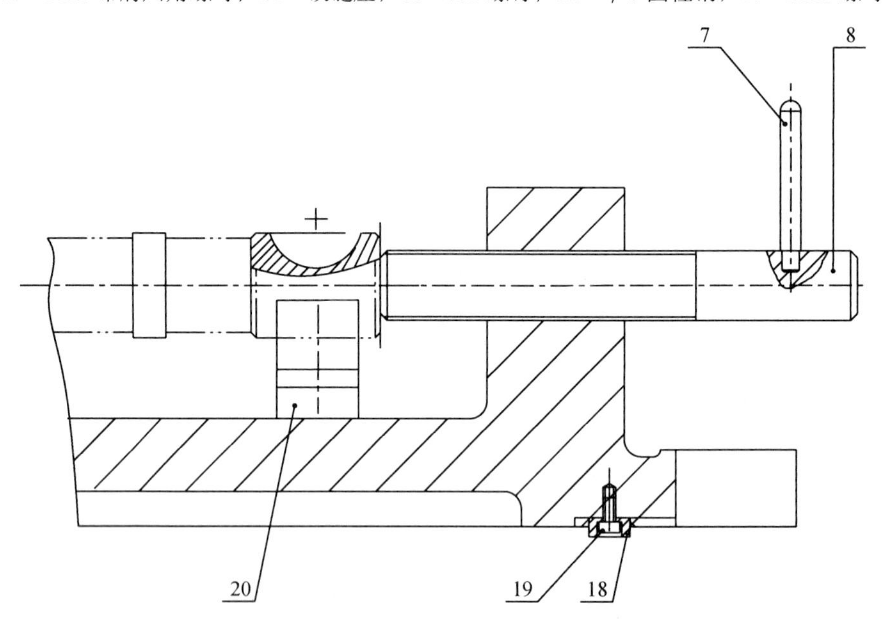

图 5.4　铣槽夹紧方案(轴向方向)

7—手柄；8—压紧螺杆(M20)；18—定位键；19—M6 螺钉；20—V 形块

5.1.4　夹具类型的确定与夹具总体结构设计

本工序所加工的是半径为 R14mm、槽宽 $5^{+0.02}_{+0.01}$ mm 的半圆形槽，槽的两个侧面相对于

$\phi 28.5_{-0.05}^{+0}$ mm 外圆面有对称度要求，因此宜采用直线进给式铣床夹具，夹具总体结构设计如下。

(1) 定位方案确定，采用两个 V 形块实现圆周方向的定位，采用垫板实现轴向方向的定位。

(2) 夹紧方案确定，为减小装夹时间和减轻装夹劳动强度，采用螺旋夹紧机构，它具有结构简单、制造容易、自锁性能好、夹紧可靠的特点，是手动夹紧中常用的一种夹紧机构。

(3) 对刀方案确定，对刀装置用于确定刀具与夹具的相对位置。键槽铣刀需两个方向对刀，本次设计的铣夹具采用直角对刀块(JB/T 8031.1—1999～JB/T 8031.4—1999)，用于对准铣刀的高度方向和水平方向位置。

(4) 夹具体确定，夹具体与机床工作台采用定位键定位，以便于夹具安装。铣夹具通过两个定位键与工作台上的 T 形槽配合，为了保证槽的对称度要求，定位键的侧面应与 V 形块的对称面平行；为减小夹具的安装误差，宜采用矩形定位键。此外，在夹具体的两端设置耳座，以便固定整个铣夹具。

5.1.5　切削力及夹紧力计算

1. 切削力计算(参考《切削用量手册》)

刀具：半圆键盘状铣刀，$\phi 28$mm，$B=5$，$z=8$。

由《切削用量手册》表 3.28 查得切削力公式

$$F=\frac{C_F a_p^{x_F} f_z^{y_F} a_e^{u_F} z}{d_0^{q_F} n^{w_F}}$$

式中：$C_F=650$，$x_F=1.0$，$y_F=0.72$，$u_F=0.86$，$w_F=0$，$q_F=0.86$，$z=8$，$a_p=7.5$mm，$a_e=5$mm，$d_0=28$mm，$f_z=0.08$mm/z。

得到：$$F=\frac{650\times 7.5\times 0.08^{0.75}\times 5^{0.86}\times 8}{28^{0.86}\times 1}\text{N}=1333.3\text{N}$$

式中：水平分力：$F_H=1.1F=1.1\times 1333.3\text{N}=1466.6\text{N}$

垂直分力：$F_V=0.3F=0.3\times 1333.3\text{N}=400\text{N}$

在计算切削力时必须把安全系数考虑在内，安全系数

$$K=K_1K_2K_3K_4$$

式中：K_1——基本安全系数，一般取 1.5；

K_2——加工性质系数，一般取 1.1；

K_3——刀具钝化系数，一般取 1.1；

K_4——断续切削系数，一般取 1.1。

所以，水平切削分力 $F_H'=KF_H=1.5\times 1.1\times 1.1\times 1.1\times 1466.6=2928.1\text{N}$

垂直切削分力 $F_V'=KF_V=1.5\times 1.1\times 1.1\times 1.1\times 400=798.6\text{N}$

2. 夹紧力计算(参考《机床夹具设计手册》)

如上所述，本设计采用螺旋夹紧机构，水平方向的螺旋夹紧机构由 M20 压紧螺杆、手柄等元件组成，垂直方向的螺旋夹紧机构由 M10 铰链螺杆、螺母、铰链压板等元件组成。

由《机床夹具设计手册》查得单个螺旋夹紧产生的夹紧力计算公式

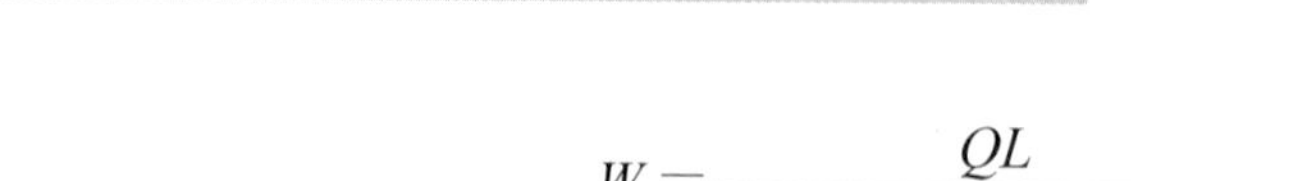

$$W_o=\frac{QL}{r'\tan\varphi_1+r_Z\tan(\alpha+\varphi_2)}$$

查《机床夹具设计手册》中表 2.2-7 至表 2.2-9 得到计算螺旋夹紧力的相关参数，其中按照螺旋夹紧后螺纹能自锁的要求，取一般钢铁件接触面的摩擦系数 u=0.1～0.15，螺杆端部与工件间的摩擦角 φ_1=arctan(0.1～0.15)=5°43′～8°30′，在本设计中 φ_1取6°。

(1) 水平方向的螺旋夹紧机构(M20)单个螺旋夹紧产生的夹紧力计算。

W_o 的计算公式中，Q=100 N，L=100 mm，r'=6 mm，φ_1=6°，r_Z=9.188 mm，α=2°29′，φ_2=9°50′。

得：
$$W_{oH}=\frac{100\times100}{6\times\tan6°+9.188\times\tan(2°29'+9°50')}\text{N}=3791.8\text{N}$$

(2) 垂直方向的螺旋夹紧机构(M10)单个螺旋夹紧产生的夹紧力计算。

W_o 的计算公式中，Q=45 N，L=100 mm，r'=3 mm，φ_1=8°，r_Z=4.513 mm，α=3°01′，φ_2 =9° 50′。

得：
$$W_{oV}=\frac{45\times100}{3\times\tan6°+4.513\times\tan(3°01'+9°50')}\text{N}=3346.2\text{N}$$

由于采用的是铰链式压板，工件处于压板的中部，由螺旋夹紧力作用到工件表面的力为

$$W_k=2\times W_{oV}=2\times3346.2\text{N}=6692.4\text{N}$$

显然夹具水平方向的螺旋夹紧力 W_{oH}=3791.8 N ＞水平切削分力 F'_H=2928.1 N。

夹具垂直方向作用到工件表面的螺旋夹紧力 W_k=6692.4 N＞垂直切削分力 F'_V= 798.6 N。

故设计的铣夹具可安全使用。

5.1.6 定位误差分析

1. 定位元件尺寸及公差的确定

本次设计的铣夹具的主要定位元件为 V 形块，如图 5.5 所示，V 形块中起定位作用的是两个呈 90° 夹角的工作表面，该表面与被加工工件的外圆相贴合，现以工件上 ϕ40.5mm 定位的外圆为例，其 V 形块的相关尺寸设计如下。

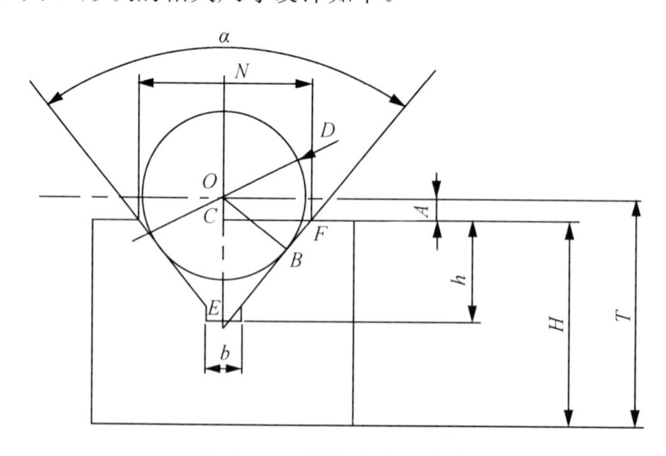

图 5.5 V 形块尺寸的确定

V形块的基本尺寸如下。

H：V形块的高度。

D：V形块的标准心轴直径，即工件定位用的外圆直径。

N：V形块的开口尺寸。

T：对标准心轴而言，*T*代表V形块的标准定位高度，V形块的夹角α取90°。

已知：工件定位直径为$D=\phi40.5$mm。

V形块的尺寸设计计算如下：

$N=1.41D-2A=1.41\times40.5-2\times4.25\approx48.61$mm，由于*H*小于1.2*D*，参考标准的V形块的尺寸，*H*取32mm。

所以，$T=H+0.707D-0.5N=32+0.707\times40.5-0.5\times48.61\approx36.33$mm。

V形块的形位公差要求主要体现在：两个呈90°夹角的工作表面相对于V形块的底平面的跳动公差不能大于0.02 mm。

2. 定位误差分析及夹具的精度分析

本道工序要满足的加工技术要求如下。①保证半圆形键槽铣削时位于长度尺寸为$38^{+0.1}_{+0}$mm的轴端中部；②半圆形键槽关于轴中心对称度0.1mm；③键槽深度尺5^{+1}_{+0}mm；④半圆形槽的半径为*R*14mm；⑤键槽宽度$5^{+0.2}_{+0.1}$mm。

该夹具安装在铣床上，加工过程存在的定位误差Δ_D包括：基准位移误差Δ_Y和基准不重合误差Δ_B。

(1) 基准位移误差Δ_Y的计算。本次设计的铣夹具，以直径为$\phi40.5^{+0}_{-0.03}$mm和$\phi28.5^{+0}_{-0.03}$mm的外圆作为定位基准面，因此，外圆ϕ28.5mm的基准位移误差$\Delta_{Y1}=0.03/\sqrt{2}mm=0.0212$mm，外圆$\phi$40.5mm的基准位移误差$\Delta_{Y2}=0.03/\sqrt{2}mm=0.0212$mm。

由《机床夹具设计手册》表1.7-1查得，当两个V形块工作时，其产生的总的基准位移误差Δ_Y为：$\Delta_Y=\Delta_{Y1}+2l_1\tan\alpha$；其中$\tan\alpha=(\Delta_{Y1}+\Delta_{Y2})/(2L)$

因此，$\Delta_Y=[0.0212+2\times10.56\times(0.0212+0.0212)/(2\times143)]mm=0.0243$mm

(2) 基准不重合误差Δ_B的计算。基准不重合误差应为从定位基准到工序基准之间的所有尺寸的公差之和在加工尺寸方向上的投影，即$\Delta_B=(0.03+0.03/2)$mm$=0.045$mm。

故铣夹具的定位误差$\Delta_D=\Delta_Y+\Delta_B=(0.0243+0.045)mm=0.0693$mm。

键槽宽度$5^{+0.2}_{+0.1}$mm的公差为0.1mm，键槽宽度的尺寸精度由刀具保证；键槽深度尺5^{+1}_{+0}mm的公差为$\delta_K=1$mm，铣夹具的定位误差$\Delta_D=0.0693$mm$<(1/3)\delta_K=0.333$mm，满足工件键槽深度尺5^{+1}_{+0}mm的公差要求，同时还满足工件对称度不大于0.1mm的要求，故设计的铣夹具的定位精度足够。

5.1.7　夹具设计、加工及操作的简要说明

夹具装配图如图5.6所示。夹具中的几个关键零件的设计说明如下。

定位元件：设计的V形块要保证一定的耐磨性，选用20钢，需要经过热处理保证HRC56～64。

夹紧装置：在设计夹具时，由于是中批量生产，故采用手动夹紧即可满足要求。本道工序的铣床就选择两外圆一端面的夹紧方式。用压紧螺杆(M20)在轴向方向压紧工件，用铰

链压板、铰链螺杆(M10)、螺母等在圆周方向压紧工件。

夹具体：在加工过程中，夹具体要承受工件重力、夹紧力、切削力、惯性力和振动力的使用，所以夹体应具有足够的强度、刚度和抗振性，以保证工件的加工精度。在本铣床夹具中的夹具体设计为1号件，毛坯为铸铁件，夹具体与V形块之间的连接用圆锥销配作保证夹具的定位精度。

定位键：铣床夹具依靠夹具体底面和定向键侧面与机床工作台上平面及T型槽相连接，以保证定位元件相对于工作台、导轨具有正确的相对位置，定位键与夹具体采用基孔制配合。为了减小安装时的偏斜角$\Delta\beta$的误差，安装定向键时应当使它们靠向T型槽的同一侧。

对刀块：为了使夹具在一批零件的加工之前很好地对刀(与塞尺配合使用)，根据加工要求，采用 JB/T 8031.3—1999 直角对刀块及平塞尺进行对刀操作。

夹具设计关键的尺寸及注意点如下。

(1) 整个铣夹具的最大轮廓尺寸是：430mm，180mm，120mm。

(2) 影响工件定位精度的尺寸和公差的主要项目是：工件定位的外圆尺寸$\phi 40.5^{+0}_{-0.03}$ mm 和$\phi 28.5^{+0}_{-0.03}$ mm。

(3) 影响铣夹具在机床上安装精度的尺寸和公差的主要项目是：定位键与铣床工作台T型槽的配合尺寸14h6。

(4) 影响铣夹具精度的尺寸和公差的主要项目是：V形块的制造尺寸、对刀块工作平面对定位键工作平面的平行度为 0.05mm/100，对刀块工作平面对夹具底面的垂直度为0.05mm/100，V形块的中心线对定位键中心线的对称度为0.03mm。

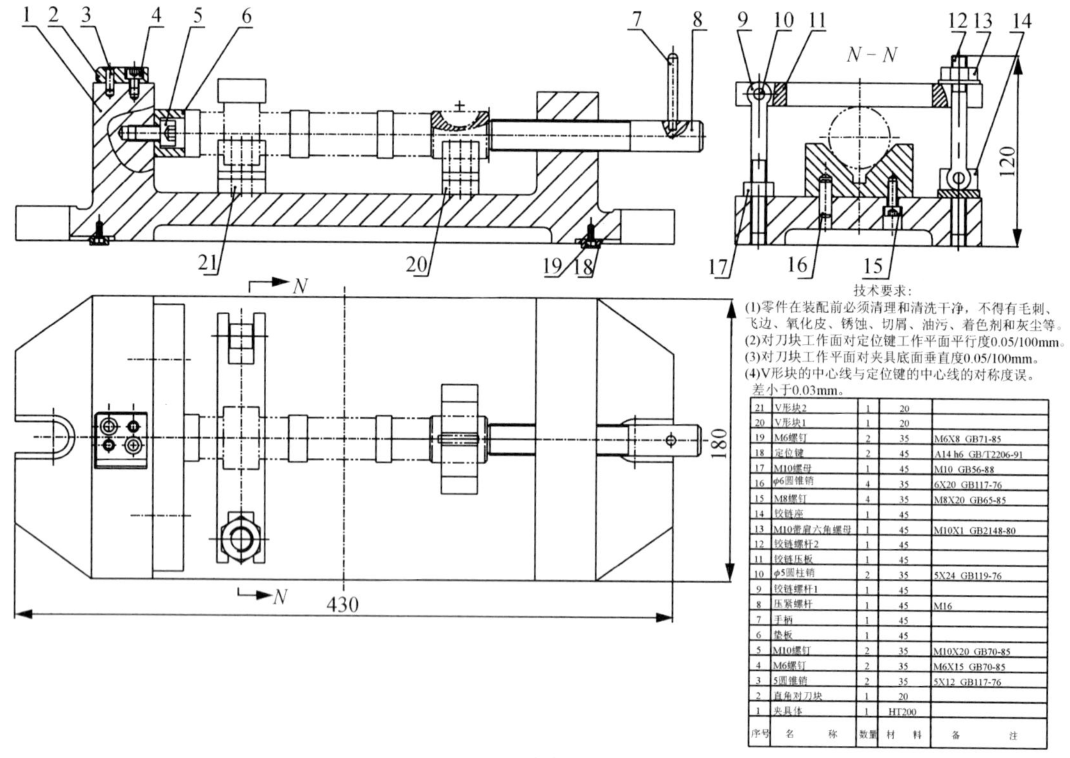

序号	名　　称	数量	材　料	备　　注
21	V形块2	1	20	
20	V形块1	1	20	
19	M6螺钉	2	35	M6X8 GB71-85
18	定位键	2	45	A14 h6 GB/T2206-91
17	M10螺母	1	45	M10 GB56-88
16	ϕ6圆锥销	4	35	6X20 GB117-76
15	M8螺钉	4	35	M8X20 GB65-85
14	铰链座	1	45	
13	M10带肩六角螺母	1	45	M10X1 GB2148-80
12	铰链螺杆2	1	45	
11	铰链压板	1	45	
10	ϕ5圆柱销	2	35	5X24 GB119-76
9	铰链螺杆1	1	45	
8	压紧螺杆	1	45	M16
7	手柄	1	45	
6	垫板	1	45	
5	M10螺钉	2	35	M10X20 GB70-85
4	M6螺钉	2	35	M6X15 GB70-85
3	5圆锥销	2	35	5X12 GB117-76
2	直角对刀块	1	20	
1	夹具体	1	HT200	

(a) 二维装配图

图 5.6　凸轮轴铣夹具

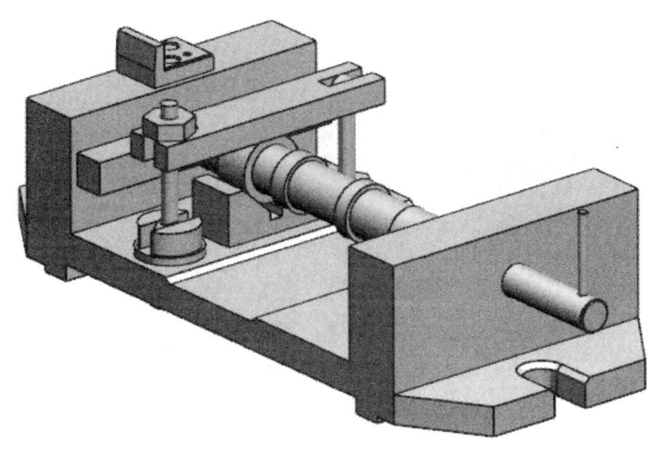

(b) 立体图

图 5.6　凸轮轴铣夹具（续）

铣夹具中主要的夹具零件图分别如图 5.7 和图 5.8 所示(因篇幅所限，介绍两例夹具非标零件)。

操作的简要说明：只要把 M20 压紧螺杆、M10 带肩六角螺母卸下，即可把工件放入 V 形块中，当工件放进夹具后，先压紧 M20 压紧螺杆，再压紧 M10 六角螺母。本夹具操作简单，省时省力，装卸工件时，可以采用长柄扳手，只需拧松铰链压板上的 M10 六角螺母及 M20 压紧螺杆即可，因而工人的劳动强度不大。

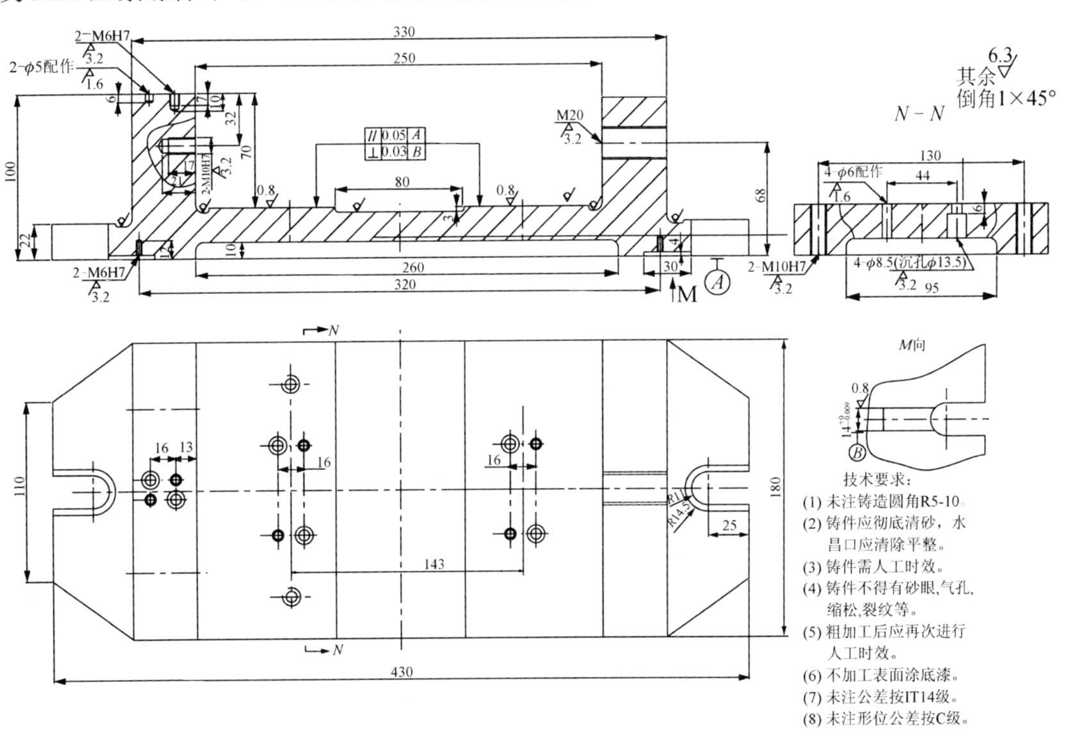

(a) 二维零件图

图 5.7　夹具体

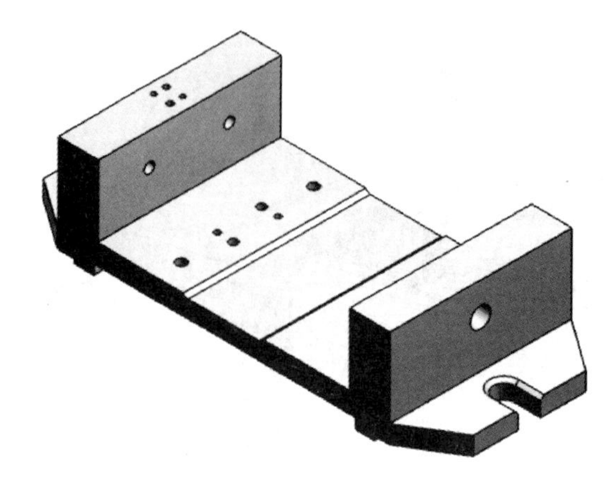

(b) 立体图

图 5.7　夹具体(续)

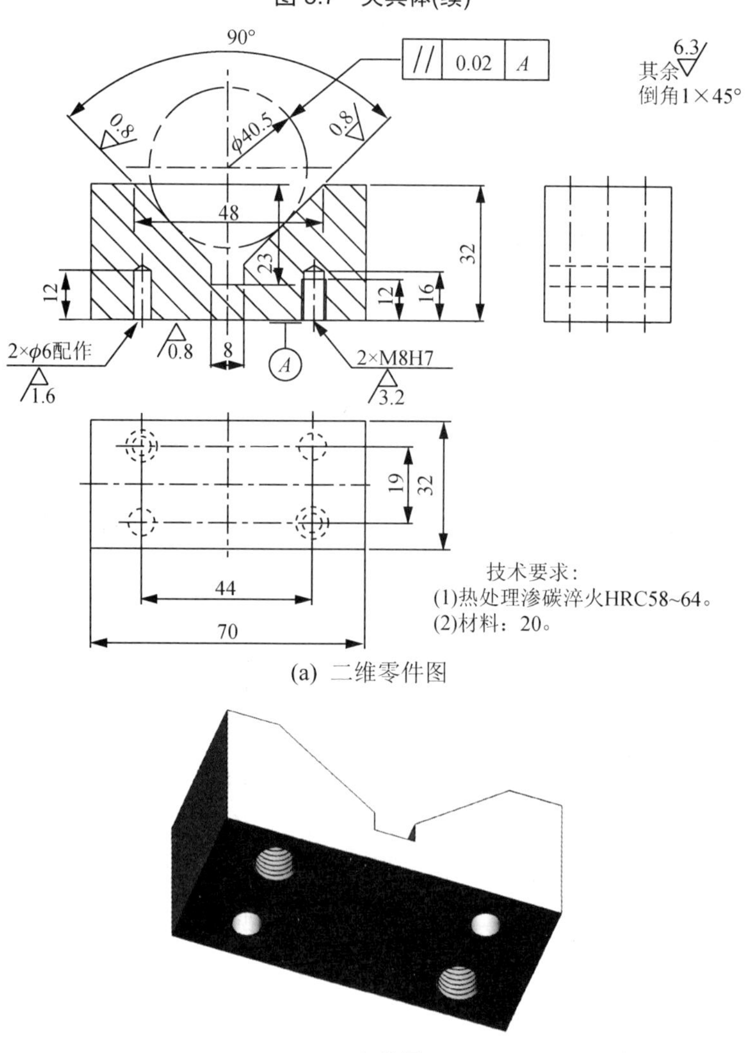

(a) 二维零件图

(b) 立体图

图 5.8　V 形块

5.1.8　专用夹具的加工操作技能训练

1. 任务分析

通过对铣夹具加工的学习，掌握夹具加工的基本操作方法和技能，主要完成：掌握夹具钳工的基本操作技能；较熟练地掌握车、铣、磨、线切割、电火花、数控机床、热处理等工种的操作技能；熟悉夹具零件各种机械加工方法；能完成中等复杂程度零件的工艺编制工作；能完成中等复杂程度夹具的加工、装配、试夹、检验等工作。

零件的加工工艺编制是机械加工中重要的技术工作，合理的机械加工工艺是保证零件加工精度，提高劳动生产效率的重要环节，因此制订夹具零件机械加工工艺规程是夹具制造的必要技术工作，如图 5.7 和图 5.8 所示两个零件，试编写其加工工艺，并进行制作加工。

图 5.7 所示为夹具体，材料为 HT200，热处理为时效处理。

图 5.8 所示为 V 形块，材料为 20 钢，热处理淬火 HRC58～64。

2. 任务实施

(1) 夹具体加工。加工夹具体的步骤及相关要求等见表 5-2。

表 5-2　夹具体加工操作技能训练

技能训练名称	夹具体加工
操作技能要求	学生必须读懂工装图纸，熟悉工装材料准备，掌握工装零件制作，掌握工装零件检验，正确编制夹具体制作工艺，加工出合格的夹具零件，提高综合技能
工具、量具、刃具及材料	游标卡尺、直尺、样冲、划规、角度尺、中心钻、ϕ 5.1mm 钻头、ϕ 6.8mm 钻头、ϕ 8.5mm 钻头、ϕ 17.4mm 钻头、ϕ 13.5mm 钻头(锪平面)、ϕ 22mm 钻头、M6 丝锥、M8 丝锥、M10 丝锥、M20 丝锥、ϕ 4.9mm 钻头、ϕ 5mm 铰刀、ϕ 5.9mm 钻头、ϕ 6mm 铰刀、ϕ 10mm 立铣刀、棕刚玉砂轮 材料为 HT200
步骤	**备料**：铸造毛坯，毛坯材料是 HT200 **热处理**：时效处理 **铣**：粗铣、精铣夹具体底面基准 A，保证夹具体高 102mm **铣**：粗铣、精铣夹具体上部各平面，保证夹具体高 100mm，保证尺寸 22、70mm **铣**：粗铣、精铣夹具体底面的定位槽，保证尺寸 $14_{-0.009}^{\ 0}$ mm **钳**：兼顾各部划线 **钳**：复核划线的准确程度 **钳**：根据图纸要求钻、扩、铰夹具体上各孔，攻各螺纹孔 **配作**：ϕ 5mm 圆锥销孔、ϕ 6mm 圆锥销孔配作 **清洗**：清洗零件 **检验**：成品检验(按产品图检验)
注意事项	(1) 为保证定位元件定位准确，必须达到定位的平面(安装 V 形块的平面)相对于夹具体底面平行度误差为 0.05mm，相对于底面槽侧面垂直度误差为 0.03mm；定位的平面应保证表面粗糙度 Ra0.8μm (2) 夹具体是重要的支承零件，主要加工面必须光滑无毛刺 (3) 毛坯是铸件，要经过时效处理 (4) 螺纹孔、安装孔的定位精度由钳工划线保证 (5) 夹具体上各种孔较多，注意螺纹底孔的尺寸，攻丝的余量要合理 (6) 为了提高销孔的精度和表面质量，孔钻后需用铰刀铰，此外还要注意销孔的配作加工

续表

	项目	质量检测内容	配分	评分标准	实测结果	得分
成绩评定	备料	铸造毛坯，毛坯材料是HT200	5分	材料选择错误不得分		
	热处理	时效处理	5分	不处理不得分		
	铣	粗铣、精铣夹具体底面基准A	10分	超差不得分		
	铣	粗铣、精铣夹具体上部各平面	10分	超差不得分		
	铣	粗铣、精铣夹具体底面的定位槽	10分	超差不得分		
	钳	兼顾各部划线	10分	不准确不得分		
	钳	复核划线的准确程度	5分	超差不得分		
	钳	根据图纸要求钻、铰夹具体上各孔，攻各螺纹孔	20分	超差不得分		
	配作	ϕ5mm圆锥销孔、ϕ6mm圆锥销孔配作	10分	超差不得分		
	检验	成品检验(按产品图检验)	5分	不检验不得分		
	安全文明生产		10分	违者不得分		

(2) 加工V形块。加工V形块的步骤及相关要求等见表5-3。

表5-3　V形块加工操作技能训练

技能训练名称	V形块加工
工具、量具、刃具及材料	游标卡尺、外径千分尺、高度尺、万能角度尺、刀口形直尺、0级角尺、样冲、划规、中心钻、ϕ6.8钻头、M8丝锥、ϕ5.9钻头、ϕ6铰刀、切槽铣刀、角度铣刀 材料为20钢
步骤	**备料**：备75mm×40mm×40mm料，材料20钢 **铣**：铣六面，外形尺寸70mm×32mm×32mm **钳**：划线，划出V形块中间的直槽位置 **铣**：按照划线找正，铣直槽，槽宽8 mm，槽深23mm **铣**：铣90° V形槽，保证槽宽尺寸46.6 mm **磨**：粗磨底面、粗磨V形面(留精磨余量0.25mm)，成角尺；保证平行度的要求 **检验**：按工艺要求检查铣削后尺寸 **钳**：兼顾各部划线 **钳**：复核划线的准确程度 **钳**：钻孔2－ϕ6.8 mm螺纹底孔，深16mm **钳**：攻M8内螺纹孔，深12mm **钳**：钻孔2－ϕ5.9 mm孔，深12mm **钳**：与夹具体配作2－ϕ6mm销孔 **钳**：去孔口毛刺 **检验**：按图纸检查加工后尺寸 **热处理**：渗碳淬火HRC58～64 **磨**：磨底面、V形面，保证平行度0.02mm的要求 **清洗**：清洗零件 **检验**：成品检验(按产品图检验)
注意事项	(1) 为防止V形块定位不准，应保证平行度的要求 (2) V形块是重要的零件，V形面必须光滑无毛刺，重要的磨削表面应保证表面粗糙度Ra0.8μm (3) V形块90°燕尾槽必须准确无误

续表

	项目	质量检测内容	配分	评分标准	实测结果	得分
成绩评定	备料	75mm×40mm×40mm，20 钢	5 分	材料选择错误不得分		
	铣	铣六面，保证外形尺寸	10 分	超差不得分		
	钳	划出 V 形块的直槽位置	5 分	不准确不得分		
	铣	铣直槽，保证槽宽、槽深	5 分	超差不得分		
	铣	铣 V 形槽，保证槽宽 46.6mm	10 分	超差不得分		
	粗磨	粗磨底面、粗磨 V 形面	10 分	超差不得分		
	钳	兼顾各部划线	5 分	不准确不得分		
	钳	复核划线的准确程度	5 分	超差不得分		
	钳	钻孔 $2-\phi6.8$ mm 螺纹底孔	5 分	超差不得分		
	钳	攻 M8 内螺纹孔	5 分	超差不得分		
	钳	钻孔 $2-\phi5.9$ mm 孔	5 分	超差不得分		
	钳	与夹具体配作 $2-\phi6$ mm 销孔	10 分	超差不得分		
	热处理	渗碳淬火 HRC58～64	5 分	不处理不得分		
	磨	磨底面、V 形面，保证平行度	10 分	超差不得分		
	检验	成品检验(按产品图检验)	5 分	不检验不得分		
	安全文明生产		10 分	违者不得分		

任务 5.2　典型套筒类零件的专用夹具加工

5.2.1　专用夹具设计主旨

图 5.9 所示为柱塞套的钻孔加工简图，数量为中批量，在成批生产中，该工序中零件的端面及外圆、内孔等精车工序已加工完毕。本工序要求加工柱塞套的 4 个回油孔，选用 Z4012 钻床，本工序的主要技术要求如下。

(1) 4 个回油孔尺寸为 $4-\phi2.9^{+0.05}_{0}$ mm。

(2) ϕ2.9mm 孔轴线到端面(基准 *D*)的距离为 5.5±0.05mm。

(3) ϕ2.9mm 孔对 $\phi14.3^{+0}_{-0.03}$ mm 外圆轴线的位置度公差要求为 ϕ0.1mm。

(4) 油孔表面的粗糙度要求为 *Ra*6.3μm。

已知工件材料为 GCr15 钢，强度硬度适中，易铣削。外形简单，其他各表面已经车削加工过，本工序的加工，主要考虑 ϕ2.9mm 内孔对外圆 ϕ14.3mm 的位置度要求，还要兼顾后道的铰孔工序的精度要求(详见模块 4 里的柱塞套的工艺编制内容)，特别是孔径较小时(ϕ2.9mm)，由于铰刀刚性较差，不能纠正原有的钻孔的弯曲度，因此在本道工序，在保证提高劳动生产率，降低劳动强度的同时，夹具设计重点应在定位基准的确定及夹紧方案的确定。

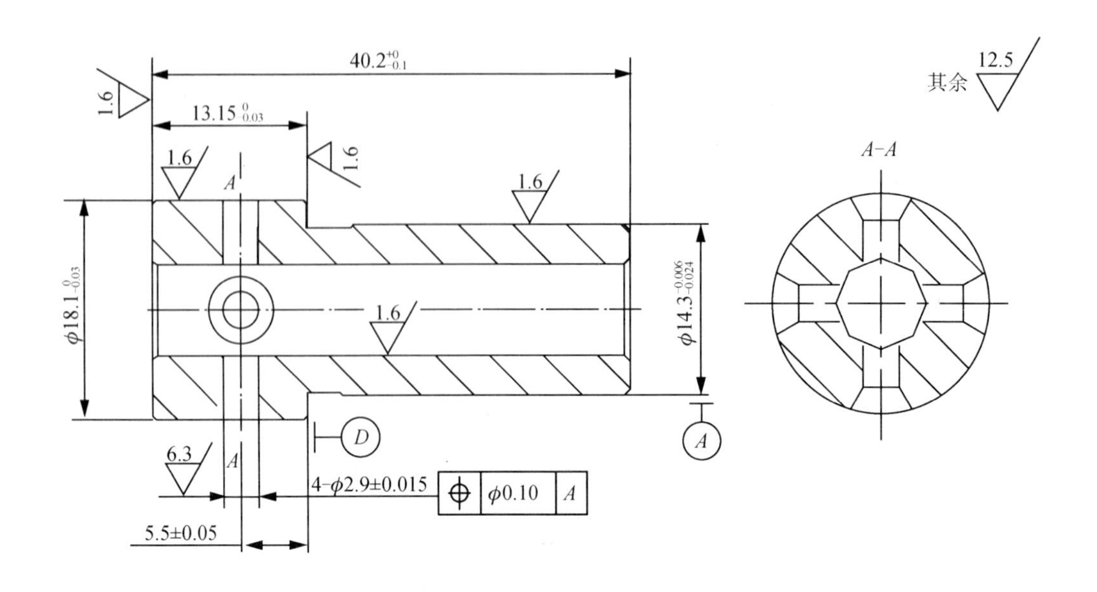

图 5.9　柱塞套钻孔简图

5.2.2　选择定位基准

据《机床夹具设计手册》知，定位基准应尽可能与工序基准重合，故加工ϕ2.9mm 孔时，以$\phi 14.3^{+0}_{-0.03}$ mm 外圆和其端面为定位基准，如图 5.10 所示，$\phi 14.3^{+0}_{-0.03}$ mm 外圆限制了工件 x、y 方向的移动及转动 4 个自由度，轴向端面定位限制工件 1 个 z 方向的转动自由度，钻孔时工件 z 方向的上下移动的自由度不需要限制，这样工件虽然是不完全定位，但是是合理的，可以简化定位装置；此外，本道工序有 4 个ϕ2.9mm 的回油孔待加工，由于柱塞套总重量不重，可以设计较长的定位套固定在柱塞套的$\phi 14.3^{+0}_{-0.03}$ 外圆上，定位套再安装在夹具体上，采用翻转式钻模结构，完成柱塞套上 4 个径向回油孔的钻削加工。

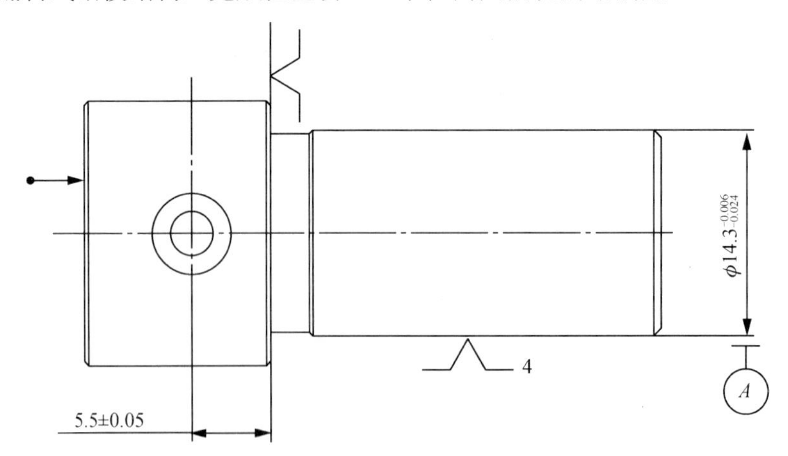

图 5.10　钻孔定位方案

5.2.3　确定夹紧方案

柱塞套的整体尺寸较小，钻孔的要求不是很高，宜用最常见的、简单的手动螺旋夹紧装置。柱塞套的轴向刚度比径向刚度好，因此夹紧力应设计成指向柱塞套的大端面。如图 5.11 所示，工件以外圆及端面在定位套 10 上定位，用压板 3 及压块 5 将工件夹紧，并通过滚花螺钉将压板 3 固定在夹具体上，钻完一个孔后，整个钻夹具翻转 90° 钻另一个孔，压板 3 上制作出开口槽，方便装拆工件，整个夹紧方案采用压板作为压紧装置，通过螺旋夹紧进行压紧和松开。

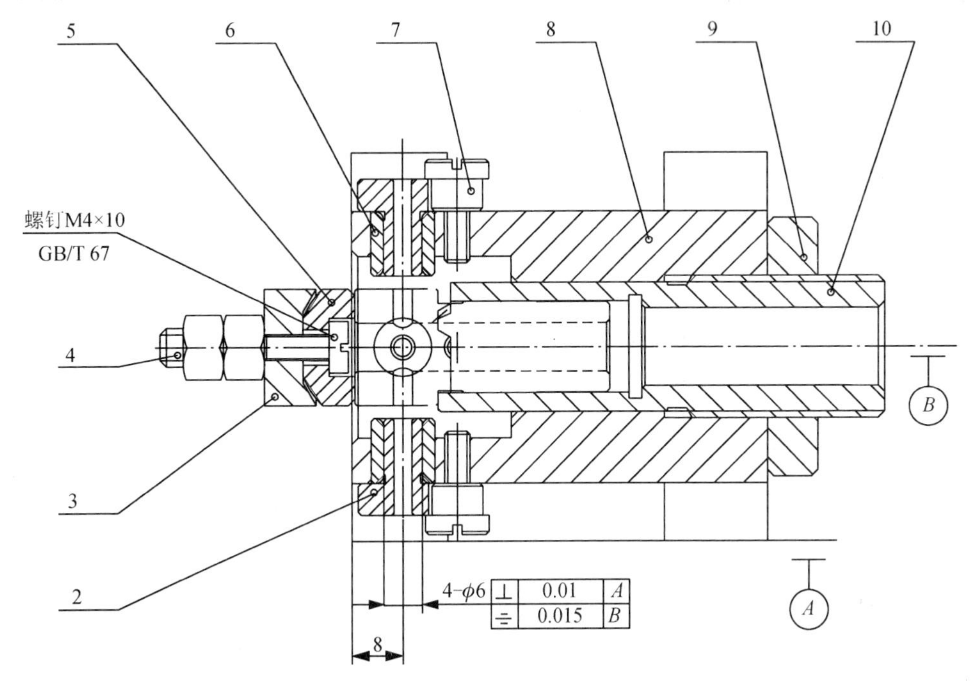

图 5.11　钻孔夹紧方案

2—钻套；3—压板；4—双头螺钉；5—压块；6—衬套；
7—定位螺钉；8—夹具体；9—压紧螺母；10—定位套

5.2.4　夹具类型的确定与夹具总体结构设计

本工序所加工的是 $4-\phi 2.9_{0}^{+0.05}$ mm 的回油孔钻削，柱塞套的体积小，4 只孔分布在不同的表面，夹具类型采用翻转式钻模结构，此外，4 只孔对 $\phi 14.3_{-0.03}^{+0}$ mm 外圆轴线有位置度的公差要求，因此，组成夹具的各个零件间的相互位置精度及零件的制造公差要特别注意，夹具总体结构设计如下。

(1) 定位方案确定，采用柱塞套的 $\phi 14.3_{-0.03}^{+0}$ mm 外圆实现圆周方向的定位，采用柱塞套的大端面实现轴向方向的定位，主要的定位元件是定位套。

(2) 夹紧方案确定，为减小装夹时间，采用螺旋夹紧机构，它具有结构简单、制造容易、自锁性能好、夹紧可靠的特点，它是手动夹紧中常用的一种夹紧机构。压板、压块、双头螺钉、压紧螺母等组成螺旋夹紧机构，并且通过双头螺钉调节柱塞套在夹具上的位置。

(3) 导向装置确定，钻床夹具的刀具导向装置主要由钻套等导向元件组成。钻套的作用是确定刀具相对夹具定位元件的位置，并在加工中对钻头等孔加工刀具进行引导，防止刀具在加工中发生偏移。本设计中，采用衬套与钻套配合组成的导向元件(钻套组合件)，而且有4套衬套、钻套分布在夹具体的上下前后4个面上。

(4) 夹具体确定，由于采用翻转式钻模结构，夹具体与机床工作台之间没有紧固性的连接，整套钻夹具的精度主要依靠夹具体的制造精度及各组成零件的制造精度保证，衬套、定位套与夹具体之间的配合有公差要求及形位公差要求；钻套组合件(钻套+衬套)与夹具体之间采用过盈配合，保证钻套组合件与被加工工件的中心基准在同一直线上，并用定位螺钉固定钻套，防止在加工孔的过程中由于振动而发生松动。

5.2.5 切削力及夹紧力计算

1. 切削力计算(参考《切削用量手册》)

刀具：硬质合金麻花钻，$d=\phi 2.9\,\text{mm}$。

由实际加工的经验可知，钻削时的主要切削力为钻头的切削方向即垂直于工作台的轴向力，查《切削用量手册》表2.32，切削力(钻孔时的轴向力)计算公式为：

$$F=C_F d_0^{Z_F} f^{y_F} k_F$$

其中：$C_F=410$，$Z_F=1.2$，$y_F=0.75$，$d_0=\phi 2.9\,\text{mm}$，$f=0.22$，$k_F=k_{MF}k_{xF}k_{hF}$。

k_{MF}与加工材料有关，取0.94；k_{xF}与刀具刃磨形状有关，取1.33；k_{hF}与刀具磨钝标准有关，取1.0，则：

$F=410\times 2.9^{1.2}\times 0.22^{0.75}\times 1.25\,\text{N}=590.7\,\text{N}$

在计算切削力时必须把安全系数考虑在内，安全系数$K=K_1K_2K_3K_4=1.5\times 1.1\times 1.1\times 1.1=1.9965$。

所以，切削力(钻孔时的轴向力)$F'=FK=590.7\times 1.9965\,\text{N}=1179.3\,\text{N}$

2. 夹紧力计算(参考《机床夹具设计手册》)

如上所述，本设计采用螺旋夹紧机构，螺旋夹紧机构由M8滚花螺钉、压板等元件组成。

由《机床夹具设计手册》查得单个螺旋夹紧产生的夹紧力计算公式

$$W_0=\frac{QL}{r'\tan\varphi_1+r_Z\tan(\alpha+\varphi_2)}$$

查《机床夹具设计手册》中表2.2-7至表2.2-9得到计算螺旋夹紧力的相关参数，在本设计中，螺杆端部与工件间的摩擦角$\varphi_1=\arctan(0.1\sim 0.15)=5°43'\sim 8°30'$，$\varphi_1$取6°。

螺旋夹紧机构(M8)单个螺旋夹紧产生的夹紧力计算：

W_0的计算公式中，$Q=50\,\text{N}$，$L=80\,\text{mm}$，$r'=2\,\text{mm}$，$\varphi_1=6°$，$r_Z=3.594\,\text{mm}$，$\alpha=3°10'$，$\varphi_2=9°50'$。

得：$W_0=\dfrac{50\times 80}{2\times\tan 6°+3.594\times\tan(3°10'+9°50')}\,\text{N}=3846.3\,\text{N}$

显然螺旋夹紧力$W_0=3846.3\,\text{N}>$切削力$F'=1179.3\,\text{N}$。

故设计的钻夹具可安全使用。

5.2.6　定位误差分析

1. 定位元件尺寸及公差的确定

夹具的主要定位元件为定位套，这个定位套的尺寸、公差应与其相匹配的柱塞套外圆柱面的外圆尺寸、公差相同，同时考虑到定位的圆柱面较长，除了尺寸公差外，还存在同轴度等形位公差的影响，所以，定位套的定位尺寸设定为 $\phi 14.3\mathrm{H}6(\phi 14.3_{0}^{+0.011})\mathrm{mm}$。

2. 定位误差分析及夹具的精度分析

已知条件是：准备钻 $4-\phi 2.9_{0}^{+0.05}$ mm 的孔，工件以外圆 $\phi 14.3\mathrm{f}7(_{-0.024}^{-0.006})\mathrm{mm}$ 定位，夹具上的定位套的定位尺寸是长通孔，其直径尺寸设定为 $\phi 14.3\mathrm{H}6(_{+0}^{+0.011})\mathrm{mm}$，加工过程存在的定位误差$\Delta_D$包括：基准位移误差$\Delta_Y$和基准不重合误差$\Delta_B$，在本工序中，主要讨论钻孔时，工序尺寸 5.5±0.05mm 的定位误差情况。

(1) 基准不重合误差Δ_B的计算。本次设计的钻夹具，定位元件的定位基准为ϕ14.3mm 孔的轴线，定位基准与工序基准重合，在定位套的内孔面、被加工柱塞套的长圆柱面上不存在基准不重合误差Δ_B。

因此，基准不重合误差$\Delta_B=0$(定位基准与工序基准重合)。

(2) 基准位移误差Δ_Y 的计算。当定位基准在任意方向偏移时，其最大偏移量即为定位副直径方向的最大间隙，即基准位移误差：

$$\Delta_Y = X_{\max} = D_{\max} - d_{0\min} = \delta D + \delta d_0 + X_{\min}$$

式中：X_{max}——定位副最大配合间隙，mm；

D_{max}——工件定位孔最大直径，mm；

d_{0min}——圆柱销或圆柱心轴的最小直径，mm；

δD——工件定位孔的直径公差，mm；

δd_0——圆柱销或圆柱心轴的直径公差，mm；

X_{min}——定位所需最小间隙，由设计时确定，mm。

在本钻孔 $4-\phi 2.9_{0}^{+0.05}$ mm 工序中，基准位移误差

$$\Delta_Y = X_{max} = D_{max} - d_{0min} = \delta D + \delta d_0 + X_{min} = (0.011+0.018+0.006)\ \mathrm{mm} = 0.035\mathrm{mm}$$

故钻夹具的定位误差$\Delta_D=\Delta_Y+\Delta_B=(0.035+0)\mathrm{mm}=0.035\mathrm{mm}$。

钻孔 $4-\phi 2.9_{0}^{+0.05}$ mm 的公差为 0.03mm，孔的的尺寸精度由刀具保证；钻孔位置尺寸 5.5±0.05mm 的公差为 $\delta_K=0.1\mathrm{mm}$，钻夹具的定位误差$\Delta_D=0.035\mathrm{mm}$ 约等于 $(1/3)\delta_K=0.03\mathrm{mm}$，因此，满足工件钻孔位置尺寸 5.5±0.05mm 的公差要求，同时还满足工件位置度不大于ϕ0.1mm 的要求，故设计的钻夹具的定位精度足够。

该定位方案能满足钻孔加工的精度要求，定位方案是合理的。

5.2.7　夹具设计、加工及操作的简要说明

夹具装配图如图 5.12 所示，夹具中的几个关键零件的设计说明如下。

定位元件：设计的定位套要保证一定的耐磨性，选用 GCr15 钢，需要经过热处理保证硬度 HRC58～62。

夹紧装置：本道工序的钻夹具选择长外圆一端面的夹紧方式。用滚花螺钉(M8)在轴向

方向压紧工件，采用压板、压块、双头螺钉、压紧螺母等组成螺旋夹紧机构。

夹具体：在本钻床夹具中的夹具体设计为8号件，选用45钢，由于采用翻转式钻模结构，夹具体的内孔与自身的各外表面之间的形位公差要求较高，既有平行度的要求，还有垂直度、对称度的要求。

导向装置：采用钻套组合件(钻套+衬套)实现加工中对钻头的引导作用，钻套要保证一定的耐磨性，选用GCr15钢，需要经过热处理保证硬度HRC58～62。

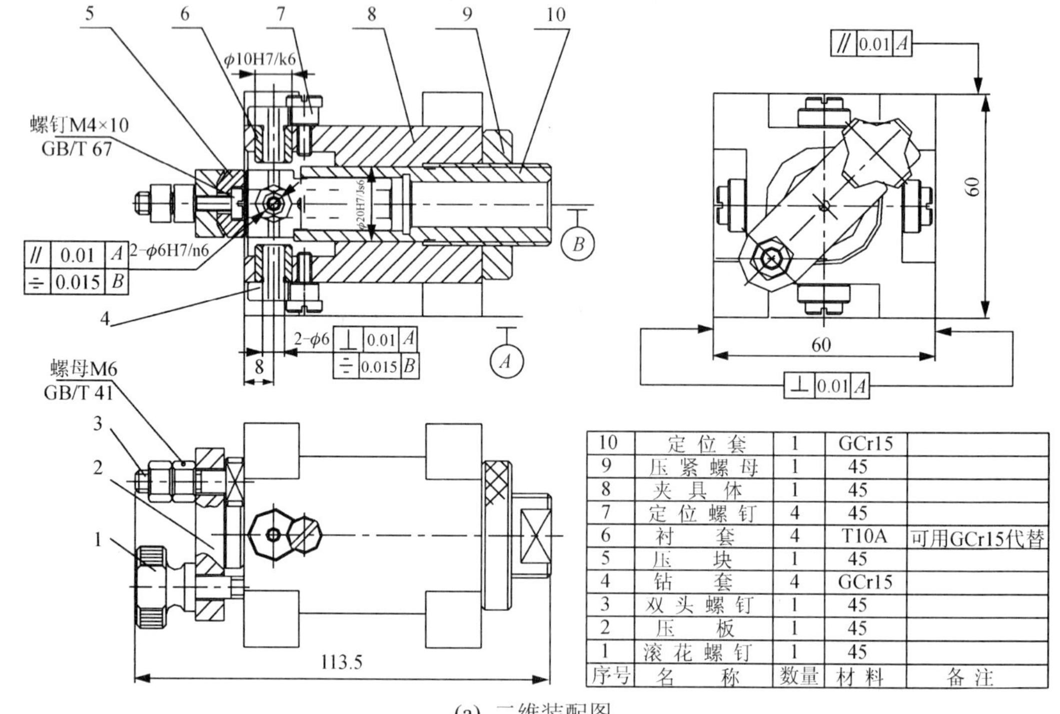

序号	名　称	数量	材料	备注
10	定位套	1	GCr15	
9	压紧螺母	1	45	
8	夹具体	1	45	
7	定位螺钉	4	45	
6	衬　套	4	T10A	可用GCr15代替
5	压　块	1	45	
4	钻　套	4	GCr15	
3	双头螺钉	1	45	
2	压　板	1	45	
1	滚花螺钉	1	45	

(a) 二维装配图

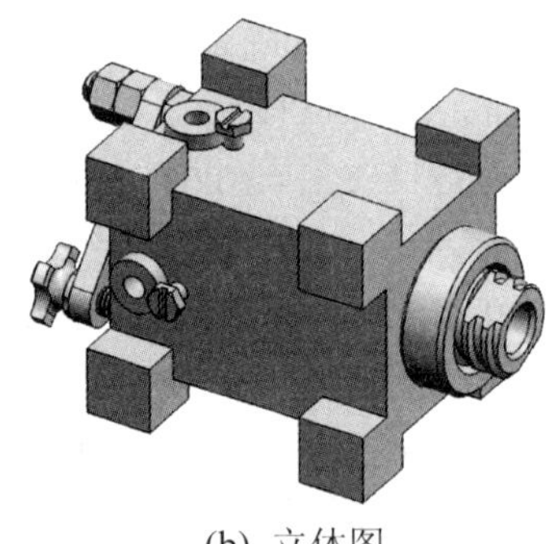

(b) 立体图

图5.12　柱塞套钻夹具

夹具设计关键的尺寸及注意点如下。

(1) 整个钻夹具的最大轮廓尺寸是：113.5mm，60mm，60mm。

(2) 影响工件定位精度的尺寸和公差的主要项目是：工件定位的外圆尺寸$\phi 14.3\mathrm{f}7(^{-0.006}_{-0.024})$mm。

(3) 钻夹具中有多处提出了配合精度的要求，分别是定位套处$\phi 20\mathrm{H}7/\mathrm{js}6$mm、

ϕ14.3H6/f7mm，钻套处ϕ10H7/k6mm、ϕ6H7/n6mm，上下前后的衬套与钻套的尺寸要一致，特别是 4 个螺钉孔前后、上下分别要同心才能保证良好的配合精度。

(4) 压板、压块用双头螺钉固定，柱塞套在夹具中的位置可以通过螺纹调节。

钻夹具主要的夹具零件图分别如图 5.13 及图 5.14 所示(因篇幅限制，仅介绍两例夹具非标零件。)

操作的简要说明：只要把 M8 滚花螺钉、压板(开口型)卸下，即可把工件放入定位套中，当工件放进夹具后，压紧压板，通过压块进行压紧力的传递，压紧工件，本夹具操作简单，省时省力，完成 4 个平面的翻转钻削后，装卸工件时，只需拧松压板上的 M8 滚花螺钉即可，因而工人的劳动强度不大。

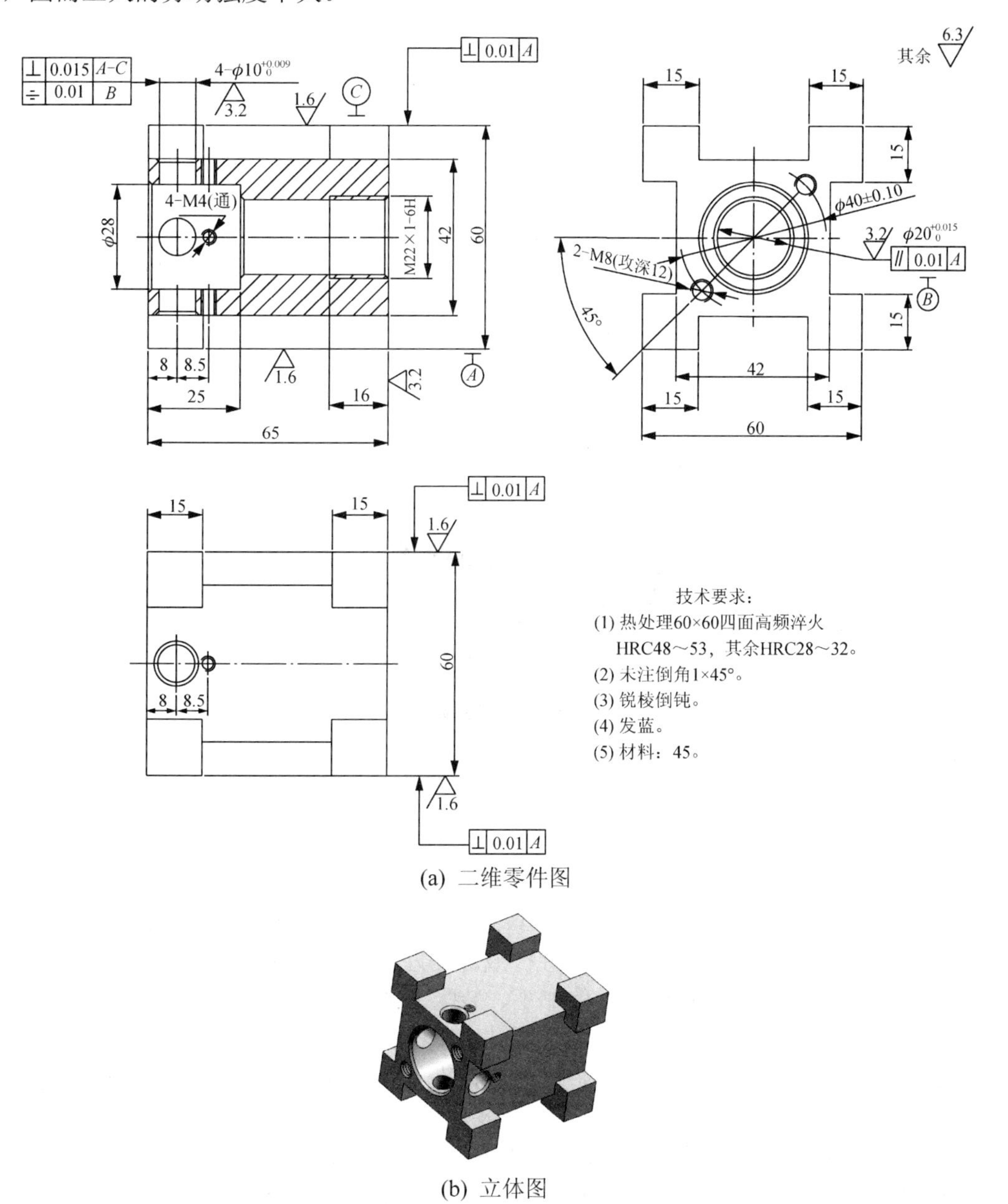

(a) 二维零件图

(b) 立体图

图 5.13　夹具体

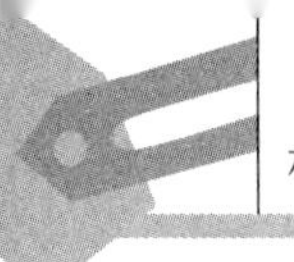

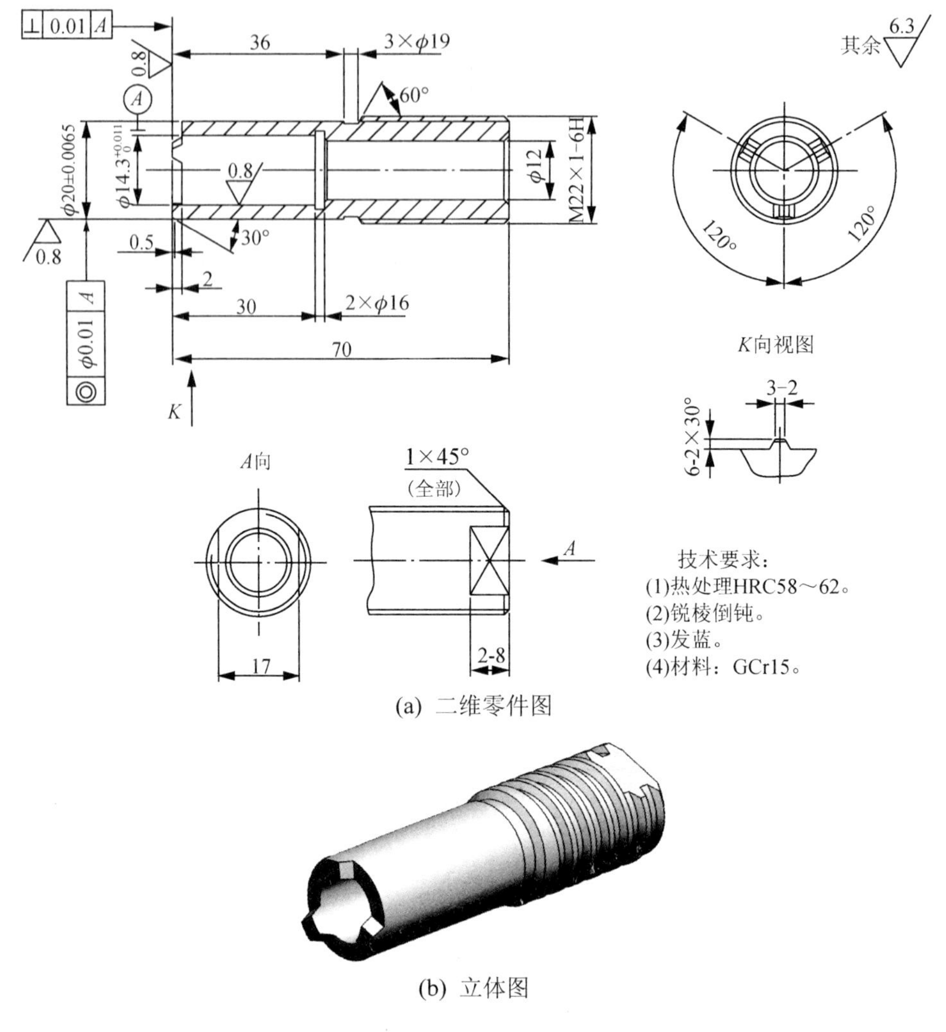

(a) 二维零件图

(b) 立体图

图 5.14 定位套

5.2.8 专用夹具的加工操作技能训练

1. 任务分析

通过对钻孔夹具制作的学习，掌握夹具制作的基本操作方法和技能，主要完成：掌握夹具钳工的基本操作技能；较熟练地掌握车、铣、磨、线切割、电火花、数控机床、热处理等工种的操作技能；熟悉夹具零件各种机械加工方法；能完成中等复杂程度零件的工艺编制工作；能完成中等复杂程度夹具的加工、装配、试夹、检验等工作。

零件的加工工艺设计是机械加工中重要技术工作，合理的机械加工工艺是保证零件加工精度，提高劳动生产效率重要环节，因此制订夹具零件机械加工工艺规程是夹具制造的必要技术工作，如图 5.13 和图 5.14 所示两个零件，试编写其加工工艺，并进行制作加工。

图 5.13 所示为夹具体，材料为 45，热处理淬火 HRC48～53。

图 5.14 所示为定位套，材料为 GCr15 钢，热处理淬火 HRC58～62。

2. 任务实施

(1) 夹具体加工。加工夹具体的步骤及相关要求等见表 5-4。

表 5-4　夹具体加工操作技能训练

<table>
<tr><td colspan="2">技能训练名称</td><td colspan="5">夹具体加工</td></tr>
<tr><td colspan="2">操作技能要求</td><td colspan="5">学生必须读懂工装图纸，熟悉工装材料准备，掌握工装零件制作，掌握工装零件检验，正确编制夹具体制作工艺，加工出合格的夹具零件，提高综合技能</td></tr>
<tr><td colspan="2">工具、量具、刃具及材料</td><td colspan="5">游标卡尺、直尺、样冲、划规、角度尺、中心钻、ϕ3.3mm 钻头、ϕ6.7mm 钻头、ϕ9mm 钻头、ϕ19mm 钻头、M4 丝锥、M8 丝锥、M22×1 丝锥、ϕ10mm 立铣刀、镗刀
材料为 45 钢</td></tr>
<tr><td rowspan="2">步骤</td><td colspan="6">备料：备 65mm×65mm×70mm 料，材料 45 钢
铣：粗铣夹具体的 6 个平面及 4 条宽槽，留余量 1mm(精铣余量 0.5mm、磨削余量 0.5mm)
热处理：调质 HRC28～32
铣：精铣夹具体底面基准 *A* 及其余的 5 个平面，留磨削余量 0.5mm，精铣 4 条宽槽至尺寸
磨：粗磨夹具体底面基准 *A* 及其余的 5 个平面，留精磨余量 0.25mm
钳：兼顾各部划线
钳：复核划线的准确程度</td></tr>
<tr><td colspan="6">钳：根据图纸要求钻、扩夹具体上各孔，攻螺纹孔 M4、M8，其中注意与定位套相配合的 $\phi20H7/js6$mm 的孔、与钻套相配合的 $\phi10H7/k6$mm 的孔，留镗孔及精磨孔余量 0.6mm
镗：精镗基准 B 孔 $\phi20H7(^{+0.015}_{+0})$mm，放精磨孔余量 0.25mm；精镗 M22×1 的螺纹底孔至 $\phi21-6H$mm
镗：精镗孔 $\phi10H7(^{+0.009}_{+0})$mm，放精磨孔余量 0.25mm
钳：攻螺纹孔 M22×1-6H
热处理：60×60 四面高频淬火 HRC48～53
磨：精磨夹具体底面基准 *A* 及其余的 5 个平面至尺寸
磨：精磨基准 B 孔 $\phi20H7(^{+0.015}_{+0})$mm 至尺寸，保证平行度 0.01mm
磨：精磨孔 $\phi10H7(^{+0.009}_{+0})$mm 至尺寸，保证对称度 0.01mm，保证垂直度 0.015mm
发蓝：零件做发蓝处理
清洗：清洗零件
检验：成品检验(按产品图检验)</td></tr>
<tr><td>注意事项</td><td colspan="6">(1) 为保证定位元件定位准确，必须达到与定位套相配合的 $\phi20H7/js6$mm 的孔的尺寸公差，保证孔轴心线相对于基准平面 A 的平行度误差不超过 0.01mm，达到与钻套相配合的 $\phi10H7/k6$mm 的孔的尺寸公差，保证孔轴心线相对于基准平面 A、基准平面 C 的垂直度误差不超过 0.015mm，相对于基准孔 B 的对称度误差不超过 0.01mm。
(2) 零件经过两次热处理，注意其在工艺过程中的安排。
(3) 螺纹孔、安装孔的定位精度由钳工划线保证。</td></tr>
<tr><td rowspan="2">成绩评定</td><td>项目</td><td>质量检测内容</td><td>配分</td><td>评分标准</td><td>实测结果</td><td>得分</td></tr>
<tr><td>备料</td><td>备 65mm×65mm×70mm 料，材料 45 钢</td><td>5 分</td><td>材料选择错误不得分</td><td></td><td></td></tr>
</table>

续表

成绩评定	粗铣	粗铣夹具体的6个平面及4条宽槽	5分	材料选择错误不得分		
	热处理	时效处理	5分	不处理不得分		
	精铣	精铣夹具体底面基准 *A* 及其余的5个平面，精铣4条宽槽至尺寸	5分	超差不得分		
	粗磨	粗磨夹具体底面基准 *A* 及其余的5个平面	5分	超差不得分		
	钳	兼顾各部划线	5分	不准确不得分		
	钳	钻、扩夹具体上各孔，攻螺纹孔M4、M8	10分	超差不得分		
	精镗	精镗基准 *B* 孔 ϕ20H7mm，放精磨孔余量0.25mm；精镗M22×1的螺纹底孔至 ϕ21－6Hmm	10分	超差不得分		
	精镗	精镗孔 ϕ10H7mm，放精磨孔余量0.25mm	5分	超差不得分		
	钳	攻螺纹孔M22×1-6H	5分	超差不得分		
	热处理	60×60四面高频淬火HRC48～53	5分	不处理不得分		
	精磨	精磨夹具体底面基准 *A* 及其余的5个平面至尺寸	5分	超差不得分		
	精磨	精磨基准 *B* 孔 ϕ20H7($^{+0.015}_{+0}$)mm至尺寸	5分	超差不得分		
	精磨	精磨孔 ϕ10H7($^{+0.009}_{+0}$)mm至尺寸	5分	超差不得分		
	发蓝	零件做发蓝处理	5分	不处理不得分		
	检验	成品检验(按产品图检验)	5分	不检验不得分		
	安全文明生产		10分	违者不得分		

(2) 定位套加工。加工定位套的步骤及相关要求等见表5-5。

表5-5　定位套加工操作技能训练

技能训练名称	定位套加工
工具、量具、刃具及材料	游标卡尺、外径千分尺、内径千分尺、内径百分表、中心钻、ϕ10mm钻头、YT15外圆车刀、YT15螺纹车刀，割槽车刀、ϕ10mm立铣刀、镗刀、棕刚玉砂轮 材料为GCr15钢
步骤	**备料**：备 ϕ25mm×75mm料，材料GCr15圆钢 **车**：孔、端面及外圆的粗车，外圆留余量1mm，端面、内孔留余量2mm **车**：(1) 车非螺纹端端面，车外圆 $\phi20.6^{+0.1}_{+0}$ mm (2) 钻孔 ϕ10mm并镗至 ϕ12mm、镗台阶孔至 $\phi13.8^{+0.04}_{+0}$ mm、镗退刀槽2×ϕ16至尺寸 (3) 倒角

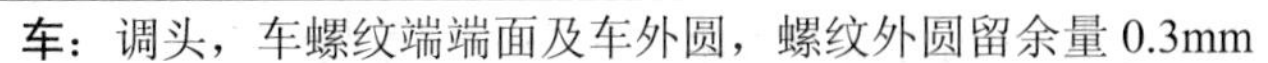

续表

步骤	**车**：调头，车螺纹端端面及车外圆，螺纹外圆留余量 0.3mm **车**：镗台阶孔至 $\phi 14.1_{+0}^{+0.04}$ mm、车非螺纹端端面、车外圆 $\phi 20.3_{+0}^{+0.1}$ mm **车**：调头，车螺纹端端面及车螺纹外圆至尺寸，割槽 3× ϕ 19mm，车外螺纹 M12×1－6H **检验**：按工艺要求检查车后尺寸 **钳**：兼顾各部划线 **钳**：复核划线的准确程度 **铣**：铣 3 个小凸台、铣 2 个侧面小平面 **热处理**：按图要求淬火 HRC58～62 **磨**：磨内孔至 $\phi 14.3H6(_{+0}^{+0.011})$ mm **磨**：磨非螺纹端端面，保证尺寸及垂直度，磨外圆至 $\phi(20.1\pm0.01)$ mm **磨**：精磨外圆至 $\phi(20.1\pm0.0065)$ mm，保证尺寸及同轴度 **发蓝**：零件做发蓝处理 **清洗**：清洗零件 **检验**：成品检验(按产品图检验)
注意事项	为保证内外圆的同轴度，应先磨内孔合格后，再装芯棒于卡盘上，现磨芯棒与 ϕ 24.3mm 的孔配合外圆，要求间隙小于 0.01mm；然后用螺母压紧端面，磨外圆

	项目	质量检测内容	配分	评分标准	实测结果	得分
成绩评定	备料	ϕ 25mm×75mm，材料 GCr15	5 分	材料选择错误不得分		
	车	孔、端面及外圆的粗车 外圆留余量 1mm，端面、内孔留余量 2mm	5 分	超差不得分		
	车	①车非螺纹端端面，车外圆 $\phi 20.6_{+0}^{+0.1}$ mm；②镗孔 ϕ 12mm、镗台阶孔 $\phi 13.8_{+0}^{+0.04}$ mm、镗退刀槽 2× ϕ16 mm；③倒角	5 分	超差不得分		
	车	车螺纹端端面及车外圆	5 分	超差不得分		
	车	镗台阶孔至 $\phi 14.1_{+0}^{+0.04}$ mm、车非螺纹端端面、车外圆 $\phi 20.3_{+0}^{+0.1}$ mm	5 分	超差不得分		
	车	车螺纹端端面及车螺纹外圆至尺寸，割槽 3× ϕ 19mm，车外螺纹 M12×1－6H	10 分	超差不得分		
	钳	兼顾各部划线	5 分	不准确不得分		
	钳	复核划线的准确程度	5 分	超差不得分		
	铣	铣 3 个小凸台、铣 2 个侧面小平面	5 分	超差不得分		
	热处理	按图要求淬火 HRC58～62	5 分	不处理不得分		
	磨	磨内孔至 $\phi 14.3H6(_{+0}^{+0.011})$ mm	10 分	超差不得分		
	磨	磨非螺纹端端面，磨外圆至 $\phi(20.1\pm0.01)$ mm	5 分	超差不得分		
	精磨	精磨外圆至 $\phi(20\pm0.0065)$ mm	10 分	超差不得分		
	发蓝	零件做发蓝处理	5 分	不处理不得分		
	检验	成品检验(按产品图检验)	5 分	不检验不得分		
	安全文明生产		10 分	违者不得分		

任务 5.3　典型齿轮类零件的专用夹具加工

5.3.1　专用夹具设计主旨

图 5.15 所示为中间轴齿轮的产品滚齿加工简图，数量为中批量，在成批生产中，该工序中零件的端面及外圆等精车工序已加工完毕。本工序要求加工中间轴齿轮的齿形部分，选用 A 级 $m=3.5$，$\alpha=20°$ 的滚刀加工，选用 Y3150 滚齿机床，工序的主要技术要求如下。

(1) 滚齿，$m=3.5$mm，$z=63$，$\alpha=20°$。

(2) $k=7$，$w=70.03^{+0}_{-0.04}$ mm。

(3) $F_r=0.035$mm，$F_w=0.025$mm，$f_f=0.030$ mm，$F_b=0.017$ mm，$\pm f_{pt}=\pm0.014$ mm。

(4) 滚齿后齿面的表面粗糙度 Ra 为 3.2μm。

由图 5.15 可知，该零件材料为 40Cr 钢，该材料强度硬度适中，零件先滚削加工，后道工序还有齿部高频淬火 G52 及磨孔、磨齿等加工。在滚齿时，齿轮的尺寸精度要求较高，表面粗糙度要求较高，相关的齿轮检测项目较多，滚齿要求达到 8 级精度才能保证热处理后的磨齿加工，所以对滚齿夹具的要求较高，在本道工序加工时，夹具设计重点应在定位基准的确定及装夹操作的方便性上。

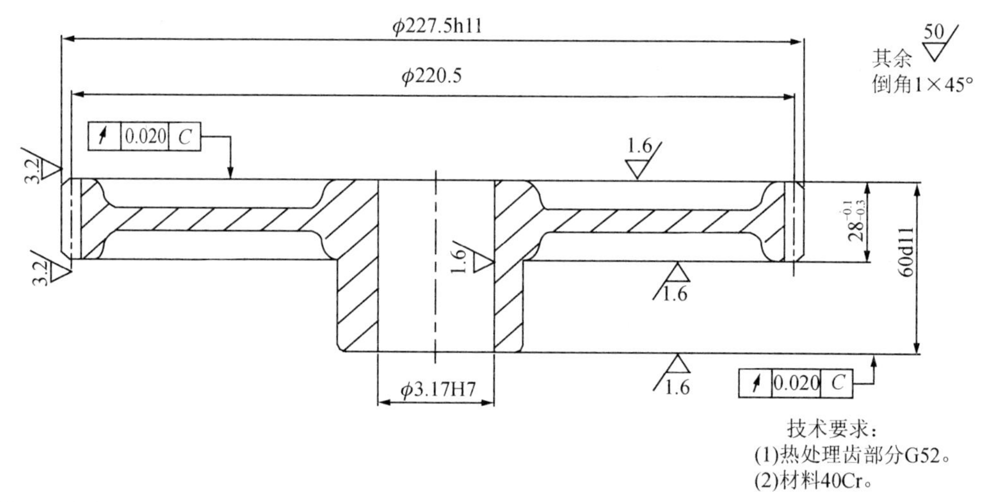

模数	3.5mm	基节偏差	±0.014mm
齿数	63	齿形公差	0.030mm
精度等级(滚齿)	8	齿向公差	0.017mm
公法线长度变动量	0.025mm	公法线平均长度	$70.180^{0}_{-0.05}$ mm
齿圈径向跳动	0.035mm	跨齿数	7

图 5.15　中间轴齿轮滚齿加工简图

5.3.2　选择定位基准

对于齿轮定位基准的选择常因齿轮的结构形状不同而有所差异。带轴齿轮主要采用顶尖定位，孔径大时则采用锥堵。顶尖定位的精度高，且能做到基准统一。本次设计的是带

孔齿轮，带孔齿轮在加工齿面时常采用以下两种定位方式。

方案 1：以内孔和端面定位。即以工件内孔和端面联合定位，确定齿轮中心和轴向位置，并采用面向定位端面的夹紧方式。这种方式可使定位基准、设计基准、装配基准和测量基准重合，定位精度高，适于批量生产。但对夹具的制造精度要求较高。

方案 2：以外圆和端面定位。工件和夹具心轴的配合间隙较大，用千分表校正外圆以决定中心的位置，并以端面定位；从另一端面施以夹紧。这种方式因每个工件都要校正，故生产效率低；它对齿坯的内、外圆同轴度要求高，而对夹具精度要求不高，适于单件、小批量生产。

在设计专用夹具时，定位基准的选择是一个关键问题，定位基准就是在加工中用作定位的基准。一般说来，工件的定位基准一旦被选定，则工件的定位方案也基本上被确定。定位方案是否合理直接关系到工件的加工精度能否保证。

本实例中，由于是批量生产，所以采用方案 1 的定位方式，即以精车内孔和端面为定位基准，具体如图 5.16 所示，选用大端面定位比选用小端面定位稳定，而且大端面的定位点与滚齿受力点的距离近，定位效果较好，其中端面定位限制了 X 方向的转动自由度、Y 方向的转动自由度及 Z 方向的移动自由度，内孔定位限制了 X 方向的移动自由度、Y 方向的移动自由度，只留下 Z 方向的转动自由度，即保证滚齿加工时，工件与滚刀间的范成啮合运动(Z 方向的转动运动)。

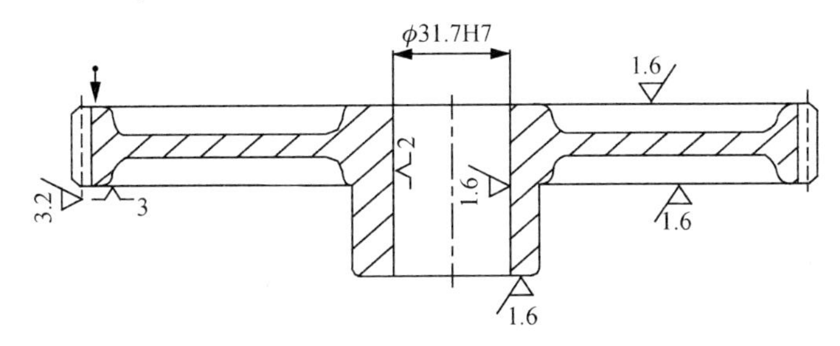

图 5.16　滚齿定位方案

5.3.3　确定夹紧方案

由于滚削加工时切削量较大且为断续切削，故切削力较大，易产生冲击和振动，根据夹紧力的方向应朝向主要限位面以及作用点应落在定位元件的支承范围内的原则，采用图 5.17 所示的夹紧方案，即以工件内孔和端面联合定位，确定齿轮中心和轴向位置，采用面向定位端面的夹紧方式，同时考虑批量生产，为提高生产效率，采用两个齿轮同时参加滚削加工，如图 5.17 所示。

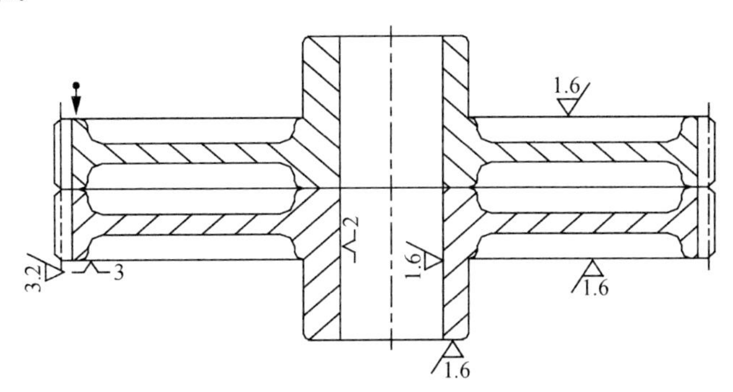

图 5.17　滚齿夹紧方案

5.3.4 夹具类型的确定与夹具总体结构设计

本工序所加工的是 $m=3.5$mm，$z=63$，$\alpha=20°$的滚齿工序，滚齿要求达到 8 级精度，滚齿夹具的结构多为芯轴类和套筒类，本设计的工件其内孔精度较高，为 $\phi31.7\mathrm{H}7(^{+0.021}_{+0})$mm，因此宜采用芯轴类的滚齿夹具，夹具总体结构设计如下。

(1) 定位方案确定，由于精车齿坯的端面及内孔是在一次装夹中加工完成的，其垂直度误差较小，因此采用稍长的芯轴加上平行度较高的垫圈定位。

(2) 夹紧方案确定，为减小装夹时间和减轻装夹劳动强度，采用螺旋夹紧机构，它是手动夹紧中常用的一种夹紧机构。采用面向定位端面的夹紧方式时，为防止滚齿时工件产生振动，夹紧力应尽量靠近加工表面。

(3) 夹具体确定，夹具体与机床工作台之间采用高强度螺栓联接，夹具体在滚齿夹具中常称为底座，中小模数的齿轮加工涉及的底座，其结构已标准化，在企业里常按照标准件来加工，不单独设计。

5.3.5 切削力及夹紧力计算

(1) 切削力计算(参考切削用量手册)。略。(请读者模仿前面的内容自行计算，在此从略)

(2) 夹紧力计算(参考夹具设计手册)。略。(请读者模仿前面的内容自行计算，在此从略)

5.3.6 定位误差分析

1. 定位元件尺寸及公差的确定

(定位)芯轴。本滚齿夹具的主要定位元件为芯轴，芯轴中起定位作用的外圆基本尺寸设计时通常须与其相匹配的被加工工件孔的基本尺寸相同，被加工工件的尺寸为 $\phi31.7\mathrm{H}7(^{+0.021}_{+0})$mm，即芯轴的外圆基本尺寸初步设定为 $\phi31.7$mm，为保证滚齿加工的质量，工件孔与芯轴外圆的同轴精度要求高，两者之间最好是成过盈状态的无间隙接触，所以芯轴的外圆基本尺寸定为 $\phi31.7\text{mm}+0.006\text{mm}$ (过盈量)$=\phi31.706$mm，同时还要兼顾齿轮套上及取下芯轴时操作方便，芯轴公差设计成 $\phi31.706\mathrm{g}6$mm，即芯轴的尺寸及公差设计成 $\phi31.706^{-0.009}_{-0.016}$ mm。

2. 定位误差分析及夹具的精度分析

已知条件是：设计的滚齿夹具，工件以内孔 $\phi31.7\mathrm{H}7(^{+0.021}_{+0})$mm 定位，夹具上的芯轴的定位尺寸是一段长轴，其直径尺寸设定为 $\phi31.706^{-0.009}_{-0.016}$ mm。

(1) 基准不重合误差$\varDelta_B$ 的计算。本次设计的滚齿夹具，定位元件的定位基准为 $\phi31.7\mathrm{H}7(^{+0.021}_{+0})$mm 孔的轴线，定位基准与工序基准重合，在芯轴的外圆表面、被加工齿轮的内孔表面上不存在基准不重合误差$\varDelta_B$。

因此，基准不重合误差$\varDelta_B=0$(定位基准与工序基准重合)。

(2) 基准位移误差$\varDelta_Y$ 的计算。滚齿夹具在机床上是以芯轴垂直的方式安装的，这种安装方式下，工件定位孔与芯轴为非固定边任意接触，工件在沿水平面 XOY 内任何方向上都可能产生双边径向定位误差，也就是基准位移误差$\varDelta_Y$，径向定位误差是其定位副的最大配合间隙。

即

$$\Delta_Y = X_{max} = D_{max} - d_{0min} = \delta D + \delta d_0 + X_{min}$$

式中：X_{max}——定位副的最大配合间隙，mm；

δD——工件定位孔的直径公差，mm；

δd_0——圆柱销或圆柱心轴的直径公差，mm；

X_{min}——定位所需最小间隙，由设计时确定，mm。

在本滚齿工序中，基准位移误差

$$\Delta_Y = X_{max} = \delta D + \delta d_0 + X_{min} = (0.021 + 0.007 + 0.003)\text{mm} = 0.031\text{mm}$$

故滚齿夹具的定位误差$\Delta_D = \Delta_Y + \Delta_B = (0.031 + 0)\text{mm} = 0.031\text{mm}$。

滚齿时，对齿轮的检测项目很多，其中的齿形公差 0.030mm，齿向公差 0.017mm，公法线长度变动量 0.025mm，基节偏差±0.014mm，公法线平均长度为 70.030－0.05mm，这些检测项目均由滚刀制造、刃磨、安装以及机床的制造、安装精度等方面的因素影响，滚齿夹具的定位误差主要影响径向跳动公差，滚齿夹具的定位误差Δ_D=0.031mm，滚齿后的齿圈径向跳动公差要求为 F_r＝0.035 mm，Δ_D＝0.031mm＜F_r＝0.035 mm，故设计的滚齿夹具的定位精度足够。

5.3.7　夹具设计、加工及操作的简要说明

夹具装配图如图 5.18 所示，夹具中的几个关键零件的设计说明如下。

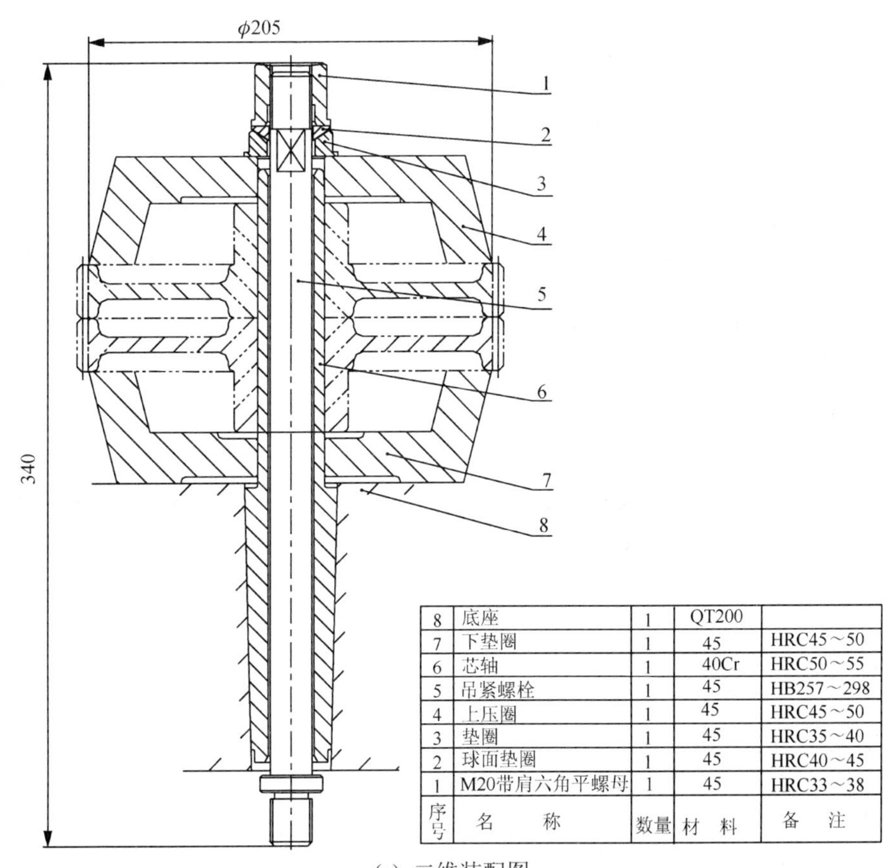

序号	名　　称	数量	材　料	备　注
8	底座	1	QT200	
7	下垫圈	1	45	HRC45～50
6	芯轴	1	40Cr	HRC50～55
5	吊紧螺栓	1	45	HB257～298
4	上压圈	1	45	HRC45～50
3	垫圈	1	45	HRC35～40
2	球面垫圈	1	45	HRC40～45
1	M20带肩六角平螺母	1	45	HRC33～38

(a) 二维装配图

图 5.18　中间齿轮滚齿夹具

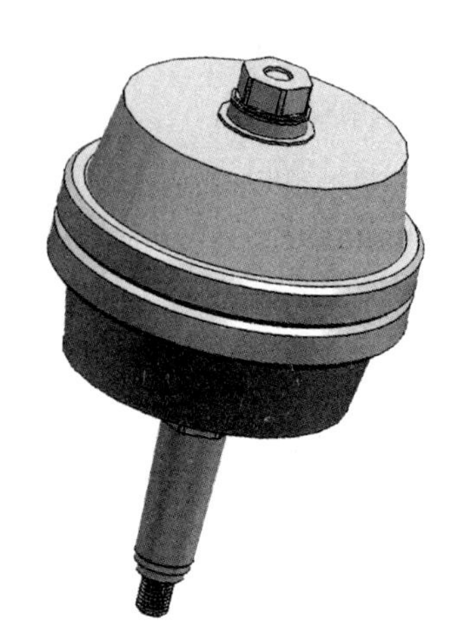

(b) 立体图

图 5.18 中间齿轮滚齿夹具(续)

定位元件：在本滚齿夹具中的定位元件设计为 4、6、7 号件(具体见装配图内的零件表示)。定位基准的选择为齿轮的已精车内孔及已精车端面。

夹紧装置：常用的机动夹具有气动夹具、液压夹具、气液夹具、电动夹具、电磁夹具、真空夹具和离心力夹具等。在本滚齿夹具中的夹紧装置设计为 1、2、3、5 号件，依靠螺纹拧紧产生的夹紧力夹紧工件，即由螺母、垫圈、芯轴、吊紧螺栓等元件组成，这种螺旋夹紧机构不仅结构简单、容易制造，而且自锁性能好、夹紧可靠，夹紧力和夹紧行程都较大，是夹具中用得最多的一种夹紧机构。由于工件上各夹紧点之间总是存在位置误差，为了使 4 号件(上压圈)可靠地夹紧工件，一般要求夹紧机构和支承件等要有浮动定位自动定心的功能，在本滚齿夹具中可用球面垫圈 2 号件来实现。

夹具体：在本滚齿夹具中的夹具体为 8 号件(底座)，毛坯为铸件材料，在企业中已标准化，可以选用，不必单独设计。

夹具设计关键的尺寸及注意点如下。

(1) 整个滚齿夹具的最大轮廓尺寸是：340mm，$\phi 205$ mm。

(2) 影响工件定位精度的尺寸和公差的主要项目是：工件定位的内孔尺寸 $\phi 31.7\mathrm{H}7(^{+0.021}_{+0})$ mm。

(3) 影响滚齿夹具精度的尺寸和公差的主要项目是：芯轴 $\phi 31.706^{-0.009}_{-0.016}$ mm 的制造精度、芯轴依靠锥面安装到底座的锥孔里，芯轴上的莫氏 5 号锥度的制造精度也非常关键。

滚齿夹具里主要的夹具零件图分别如图 5.19 及图 5.20 所示(因篇幅限制，仅介绍两例夹具零件)。

操作的简要说明如下。

夹紧工件时，拧紧 M20 带肩六角螺母，通过球面垫圈、垫圈、上压圈将夹紧力传到被加工工件的大端面上，将工件定心、压紧；滚齿完毕后，松开工件时，反旋带肩六角螺母，取下球面垫圈、垫圈、上压圈，即可卸下工件。下垫圈、吊紧螺栓不拆下来，然后更换新的齿坯，夹紧后，继续滚削加工。本夹具操作简单，省时省力，装卸工件时可以采用长柄扳手，只需拧松 M20 带肩六角螺母，因而工人的劳动强度不大。

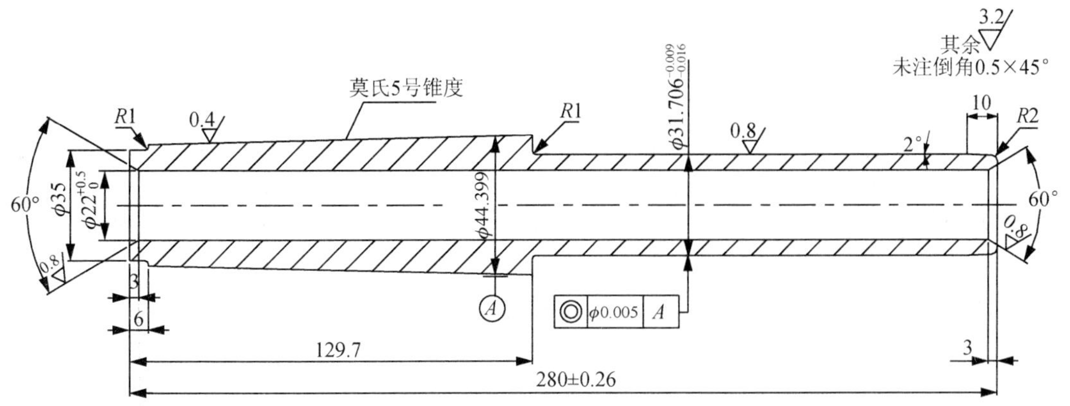

(a) 二维零件图

(b) 立体图

图 5.19　芯轴

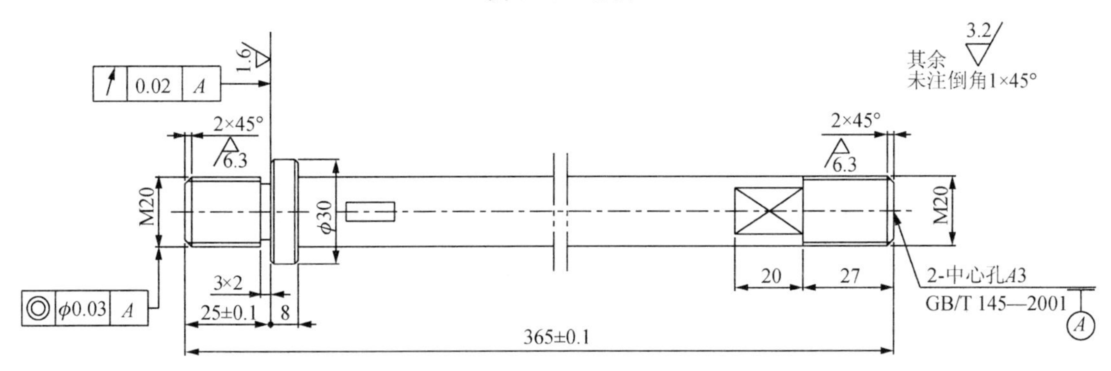

(a) 二维零件图

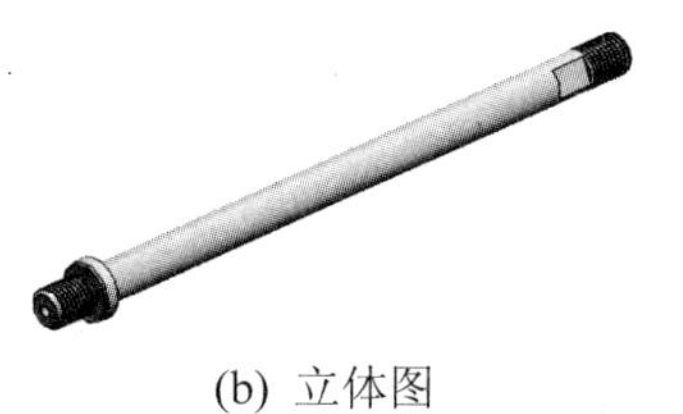

(b) 立体图

图 5.20　吊紧螺栓

5.3.8　专用夹具的加工操作技能训练

1. 任务分析

通过对滚齿夹具制作的学习，掌握夹具制作的基本操作方法和技能，主要完成：掌握夹具钳工的基本操作技能；较熟练地掌握车、铣、磨、线切割、电火花、数控机床、热处理等工种的操作技能；熟悉夹具零件各种机械加工方法；能完成中等复杂程度零件的工艺编制工作；能完成中等复杂程度夹具的加工、装配、试夹、检验等工作。

制订夹具零件机械加工工艺规程是夹具制造的必要技术工作，如图 5.19 和图 5.20 所示两个零件，试编写其加工工艺，并进行制作加工。

图 5.19 所示为芯轴，材料为 40Cr，热处理淬火 HRC50～55。

图 5.20 所示为吊紧螺栓，材料为 45，热处理调质 HB257～298。

2. 任务实施

(1) 芯轴加工。加工芯轴的步骤及相关要求等见表 5-6。

表 5-6　芯轴加工操作技能训练

<table>
<tr><td colspan="2">技能训练名称</td><td colspan="5">芯轴加工</td></tr>
<tr><td colspan="2">工具、量具、刃具及材料</td><td colspan="5">游标卡尺、外径千分尺、直尺、样冲、划规、角度尺、中心钻、ϕ 18mm 深孔钻头、ϕ 22mm 深孔钻头、车刀、镗刀、棕刚玉砂轮
材料为 40Cr</td></tr>
<tr><td>步骤</td><td colspan="6">备料：备 ϕ 50mm×285mm 料，材料 40Cr 圆钢
车：孔、端面及外圆的粗车，外圆留余量 1.5mm，端面留余量 2mm，内孔用 ϕ 18mm 深孔钻头、ϕ 22mm 深孔钻头分别完成钻孔、扩孔，保证扩孔尺寸至 $\phi 22_{+0}^{+0.5}$ mm
车：车大端，保证总长(281±0.3)mm，车大端外圆至 $\phi 45.4_{-0.1}^{0} \times 135_{-0.1}^{+0}$ mm，倒外圆角、倒内孔 60°×3 内锥面
车：车小端，保证总长(280±0.26)mm，车小端外圆至 $\phi 32.5_{-0.1}^{+0}$ mm，倒外圆角、倒内孔 60°×3 内锥面
车：以内孔 60° 内锥面定位，车莫氏 5 号外圆锥面，保证尺寸 $\phi 44.9_{-0.1}^{+0}$ mm
车：车外圆锥处的台阶面，保证 $\phi 35 \times 6$ mm，倒角
检验：按工艺要求检查车后尺寸
热处理：淬火 HRC50～55
磨：修磨两端内孔的 60°×3 内锥面
磨：粗、精磨小端外圆，保证尺寸 $\phi 32.006_{-0.016}^{-0.009}$ mm
磨：粗、精磨大端外圆，保证莫氏 5 号外圆锥面的大端尺寸 ϕ44.399mm
清洗：清洗零件
检验：成品检验(按产品图检验)</td></tr>
<tr><td>注意事项</td><td colspan="6">(1) 为保证芯轴定位准确，必须达到定位外圆 $\phi 32.006_{-0.016}^{-0.009}$ 相对于莫氏 5 号外圆锥面 ϕ44.399mm 的同轴度误差不超过 ϕ0.005mm
(2) 芯轴的莫氏锥度按照 5 号标准制造，用涂色法检验接触斑点不少于 80%
(3) 芯轴的主要加工面必须光滑无毛刺，重要的磨削表面应保证表面粗糙度 Ra0.8μm</td></tr>
<tr><td rowspan="3">成绩评定</td><td>项目</td><td>质量检测内容</td><td>配分</td><td>评分标准</td><td>实测结果</td><td>得分</td></tr>
<tr><td>备料</td><td>备 ϕ 50mm×285mm 料，材料 40Cr 圆钢</td><td>5 分</td><td>材料选择错误不得分</td><td></td><td></td></tr>
<tr><td>车</td><td>孔、端面及外圆的粗车，内孔扩孔尺寸至 $\phi 22_{+0}^{+0.5}$ mm</td><td>15 分</td><td>超差不得分</td><td></td><td></td></tr>
</table>

续表

成绩评定	车	车大端端面，车大端外圆，倒外圆角、倒内孔 60°×3 内锥面	10 分	超差不得分		
	车	车小端保证总长，车小端外圆，倒外圆角、倒内孔 60°×3 内锥面	10 分	超差不得分		
	车	车莫氏 5 号外圆锥面	10 分	超差不得分		
	车	车台阶面，保证 $\phi35\times6$ mm，倒角	5 分	超差不得分		
	热处理	淬火 HRC50～55	5 分	不处理不得分		
	磨	修磨两端的 60°×3 内锥面	10 分	超差不得分		
	磨	粗、精磨小端外圆	10 分	超差不得分		
	磨	粗、精磨大端外圆，保证莫氏 5 号外圆锥面的大端尺寸	5 分	超差不得分		
	检验	成品检验(按产品图检验)	5 分	不检验不得分		
	安全文明生产		10 分	违者不得分		

(2) 吊紧螺栓加工。加工吊紧螺栓的步骤及相关要求等见表 5-7。

表 5-7　吊紧螺栓加工操作技能训练

技能训练名称	吊紧螺栓加工				
工具、量具、刃具及材料	游标卡尺、外径千分尺、中心钻、M20 板牙或者螺纹车刀，车刀、割槽刀、盘铣刀 材料为 45 钢				
步骤	**备料**：备 ϕ 30mm×370mm 料，材料 45 圆钢 **车**：孔、端面及外圆的粗车，孔、外圆留余量 1.5mm，端面留余量 1mm **热处理**：热处理调质 HB257～298 **车**：车螺纹外圆，保证 $\phi17.4^{+0}_{-0.1}$ mm×(25±0.1) mm，车退刀槽保证 3mm×2mm，钻中心孔，倒角 **车**：车另一端螺纹外圆，车端面保证总长(365±0.28)mm，车螺纹外圆，保证 $\phi17.4^{+0}_{-0.1}$ mm×27 mm，车中部外圆 ϕ20mm，注意对基准面的跳动要求，车 ϕ30mm 端面，保证厚度尺寸 8mm，钻中心孔，倒角 **车**：以中心孔定位，加工外螺纹 M20×(25±0.1)mm，螺纹按照 3 级精度制造 **车**：以中心孔定位，加工外螺纹 M20×27mm，螺纹按照 3 级精度制造 **铣**：铣削外圆处的平面，保证尺寸 $15^{+0}_{-0.1}$ mm×20 mm **清洗**：清洗零件 **检验**：成品检验(按产品图检验)				
注意事项	(1) 为保证吊紧螺栓工作时能正确地传递夹紧力，各道工序都要以同一个基准作为加工时的定位基准，即各道工序都要以吊紧螺栓两端的中心孔为定位基准，实施各道工序的加工内容 (2) 吊紧螺栓与夹具体(底座)联接处的螺纹要求较高，不仅提出了螺纹外圆与基准中心孔的同轴度 ϕ0.03mm 的要求，而且还对吊紧螺栓定位端面提出了与基准中心孔的端面跳动↗ 0.02mm 的要求				

	项目	质量检测内容	配分	评分标准	实测结果	得分
成绩评定	备料	备 ϕ 30mm×370mm 料，材料 45 圆钢	5 分	材料选择错误不得分		
	车	孔、端面及外圆的粗车，孔、外圆留余量 1.5mm，端面留余量 1mm	10 分	超差不得分		
	热处理	热处理调质 HB257～298	5 分	不处理不得分		
	车	车螺纹外圆，车退刀槽，钻中心孔，倒角	15 分	超差不得分		
	车	车另一端，车端面保证总长，车螺纹外圆，车中部外圆，车 ϕ30mm 端面，钻中心孔，倒角	10 分	超差不得分		

续表

成绩评定	车	加工外螺纹 M20×(25±0.1)mm 、螺纹按照 3 级精度制造	10 分	超差不得分		
	车	加工外螺纹 M20×27mm 、螺纹按照 3 级精度制造	10 分	超差不得分		
	车	铣削外圆处的平面	15 分	超差不得分		
	检验	成品检验(按产品图检验)	10 分	不检验不得分		
	安全文明生产		10 分	违者不得分		

任务 5.4　典型拨叉类零件的专用夹具加工

5.4.1　专用夹具设计主旨

如图 5.21 所示拨叉零件，要求设计铣槽工序用的铣床夹具。根据工艺规程，在铣槽之前其他各表面均已加工好。本工序的加工要求是：槽宽 16H11mm，槽深 8mm，槽的中心平面与ϕ25H7 孔轴线的垂直度公差为 0.08mm，槽侧面与 E 面的距离(11±0.2) mm，槽底面与ϕ25H7mm 孔轴线平行。

由图 5.21 可知此零件结构不是很复杂，材料为 ZG310-570，属于中碳钢，外形属于特形零件，采用铸造的方式完成其毛坯，零件在各工序加工中以不加工面作为定位的情况较多，由于生产批量大，零件的加工精度高，需要专用夹具才能满足生产要求，要求设计一套在拨叉上铣槽的专用夹具，夹具设计重点应在定位基准的确定上。

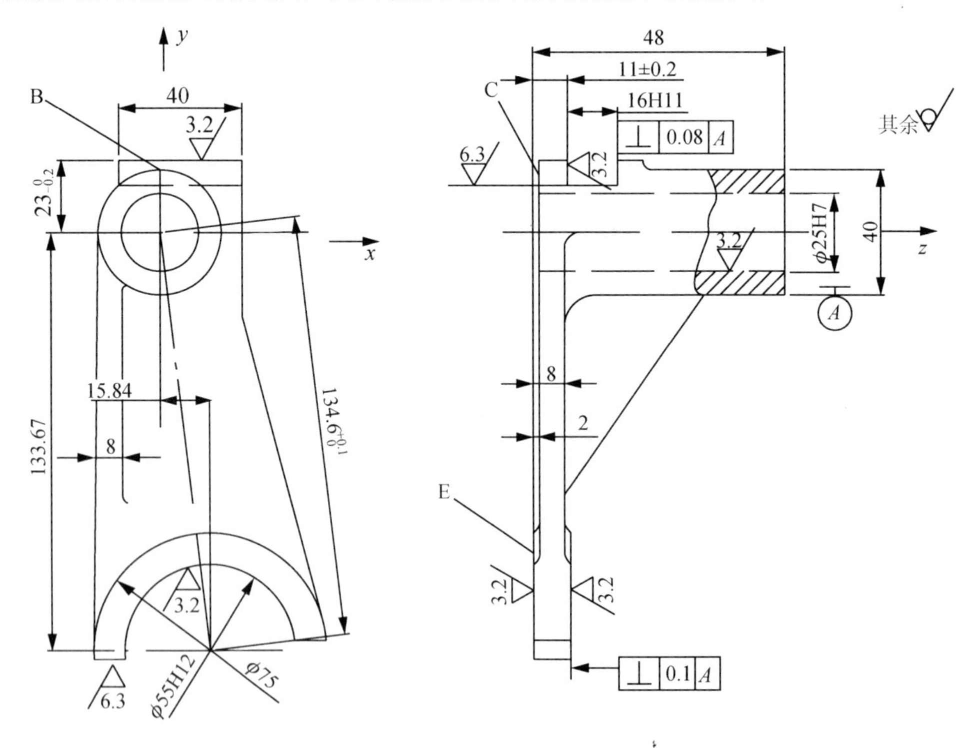

图 5.21　拨叉零件简图

5.4.2　选择定位基准

如图 5.22 所示设计了 3 种定位方案。

方案 1(图 5.22(a))：工件以 E 面作为主要定位面，用支承板 1 和短销 2(与工件ϕ25H7mm 孔配合)限制工件 5 个自由度，另设置一防转挡销实现 6 点定位。为了提高工件的装夹刚度，在 C 处加一辅助支承。

方案 2(图 5.22(b))：工件以ϕ25H7mm 孔作为主要定位基面，用长销 3 和支承钉 4 限制工件 5 个自由度，另设置一防转挡销实现 6 点定位，并且在 C 处也加一辅助支承。

方案 3(图 5.22(c))：工件以ϕ25H7mm 孔为主要定位基面，用长销 3 和长条支承板 5 限制工件 6 个自由度，其中绕 z 轴转动的自由度被重复限制了，属于过定位，另设置一防转挡销实现六点定位，并且在 C 处也加一辅助支承。

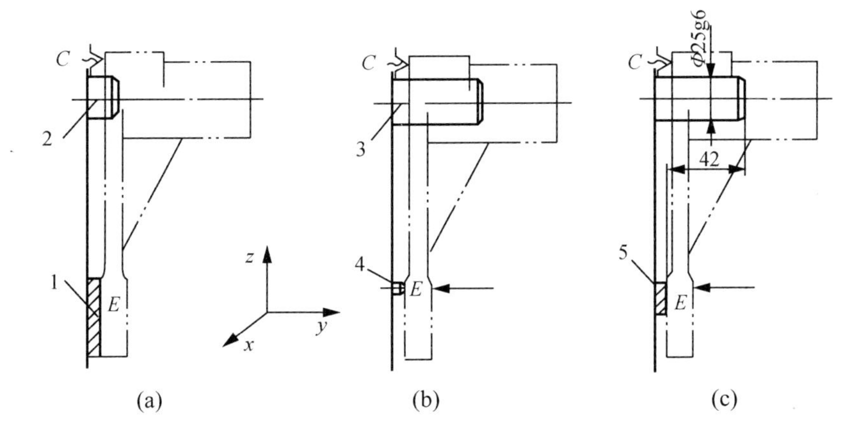

图 5.22　铣槽的定位方案

比较以上 3 种方案如下。

方案 1 中工件绕 x 轴转动的自由度由 E 面限制，定位基准与设计基准不重合，不利于保证槽的中心平面与ϕ25H7mm 孔轴线的垂直度。

方案 2 中虽然定位基准与设计基准重合，槽的中心平面由ϕ25H7mm 孔轴线的垂直度要求保证，但这种定位方式不利于工件的夹紧。由于辅助支承是在工件夹紧后才起作用，而且在施加夹紧力 P 时，支承钉 4 的面积较小，工件极易歪斜变形，夹紧不可靠。

方案 3 中虽是过定位，但若在工件加工工艺方案中，安排ϕ25H7mm 孔与 E 面在一次装夹中加工，使ϕ25H7mm 孔与 E 面有较高的垂直度，则过定位的影响较小；此外，在对工件施加夹紧力 P 时，工件的变形也很小，且定位基准与设计基准重合。

综上所述，初步选定方案 3。

对于上述方案中，防转挡销位置的设置有两种不同的设计方案，如图 5.23 所示。

当挡销放在位置 1(图 5.23(a))时，由于 B 面与ϕ25H7mm 孔的距离较近(230-0.3mm)，尺寸公差又大，定位精度低。挡销放在位置 2(图 5.23(b))时，虽然距ϕ25H7mm 孔轴线较远，但由于工件定位是毛坯面，因而定位精度较低。而当挡销放在位置 3(图 5.23(b))时，距ϕ25H7mm 孔轴线较远，工件定位面的精度好(ϕ55H12mm)，夹具的定位精度较高，且能承受切削力所引起的转矩。因此，防转挡销应放在位置 3 较好。

综上所述，设计的方案 3 较为合理。

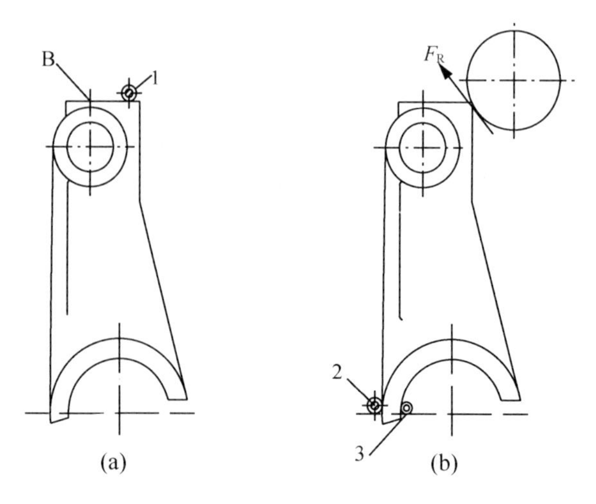

图 5.23　挡销的位置

5.4.3　确定夹紧方案

根据工件夹紧的原则，除在图 5.22(c)中施加夹紧力外，还应在靠近加工面处增加一夹紧力，如图 5.24 所示，用螺母与开口垫圈夹压在工件圆柱的左端面，而对着支撑板的夹紧机构可采用钩形压板，使整套夹具结构紧凑，操作方便。

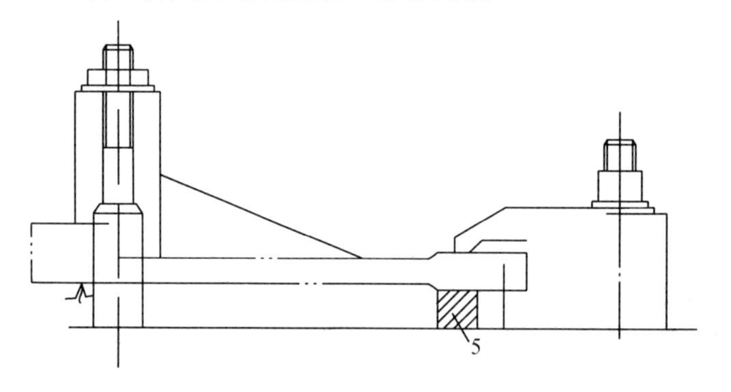

图 5.24　夹紧方案

5.4.4　夹具类型的确定与夹具总体结构设计

本工序所加工的是槽宽 16H11mm、槽深 8mm 的矩形槽，槽的中心平面与ϕ25H7mm 孔轴线有垂直度要求，因此宜采用直线进给式铣床夹具，夹具总体结构设计如下。

(1) 定位方案确定，采用长销(即定位芯轴)、支承板为主要定位元件，采用防转挡销为辅助定位元件。

(2) 夹紧方案确定，采用最常见的螺杆(即定位芯轴上的螺纹)+螺母+开口垫圈的螺旋夹紧机构，以及以钩形压板为辅助夹紧的螺旋夹紧机构，使操作方便，并且减轻了装夹的劳动强度。

(3) 对刀方案确定，加工槽铣刀需两个方向对刀，故应采用直角对刀块。

(4) 夹具体的确定，夹具体与机床工作台采用定位键定位，以便于夹具安装。为了使夹具在机床工作台的位置准确及保证定位槽的中心平面与ϕ25H7mm 孔轴线的垂直度要求，夹具体底面应设置定位键，定位键的侧面应与长销的轴心线垂直；为了保证夹具在工作台上安装稳定，应按照夹具体的高宽比不大于 1.25 的原则确定其宽度，并在两端设置耳座，以便固定。

5.4.5　切削力及夹紧力计算

(1) 切削力计算(参考切削用量手册)。略。(请读者模仿前面的内容自行计算，在此从略)

(2) 夹紧力计算(参考夹具设计手册)。略。(请读者模仿前面的内容自行计算，在此从略)

5.4.6　定位误差分析

1. 定位元件尺寸及公差的确定

定位芯轴：本铣床夹具的主要定位元件为定位芯轴，芯轴中起定位作用的外圆基本尺寸设计时须与其相匹配的被加工工件孔的基本尺寸相同，即芯轴的外圆基本尺寸为$\phi 25$mm；为保证拨叉套上及取下时定位芯轴操作方便，定位芯轴与工件的配合公差设计成$\phi 25H7/g6$，即定位芯轴的尺寸及公差是$\phi 25_{-0.017}^{-0.006}$ mm。

2. 定位误差分析

本道工序要满足的加工技术要求为：①槽宽 16H11mm；②槽深度尺寸 8mm；③槽侧面与 E 面的距离(11±0.2) mm；④槽的中心平面与ϕ25H7mm 孔轴线的垂直度 0.08mm；⑤槽底面与ϕ25H7mm 孔轴线平行。

除槽宽 16H11mm 由铣刀保证外，本夹具要保证槽侧面与 E 面的距离(11±0.2)mm 及槽的中心平面与ϕ25H7mm 孔轴线的垂直度 0.08mm，因此只需计算这两项加工要求的定位误差。

(1) 加工尺寸(11±0.2) mm 的定位误差。采用图 5.22(c)所示定位方案时，E 面既是工序基准，又是定位基准，故基准不重合误差Δ_B为零。又由于 E 面与长条支承板始终保持接触，故基准位移误差Δ_Y为零，其定位误差$\Delta_D=\Delta_Y+\Delta_B=0$，因此，加工尺寸(11±0.2) mm 没有定位误差。

(2) 槽的中心平面与ϕ25H7 孔轴线垂直度的定位误差。长销与工件的配合为$\phi 25(H7/g6)$mm，则ϕ25g6mm 为$\phi 25_{-0.016}^{-0.009}$ mm，ϕ25H7mm 为$\phi 25_{0}^{+0.025}$ mm。

由于定位基准与设计基准重合，故基准不重合误差Δ_B为零，基准位移误差Δ_Y的分析如图 5.25 所示。

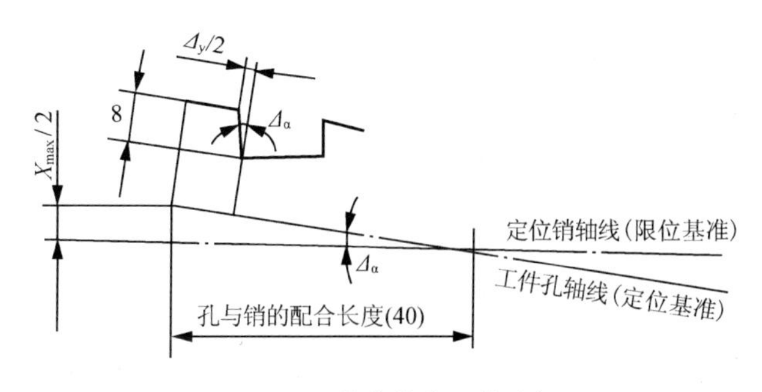

图 5.25　基准位移误差分析

基准位移误差：$\varDelta_Y=2\times8\tan\varDelta_\alpha=(2\times8\times0.000625)$ mm＝0.01mm。

故定位误差$\varDelta_D=\varDelta_Y+\varDelta_B=(0.01+0)$mm＝0.01mm。

由于定位误差：$\varDelta_D=0.01$mm＜(1/3)垂直度＝(0.08/3)mm＝0.027mm，故此定位方案可行。

3. 夹具的精度分析

为确保夹具能满足工序要求，在夹具技术要求指定以后还必须对夹具进行精度分析。若工序某项精度不能被保证，还需要对夹具的有关技术要求作适当调整。下面对本例中的工序要求逐项分析。

(1) 槽宽尺寸 16H11mm，此项要求由刀具精度保证，与夹具精度无关。

(2) 槽侧面到 E 面尺寸为(11±0.2)mm，即公差要求为 0.4mm，对此项要求有影响的是对刀块侧面到定位板间的尺寸(9±0.04)mm 及塞尺的精度(2h8mm)，(9±0.04)mm 的公差即为 0.08mm，2h8mm 的公差即为 0.014mm。

上述两项误差之和：$\varDelta_D=\varDelta_T=(0.014+0.08)$mm＝0.094mm＜0.4mm($\varDelta_T$：对刀和导向误差)。

因此，尺寸(11±0.2)mm 能保证。

(3) 槽深 8mm，由于工件在 z 方向的位置由定位销确定，而该尺寸的设计基准为 B 面，在使用夹具的情况下，影响槽深 8mm 加工精度的因素如下。

① 基准不重合误差$\varDelta_B=0.2$mm。

② 基准位移误差$\varDelta_Y=(\delta d+\delta D)/2=[(0.016+0.025)/2]$mm＝0.02mm($\delta d$ 为销公差，δD 为工件公差)，因此，定位误差$\varDelta_D=\varDelta_B+\varDelta_Y=(0.2+0.02)$mm＝0.22mm。

③ 塞尺尺寸 2h8mm 及对刀块水平面到定位销的尺寸(13±0.04)mm，对槽深尺寸有影响，因此，对刀和导向误差$\varDelta_T=(0.014+0.08)$mm＝0.094mm。

加工方法误差$\varDelta_G$、夹具在机床上的安装误差$\varDelta_A$、夹紧误差$\varDelta_J$都对槽深尺寸无影响，因此，$\varDelta_G+\varDelta_A+\varDelta_J=0$。

所以，$\varDelta_D+\varDelta_G+\varDelta_A+\varDelta_J+\varDelta_T=(0.22+0.094)$ mm＝0.314 mm＜0.36mm。

槽深尺寸 8mm 的公差(按 IT14 级)为 0.36mm，故槽深尺寸 8mm 能保证。

(4) 槽的中心平面与ϕ25H7 孔轴线垂直度公差为 0.08mm，影响该项要求的因素如下。

① 定位误差$\varDelta_D=\varDelta_Y=0.01$mm(见定位误差分析)。

② 加工方法误差$\varDelta_G=0.012$mm(查《机床夹具设计手册》表 1.7-12 中为 0.03mm/100mm，该槽长 40mm)。

③ 夹具定位芯轴 17 的轴线与夹具底面 A 的平行度公差 0.05mm(见装配图里的形位公差标注)，即$\varDelta_A=0.05$mm。

④ 定位芯轴 17 的轴线对定位侧面 B 的垂直度公差 0.05mm，即$\varDelta_A=0.05$mm，而$\varDelta_J$、$\varDelta_T$都对垂直度无影响。由于这些误差不在同一方向，因此，槽中心平面最大位置误差在 YOZ 面之上为(0.01＋0.012＋0.05)mm＝0.072mm；在 YOX 平面上为(0.01＋0.012＋0.03)mm＝0.052mm。此两项都小于垂直度公差 0.08mm，故该项要求能保证。

综上所述，该铣槽夹具能满足铣槽工序要求，夹具的定位精度足够。

5.4.7 夹具设计、加工及操作的简要说明

夹具装配图如图 5.26 所示，零件明细表见表 5-8，夹具中的几个关键零件的设计说明如下。

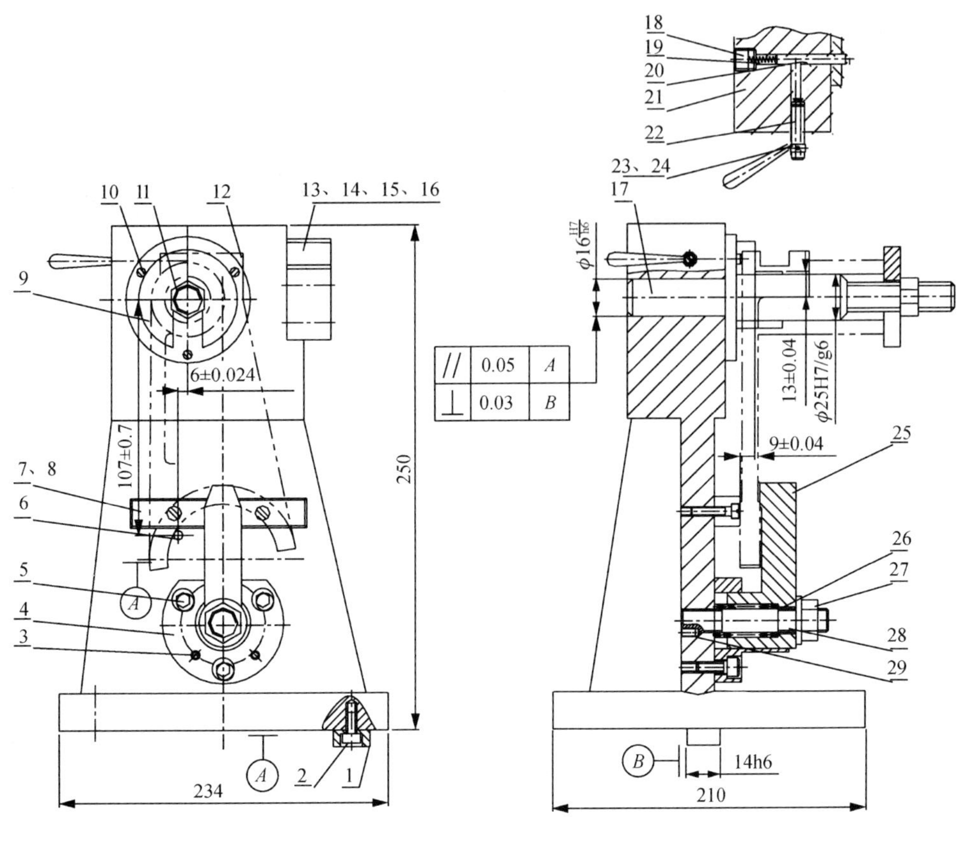

图 5.26　拨叉铣槽夹具装配图

定位元件：本设计的铣床夹具的定位元件包括定位芯轴、支承板、挡销，设计的定位芯轴要保证一定的耐磨性，选用 45 钢，需要经过热处理保证硬度 HRC45～50；支承板选用 T8 钢，需热处理保证硬度 HRC55～60，支承板与工件相接触的平面的表面粗糙度保证 *Ra*0.4μm；挡销为标准件。

夹紧装置：本道工序的铣床选择一孔二面的螺旋夹紧方式，用定位芯轴上 M12 螺杆、开口垫圈、螺母等在轴向方向压紧工件，同时还采用钩形压板、M16 双头螺杆、螺母等起辅助夹紧的作用。

夹具体：在本铣床夹具中的夹具体设计为 11 号件，毛坯为铸铁件，夹具体与定位元件中的定位芯轴间的连接用圆锥销配作保证芯轴的定位精度；夹具体与挡销之间也是配作完成；为了保证夹具在工作台上安装稳定，应按照夹具体的高宽比不大于 1.25 的原则确定其宽度，并在两端设置耳座，以便固定。

定位键：为了使夹具机床工作台的位置准确及保证槽的中心平面与 ϕ25H7mm 孔轴线的垂直度要求，夹具体底面应设置定位键，定位键的侧面应与长销的轴心线垂直。通过定向键与铣床工作台 T 型槽的配合，使夹具上定位元件的工作表面对于工作台的进给方向具有正确的位置；此外，定向键可承受铣削时产生的扭转力矩，可减轻夹具中夹紧螺栓的负荷，加强夹具在加工中的稳固性。

对刀块：根据加工要求，采用对刀块(装配图中，件 13、14、15、16) 及平塞尺进行对刀操作。

表 5-8　拨叉的铣槽夹具零件明细表

序号	零件名称	数量	材料	备注	
1	定位键	2	45	A14h6	JB/T 8016—1999
2	螺钉	2	35	M5×16	GB/T 65—2000
3	销	2	35	10n6×38	GB 119—2000
4	基座(立式钩形压板)	1	45	35×95	JB/T 8012.3—1999
5	螺钉	3	35	M12×20	GB/T 70—2008
6	挡销	1	45	HRC38～43	
7	支承板	1	T8	A10×90	JB/T 8029.1—1999
8	螺钉	3	35	M6×18	GB/T 65—2000
9	开口垫圈	1	45	HRC38～43	
10	螺钉	3	35	M6×20	GB/T 65—2000
11	螺母	1	45	M12	GB/T 56—1988
12	工件		HT200		
13	对刀块	1	20		
14	螺钉	2	35	M6×25	GB/T 65—2000
15	销	2	35	ϕ5×25	GB 119—2000
16	塞尺	1	T8	2	GB/T 22523—2008
17	定位芯轴	1	45	HRC45～50	
18	螺钉	1	35	非标件	
19	弹簧	1	弹簧钢	1.0×7×15	GB/T 2089—2009
20	活动销	1	45	HRC38～40	
21	滑柱	1	45	HRC38～40	
22	螺钉	1	35	M8×40	JB/T 8006.1—1999
23	手柄	1	45		
24	销	1	45	ϕ3×12	GB119—2000
25	钩形压板	1	45		
26	弹簧	1	弹簧钢	1.6×20×15	GB/T 2089—2009
27	螺母	1	45	M16	JB/T 8004.1—1999
28	双头螺柱	1	35	M6×130	GB/T 900—1988
29	螺钉	1	35	M6×8	GB/T 71—1985

夹具设计关键的尺寸及注意点如下。

(1) 整个铣夹具的最大轮廓尺寸是：234mm×210mm×250mm。

(2) 影响工件定位精度的尺寸和公差的主要项目是：工件内孔与长销 10 的配合尺寸为 ϕ25H7/g6mm 和挡销的位置尺寸为(6±0.024) mm 及(107±0.07) mm。

(3) 影响夹具在机床上安装精度的尺寸和公差的主要项目是：定位键与铣床工作台 T 型槽的配合尺寸 14h6mm。

(4) 影响夹具精度的尺寸和公差的主要项目是：定位长销 10 的轴心线对定位键侧面 B 的垂直度为 0.03mm；定位长销 10 的轴心线对夹具底面 A 的平行度为 0.05mm；对刀块的

位置尺寸为(9±0.04) mm 和(13±0.04) mm。

装配图中的零件 16(塞尺)的厚度尺寸为 2h8mm，所以对刀块水平方向的位置尺寸为：a=(11－2)mm＝9mm(基本尺寸)。

对刀块垂直方向的位置尺寸为：b=(23－8－2)mm＝13mm(基本尺寸)。

对刀块位置尺寸的公差取工件相应尺寸公差的 2/1～1/5。

因此，a=(9±0.04)mm；b=(13±0.04)mm。

(5) 影响对刀精度的尺寸和公差：塞尺的厚度尺寸为 2h8＝(22－0.014)mm。

铣夹具中主要的夹具零件图分别如图 5.27 和图 5.28 所示(因篇幅限制，仅介绍两例夹具零件)。

操作的简要说明：本道工序的铣床选择一孔二面夹紧方式。通过 M12 螺母、开口垫圈夹紧工件圆柱面的端面，同时通过支承板处的钩形压板等螺旋夹紧机构压紧右拨叉脚，操作非常简单。装夹时，先将拨叉放在定位元件 6、7、17 上(挡销、支承板、定位芯轴)，再拧紧钩形压板 25，然后使辅助支承(活动销 20)接触工件后拧紧螺钉 18，最后插上开口垫圈 9，拧紧螺母 11，即可以准备进行铣削加工。

5.4.8　专用夹具的加工操作技能训练

1. 任务分析

通过对铣槽夹具加工的学习，掌握夹具加工的基本操作方法和技能，主要完成：掌握夹具钳工的基本操作技能；较熟练地掌握车、铣、磨、线切割、电火花、数控机床、热处理等工种的操作技能；熟悉夹具零件各种机械加工方法；能完成中等复杂程度零件的工艺编制工作；能完成中等复杂程度夹具的加工、装配、试夹、检验等工作。

制订夹具零件机械加工工艺规程是夹具制造的必要技术工作，如图 5.27 和图 5.28 所示两个零件，试编写其加工工艺，并进行制作加工。

图 5.27 所示为定位芯轴，材料为 45，热处理淬火 HRC45～50。

图 5.28 所示为钩形压板，材料为 45，热处理淬火 HRC35～40。

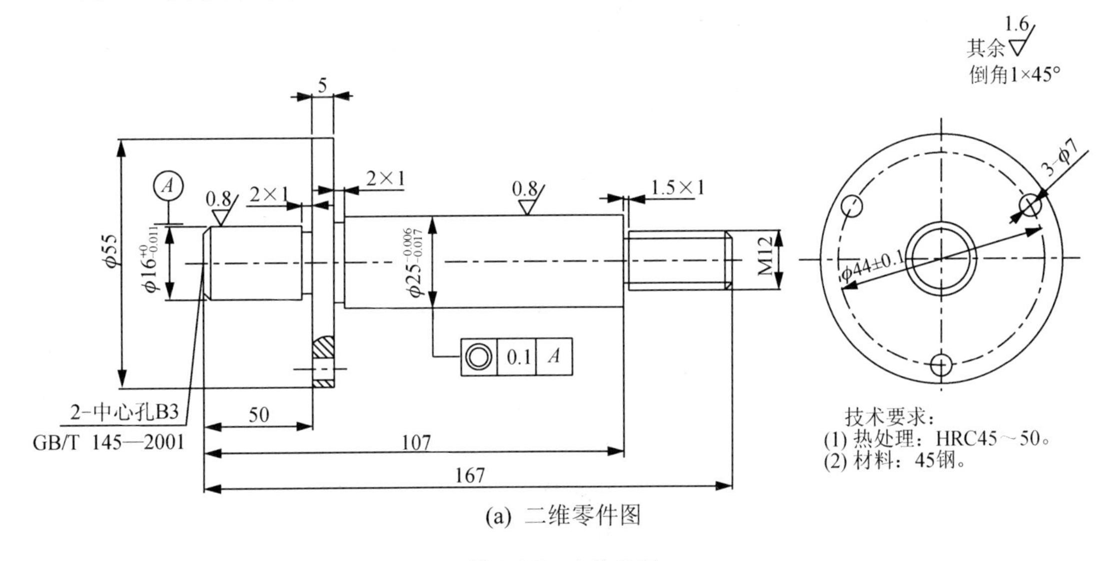

(a) 二维零件图

图 5.27　定位芯轴

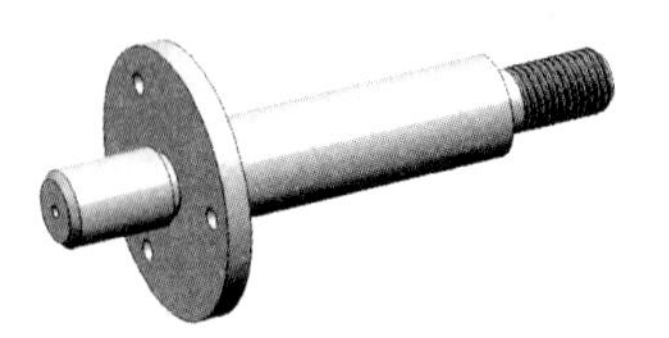

(b) 立体图

图 5.27 定位芯轴(续)

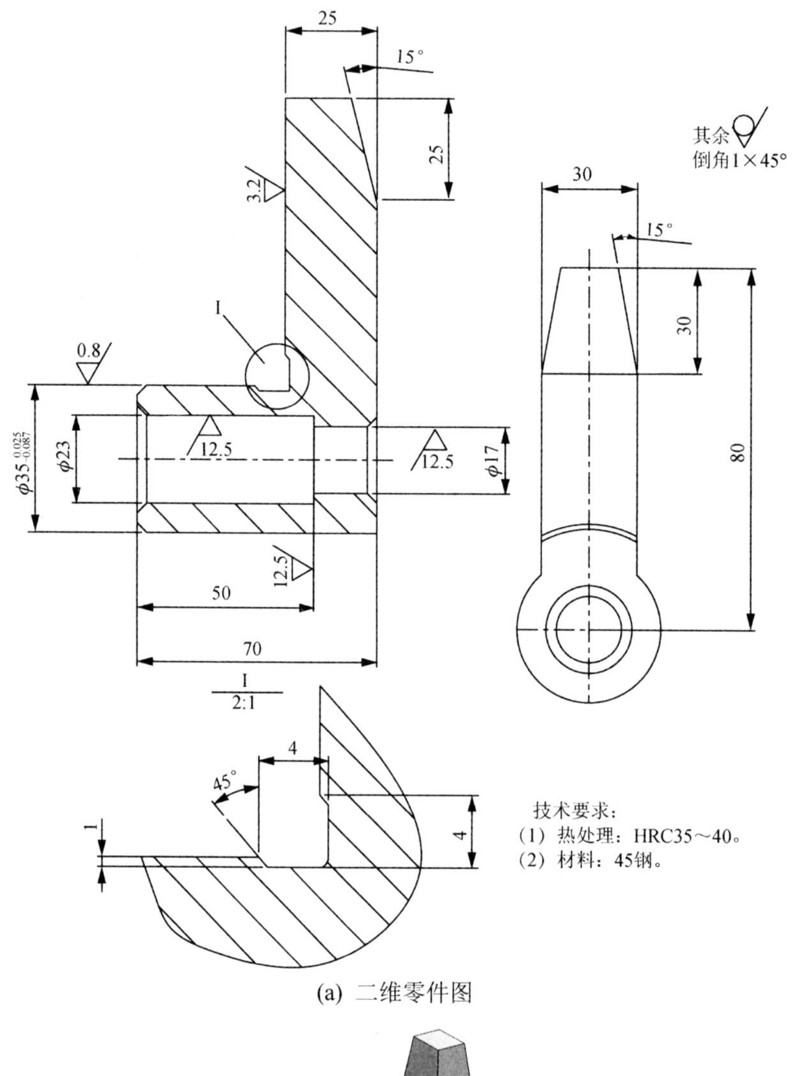

(a) 二维零件图

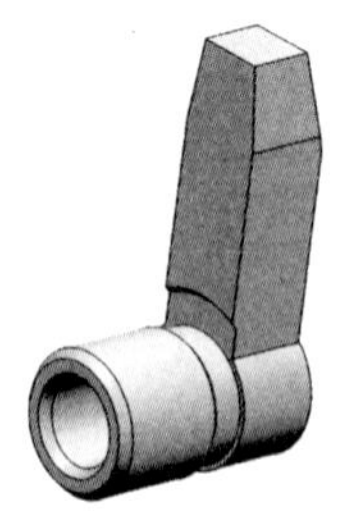

(b) 立体图

图 5.28 钩形压板

2. 任务实施

(1) 定位芯轴加工。加工定位芯轴的步骤及相关要求等见表 5-9。

表 5-9　定位芯轴加工操作技能训练

技能训练名称	定位芯轴加工
工具、量具、刃具及材料	游标卡尺、YT15 外圆车刀、YT15 螺纹车刀，割槽刀、棕刚玉砂轮，中心钻、ϕ7mm 麻花钻头 材料为 45 钢
步骤	备料：备 ϕ55mm×170mm 料， 材 料 45 圆钢 车：夹左端，车右端直径至 ϕ54mm；车右端台阶 ϕ25.2mm；车右端螺纹 M12×60mm；车越程槽 2mm×1mm；钻中心孔 车：掉头，夹右端，车左端直径至 ϕ16.2mm，车端面保证总长 167mm，车越程槽 2mm×1mm；钻中心孔 钳：兼顾各部划线 钳：复核划线的准确程度 钻：钻削 3-ϕ7mm 的通孔 检验：按工艺要求检查车后尺寸 热处理：淬火 HRC45～50 磨：修磨两端中心孔 磨：两侧顶尖夹紧，粗、精磨大端外圆，保证尺寸 $\phi25_{-0.017}^{-0.006}$ mm 磨：两侧顶尖夹紧，粗、精磨小端外圆，保证尺寸 $\phi16_{-0.011}^{+0}$ mm 清洗：清洗零件 检验：成品检验(按产品图检验)
注意事项	(1) 定位芯轴是重要的定位零件，定位芯轴的加工精度直接决定着拨叉操纵槽的加工精度，必须保证两定位圆柱面的同轴度为 0.1mm (2) 两定位圆柱面要磨削加工，因此要设置两越程槽

成绩评定	项目	质量检测内容	配分	评分标准	实测结果	得分
	备料	备 ϕ55mm×170mm 料，材料 45 圆钢	5 分	材料选择错误不得分		
	车	车右端外圆；车右端台阶；车右端螺纹；车越程槽；钻中心孔	15 分	超差不得分		
	车	车左端外圆，车端面保证总长，车越程槽；钻中心孔	15 分	超差不得分		
	钳	兼顾各部划线	10 分	不准确不得分		
	钳	复核划线的准确程度	5 分	超差不得分		
	钳	钻削 3-ϕ7mm 的通孔	5 分	超差不得分		
	热处理	淬火 HRC45～50	5 分	不处理不得分		
	磨	修磨两端中心孔	5 分	超差不得分		
	磨	粗、精磨大端外圆	10 分	超差不得分		
	磨	粗、精磨小端外圆	10 分	超差不得分		
	检验	成品检验(按产品图检验)	5 分	不检验不得分		
	安全文明生产		10 分	违者不得分		

表 5-10　钩形压板加工操作技能训练

<table>
<tr><td colspan="2">技能训练名称</td><td colspan="5">钩形压板加工</td></tr>
<tr><td colspan="2">工具、量具、刃具及材料</td><td colspan="5">游标卡尺、外径千分尺、中心钻、ϕ 10mm 麻花钻头、ϕ 16mm 麻花钻头、车刀、割槽刀、镗刀、棕刚玉砂轮
材料为 45 钢</td></tr>
<tr><td>步骤</td><td colspan="6">备料：45 钢， 锻件
热处理：锻件做退火处理
车：用四爪夹盘夹紧压板头部，精车端面，保证总长 70mm，精车外圆至尺寸 $\phi 35.4_{-0.1}^{+0}$ mm，车削压板内端面，保证压板头部厚度尺寸 25mm，钻孔、扩孔至 ϕ 16mm，镗内孔至 $\phi 17_{+0}^{+0.02}$ mm，镗内台阶孔，保证 $\phi 23_{+0}^{+0.1} \times 50$mm ，车退刀槽 4×1×45°，倒角
钳：兼顾各部划线
钳：复核划线的准确程度
铣：铣削压板头部各尺寸
钳：去毛刺
检验：按图纸检查热处理前的工件尺寸
热处理：淬火 HRC35～40
磨：磨外圆至 $\phi 25_{-0.087}^{-0.025}$ mm
清洗：清洗零件
检验：成品检验(按产品图检验)</td></tr>
<tr><td>注意事项</td><td colspan="6">(1) 钩形压板的形状较为特殊，普通三爪卡盘无法保证尺寸要求，因此要选用四爪卡盘完成车削加工
(2) 钩形压板起压紧工件的作用，需要一定的强度、硬度，因此需要淬火处理，由于外圆 $\phi 25_{-0.087}^{-0.025}$ mm 的表面粗糙度要求为 Ra0.8μm，需要淬火后磨削，同时考虑磨削加工的定位问题，较为简单的方式是以内孔为定位基准磨削外圆，也可以在磨床上装四爪夹盘夹紧压板头部磨外圆至 $\phi 25_{-0.087}^{-0.025}$ mm</td></tr>
<tr><td rowspan="11">成绩评定</td><td>项目</td><td>质量检测内容</td><td>配分</td><td>评分标准</td><td>实测结果</td><td>得分</td></tr>
<tr><td>备料</td><td>45 钢，锻件</td><td>5 分</td><td>材料选择错误不得分</td><td></td><td></td></tr>
<tr><td>热处理</td><td>锻件做退火处理</td><td>5 分</td><td>不处理不得分</td><td></td><td></td></tr>
<tr><td>车</td><td>用四爪夹盘夹住压板头部，车压板压紧面、车外圆、车内孔，倒角</td><td>35 分</td><td>超差不得分</td><td></td><td></td></tr>
<tr><td>钳</td><td>兼顾各部划线</td><td>5 分</td><td>不准确不得分</td><td></td><td></td></tr>
<tr><td>钳</td><td>复核划线的准确程度</td><td>5 分</td><td>超差不得分</td><td></td><td></td></tr>
<tr><td>铣</td><td>铣削压板头部形状各尺寸</td><td>10 分</td><td>超差不得分</td><td></td><td></td></tr>
<tr><td>热处理</td><td>淬火 HRC35～40</td><td>5 分</td><td>不处理不得分</td><td></td><td></td></tr>
<tr><td>磨</td><td>磨外圆至 $\phi 25_{-0.087}^{-0.025}$ mm</td><td>10 分</td><td>超差不得分</td><td></td><td></td></tr>
<tr><td>检验</td><td>成品检验(按产品图检验)</td><td>10 分</td><td>不检验不得分</td><td></td><td></td></tr>
<tr><td colspan="2">安全文明生产</td><td>10 分</td><td>违者不得分</td><td></td><td></td></tr>
</table>

项目 6

典型零件的专用量规加工

专用量规加工实训概述

1. 专用量规加工实训目的

(1) 熟悉量规零件各种机械加工方法。
(2) 能较熟练地了解并掌握量规的作用、用途、种类。
(3) 弄懂专用量规设计中的极限尺寸判断原则(泰勒原则)及量规公差带的设计原则。
(4) 初步学会典型量具(主要是塞规和卡规)的设计方法。
(5) 具备分析和解决量具制作技术问题的能力。

2. 专用量规加工实训内容

(1) 结合课程设计审查、修改准备加工的量规图。
(2) 列备料单，编制量规零件加工工艺。
(3) 实训指导老师审核学生设计的量规图样和量规零件的加工工艺。
(4) 指导学生熟悉、操作机床，按照图样、工艺过程进行量规零件的加工。
(5) 专用量规的(装配)、检测。

3. 专用量规加工实训的组织与要求

略，参看项目 5 的专用夹具加工实训的组织与要求。

4. 专用量规零件加工

1) 专用量规加工的技术准备(略，参看项目 5 的专用夹具加工的技术准备)
2) 专用量规的加工特点
(1) 量规加工的基本要求。
① 保证量规的质量。
② 保证量规的加工周期。

③ 保证量规一定的使用寿命。

④ 保证量规加工成本低廉。

(2) 量规加工的过程。

① 量规设计。量规图样设计是加工量规中最关键的技术工作之一，是量规加工的依据。

② 量规零件加工工艺规程制定。量规的加工工艺文件是加工量规零件的指令性文件。由于量规是单件生产，只需编制工艺过程卡，简要说明量规零件的加工工序名称、加工内容、加工设备以及必要的说明等。

③ 量规零件的制作。对学生来讲，布置的量规图样设计任务不会很复杂，设计任务以孔用量规、轴用量规居多，加工的重点在通规、止规的上偏差、下偏差的控制上，即量规精度的质量控制上。

任务 6.1　典型零件的专用量规的加工概述

6.1.1　量规工作尺寸计算步骤

光滑极限量规工作尺寸计算的一般步骤如下。

(1) 按照极限与配合(GB/T 1800.1—2009)确定孔、轴的上、下偏差。

(2) 按照教材表 3-4 查出工作量规加工公差 T 值和位置要素 Z 值。按工作量规加工公差 T，确定工作量规形状公差。

(3) 计算量规的极限偏差或工作尺寸，画出公差带图、量规的设计图。

6.1.2　典型零件的工作量规的工作尺寸计算

以模块 4 中图 4.6 凸轮轴为例，设计并制作其端部尺寸$\phi 30f7$mm 的轴用工作量规。

(1) 确定被测轴的极限偏差。$\phi 30f7(^{-0.020}_{-0.041})$ mm 的上偏差 $es=-0.020$mm，下偏差 $ei=-0.041$mm。

(2) 选择量规的结构型式为轴用卡规。

(3) 确定工作量规制造公差 T 和位置要素 Z。由表 3-4 查得，轴用卡规：$T=0.0024$mm，$Z=0.0034$mm。

(4) 计算工作量规的极限偏差。$\phi 30f7(^{-0.020}_{-0.041})$ mm 轴用卡规的极限偏差计算如下。

通规，上偏差$=es+Z+\dfrac{T}{2}=(-0.020-0.0034+\dfrac{0.0024}{2})\text{mm}=-0.0222\text{mm}$

下偏差$=es-Z-\dfrac{T}{2}=(-0.020-0.0034-\dfrac{0.0024}{2})\text{mm}=-0.0246\text{mm}$

磨损极限$=es=-0.020$mm

所以卡规通端尺寸为 $\phi 30^{-0.0222}_{-0.0246}$ mm，磨损极限尺寸为 $\phi 29.98$mm。

止规：上偏差$=ei+T=(-0.041+0.0024)\text{mm}=-0.0386\text{mm}$

下偏差$=ei=-0.041$mm

所以卡规止端尺寸为 $\phi 30^{-0.0386}_{-0.041}$ mm。

(5) 绘制轴工作量规的公差带图见图 6.1，轴用卡规的工作简图见图 6.2。

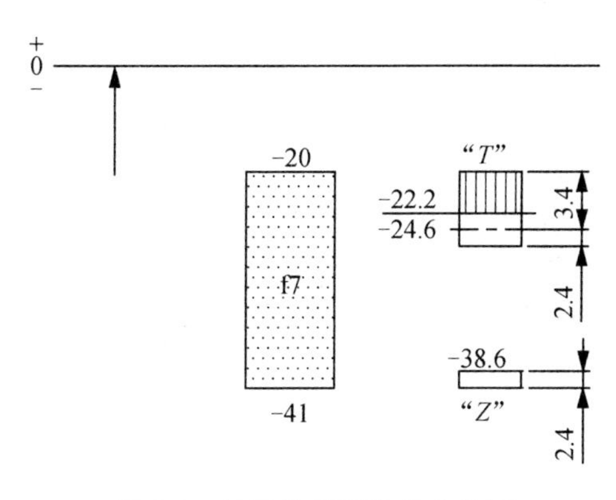

图 6.1　轴工作量规的公差带图

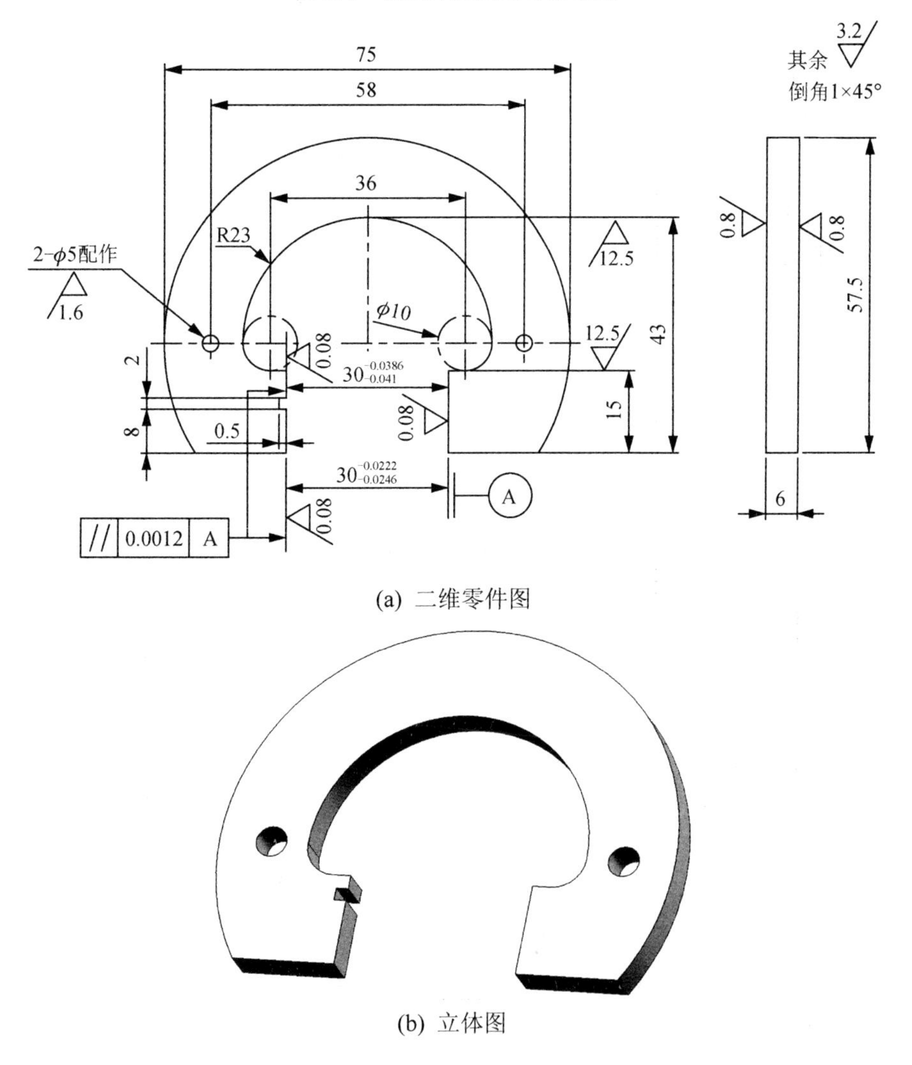

(a) 二维零件图

(b) 立体图

图 6.2　轴用卡规

(6) 量规的其他技术要求。量规的其他技术要求包括以下几项。

① 量规的材料。量规的材料可用淬硬钢(碳素工具钢、合金工具钢)和硬质合金，也可在测量面上镀以耐磨材料。

② 量规工作面硬度。量规测量表面的硬度对量规使用寿命有一定影响，其测量面的硬度应为 HRC58～65。

③ 量规的形位公差。量规的形位公差应控制在尺寸公差带内，形状公差为尺寸公差的 50%，考虑到制造和测量的困难，当量规尺寸公差小于 0.001mm 时，其形状公差仍取 0.001mm。

④ 量规工作面的粗糙度。量规测量面的粗糙度主要从量规使用寿命、工件表面粗糙度以及量规制造的工艺水平考虑。一般量规工作面的粗糙度应比被检工件的粗糙度要求更严格些，量规测量面粗糙度要求可以参照表 3-8 选取。

6.1.3 典型零件的工作量规的加工

1. 专用量具(工作量规)的加工

通过专用量具制作能够获得丰富的感性知识，掌握专用量具制作的基本操作方法和技能，巩固、深化已学过的量具知识，能正确选用机床、刀具、量规、量具等工艺装备和工艺参数，完成专用量具的加工，具备分析和解决量具制造技术问题的能力。

2. 任务分析

本次设计的专用量具 $\phi30f7(^{-0.020}_{-0.041})$ mm 轴用卡规，材料选用优质低碳结构钢(10、15、20 号钢)制造，本例选用 20 号钢，热处理渗碳 1.3～1.8mm，淬火 HRC60～65。

$\phi30f7(^{-0.020}_{-0.041})$ mm 轴用卡规做成单头双极限式，在同一端方向上设置有通规和止规，通规是轴径的下偏差，止规是轴径的上偏差。在检测轴径时，通规能塞进去而止规塞不进去，则此轴径判定为合格，就是在公差范围之内的，否则就判断为不合格。

通规和止规的卡口磨削要经过粗磨、精磨和超精磨三道工序，轴用卡规的通规、止规工作面不应有锈迹、毛刺、黑斑、划痕、裂纹等明显影响使用质量和外观的缺陷。许可有局部的轻微凹痕或划痕，塞规其他非工作面亦不应有锈蚀和裂纹，通规、止规工作部位的形状公差和位置公差，除有特殊规定者外，应不大于其尺寸公差的 50%，但不小于 0.002mm，轴用卡规未注公差尺寸的极限偏差按 GB/T 1804—2000 的规定。

3. 任务实施

加工轴用卡规的步骤及相关要求等见下表 6-1。

表 6-1 $\phi30f7(^{-0.020}_{-0.041})$mm 轴用卡规加工操作技能训练

技能训练名称	轴用卡规加工
工具、量具、刃具及材料	游标卡尺、内径千分尺、内径千分表、ϕ 3mm 钻头、ϕ 10mm 立铣刀、棕刚玉砂轮 材料为 20 钢
步骤	**备料**：备 80×80×10mm 料，材料 20 钢 **铣**：内轮廓、端面及外轮廓的粗铣，内轮廓留余量 1.5mm，端面留余量 1mm **铣**：铣削通规端的槽口尺寸、端面，保证通规端 $29.6^{+0}_{-0.05}$×8 mm，(留粗磨、精磨和超精磨的余量分别是 0.3mm、0.1mm、0.01mm) **铣**：铣削止规端的槽口尺寸、端面，保证 $29.6^{+0}_{-0.05}$×5 mm

续表

<table>
<tr><td>步骤</td><td colspan="6">钻：钻工艺孔，保证 2－ϕ3 mm
钳：去锐棱、去飞边毛刺
检验：按工艺要求检查铣后尺寸
热处理：渗碳 1.3～1.8mm，淬火 HRC60～65
粗磨：通规端磨槽口尺寸至 $29.9_{-0.05}^{-0.03}$ mm，止规端磨槽口尺寸至 $29.9_{-0.07}^{-0.05}$ mm
精磨：通规端磨槽口尺寸至 $30_{-0.0346}^{-0.0322}$ mm，止规端磨槽口尺寸至 $30_{-0.051}^{-0.0486}$ mm
超精磨：通规端磨槽口尺寸至 $30_{-0.0246}^{-0.0222}$ mm ，止规端磨槽口尺寸至 $30_{-0.041}^{-0.0386}$ mm
清洗：清洗零件
检验：成品检验(按产品图检验)</td></tr>
<tr><td>注意事项</td><td colspan="6">(1) 为保证轴用卡规使用时准确，必须保证通规和止规的槽口经过粗磨、精磨和超精磨三道工序，磨削后的两测量面的平行度误差不超过 0.0012 mm
(2) 轴用卡规重要的磨削表面应保证表面粗糙度 Ra0.08μm，与工作面相邻的非工作表面的表面粗糙度 Ra0.8μm
(3) 应在工作面上检验量规的硬度。不能在工作面上检验时，允许在工作面边缘不超过 3mm 的非工作面上检验</td></tr>
<tr><td rowspan="12">成绩评定</td><td>项目</td><td>质量检测内容</td><td>配分</td><td>评分标准</td><td>实测结果</td><td>得分</td></tr>
<tr><td>备料</td><td>80mm×80mm×10mm， 材料 20 圆钢</td><td>5 分</td><td>材料选择错误不得分</td><td></td><td></td></tr>
<tr><td>铣</td><td>内轮廓、端面及外轮廓的粗铣，内轮廓留余量 1.5mm，端面留余量 1mm</td><td>10 分</td><td>超差不得分</td><td></td><td></td></tr>
<tr><td>铣</td><td>铣削通规端的槽口尺寸、端面</td><td>10 分</td><td>超差不得分</td><td></td><td></td></tr>
<tr><td>铣</td><td>铣削止规端的槽口尺寸、端面</td><td>10 分</td><td>不准确不得分</td><td></td><td></td></tr>
<tr><td>钻</td><td>钻工艺孔 2－ϕ3 mm</td><td>5 分</td><td>超差不得分</td><td></td><td></td></tr>
<tr><td>热处理</td><td>渗碳淬火 HRC60～65</td><td>5 分</td><td>不处理不得分</td><td></td><td></td></tr>
<tr><td>磨</td><td>粗磨通规端槽口、止规端槽口</td><td>10 分</td><td>超差不得分</td><td></td><td></td></tr>
<tr><td>磨</td><td>精磨通规端槽口、止规端槽口</td><td>15 分</td><td>超差不得分</td><td></td><td></td></tr>
<tr><td>磨</td><td>超精磨通规端槽口、止规端槽口</td><td>15 分</td><td>超差不得分</td><td></td><td></td></tr>
<tr><td>检验</td><td>成品检验(按产品图检验)</td><td>5 分</td><td>不检验不得分</td><td></td><td></td></tr>
<tr><td colspan="2">安全文明生产</td><td>10 分</td><td>违者不得分</td><td></td><td></td></tr>
</table>

第 3 篇

综合设计及实训课程实例

项目7

机械制造综合设计及实训课程实例

为了便于学生做好课程设计，尤其是指导学生撰写设计、加工的说明书，本项目列举了一个课程设计的实例，供学生参考。

课程设计说明书全面、系统地记录和介绍了学生课程设计的全部过程，机械制造综合设计及实训课程的课程设计说明书包括封面(图 7.1)、目录(图 7.2)、设计任务书(图 7.3)、说明书正文等内容。

7.1 封　　面

机械制造综合设计及实训课程设计说明书封面格式如图 7.1 所示。

XXXXXX 学院

机械制造综合设计及实训

课程设计说明书

设计题目： ______零件的机械加工工艺规程制订及______工序专用夹具、专用量具的设计与加工

班　　级______________________

设 计 者______________________

学　　号______________________

同组人员______________________

____

指导教师______________________

评定成绩______________________

设计日期　　年　　月　日至　月　日

图 7.1 “课程设计说明书”封面

7.2 目　　录

课程设计说明书目录格式如图 7.2 所示。

图 7.2　“课程设计说明书”目录

图 7.2 “课程设计说明书”目录(续)

7.3　综合设计及实训任务书

综合设计及实训任务书如图 7.3 所示。

XXXXXX 学院

机械制造综合设计及实训

课程设计任务书

设计题目：“调速齿轮”零件的机械加工工艺规程制定及 车 工序专用夹具、专用量具的设计与加工(年产 5000 件)

设计内容：

1. 绘制产品零件图(2# ～4# 图纸)	1 张
2. 产品毛坯图	1 张
3. 制订机械加工工艺过程卡片	1 份
4. 制订机械加工工序卡片(小组 1 套，个人 1～2 张工序卡)	1～2 张
5. 设计指定工序的专用夹具总装图(0#～3#图纸)	1 张
6. 设计指定工序的专用量具图　(0#～3#图纸)	1 张
7. 绘制非标夹具零件的零件图 (小组 1 套，个人 1～2 张)	1～2 张
8. 制订非标夹具零件的机械加工工艺过程卡片	1 份
9. 制订专用量具零件的机械加工工艺过程卡片	1 份
10. 产品零件和专用夹具、专用量具的加工	1 套
11. 撰写综合设计与综合实训说明书	1 份

班　　级________________

设 计 者________________

学　　号________________

同组人员________________

____

指导教师________________

教研室主任________________

年　　月　　日

图 7.3　综合设计及实训任务书

7.4 机械制造综合设计及实训说明书正文

设计题目：

“调速齿轮”零件(图 7.4)的机械加工工艺规程制订及车工序专用夹具、专用量具的设计与加工(年产 5000 件)。

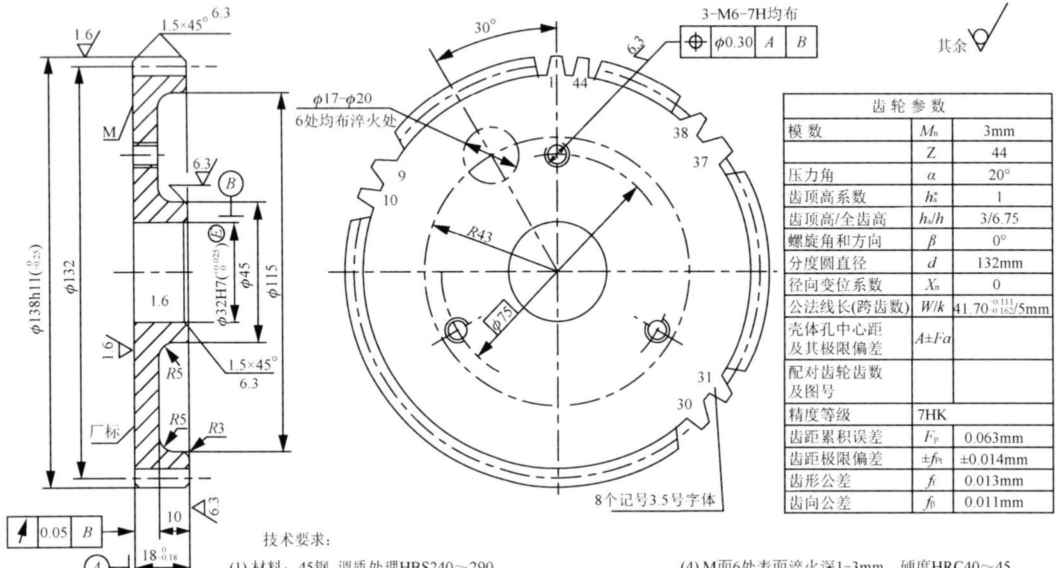

齿轮参数		
模数	M_n	3mm
	Z	44
压力角	α	20°
齿顶高系数	h_a^*	1
齿顶高/全齿高	h_a/h	3/6.75
螺旋角和方向	β	0°
分度圆直径	d	132mm
径向变位系数	X_n	0
公法线长(跨齿数)	W/k	$41.70_{-0.162}^{-0.111}$/5mm
壳体孔中心距及其极限偏差	$A \pm Fa$	
配对齿轮齿数及图号		
精度等级	7HK	
齿距累积误差	F_p	0.063mm
齿距极限偏差	$\pm f_{Pt}$	±0.014mm
齿形公差	f_f	0.013mm
齿向公差	f_β	0.011mm

(a) 立体图

(b) 立体图

图 7.4 调速齿轮

序言

“机械制造综合设计及实训”课程是在我们学完了学校的全部基础课、专业基础课及大部分专业课之后进行的综合性的实践教学环节，是培养机电工程类专业学生的专业核心课程。这是我们在进行毕业设计之前对所学各课程的一次深入的综合性的链接，也是一次理论联系实际的训练。因此，它在我们的大学学习生活中占有十分重要的地位。

这次综合性的课程训练能巩固我们所学的理论知识和专业技能，提高自己解决实际生产问题的能力。我们在工艺规程制订及专用夹具设计、专用量具设计中能逐步掌握查阅手册及查阅有关书籍的能力，并逐步掌握专用夹具、专用量具的有关计算及设计能力，在夹具、量具加工中能获得丰富的感性知识，掌握夹具、量具加工的基本操作方法和技能，巩固、深化已学过的夹具知识，逐步培养自己的动手能力。理论联系实际的运用培养了我们一丝不苟的工作态度，严谨的工作作风，对我们今后参加工作有极大的帮助。

由于能力有限，实践经验不足，设计及加工中还有很多不足之处，希望老师们多加指教。

1　零件图的分析

1.1　零件的功用

本零件为柴油机变速箱调速装置中的齿轮。调速齿轮安装在轴芯上，并与配时齿轮相啮合，由配时齿轮驱动其运转，其功用是传递运动及动力。

1.2　零件工艺分析

本零件为回转体零件，右侧内凹面不需要加工，其他表面均需要加工，零件有调质处理及大端面六处淬火的热处理要求，各表面的加工精度和表面粗糙度依靠常规的机械加工工艺都能够保证。

本零件为 7 级精度的齿轮，其基准孔要求 Ra 1.6μm，应在相关工序中保证加工精度。零件图显示其最主要的加工面为大端面(基准 A)及内孔ϕ32H7mm 孔(基准 B)，它们是本零件加工工艺需要重点考虑的问题。其次大端面由于装配要求，对ϕ32H7mm 孔有端面跳动的要求；端面的螺纹孔 3-M6-7H 相对于基准 A、基准 B 有位置度ϕ0.3mm 要求，这些在安排加工工艺时也需注意。

2　确定毛坯

2.1　确定毛坯制造方法

齿轮是最常用的传动件。本零件的主要功用是传递动力，工作时需承受较大的冲击载荷，要求有较高的强度和韧性，故毛坯应选择锻件，以使金属纤维尽量不被切断。又由于年产量为 5000 件，达到了批量生产的水平，零件的材料为 45 钢，且零件形状较简单，尺寸也不大，故毛坯可采用模锻成型。零件形状并不复杂，因此毛坯形状可以与零件的形状尽量接近。

2.2 确定机械加工余量、毛坯尺寸和毛坯尺寸公差的相关因素

钢制模锻件的机械加工余量及公差按照 GB/T 12362—2003 确定。要确定毛坯的机械加工余量及尺寸公差，应先确定如下各项因素。

(1) 锻件公差等级。由该零件的功用和技术要求，确定其锻件公差为普通级。

(2) 锻件质量 m_f。根据零件成品质量 1.28kg，估算 m_f = 2.1kg。

(3) 锻件形状复杂系数 S。该锻件为圆形，假设其最大直径为ϕ142mm，长 22mm，可以计算出锻件外轮廓包容体质量 m_n：

$$m_n=(\frac{\pi}{4}\times 142^2\times 22\times 7.85\times 10^{-6})\text{kg}=2.735\text{kg}$$

由 $s=\frac{m_f}{m_n}$，得 $s=\frac{2.1}{2.735}=0.768$。

查《机械制造工艺设计简明手册》(以下简称《工艺手册》)中的表 2.2-10(锻件形状复杂系数 S 分级表)，由于 0.768 介于 0.63 和 1 之间，得到该零件的形状复杂系数 S 属于 S_1 级。

(4) 锻件材质系数 M。由于该零件材料为 45 钢，是碳的质量分数小于 0.65%的碳素钢，查《工艺手册》中的表 2.2-11(锻件材质系数表)，可知该锻件的材质系数属于 M_1 级。

(5) 零件表面粗糙度。由零件图知，除ϕ32H7mm 孔(基准 B)、左面的大端面(基准 A)、齿轮齿面表面粗糙度为 Ra1.6μm 外，其余各加工面为 Ra6.3μm。

2.3 确定总余量

根据锻件质量、零件表面粗糙度和形状复杂系数，查《工艺手册》中的表 2.2-25(模锻件内外表面加工余量)，可查得锻件单边余量在厚度方向为 1.5～2.0mm，水平方向也为 1.5～2.0mm，即锻件各外径的单边余量为 1.5～2.0mm，各轴向尺寸的单边余量亦为 1.5～2.0mm。锻件中心两孔的单面余量按《工艺手册》表 2.2-24(锻件内孔直径的机械加工余量)查得为 2mm。

2.4 确定锻件毛坯尺寸及毛坯尺寸公差

分析本零件，各加工表面的粗糙度均是 $Ra\geqslant$1.6μm，因此这些表面的毛坯尺寸只需将零件的尺寸加上所查得的余量值即可。由于有的表面只需粗加工或者半精加工，这时可取所查数据中的小值。当表面需经粗加工和半精加工、精加工时，可取较大值。ϕ32H7mm 孔采用精镗达到 Ra1.6μm，孔的锻件余量可取较大值。

综上所述，确定毛坯尺寸见表 7-1。

表 7-1 调速齿轮毛坯(锻件)尺寸 /mm

零件尺寸	单边加工余量	锻件尺寸
ϕ138h11	1.5	ϕ141
ϕ115	不需要加工	ϕ115.3
ϕ45	不需要加工	ϕ44.7
ϕ32H7	2	ϕ28
$18^{+0}_{-0.18}$	1.75	21.5
10	1.8(只加工一边)	11.8

毛坯尺寸公差根据锻件重量、形状复杂系数、分模线形状种类及锻件精度等级从《工艺手册》有关的表中查得，具体如下。

本零件锻件重量 2.1kg，形状复杂系数为 S_1，45 钢含碳量为 0.42%～0.50%，其最高含碳量为 0.5%，按《工艺手册》表 2.2-11，锻件材质系数为 M1，采取平直分模线，锻件为普通精度等级，则毛坯公差可从《工艺手册》表 2.2-13、表 2.2-16 查得。毛坯同轴度偏差允许值为 0.8mm，残留飞边为 0.8mm(表 2.2-13)。

综上所述，本零件毛坯尺寸允许偏差见表 7-2。

表 7-2　齿轮毛坯(锻件)尺寸允许偏差　/mm

锻件尺寸	偏　差	根　据
ϕ141	+1.0 −0.5	《工艺手册》表 2.2-13
ϕ28	+1.0 −2.0	
21.5	+1.5 −0.5	《工艺手册》表 2.2-16
11.8	±0.5	

2.5　设计毛坯图

2.5.1　确定圆角半径

锻件的内外圆角半径按《工艺手册》表 2.2-22 确定。本锻件各部分的 H/B 皆小于 2，故可用下式计算：

外圆角半径　　　$r = 0.05H + 0.5$；

内圆角半径　　　$R = 2.5r + 0.5$。

为简化起见，本锻件的内外圆角半径分别取相同数值。以最大的 H 进行计算。

$R = (0.05 \times 18 + 0.5)\text{mm} = 1.4\text{mm}$，取 $r = 2\text{mm}$；

$R = (2.5 \times 2 + 0.5)\text{mm} = 5.5\text{mm}$，考虑到内圆角不加工，取 $R = 5\text{mm}$。

以上所取的圆角半径数值能保证各表面的加工余量。

2.5.2　确定拔模角

本锻件的起模角应以模膛较深的一侧计算。

计算：　$\dfrac{L}{B}=\dfrac{110}{110}=1$，$\dfrac{H}{B}=\dfrac{32}{110}=0.291$。

按《工艺手册》表 2.2-23，查得外起模角 $\alpha = 5°$。

2.5.3　确定分模位置

由于毛坯是 $H<D$ 的圆盘类锻件，应采取轴向分模，这样可冲内孔，使材料利用率得到提高。为了便于起模，同时便于发现上、下模在模锻过程中的错移，分模线位置选在最大外径的中部，分模线为直线。

2.5.4　确定毛坯的热处理方式

钢质齿轮毛坯经锻造后应安排正火，以消除残留的锻造应力，并使不均匀的金相组织通过重新结晶而得到细化、均匀的组织，从而改善加工性。

图 7.5 所示为本零件的毛坯图。

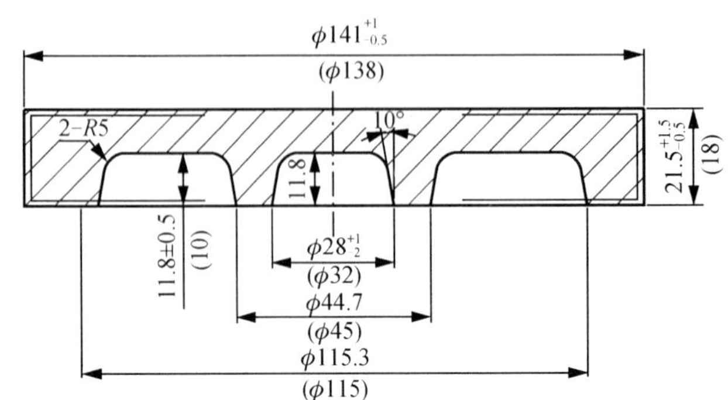

技术要求：

(1) 未注明圆角R2，未注拔模斜度8°。

(2) 尺寸按交点注，图示径向尺寸为锥度外端尺寸。

(3) 允许的表面缺陷深度：加工面为实际加工余量之半，非加工面为余量的1/3。

(4) 残留毛刺高度小于0.8。

(5) 平面度公差为0.8。

(6) 错移小于0.8。

(7) 锻件内在质量按GB/T 12361—2003确定。

(8) 正火硬度HBS156～217，正火金相组织按GB/T 13320—2007确定。

图 7.5　调速齿轮毛坯图

3　制订零件工艺规程

3.1　选择表面加工方法

本零件的加工面有外圆、内孔、端面、齿面及螺纹孔等，考虑到公差等级和表面粗糙度要求，查阅《工艺手册》中零件的表面加工方法、加工经济精度与表面粗糙度相关内容，其加工方法选择如下。

(1) φ32H7mm 内孔：公差等级为 IT7，表面粗糙度为 Ra1.6μm，参考表 7-3，并考虑以下因素。

① 生产批量较大时，应采用高效加工方法。

② 零件热处理会引起较大变形，为保证φ32H7mm 孔的精度及轮毂端面对φ32H7mm 孔的端面跳动要求，采用镗孔加工方法，即采用粗镗—半精镗—精镗的加工方法。

表 7-3　孔加工的精度和表面质量

加工方法	表面粗糙度 Ra/μm	表面缺陷层深度/μm	尺寸精度等级	形状精度等级	形状误差(圆柱度、圆度等)/μm					
					≤6	>6～18	>18～50	>50～120	>120～260	>260～500
钻孔和用钻头扩孔	12.5～3.2	70～25	IT12～13 IT11	9～10 8～9	12	30 20	40 25	50 —	— —	— —
扩孔：粗扩	12.5～3.2	50～30	IT12～13	9～10	—	30	40	50	—	—
在铸孔、冲孔上粗扩	6.3～3.2	40～25	IT11～13	9～10	—	30	40	50	—	—
粗扩后或钻孔后精扩			IT10	8	—	12	16	20	—	—
铰孔：一般铰孔	0.8	10	IT9	7	5	8	10	12	16	20
精铰			IT8	6	3	5	6	8	10	12
细铰	0.4	5	IT7							
			IT6	4～5	2	3	4	5	6	8
拉孔：在铸出或冲出孔上拉孔	0.8～0.4	10～5	IT9	7	—	8	10	12	16	—
在粗拉和钻出孔中精拉			IT7～8	6	—	5	6	8	10	—
镗孔：粗镗	12.5～6.3	50～30	IT11～13	8～9	8	12～20	16～25	20～30	25～40	30～50
半精镗	3.2～1.6	25～15	IT9～10	7	5	8	10	12	16	20
精镗	0.8～0.2	10～4	IT7～8	6	3	5	6	8	10	12
金刚镗	0.8～0.2	10～4	IT6	4～5	—	3	4	5	6	8
磨孔：粗磨	0.8～0.4	20～25	IT8	6	3	5	6	8	10	12
精磨			IT7	4～5	—	3	4	5	6	8
细磨	0.4～0.1	5	IT6							
研磨(珩磨)	0.2～0.025	5～3	IT6	4～5	1.2	2	2.5	3	4	5
附注	(1) 本表格所列数据适用于钢件，对于铸件和有色合金零件的工艺公差可取统计高一级的数据 (2) 孔的形状误差和尺寸误差，对于 $Ld<2.0$ 是有效的，当 $Ld=2～10$ 时，加工误差可扩大 1.2～2 倍。									

(2) 齿面。根据精度 7HK 的要求及表面粗糙度 $Ra1.6\mu m$，并考虑生产批量较大，故采用滚齿－剃齿的加工方法(参考表 7-4)。

表 7-4　齿轮加工精度

加工方法	精度等级	加工方法	精度等级
多头滚刀铣削	10～8	车齿	8～7
(m=1～20 毫米)		磨齿：	
单头滚刀铣削		成型砂轮仿形法	6～5
(m=1～20 毫米)		盘形砂轮范成法	6～3
精密滚刀		两个盘形砂轮范成法(马格法)	6～3
精度等级：AA	7	蜗杆砂轮范成法	6～4
一般滚刀			
精度等级：A	8		
B	9		
C	10	用铸铁研磨轮研齿	6～5
圆盘形插齿刀插齿		直齿圆锥齿轮刨齿	8
(m=1～20 毫米)		螺旋齿圆锥齿轮刀盘铣齿	8
精度等级：AA	6	涡轮模数滚刀滚蜗轮	8
A	7	径向或轴向进给热轧齿轮	9～8
B	8	(m =2～8 毫米)	
圆盘形剃齿刀剃齿		热轧后冷校准齿轮	8～7
(m=1～20 毫米)		(m=2～8 毫米)	
精度等级：A	6	冷轧齿轮(m≤1.5 毫米)	7
B	7		
C	8		

(3) 端面。本零件的端面为回转体端面，尺寸精度要求不高，但是作为基准 A 的大端面表面粗糙度要求为 $Ra1.6\mu m$，采用粗车—半精车—精车加工方法(参考表 7-5)。对于非基准的另一端面(轮辐面)，表面粗糙度虽然为 $Ra6.3\mu m$，但是考虑热处理引起的变形及后道滚齿加工工序的定位要求，也采用粗车—半精车—精车加工方法。

表 7-5　平面加工时的精度和表面质量

加工方法	表面粗糙度 Ra/μm	表面缺陷层深度/μm	尺寸精度等级	形位精度等级	形位误差/μm							
					直线度 平面度	垂直度 平行度	直线度 平面度	垂直度 平行度	直线度 平面度	垂直度 平行度	直线度 平面度	垂直度 平行度
					被加工平面尺寸(长×宽)/μm							
					≤60×60		>60×60 ～160×160		>160×160 ～400×400		>400×400	
铣削和刨削粗铣、粗刨	12.5～6.3	100～50	IT11～13 IT10	11 10～11	80 40	100 60	120 60	160 100	200 100	250 160	250 160	400 250
精铣、精刨	3.2～0.8	50～20	IT9 IT7	8～9 7～8	25 16	40 25	40 25	60 40	60 40	100 60	100 60	160 100
细铣、细刨	0.8～0.4	30～10	IT7 IT6	6～7 6	10 6	16 10	16 10	25 16	25 16	40 25	40 25	60 40
端面车削 粗车	25～12.5	100～50	IT12～13 IT11	11 9～10	80 40	100 60	120 60	120 60	120 60	160 100	200 100	250 160
一次精车	12.5～1.6	50～20	IT10 IT9	8～9 7～8	25 16	40 25	40 —	60 —	60 —	100 —	100 —	160 —
细车	1.6～0.4	30～10	IT7	6	6	10	10	16	16	25	25	40
一次拉削	3.2～0.8	50～10	IT9 IT7	6～7 6	10 6	16 10	16 10	25 16	25 16	40 25	40 25	60 40
磨削 粗磨	1.6	20	IT9 IT7	6～7 5～6	10 6	16 10	16 10	25 16	25 16	40 25	40 25	60 40
精磨成 一次磨削	0.8～0.4	15～5	IT17 IT6	6 5～6	6 4	10 6	10 6	16 10	16 10	25 16	25 16	40 25
细磨	0.4～0.1	5	IT6 IT5	4～5 2～3	2.5 1.6	4 2.5	4 2.5	6 4	6 4	10 6	10 6	16 10
研磨、细刮	0.4～0.1	5	IT5	2～3 2	1.6 1.0	2.5 1.6	2.5 1.6	4 2.5	4 2.5	6 4	6 4	10 6
说明	(1) 表中所列数据适用于钢件，对于铸铁件和有色金属件采用高一级精度 (2) 行为精度等级栏中“平面度和直线度”精度应比“平行度和垂直度”精度高一级。如“平行度和垂直度”为 11 级则相应的“平面度和直线度”应为 10 级											

(4) ϕ138h11mm 外圆：公差等级为 IT11，表面粗糙度为 Ra6.3μm，考虑热处理的变形影响，采用粗车－半精车的加工方法(参考《工艺手册》表 1.4-6)。

(5) 3-M6-7H 螺纹孔：公差等级为 IT7，表面粗糙度为 Ra6.3μm，位置度要求ϕ0.3mm，采用钻孔－攻内螺纹的加工方法(参考《工艺手册》表 1.4-7 及表 1.4-17)。

3.2 选择定位基准

(1) 精基准选择。本零件是带孔的盘状齿轮，孔是其设计基准(亦是装配基准和测量基准)，即齿轮设计基准是ϕ32H7mm 孔(图纸中的基准 B 面)，根据基准重合原则，并同时考虑统一精基准原则，选ϕ32H7mm 孔作为主要定位精基准，同时考虑定位稳定可靠，选大端面(图纸中的基准 A 面)作为第二定位精基准。

在精镗孔工序中，为达到端面与孔的跳动要求，选大端面(图纸中的基准 A 面)作为定位基准。

(2) 粗基准选择。由于本齿轮全表面都需加工，重点考虑装夹方便、可靠，而且ϕ32H7mm 孔作为精基准应先进行加工，因此选外圆及一端面为粗基准。

3.3 拟定零件加工工艺路线

制定工艺路线的出发点应当是使零件的几何形状、尺寸精度等条件得到合理的保证，在生产纲领已确定为大批生产的条件下，可以采用万能机床配以专用工装夹具。除此以外，还应考虑经济效果，以降低生产成本。

齿轮的加工工艺路线一般是先进行齿坯的加工，再进行齿面加工。齿坯加工包括各圆柱表面及端面的加工。按照先加工基准面及先粗后精的原则，拟定了两条加工工艺路线。

方案 1 工艺路线如下。

(1) 钻孔(采用立式钻床，气动三爪卡盘)。

(2) 粗车外圆，粗车大端面(图纸中的基准 A 面)，内孔倒角(采用多刀半自动车床，气动可胀心轴)。

(3) 粗车另一端端面，另一端内孔倒角(采用多刀半自动车床，气动可胀心轴)。

(4) 半精镗孔(采用车床，液压三爪卡盘)。

(5) 半精车、精车大端面(基准 A 面)，倒角(采用车床，三爪卡盘)。

(6) 半精车轮辐面，倒角(采用车床，液压三爪卡盘)。

(7) 精镗孔、精车轮辐面(采用车床，三爪卡盘)。

(8) 精车外圆，倒角(采用车床，气动精车夹具)。

(9) 中间检验。

(10) 滚齿(采用滚齿机，滚齿夹具)。

(11) 去齿端毛刺(采用倒棱机，倒角夹具)。

(12) 清洗。

(13) 打印记号(采用钻床，打印夹具)。

(14) 钻孔(采用钻床，钻孔夹具)。

(15) 倒孔口角(采用钻床)。

(16) 攻螺纹(采用钻床，攻丝夹具)。

(17) 清洗。

(18) 高频六点淬火。

(19) 剃齿(采用剃齿机，剃齿夹具)。

(20) 清洗。

(21) 最终成品检验。

方案 2 工艺路线如下。

(1) 粗车大端面(图纸中的基准 *A* 面)，粗车、半精车内孔，一端内孔倒角(采用普通车床，三爪卡盘)。

(2) 粗车、半精车外圆，粗车另一端轮辐面，倒角(采用普通车床，三爪卡盘)。

(3) 精车内孔，精车大端面(图纸中的基准 *A* 面)，外圆倒角(采用普通车床，三爪卡盘)。

(4) 精车外圆，精车轮辐面(采用普通车床，精车夹具)。

(5) 中间检验。

(6) 滚齿(采用滚齿机，滚齿夹具)。

(7) 去齿端毛刺(采用倒棱机，倒角夹具)。

(8) 清洗。

(9) 打印记号(采用钻床，打印夹具)。

(10) 钻孔(采用钻床，钻孔夹具)；倒孔口角(采用钻床)；攻螺纹(采用钻床，攻丝夹具)。

(11) 清洗。

(12) 高频六点淬火。

(13) 剃齿(采用剃齿机，剃齿夹具)。

(14) 清洗。

(15) 最终成品检验。

方案比较：方案 2 工序相对集中，便于管理，且由于采用普通机床，较少使用专用夹具，易于实现。方案 1 则采用工序分散原则，各工序工作相对简单。考虑到该零件生产批量较大，工序分散可简化调整工作，易于保证加工质量，且采用专用夹具，可提高加工效率，故采用方案 1 较好。

通过上述加工路线方案的比较，确定方案 1 较为合理，考虑批量生产，为了提高生产效率，保证产品质量，将粗车加工的工序集中到粗车加工车间完成，并增加粗车加工的半成品检验，最后的加工路线确定如下。

工序 010：锻造成型(按锻件图)。备料，模锻成型毛坯，材料为 45 钢。

工序 020：热处理正火，硬度 HBS170～217。

工序 030：粗车各部分尺寸(按粗车图)。

工序 040：半成品检验(按粗车图检验)。

工序 050：热处理调质，硬度 HBS240～290。

工序 060：热处理去氧化皮。

工序 070：半精车，以轮辐端面定位、夹紧大外圆，半精镗至 $\phi 31.45^{+0.15}_{+0}$ mm。选用 CA7620 车床和液压三爪卡盘、专用量具。

工序 080: 精车，定位夹紧同上，精车大端面齿宽至(18.6±0.15)mm(基准 A 面)，外圆、孔口倒角 1×45°。选用 C618 车床和三爪卡盘、游标卡尺。

工序 090: 半精车，以已车大端面定位夹紧大外圆，半精车轮辐端面至$18.2^{+0}_{-0.15}$ mm，保证与定位面平行度为 0.05mm，倒外圆角 1×45°，倒轮辐角 1.5×45°，倒孔口角 1.8×45°。选用 CA7620 车床和液压三爪卡盘、外径千分尺等。

工序 100: 精车，定位夹紧同上，精镗孔至ϕ32H7($^{+0.025}_{+0}$)mm，精车轮辐端面至$18^{+0}_{-0.18}$ mm，端跳 0.012mm，定位面端跳 0.02mm。选用 C336—1 车床和三爪卡盘、外径千分尺等。

工序 110: 精车，以已车大端面定位，以内孔定心并涨紧，精车大外圆至ϕ138h11、($^{+0}_{-0.1}$)mm，倒外圆两侧角 1.5×45°。选用 CA7620 车床和专用夹具、游标卡尺。

工序 120: 中间检验(精车齿坯检验)。

工序 130: 滚齿，以轮辐端面端面定位，内孔定心，压紧平端面，滚齿：m=3mm，z=44，α=20°。选用 Y38—1 滚齿机床和滚齿夹具、渐开线检测仪等。

工序 140: 机刮齿端毛刺，倒棱。选用倒棱机。

工序 150: 清洗。选用清洗机。

工序 160: 打印记(按产品图)。选用打印机、打印夹具等。

工序 170: 以轮辐端面定位，内孔定心，压紧平端面，钻 3-M6-7H 螺纹底孔。选用 Z525B 钻床、钻夹具、专用量具等。

工序 180: 螺纹孔孔口倒角 1×120°。选用 Z525B 钻床。

工序 190: 攻内螺纹 3-M6-7H。选用 Z525B 钻床、攻丝夹具、专用量具等。

工序 200: 清洗。

工序 210: 热处理。高频六点淬火(按产品图)。

工序 220: 以轮辐端面定位内孔定心压紧平端面剃齿：m=3mm，z=44，α=20°。选用 Y4232A 剃齿机床和剃齿夹具、渐开线检测仪等。

工序 230: 清洗。

工序 240: 成品检验(按产品图检验)。

工序 250: 入库、上油、包装。

以上工艺过程详见附表—机械加工工艺过程卡片和附表—机械加工工序卡片。

3.4 确定机械加工余量、工序尺寸及公差

根据各资料及制定的零件加工工艺路线，采用计算与查表相结合的方法确定各工序加工余量。中间工序尺寸的公差按加工方法的经济精度确定，上下偏差按入体原则标注，确定各加工表面的机械加工余量，工序尺寸及毛坯尺寸如下。

3.4.1 外圆表面(ϕ138h11 mm)

根据前面锻件中确定的ϕ138h11 mm 的毛坯尺寸及公差，单面加工余量 1.5 mm，毛坯偏差为 $^{+1.0}_{-0.5}$ mm，参考《工艺手册》中表 2.3-2，同时考虑热处理的变形影响，将图纸上要求的ϕ138h11 ($^{+0}_{-0.25}$)mm 尺寸，在加工工序中将其公差缩小，缩小后的尺寸及公差为$\phi 138^{+0}_{-0.10}$ mm，外圆表面最终的各工序的加工余量、工序尺寸及公差、表面粗糙度见表 7-6。

表 7-6　ϕ138h11mm 外圆表面的加工

工序名称	工序间余量/mm	工　　序		工序基本尺寸/mm	标注工序尺寸公差/mm
		经济精度/mm	表面粗糙度 Ra/μm		
精车	0.8	IT5	3.2	ϕ138	$\phi138_{-0.10}^{+0}$
粗车	2.2	IT12	6.3	ϕ138.8	$\phi138.8_{-0.20}^{+0.10}$
毛坯		$_{-0.5}^{+1.0}$		ϕ141	$\phi141_{-0.5}^{+1.0}$

3.4.2　内孔表面(ϕ32H 7mm)

圆柱内孔表面多次加工的工序尺寸只与加工余量有关。前面已确定内孔表面的总加工余量(毛坯余量)，应将毛坯余量分为各工序加工余量，然后由后往前计算工序尺寸。参考《工艺手册》中表 2.3-8 及表 2.3-12，中间工序尺寸的公差按加工方法的经济精度确定。内孔表面最终的各工序的加工余量、工序尺寸及公差、表面粗糙度见表 7-7。

表 7-7　ϕ32H7 mm 内孔表面的加工

工序名称	工序间余量/mm	工　　序		工序基本尺寸/mm	标注工序尺寸公差/mm
		经济精度/mm	表面粗糙度 Ra/μm		
精车	0.5	IT6	1.6	ϕ32	$\phi32_{+0}^{+0.025}$
半精车	1.0	IT10	3.2	ϕ31.45	$\phi31.45_{+0}^{+0.15}$
粗车	2.5	IT12	6.3	ϕ30.5	$\phi30.5_{-0.3}^{+0}$
毛坯		$_{-2.0}^{+1.0}$		ϕ28	$\phi28_{-2.0}^{+1.0}$

3.4.3　大端面及轮辐端面($\phi18_{-0.18}^{+0}$ mm)

前面已确定大端面及轮辐端面的总加工余量(毛坯余量)，应将毛坯余量分为各工序加工余量，然后由后往前计算工序尺寸。参考《工艺手册》中表 2.3-21，齿厚方向两端面最终的各工序的加工余量、工序尺寸及公差、表面粗糙度见表 7-8。

表 7-8　ϕ $18_{-0.18}^{+0}$ mm 左右两端面的加工

工序名称	工序间余量/mm	工　　序		工序基本尺寸/mm	标注工序尺寸公差/mm
		经济精度/mm	表面粗糙度 Ra/μm		
精车	0.2	IT7	6.3	ϕ18	$\phi18_{-0.18}^{+0}$
半精车	0.4	IT7	6.3	ϕ18.2	$\phi18.2_{-0.15}^{+0}$
精车	1.0	IT12	1.6	ϕ18.6	ϕ18.6±0.15
粗车	2.0	IT12	6.3	ϕ19.5	ϕ19.5±0.10
毛坯		$_{-0.5}^{+1.5}$		ϕ21.5	$\phi21.5_{-0.5}^{+1.5}$

3.4.4　螺纹孔(3-M6-7Hmm)

参考《工艺手册》中表 2.3-20，螺纹孔最终的各工序的加工余量、工序尺寸及公差、表面粗糙度见表 7-9。

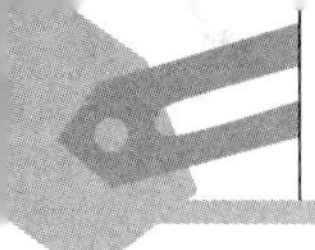

表 7-9　3-M6-7H 内螺纹孔表面的加工

工序名称	工序间余量/mm	工序		工序基本尺寸/mm	标注工序尺寸公差/mm
		经济精度/mm	表面粗糙度 Ra/μm		
攻内螺纹	0.9	IT7	6.3	M6	3-M6-7H
钻孔		IT13	3.2	$\phi5.1$	$3-\phi5.1_{+0}^{+0.20}$

3.4.5　齿轮表面(m=3mm，z=44，α=20°，精度等级 7HK)

参考《工艺手册》中表 2.3-20，螺纹孔最终的各工序的加工余量、工序尺寸及公差、表面粗糙度见表 7-10。

参考《工艺手册》中表 2.3-25，同时考虑热处理的变形影响，将图纸上要求的公法线尺寸 $w=41.70_{-0.162}^{-0.111}$ mm，在加工工序中将其尺寸及公差缩小，缩小后的尺寸及公差为 $w=41.585_{-0.04}^{+0}$ mm，齿轮表面最终的各工序的加工余量、工序尺寸及公差、表面粗糙度见表 7-10。

表 7-10　齿轮 m=3mm，z=44，α=20° 的加工

工序名称	工序间余量/mm	工序						公法线长度/mm 跨测齿数 k=5
		F_w	F_r	$\pm f_{pt}$	f_f	F_β	表面粗糙度 Ra/μm	
剃齿	0.11	0.033	0.045	±0.014	0.012	0.010	1.6	$w=41.585_{-0.04}^{+0}$
滚齿		± 0.025	0.035	±0.014	0.030	0.017	6.3	$w=41.70_{-0.04}^{+0}$

3.5　选择各工序所用机床、夹具、刀具、量具和辅具

3.5.1　选择机床

(1) 工序 070、090、110 是半精车和精车。各工序的工步数不多，成批生产，不要求很高的生产率，故选用卧式车床就能满足要求。本零件外廓尺寸不大，精度要求不是很高，选用最常用的 C620—1 型卧式车床即可(参考《工艺手册》表 4.2-7)。

(2) 工序 080 是精车。选用卧式车床就能满足要求。端面切削余量较大，精度要求不是很高，选用最常用的 C618 型卧式车床即可(参考《工艺手册》表 4.2-7)。

(3) 工序 100 为精镗孔。由于加工的零件外廓尺寸不大，又是回转体，故宜在车床上镗孔。由于要求的精度较高，表面粗糙度参数值较小，需选用较精密的车床才能满足要求。这里选 C336—1 型(参考《工艺手册》表 4.2-7)。

(4) 工序 130 为滚齿。从加工要求及尺寸大小考虑，选 Y38—1 或 Y3150 型滚齿机较合适(参考《工艺手册》表 4.2-49)。

(5) 工序 170、180、190 为钻孔—倒角—加工内螺纹 3-M6-7H。此工序可采用专用夹具在立式钻床上加工，选 Z525B 型立式钻床(参考《工艺手册》表 4.2-14)。

3.5.2　选择夹具

本零件除精车大外圆及钻螺纹底孔、攻螺纹、滚齿、剃齿等工序需要专用夹具外，其他各工序使用通用夹具即可。前 4 道车床工序用三爪自定心卡盘夹紧。

3.5.3　选择刀具

(1) 在车床上加工的工序，一般都选用硬质合金车刀和镗刀。加工钢质零件采用 YT 类硬质合金，粗加工用 YT5，半精加工用 YT15，精加工用 YT30。为提高生产率及经济性，选用可转位车刀(GB/T 5343.1—2007，GB/T 5343.2—2007)。

(2) 滚齿根据《工艺手册》中表 1.4-16，采用 A 级单头滚刀能达到 8 级精度。滚刀的选择按《工艺手册》中表 3.1-53，选模数为 3mm 的Ⅱ型 A 级精度滚刀(GB/T 6083—2001)。

(3) 剃齿根据《工艺手册》中表 1.4-16，采用 A 级圆盘型剃齿刀能达到 7 级精度。剃齿刀的选择按《工艺手册》中表 3.1-58，选模数为 3mm，$\beta=15°$，$\alpha=20°$，直径为 ϕ240mm 的 A 级精度剃齿刀(GB/T 21950—2008)。

(4) 钻 3-M6-7H mm 螺纹底孔根据《工艺手册》中表 3.1-5，采用 ϕ5.1mm 直柄麻花钻(GB/T 25666—2010)。

3.5.4　选择量具

本零件属成批生产，一般均采用通用量具。选择量具的方法有两种：一是按计量器具的不确定度选择；二是按计量器具的测量方法极限误差选择。选择时，采用其中的一种方法即可。工序 070：半精镗ϕ32H7mm，采用专用量具。工序 170：钻 3-M6-7H 螺纹底孔，采用专用量具。工序 190：攻内螺纹 3-M6-7H，采用专用量具。

1. 选择外圆加工面的量具

工序Ⅲ中半精车外圆ϕ138h11mm 达到图纸要求，现按计量器具的不确定度选择该表面加工时所用量具：该尺寸公差 $T=0.25$mm。根据《工艺手册》中表 5.1-1，计量器具不确定度允许值 $U_1=0.016$mm。根据《工艺手册》中表 5.1-2，分度值 0.02mm 的游标卡尺，其不确定度数值 $U=0.02$mm，$U>U_1$，不能选用，必须 $U\leqslant U_1$，故应选分度值 0.01mm 的外径百分尺(U=0.006mm)。从《工艺手册》中表 5.2-9 中选择测量范围为 125～150mm，分度值为 0.01mm 的外径百分尺即可满足要求。

2. 选择加工孔用量具

$\phi32_{+0}^{+0.025}$ mm 孔经粗镗(粗车)、半精镗、精镗 3 次加工。粗镗(粗车)至 $\phi30.5_{-0.3}^{+0}$ mm，半精镗至 $\phi31.45_{+0}^{+0.15}$ mm。现按计量器的测量方法极限误差选择其量具。

(1) 粗镗孔 $\phi30.5_{-0.3}^{+0}$ mm，公差等级为 IT12，由于精度要求不高，工件公差低于 IT11，根据《工艺手册》中表 5.2-6 选游标读数值 0.02mm，测量范围 0～150mm 的游标卡尺即可。

(2) 半精镗孔 $\phi31.45_{+0}^{+0.15}$ mm，公差等级约为 IT10，考虑到大批量生产，为了快速判断工件合格与否，本道工序采用专用量具 $\phi31.45_{+0}^{+0.15}$ mm 圆孔塞规。

(3) 精镗孔 $\phi32_{+0}^{+0.025}$ mm，公差等级为 IT7，根据《工艺手册》中表 5.1-5，精度系数 K=27.5%，$\Delta_{\lim}=KT=0.275\times0.025\text{mm}=0.0069\text{mm}$。根据表 5.1-6 及表 5.2-18，可选测量范围为 18～35mm，测孔深度为Ⅰ型的一级内径百分表，根据表 5.1-6 及表 5.2-21，可选测量范围为 0～0.2mm，Ⅰ型的一级杠杆千分表。

3. 选择加工轴向尺寸所用量具

加工轴向尺寸所选量具，见表 7-11。

表 7-11　加工轴向尺寸所选量具

工　序	尺寸及公差	量　　具
080	18.6 ± 0.15	分度值 0.02mm 测量范围 0～150mm 游标卡尺
090	$18.2_{-0.15}^{+0}$	
100	$18_{-0.18}^{+0}$	

4. 选择滚齿、剃齿工序所用量具

滚齿、剃齿工序在加工时测量公法线长度即可。根据《工艺手册》中表 5.2-16，选分度值 0.01mm，测量范围 25～50mm 的公法线千分尺(GB/T 1217—2004)。

5. 选择钻孔、攻丝工序所用量具

工序 170: 钻孔 $3-\phi5.1_{+0}^{+0.20}$ mm，公差等级约为 IT13，考虑到大批量生产，为了使用方便，快速判断工件合格与否，保证工件在生产中的互换性，本道工序采用专用量具 $\phi5.1_{+0}^{+0.20}$ mm 钻塞规及位置度专用检具。工序 190: 攻内螺纹 3-M6-7H，采用专用量具螺纹塞规及位置度专用检具。

3.6　确定切削用量及基本工时

切削用量一般包括切削深度 a_p、进给量 f 及切削速度 v 三项。确定方法是先确定切削深度 a_p，其次是进给量 f，最后再确定切削速度 v。现根据《切削用量简明手册》(以下简称《切削手册》)(第 3 版，艾兴、肖诗纲编，1994 年机械工业出版社出版)确定本零件各工序的切削用量。

3.6.1　工序 070(半精镗至 $\phi31.45_{+0}^{+0.15}$ mm)的切削用量及基本时间的确定

1. 加工条件

工件材料为 45 钢，调质处理，抗拉强度 σ_b＝800～900MPa，硬度 HBS 240～290。

加工要求：半精车，以轮辐端面定位，夹紧大外圆，半精镗至 $\phi31.45_{+0}^{+0.15}$ mm。选用 CA7620 型多刀半自动车床和液压三爪卡盘，使用专用量具。

2. 确定切削用量及基本工时

采用查表法确定切削用量。半精镗孔至 $\phi31.45_{+0}^{+0.15}$ mm。该工序所选刀具为 YT5 硬质合金圆形镗刀，主偏角 $\kappa_r=45°$，直径为 20mm。根据《切削手册》表 1.9 查得其耐用度为 $T=60$min。机床为 CA7620 型车床，工件装卡在液压三爪自定心卡盘中 (参看 CA7620 型车床说明书或《切削手册》，表 1.3)

① 确定背吃刀量 a_p。内孔粗车与半精镗孔之间的总加工余量为 1mm，单边余量 $Z=0.5$ mm，一次镗去全部余量，因此，$a_p=0.5$mm。

② 确定进给量 f。根据《切削手册》中表 1.5，当镗削钢料、镗刀直径为 20mm 时，$a_p\leqslant$2mm。镗刀伸出长度为 100mm 时，f=0.15～0.30mm/r。按 CA7620 型车床的进给量(参看 CA7620 车床说明书或参考《工艺手册》中表 4.2-9)，选择 f=0.20mm/r。

③ 确定切削速度 v_c。切削速度 v_c 可以根据公式计算，也可以直接由表中查出。

本例采用根据公式计算的方法，v_c按《切削手册》中表 1.27 的计算公式确定如下：

$$v_c=\frac{C_v}{T^m a_p^{x_v} f^{y_v}}k_v$$

式中 $k_v=k_{Tv}\times k_{Mv}\times k_{sv}\times k_{tv}\times k_{kv}\times k_{gv}\times k_{K_{rv}}$。

按《切削手册》中表 1.27 查得：$C_v=291$，$m=0.2$，$x_v=0.15$，$y_v=0.2$。

按《切削手册》中表 1.28 查得切削速度的修正系数如下：

$k_{Tv}=1.0$，$k_{Mv}=0.77$，$k_{sv}=1.0$，$k_{tv}=0.65$，$k_{kv}=1.0$，$k_{gv}=0.8$，$k_{K_{rv}}=1.0$。

故 $k_v=1.0\times0.77\times1.0\times0.65\times1.0\times0.8\times1.0=0.4004$。

则切削速度 $v_c=\dfrac{291}{60^{0.2}\times0.5^{0.15}\times0.2^{0.2}}\times0.4004\text{m/min}=78.65\text{m/min}$。

主轴转速 $n=\dfrac{1000v_c}{\pi D}=\dfrac{1000\times78.65}{\pi\times31.45}\text{r/min}=796.1\text{r/min}$。

按 CA7620 机床说明书查找与 796.1r/min 接近的转速(或参考《工艺手册》中表 4.2-8)，选取 $n=710\text{r/min}$。

所以实际的切削速度 $v=n\pi d/1000=70.15\text{m/min}$。

④ 计算基本工时(机动工时)T_j。根据《工艺手册》中表 6.2-1，镗削的机动时间为

$$T_j=\frac{L}{fn}i=\frac{l+l_1+l_2+l_3}{fn}i$$

式中：$l=19.5\text{mm}$，$l_1=\dfrac{a_p}{\tan k_r}+(2\sim3)=\left(\dfrac{0.5}{\tan45^\circ}+2.5\right)\text{mm}=3\text{mm}$，$k_r=45^\circ$，$l_2=4\text{mm}$，$l_3=0$，

$f=0.2\text{mm/r}$，$n=710\text{r/min}$，$i=1$。

则　　$T_j=\dfrac{19.5+3+4}{0.2\times710}\text{min}=0.19\text{min}$。

⑤ 确定辅助时间 T_f。根据《工艺手册》中表 6.3-1～表 6.3-4，确定镗削加工辅助时间如下。工件装夹和卸下工件时间为 0.16min，启动机床时间为 0.02min，取量具并测量尺寸时间为 0.5min，共计 $T_f=0.68\text{min}$。

3.6.2　工序 080 的切削用量及基本时间的确定

1. 加工条件

工件材料为 45 钢，调质处理，抗拉强度 $\sigma_b=800\sim900\text{MPa}$，硬度 HBS240～290。

加工要求：精车，以轮辐端面定位，夹紧大外圆，精车大端面齿宽至(18.6±0.15)mm，外圆、孔口倒角 1×45°。选用 C618 车床和三爪卡盘、游标卡尺。

2. 确定切削用量及基本工时

(1) 精车大端面齿宽至(18.6±0.15)mm。所选刀具为 YT15 硬质合金 45°弯头端面车刀，前角 $r_o=12^\circ$，后角 $a_o=8^\circ$，主偏角 $\kappa_r=45^\circ$，副偏角 $\kappa_r'=10^\circ$，刃倾角 $\lambda_s=0^\circ$，刀尖圆弧半径 $r_\varepsilon=0.5\text{mm}$。根据《切削手册》表 1.9 查得其耐用度为 $T=30\text{min}$。机床为 C618 车床，工件装卡在三爪卡盘中(参看 C618 车床说明书或《切削手册》第 3 版，表 1.3)。

即 $r_o=12^\circ$，$a_o=8^\circ$，$\kappa_r=45^\circ$，$\kappa_r'=5^\circ$，$\lambda_s=0^\circ$，$r_\varepsilon=0.5\text{mm}$。

① 确定背吃刀量 a_p。已知粗车端面后的最大尺寸为 19.6mm，本工序要求精车至

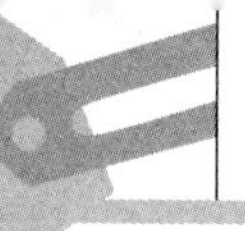

(18.6±0.15)mm，加工余量为1mm，分两次走刀加工，因此a_p = 0.5mm。

② 确定进给量f。根据《切削手册》中表1.6及表1.7，工件材料为45钢，本工序要求的表面粗糙度Ra 1.6μm，切削速度≥100m/min，刀尖圆弧半径r_ε = 0.5mm，查得f=0.06～0.12mm/r。

按C618车床的进给量(参看C618车床说明书或参考《工艺手册》中表4.2-9)，选择f = 0.10mm/r。

③ 确定切削速度v_c。采用根据公式计算的方法，v_c按《切削手册》中表1.27的计算公式确定如下：

$$v_c=\frac{C_v}{T^m a_p^{x_v} f^{y_v}}k_v$$

按《切削手册》中表1.27查得：C_v=291，m=0.2，x_v=0.15，y_v=0.2。

按《切削手册》中表1.28查得切削速度的修正系数如下：

k_{Tv}=1.13，k_{Mv}=0.77，k_{sv}=1.0，k_{tv}=1.0，k_{kv}=1.24，$k_{K_{rv}}$=1.0。

故k_v=1.13×0.77×1.0×1.0×1.24×1.0=1.08。

则切削速度$v_c=\dfrac{291}{30^{0.2}\times0.5^{0.15}\times0.10^{0.2}}\times1.08\text{m/min}=318.6\text{m/min}$。

主转轴速度$n=\dfrac{1000v_c}{\pi D}=\dfrac{1000\times318.6}{\pi\times138.8}\text{r/min}=730.6\text{r/min}$。

按C618机床说明书查找与730.6r/min接近的转速(或参考《工艺手册》中表4.2-8)，选取n = 860r/min，所以实际的切削速度v = 375m/min。

④ 计算基本工时(机动工时)T_j。根据《工艺手册》中表6.2-1，精车大端面的机动时间为

$$T_j=\frac{L}{fn}i,\ L=\frac{d-d_1}{2}+l_1+l_2+l_3$$

式中：d=138.8mm，d_1=31.45mm，$l_1=\dfrac{a_p}{\tan\kappa_r}+(2\sim3)=\left(\dfrac{0.5}{\tan45^\circ}+2.5\right)\text{mm}=3\text{mm}$，

κ_r=45°，l_2=4mm，l_3=0，f=0.1mm/r，n=860r/min，i=1。

则$T_j=\dfrac{53.7+3+4}{0.1\times860}\text{min}=0.71\text{min}$。

⑤ 确定辅助时间T_f。根据《工艺手册》中表6.3-1～表6.3-4，确定车削端面加工辅助时间如下。工件装夹和卸下工件时间为0.16min，启动机床时间为0.02min，取量具并测量尺寸时间为0.5min，共计T_f = 0.68min。

(2) 外圆倒角1×45°。所选刀具为倒角刀，转速选用精车大端面的主轴转速n=860r/min，手动进给。

(3) 孔口倒角1×45°。所选刀具为倒角刀，转速选用精车大端面的主轴转速n = 860r/min，手动进给。

3.6.3 工序090的切削用量及基本时间的确定

1. 加工条件

工件材料为45钢，调质处理，抗拉强度σ_b=800～900MPa，硬度HBS240～290。

加工要求：半精车，以已车大端面定位，夹紧大外圆，半精车轮辐端面至$18.2_{-0.15}^{+0}$ mm，与定位面平行度为 0.05mm，外圆倒角 1×45°，轮辐两处倒角 1.5×45°，孔口倒角 1.8×45°。选用 CA7620 车床和液压三爪卡盘、外径千分尺等。

2. 确定切削用量及基本工时

(1) 半精车轮辐端面至$18.2_{-0.15}^{+0}$ mm。采用和工序 080 精车大端面至(18.6±0.15)mm 相同的端面车刀加工轮辐端面。所选刀具为 YT15 硬质合金车刀，根据《切削手册》表 1.9 查得刀具耐用度为 T = 30min。

① 确定背吃刀量a_p。已知上道工序端面加工后的尺寸为(18.6±0.15)mm，本工序要求精车至$18.2_{-0.15}^{+0}$ mm，加工余量为 0.4mm，分一次走刀加工，因此a_p = 0.4mm。

② 确定进给量f。根据《切削手册》中表 1.6 及表 1.7，工件材料为 45 钢，本工序要求的表面粗糙度Ra为 3.2μm，切削速度≥50m/min，刀尖圆弧半径r_ε = 0.5mm，查得f=0.18～0.25mm/r。按 CA7620 车床的进给量(参看 CA7620 车床说明书或参考《工艺手册》中表 4.2-9)，选择f=0.20mm/r。

③ 确定切削速度v_c。根据公式计算，v_c按《切削手册》中表 1.27 的计算公式确定如下：

$$v_c=\frac{C_v}{T^m a_p^{x_v} f^{y_v}}k_v$$

按《切削手册》中表 1.27 查得：C_v=291，m=0.2，x_v=0.15，y_v=0.2。

按《切削手册》中表 1.28 查得切削速度的修正系数为：

k_{Tv}=1.13，k_{Mv}=0.77，k_{sv}=1.0，k_{tv}=1.0，k_{kv}=1.24，$k_{K_{rv}}$=1.0

故k_v=1.13×0.77×1.0×1.0×1.24×1.0=1.08，

则切削速度$v_c=\dfrac{291}{30^{0.2}\times0.4^{0.15}\times0.20^{0.2}}\times1.08\text{m/min}=251.98\text{m/min}$，

主轴转速$n=\dfrac{1000v_c}{\pi D}=\dfrac{1000\times251.98}{\pi\times138.8}\text{r/min}=577.9\text{r/min}$。

按 CA7620 机床上的机床说明书，查找与 577.9r/min 接近的转速(或参考《工艺手册》中表 4.2-8)，现选取n=560r/min，所以实际的切削速度v=242.8m/min。

④ 计算基本工时(机动工时)T_j。根据《工艺手册》中表 6.2-1，精车大端面的机动时间为

$$T_j=\frac{L}{fn}i\,,\ L=\frac{d-d_1}{2}+l_1+l_2+l_3$$

式中：d=138.8mm，d_1=31.45mm，$l_1=\dfrac{a_p}{\tan\kappa_r}+(2\sim3)=\left(\dfrac{0.4}{\tan45^\circ}+2.5\right)\text{mm}=2.9\text{mm}$,

κ_r=45°，l_2=4mm，l_3=0，f=0.2mm/r，n=560r/min，i=1。

则$T_j=\dfrac{53.7+2.9+4}{0.20\times560}\text{min}=0.54\text{min}$。

⑤ 确定辅助时间T_f。根据《工艺手册》中表 6.3-1～表 6.3-4，确定车削端面加工辅助时间如下。工件装夹和卸下工件时间为 0.16min，启动机床时间为 0.02min，取量具并测量尺寸时间为 0.5min，共计T_f = 0.68min。

(2) 外圆倒角 1×45°。所选刀具为倒角刀，转速选用精车大端面的主轴转速n=560r/min，

手动进给。

(3) 轮辐两处倒角1.5×45° 所选刀具为倒角刀，转速选用精车大端面的主轴转速n=560r/ min，手动进给。

(4) 孔口倒角 1.8×45°。所选刀具为倒角刀，转速选用精车大端面的主轴转速n=560r/ min，手动进给。

3.6.4　工序100的切削用量及基本时间的确定

1. 加工条件

工件材料为45钢，调质处理，抗拉强度σ_b＝800～900MPa，硬度HBS240～290。

加工要求：精车，定位夹紧同工序090(以车大端面定位，夹紧大外圆)，精镗至$\phi32_{+0}^{+0.025}$ mm；精车轮辐面至$18_{-0.18}^{+0}$ mm，端跳 0.012mm，定位面端跳 0.02mm。选用C336—1回轮式六角车床和三爪卡盘、外径千分尺等量具。

2. 确定切削用量及基本工时

(1) 精镗孔至$\phi32_{+0}^{+0.025}$ mm。所选刀具为YT15硬质合金圆形镗刀，主偏角K_r=45°，直径为20mm。根据《切削手册》表1.9查得其耐用度T=60min。机床为C336—1车床，工件装卡在三爪卡盘中。(参看C336—1车床说明书或《切削手册》第3版，表1.3)

① 确定背吃刀量a_p。半精镗孔与精镗孔之间的总加工余量为0.55mm，单边余量Z=0.275 mm，一次镗去全部余量，因此，a_p = 0.28mm。

② 确定进给量f。根据《切削手册》中表1.5，当镗削、钢料、镗刀直径为20mm、$a_p \leqslant$2mm，镗刀伸出长度为100mm时，f=0.15～0.30mm/r，为粗镗的进给量。

本工序要求的表面粗糙度Ra为1.6 μm，参看《切削手册》中表1.6，同时按C336—1车床的进给量(参看C336—1车床说明书)，选择精镗孔时的进给量f=0.09mm/r。

③ 确定切削速度v_c。切削速度v_c可以根据公式计算，也可以直接由表中查出。

本例采用根据公式计算的方法，v_c按《切削手册》中表1.27的计算公式确定如下：

$$v_c = \frac{C_v}{T^m a_p^{x_v} f^{y_v}} k_v$$

式中：$k_v = k_{Tv} \times k_{Mv} \times k_{sv} \times k_{tv} \times k_{kv} \times k_{gv} \times k_{K_{rv}}$。

按《切削手册》中表1.27查得：C_v=291，m=0.2，x_v=0.15，y_v=0.2。

按《切削手册》中表1.28查得切削速度的修正系数如下。

k_{Tv}=1.0，k_{Mv}=0.77，k_{sv}=1.0，k_{tv}=0.65，k_{kv}=1.0，k_{gv}=0.8，$k_{K_{rv}}$=1.0。

故k_v=1.0×0.77×1.0×0.65×1.0×0.8×1.0=0.4004。

则切削速度$v_c = \dfrac{291}{60^{0.2} \times 0.28^{0.15} \times 0.09^{0.2}} \times 0.4004\text{m/min} = 100.65\text{m/min}$，

主轴转速$n = \dfrac{1000 v_c}{\pi D} = \dfrac{1000 \times 100.65}{\pi \times 32}\text{r/min} = 1001.2\text{r/min}$。

按C336—1机床说明书查找与1001.2r/ min接近的转速(或参考《工艺手册》中表4.2-8)，选取n=1000r/min，所以实际的切削速度v=100.5m/min

④ 计算基本工时(机动工时)T_j。根据《工艺手册》中表6.2-1，镗削的机动时间为

$$T_j=\frac{L}{fn}i=\frac{l+l_1+l_2+l_3}{fn}i$$

式中：l=18mm，$l_1=\dfrac{a_p}{\tan\kappa_r}+(2\sim3)=\dfrac{0.28}{\tan 45^\circ}+2.5=2.78\text{mm}$，

$\kappa_r=45^\circ$，l_2=4mm，l_3=0，f=0.09mm/r，n=1000r/min，i=1。

则 $T_j=\dfrac{18+2.78+4}{0.09\times1000}\text{min}=0.28\text{min}$。

⑤ 确定辅助时间 T_f。根据《工艺手册》中表 6.3-1 至表 6.3-4，确定镗削加工辅助时间如下。工件装夹和卸下工件时间为 0.16min，启动机床时间为 0.02min，取量具并测量尺寸时间为 0.5min，共计 T_f = 0.68min。

(2) 精车轮辐面至$18^{+0}_{-0.18}$mm，端跳　0.012mm，定位面端跳　0.02mm。

此工序采用和工序 080 精车大端面至(18.6±0.15)mm 相同的端面车刀加工轮辐端面。刀具材料为 YT15 硬质合金车刀，根据《切削手册》表 1.9 查得刀具为耐用度 T=30min。

① 确定背吃刀量 a_p。已知上道工序端面加工后的尺寸为$18.2^{+0}_{-0.15}$mm，本工序要求精车至$18^{+0}_{-0.18}$mm，加工余量为 0.2mm，分一次走刀加工，因此 a_p = 0.2mm。

② 确定进给量 f。根据《切削手册》中表 1.6 及表 1.7，工件材料为 45 钢，本工序要求的表面粗糙度 Ra 为 1.6 μm，切削速度≥100m/min，刀尖圆弧半径 r_ε = 0.5 mm，查得半精车的进给量为 f=0.16～0.20mm/r。

本工序要求的表面粗糙度 Ra 为 1.6 μm，参看《切削手册》)中表 1.6，同时按 C336—1 车床的进给量(参看 C336—1 车床说明书)，选择精车时的进给量为 f=0.06mm/r。

③ 确定切削速度 v_c。采用根据公式计算的方法，v_c 按《切削手册》中表 1.27 的计算公式确定如下：

$$v_c=\frac{C_v}{T^m a_p^{x_v} f^{y_v}}k_v$$

按《切削手册》中表 1.27 查得 C_v=291，m=0.2，x_v=0.15，y_v=0.2。

按《切削手册》中表 1.28 查得切削速度的修正系数如下

k_{Tv}=1.13，k_{Mv}=0.77，k_{sv}=1.0，k_{tv}=1.0，k_{kv}=1.24，$k_{K_{rv}}$=1.0。

故 k_v=1.13×0.77×1.0×1.0×1.24×1.0=1.08。

则切削速度 $v_c=\dfrac{291}{30^{0.2}\times0.2^{0.15}\times0.06^{0.2}}\times1.08\text{m/min}=355.72\text{m/min}$，

主轴转速 $n=\dfrac{1000v}{\pi D}=\dfrac{1000\times355.72}{\pi\times138.8}\text{r/min}=815.8\text{r/min}$。

按 C336—1 机床说明书查找与 815.8r/min 接近的转速(或参考《工艺手册》中表 4.2-8)，同时考虑在同一台机床上进行镗孔加工与端面车削加工，故端面车削采用和精镗孔相同的转速，即选取 n=1000r/min，所以实际的切削速度 v=436.1m/min。

④ 计算基本工时(机动工时) T_j。根据《工艺手册》中表 6.2-1，精车大端面的机动时间为

$$T_j=\frac{L}{fn}i，L=\frac{d-d_1}{2}+l_1+l_2+l_3$$

式中：d=138.8mm，d_1=32mm，$l_1=\dfrac{a_p}{\tan\kappa_r}+(2\sim3)=\left(\dfrac{0.4}{\tan45^\circ}+2.5\right)\text{mm}=2.9\text{mm}$，

$\kappa_r=45^\circ$，l_2=4mm，l_3=0，f=0.06mm/r，n=1000r/min，i=1。

则 $T_j=\dfrac{53.4+2.9+4}{0.06\times1000}\text{min}=1.01\text{min}$。

3.6.5　工序 110 的切削用量及基本时间的确定

1. 加工条件

工件材料为 45 钢，调质处理，抗拉强度 σ_b＝800～900MPa，硬度 HBS240～290。

加工要求：精车，以大端面定位，以内孔定心并涨紧，精车大外圆至 $\phi138^{+0}_{-0.1}$ mm，倒外圆两侧角 1.5×45°。选用 CA7620 车床和专用夹具、游标卡尺。

2. 确定切削用量及基本工时

(1) 精车大外圆至 $\phi138^{+0}_{-0.1}$ mm。所选刀具为 YT30 硬质合金外圆车刀，前角 $r_。$= 12°，后角 $a_。$= 8°，主偏角 K_r= 45°，副偏角 K'_r= 10°，刃倾角 λ_s= 0°，刀尖圆弧半径 r_ε = 0.5mm。根据《切削手册》表 1.9 查得其耐用度为 T=30min。机床为 CA7620 车床，工件装卡在专用精车夹具中 (参看 CA7620 车床说明书或《切削手册》第 3 版，表 1.3)。

① 确定背吃刀量 a_p。粗车大外圆与精车大外圆之间的总加工余量为 0.8mm，单边余量 Z= 0.4mm，分一次走刀加工，因此 a_p = 0.4mm。

② 确定进给量 f。根据《切削手册》中表 1.6，工件材料为 45 钢，表面粗糙度 Ra 3.2 μm，切削速度 < 50m/min，刀尖圆弧半径 r_ε = 0.5mm，查得半精车的进给量为 f=0.18～0.25mm/r。

本工序要求的表面粗糙度 Ra 为 3.2 μm，参看《切削手册》中表 1.6，同时按 CA7620 车床的进给量(参看 CA7620 车床说明书)，选择精车外圆时的进给量 f=0.18mm/r。

③ 确定切削速度 v_c。采用根据公式计算的方法，v_c 按《切削手册》中表 1.27 的计算公式确定如下：

$$v_c=\frac{C_v}{T^m a_p^{x_v} f^{y_v}}k_v$$

式中：$k_v=k_{Tv}\times k_{Mv}\times k_{sv}\times k_{tv}\times k_{kv}\times k_{gv}\times k_{K_{rv}}$。

按《切削手册》中表 1.27 查得 C_v=291，m=0.2，x_v=0.15，y_v=0.2。

按《切削手册》中表 1.28 查得切削速度的修正系数如下。

k_{Tv}=1.15，k_{Mv}=0.77，k_{sv}=1.0，k_{tv}=1.4，k_{kv}=1.0，$k_{K_{rv}}$=1.0。

故 k_v=1.15×0.77×1.0×1.4×1.0×1.0=1.24。

则切削速度 $v_c=\dfrac{291}{30^{0.2}\times0.4^{0.15}\times0.18^{0.2}}\times1.24\text{m/min}=295.3\text{m/min}$，

主轴转速 $n=\dfrac{1000v}{\pi D}=\dfrac{1000\times295.3}{\pi\times138}\text{r/min}=681.2\text{r/min}$。

按 CA7620 机床说明书查找与 681.3r/min 接近的转速(或参考《工艺手册》中表 4.2-8)，选取 n=710r/min，所以实际的切削速度 v = 307.8m/min。

④ 计算基本工时(机动工时)T_j。根据《工艺手册》中表 6.2-1，精车外圆的机动时间为

$$T_j=\frac{L}{fn}i=\frac{l+l_1+l_2+l_3}{fn}i$$

式中：l=18mm，$l_1=\frac{a_p}{\tan K_r}+(2\sim3)=\left(\frac{0.4}{\tan 45^\circ}+2.5\right)$mm=2.9mm，

K_r=45°，l_2=4mm，l_3=0，f=0.18mm / r，n=860r / min，i=1。

则 $T_j=\frac{18+2.9+4}{0.18\times710}\text{min}=0.20\text{min}$。

⑤ 确定辅助时间 T_f。根据《工艺手册》中表 6.3-1 至表 6.3-4，确定镗削加工辅助时间如下。工件装夹和卸下工件时间为 0.16min，启动机床时间为 0.02min，取量具并测量尺寸时间为 0.5min，共计 T_f = 0.68min。

(2) 倒外圆两侧角 1.5 × 45° 。所选刀具为倒角刀，转速选用精车大端面的主轴转速 n=710r/ min，手动进给。

3.6.6 工序 130 的切削用量及基本时间的确定

1. 加工条件

工件材料为 45 钢，调质处理，抗拉强度 σ_b＝800～900MPa，硬度 HBS240～290。

加工要求：滚齿，以轮辐端面及内孔定位，夹紧平端面(6 件一批)，滚齿：m = 3mm，z = 44，α = 20° ，k = 5，$w=41.70^{+0}_{-0.04}$ mm，F_r = 0.035mm，F_w = 0.025mm，f_f=0.030 mm，F_β=0.017 mm，$\pm f_{pt}$ =±0.014 mm。选用 Y38—1 滚齿机床和滚齿夹具、渐开线检测仪等。

2. 确定切削用量及基本工时

滚齿，m = 3mm，z = 44，α = 20° 。选用标准的高速钢单头齿轮滚刀，其模数 m=3mm，直径ϕ70mm，级别为 A 级。工件齿面要求表面粗糙度为 Ra3.2μm，机床为 Y38—1(Y3150E)滚齿机床，工件装卡在滚齿夹具中。(参看 Y38—1(Y3150E)车床说明书或《工艺手册》表 3.1-53)

① 确定背吃刀量 a_p(切齿深度)。滚齿时，一般中等模数的齿轮多采用一次走刀切至全齿深，由于本齿轮要求 7 级精度，虽然有后道剃齿工序保证，但前道的滚齿质量也影响剃齿后的齿轮精度。所以本工序采用二次走刀切至全深。第一次切齿深度取1.4m，即 4.2mm，第二次再切至全齿深(全齿深 6.75mm)，即第二次切齿深度 2.55mm。

② 确定进给量 f 。根据《切削手册》第四部分中表 4.2，选择工件每转滚刀轴向进给量 f_a=1.6～2.0mm/r 。根据《工艺手册》表 4.2-51，Y3150 型滚齿机滚刀的进给量查得 f_a=1.75mm/r 。

③ 确定切削速度 v_c 。按《切削手册》表 4.10 的计算公式确定齿轮滚刀的切削速度如下：

$$v_c=\frac{C_v}{T^{m_v} f_a^{y_v} m^{x_v}}k_v$$

按《切削手册》中表 4.10 查得：

C_v=364，T=240min，f_a=1.75mm/r，m=3mm，m_v=0.5，y_v=0.85，x_v=－0.5 。

按《切削手册》中表 4.10 查得：

$k_v=k_{Mv}\times k_{zTv}\times k_{nDv}\times k_{Fv}\times k_{pv}\times k_{\omega v}\times k_{tv}$=0.8×1.0×1.0×0.8×1.0×1.0×1.4=0.896

则切削速度 $v_c=\dfrac{364}{240^{0.5}\times1.75^{0.85}\times3^{-0.5}}\times0.896\text{m/min}=22.66\text{m/min}$，

主轴转速 $n=\dfrac{1000v_c}{\pi D}=\dfrac{1000\times22.66}{\pi\times70}\text{r/min}=103.0\text{r/min}$。

根据 Y3150 型滚齿机主轴转速(《工艺手册》表 4.2-50)，选 n=103r/min=1.72r/s。所以实际的切削速度 v=22.65m/min。

④ 计算加工时的切削功率并校核机床动力。对于半精加工及精加工，由于切削力及加工时的切削功率较小，可以不进行机床功率校核。对于滚齿加工，由于切削功率较大，故需要进行相关的校核计算。先按照《切削手册》中表 4.15 计算出切削功率，求出后再按照机床动力校核，检查所选的切削用量是否合适。

加工时的切削功率按下式计算(《切削手册》中表 4.15)：

$$P_c=\frac{C_{P_c}f^{y_{P_c}}m^{x_{P_c}}d^{u_{P_c}}z^{q_{P_c}}v}{10^3}k_{P_c}$$

式中：$C_{P_c}=124$，$y_{P_c}=0.9$，$x_{P_c}=1.7$，$u_{P_c}=-1.0$，$q_{P_c}=0$，$f=1.75\text{mm/r}$，$m=3\text{mm}$，

$d=70\text{mm}$，$z=44$，$v=22.65\text{m/min}$，$k_{p_c}=1.2$。

由此算出 $P_c=\dfrac{124\times1.75^{0.9}\times3^{1.7}\times70^{-1.0}\times44^0\times22.65}{10^3}\times1.2\text{kW}=0.43\text{kW}$

Y3150 型滚齿机的主电动机功率 P_E=3kW (《工艺手册》表 4.2-49)。因 $P_c<P_E$，故所选择的切削用量可在该机床上使用。

⑤ 计算基本工时(机动工时)T_j。根据《工艺手册》表 6.2-13，用滚刀滚削圆柱齿轮的基本时间为

$$T_j=\frac{\left(\dfrac{B}{\cos\beta}+l_1+l_2\right)z}{qnf_a}$$

式中：$B=18\times6=108\text{mm}$ (6 件一批)，$\beta=0^\circ$，$z=44$，$q=1$，$n=1.72\text{r/s}$，$f_a=1.75\text{mm/r}$，

$l_1=\sqrt{h(D-h)}+(2\sim3)\text{mm}=\left(\sqrt{6.75\times(70-6.75)}+2\right)\text{mm}=22.7\text{mm}$，$l_2=3\text{mm}$。

则 $T_j=\dfrac{(108+22.7+3)\times44}{1.72\times1.75}\text{s}=1954\text{s}=32.6\text{min}$。

⑥ 确定辅助时间 T_f。根据《工艺手册》中表 6.3-32 至表 6.3-33，确定滚削加工辅助时间如下。工件装夹和卸下工件时间为 $(0.22+0.19)\times6\times0.5=1.23\text{min}$，机床上各种操作所需时间为 0.32min，取量具并测量尺寸时间为 0.5min，共计 T_f = 2.05min。

3.6.7 工序 170 的切削用量及基本时间的确定

1. 加工条件

工件材料为 45 钢，调质处理，抗拉强度 σ_b＝800～900MPa，硬度 HBS240～290。

加工要求：钻孔，以轮辐端面定位，以内孔定心，压紧平端面，钻孔 $3-\phi5.1^{+0.20}_{+0}$ mm(钻螺纹底孔)，相对工件内孔有位置度 $\phi0.3$ mm 的要求。选用 Z525B 立式钻床、钻孔夹具、专用量具等。

2. 确定切削用量及基本工时

钻孔 $3-\phi5.1_{+0}^{+0.20}$ mm。根据《切削手册》表 2.1 及表 2.2，选择高速钢麻花钻钻头，钻头直径为 $\phi5.1$mm，采用标准刃磨形状，后角 $\alpha_o=16°$，$2\phi=118°$，$\psi=50°$，$\beta=30°$。机床为 Z525B 立式钻床，工件装夹在钻孔夹具中(可以参看 Z525B 钻床说明书选择钻头的规格)。

① 确定背吃刀量 a_p。钻孔的总加工余量为 5.1mm，单边余量 $Z=2.55$mm，一次钻削去除全部余量，因此，$a_p=2.55$mm。

② 确定进给量 f。有 3 种方法可以初定钻削进给量。

第一种，按加工要求确定进给量。查《切削手册》表 2.7，进给量 f=0.10～0.12mm/r，$l/d=8/5.1=1.57<3$，由《切削手册》表 2.7，查得 f=0.10～0.12mm/r。

第二种，按钻头强度选择。查《切削手册》表 2.8，钻头允许进给量为 f=0.27mm/r；

第三种，按机床进给机构强度选择。查《切削手册》表 2.9 中机床进给机构允许的轴向力，表格中没有出现小直径的钻头尺寸，因此，进给量按最低值初步定为 $f\geqslant$0.1mm/r。

通过比较以上 3 个进给量，受限制的进给量是按加工要求确定的，其值为 f=0.10～0.12mm/r，根据《工艺手册》中表 4.2-16，最终选择机床的进给量为 f=0.13mm/r。

③ 选择钻头磨钝标准及耐用度。根据《切削手册》中表 2.12，当 $d_o\leqslant6$mm 时，钻头后刀面最大磨损量为 0.6mm，钻头耐用度(寿命)T=15min。

④ 确定切削速度 v_c。查《切削手册》表 2.30，切削速度计算公式为：

$$v_c=\frac{C_v d_o^{Z_v}}{T^m a_p^{x_v} f^{y_v}}k_v$$

式中：$k_v=k_{Tv}\times k_{Mv}\times k_{sv}\times k_{tv}\times k_{xv}\times k_{lv}$。

按《切削手册》中表 2.30 查得：$C_v=4.8$，$Z_v=0.4$，$m=0.2$，$X_v=0$，$Y_v=0.7$，$d_o=5.1$mm，$a_p=2.55$mm，$f=0.13$mm/r。

按《切削手册》中表 2.31 查得切削速度的修正系数如下。

$k_{Tv}=1.0$，$k_{Mv}=0.78$，$k_{Sv}=0.8$，$k_{tv}=1.0$，$k_{Xv}=0.87$，$k_{lv}=0.85$，

故 $k_v=1.0\times0.78\times0.8\times1.0\times0.87\times0.85=0.462$。

则切削速度 $v_c=\dfrac{4.8\times5.1^{0.4}}{15^{0.2}\times2.55^0\times0.13^{0.7}}\times0.462\text{m/min}=10.33\text{m/min}$，

主轴转速 $n=\dfrac{1000v_c}{\pi D}=\dfrac{1000\times10.33}{\pi\times5.1}\text{r/min}=644.7\text{r/min}$。

按 Z525B 机床说明书查找与 644.7r/min 接近的转速(或参考《工艺手册》中表 4.2-15)，选取 n=680r/min，所以实际的切削速度 v=10.9m/min。

⑤ 检验机床扭矩及功率。查《切削手册》表 2.20，当 $f\leqslant0.14$mm/r，$d_o\leqslant11.1$mm 时，M_t=7.68N•m。扭矩的修正系数 $k_{MM}=1.22$，故 $M_c=7.68\times1.22=9.37$N•m。

查 Z525B 机床使用说明书，当 n=680r/min 时，M_m=122.6N•m。

查《切削手册》表 2.23，当 $d_o\leqslant8.7$mm 时，钻头消耗功率 $P_c\leqslant1.0$kW。

查 Z525B 机床使用说明书(或者《工艺手册》表 4.2-14)，$P_E=2.2\times0.81=1.78$kW。

由于 $M_c<M_m$，$P_c<P_E$，故上述选择的切削用量可以使用，即 f=0.13mm/r，n=680r/min，v=10.9m/min。

⑥ 计算基本工时(机动工时)T_j。根据《工艺手册》中表6.2-5，钻削的机动时间为：

$$T_j=\frac{L}{fn}=\frac{l+l_1+l_2}{fn}$$

式中：D为钻头直径，mm；K_r为钻头半顶角，常为60°。

l=8mm，$l_1=\frac{5.1}{2}\cot60°+2=3.47$mm，

K_r=60°，l_1=3.47mm，l_2=4mm，f=0.13mm/r，n=680r / min。

则 $T_j=\frac{8+3.47+4}{0.13\times680}\text{min}=0.18\text{min}$。

本工序要求钻3个孔，因此整个钻削的机动时间为0.75 min。

⑦ 确定辅助时间T_f。根据《工艺手册》中表6.3-9～表6.3-12，确定钻削加工辅助时间如下。工件装夹和卸下工件时间为0.17min，机床上各种操作所需时间为0.23min，取量具并测量尺寸时间为0.5min，共计T_f = 0.9min。

3.6.8 工序180的切削用量及基本时间的确定

1. 加工条件

工件材料为45钢，调质处理，抗拉强度σ_b=800～900MPa，硬度HBS240～290。

加工要求：倒角，倒两端螺纹孔孔口倒角1×120°。选用Z525B立式钻床。

2. 确定切削用量及基本工时

孔口倒角1×120°。根据《切削手册》表2.1及表2.2，选择高速钢麻花钻钻头，钻头为ϕ10mm，采用标准刃磨形状，后角α_o = 16°，2φ=118°，ψ=50°，β=30°。机床为Z525B立式钻床。(可以参照Z525B钻床说明书选择钻头的规格)

① 确定背吃刀量a_p。倒角的加工余量为1mm，一次钻削去除全部余量，因此a_p = 1mm。

② 确定进给量f及切削速度v_c。根据有关资料介绍，孔口倒角(锪孔)时，进给量及切削速度约为钻孔时的1/2～1/3。考虑到批量生产的效率，以及本工序锪孔的切削量不是很大，进给量采用钻孔时的1/2，机床主轴的转速选取和钻孔相同的转速，即n=680r / min，所以实际的进给量及切削速度为：

$f=1/2f_{钻}=1/2\times0.13\text{mm/r}=0.065\text{mm/r}$，$v=\frac{\pi Dn}{1000}=\frac{\pi\times8.5\times680}{1000}\text{m/min}=18.2\text{m/min}$。

注：ϕ10mm钻头孔口倒角1×120°时钻头的有效工作直径约为ϕ8.5mm。

③ 计算基本工时(机动工时)T_j。根据《工艺手册》中表6.2-5，钻削的机动时间为

$$T_j=\frac{L}{fn}=\frac{l+l_1}{fn}$$

式中：l=1mm，l_1=1mm，f=0.065mm/r，n=680r / min。

则 $T_j=\frac{1+1}{0.065\times680}\text{min}=0.05\text{min}$。

本工序要求的孔口倒角为3个孔的正反两面，因此整个钻削的机动时间为0.3 min。

④ 确定辅助时间T_f。根据《工艺手册》中表6.3-9～表6.3-12，确定孔口倒角加工辅助时间如下。工件装夹和卸下工件时间为0.34min，机床上各种操作所需时间为0.35min，取量具并测量尺寸时间为0.2min，共计T_f = 0.89min。

3.6.9 工序 190 的切削用量及基本时间的确定

1. 加工条件

工件材料为 45 钢，调质处理，抗拉强度σ_b=800～900MPa，硬度 HBS240～290。

加工要求：攻内螺纹 3-M6-7H。选用 Z525B 钻床、攻丝夹具、专用量具等。

2. 确定切削用量及基本工时

攻内螺纹 3-M6-7H。根据《工艺手册》表 3.1-47 及表 3.1-48，选择细柄机用标准丝锥 M6，$P=1$mm。机床为 Z525 或者 S5016 立式钻床，工件装夹在攻丝夹具中。

① 确定背吃刀量a_p。3-M6-7H 在攻螺纹前的底孔直径为ϕ5.1mm，总加工余量为 0.9mm，单边余量$Z=0.45$ mm，一次攻螺纹去除全部余量，因此$a_p=0.45$mm。

② 确定进给量f。由于攻螺纹的进给量就是被加工螺纹的螺距，因此f=1mm/r。

③ 确定切削速度v_c。根据有关资料介绍，攻螺纹时，切削速度约为钻孔时的 1/2～2/3。根据本书表 5-37 及 5-38 查得攻螺纹的切削速度$v=3\sim8\text{m/min}$。根据钻孔时的切削速度$v=10.9\text{m/min}$，先暂时选取攻螺纹的切削速度为$v=7\text{m/min}$，根据公式计算出机床的转速n。

得：$n=\dfrac{1000v_c}{\pi D}=\dfrac{1000\times7}{\pi\times6}\text{r/min}=371.2\text{r/min}$。

按 Z525 机床说明书查找与 371.2r/min 接近的转速(或参考《工艺手册》中表 4.2-15)，选取主轴工作转速$n=392\text{r/min}$，同时选取回程转速$n=680\text{r/min}$。所以实际的切削速度$v=7.4\text{m/min}$。

④ 计算基本工时(机动工时)T_j。根据《工艺手册》中表 6.2-14，攻螺纹的机动时间为

$$T_j=\left(\frac{l+l_1+l_2}{fn}+\frac{l+l_1+l_2}{fn_o}\right)i$$

式中：$l=8\text{mm}$，$l_1=3\times1\text{mm}=3\text{mm}$，$l_2=3\times1\text{mm}=3\text{mm}$，$f=1\text{mm/r}$，$n=392\text{r/min}$，$n_o=680\text{r/min}$。

则$T_j=\left(\dfrac{8+3+3}{1\times392}+\dfrac{8+3+3}{1\times680}\right)\text{min}=0.06\text{min}$。

本工序要求钻 3 个孔，因此整个钻削的机动时间为 0.18 min。

⑤ 确定辅助时间T_f。根据《工艺手册》中表 6.3-9～表 6.3-12，确定钻削加工辅助时间如下。工件装夹和卸下工件时间为 0.17min，机床上各种操作所需时间为 0.23min，取量具并测量尺寸时间为 0.5min，共计$T_f=0.9$min。

3.6.10 工序 220 的切削用量及基本时间的确定

1. 加工条件

工件材料为 45 钢，调质处理，抗拉强度σ_b=800～900MPa，硬度 HBS240～290。

加工要求：剃齿，以轮辐端面定位，以内孔定心，压紧平端面，剃齿：$m=3$mm，$z=44$，$\alpha=20°$，$k=5$，$w=41.585^{+0}_{-0.04}$ mm，$F_r=0.045$mm，$F_w=0.033$mm，$f_f=0.012$ mm，$F_\beta=0.010$ mm，$\pm f_{pt}=\pm0.014$ mm。选用 Y4250C 或者 Y4232A (4232C)剃齿机床和剃齿夹具、渐开线检测仪等。

2. 确定切削用量及基本工时

剃齿，$m=3$mm，$z=44$，$\alpha=20°$。选用标准的高速钢盘形剃齿刀，直径ϕ240mm，

m=3 mm，z = 73，α=20°，β=15°。工件齿面要求表面粗糙度为 $Ra1.6\mu m$，机床为 Y4250C 或者 Y4232A (4232C) 剃齿机床，工件装卡在剃齿夹具中(参看 Y4250C 或者 Y4232A (4232C) 剃齿机床说明书或《工艺手册》表 3.1-58)。

① 确定背吃刀量 a_p(切齿深度)。剃齿时，一般中等模数的齿轮多采用多次走刀切至全齿深。由于本齿轮要求 7 级精度，所以本工序采用 4 次走刀及两次光整完成一个加工过程。每一行程的切齿深度分配为：h_1 = 0.03mm、h_2 = 0.03mm、h_3 = 0.03mm、h_4 = 0.02mm、加上两次光整，保证剃齿后的公法线长度为 w=$41.585^{+0}_{-0.04}$ mm (参看 Y4250C 或者 Y4232A (4232C) 剃齿机床说明书)。

② 确定进给量 f。剃齿的进给量包括两部分，即径向进给量和纵向进给量。

径向进给量对剃齿精度有很大的影响。采用小的径向进给量，剃齿后可获得较小的表面粗糙度，但是当进给量过小或过大时，都不利于纠正剃齿误差。其原因是径向走刀量太小，刀齿不能切入金属层，只是挤光金属表面，虽使表面粗糙度精度有所提高，但不能纠正剃前误差；径向走刀量过大，切下的金属层过厚，增加了切削应力，不但不能提高粗糙度精度，而且由于金属变形等原因反倒会破坏原有的精度。轴间角为 5°～8° 时，径向进给量可选取 0.02～0.04mm，轴间角为 10°～15° 时，径向进给量可选取 0.04～0.05mm。

纵向进给量对剃齿精度影响不大，但对齿面粗糙度却有比较明显的影响。当纵向进刀量过大时，齿面会出现规则的波纹，因此选取过大的纵向进刀量是不利的。当轴间角为 5°～8°、齿数＞30 时，纵向进给量可选 0.25～0.30 mm/r，齿数>100 时，纵向进给量可选取 0.40～0.45 mm/r；若轴间角为 10°～15°、齿数＞30，纵向进给量可选取 0.35～0.40 mm/r，齿数＞100 时，纵向进给量可选取 0.50～0.60 mm/r。

本案例选择的剃齿的径向进给量为 0.02mm/单行程；纵向进给量为 0.30 mm/r。

③ 确定切削速度 v。硬度为 230～280 的齿轮，螺旋角在 10°～15°，轴间角为 5°～10° 的情况下推荐的切削速度为 115～140m/min。本案例选择的剃齿切削速度 $v \leqslant 130$m/min。

$$n=\frac{1000v}{\pi D}=\frac{1000\times 130}{\pi\times 138}\text{r/min}=299.9\text{r/min}。$$

按 Y4232A 机床说明书查找与 299.9r/min 接近的主轴转速(或参考《工艺手册》中表 4.2-53)，选取 n=294r/min。

④ 计算基本工时(机动工时)T_j。根据《工艺手册》表 6.2-14，用盘形剃齿刀剃削圆柱齿轮的基本时间为

$$T_j=\frac{(B+l_1+l_2)Z}{f_a n_c Z_c}\times\frac{Z_b}{f_r}$$

式中：Z_b 为单面剃齿余量，mm，f_a 为工件每转工作台的纵向进给量，mm/r；n_c 为剃齿刀每分钟转速，r/min，Z_c 为剃齿刀的齿数；f_r 为径向进给量，mm/双行程。

各量的取值分别为：B=18mm，l_1+l_2=10mm，Z=44，Z_b=0.055mm，f_a=0.30mm/r，n_c=294r/min，Z_c = 73 f_r=0.04mm/双行程。

则 $T_j=\dfrac{(18+10)\times 44}{0.3\times 294\times 73}\times\dfrac{0.055}{0.04}\text{min}=0.26\text{min}$

⑤ 确定辅助时间 T_f。参考《工艺手册》中表 6.3-32～表 6.3-33，确定剃齿加工辅助时

间如下。工件装夹和卸下工件时间为 0.25min，机床上各种操作所需时间为 0.18min，取量具并测量尺寸时间为 0.3min，共计 T_f = 0.46min。

3.7 填写工艺文件(机械加工工艺过程卡、机械加工工序卡)

3.7.1 填写机械加工工艺过程卡

机械加工工艺过程卡的格式及内容参见附件 1.3。该工艺过程卡包含上面所述的有关设备及切削用量等选择、确定及计算的结果。机械加工以前的工序如铸造、人工时效等在工艺过程卡中可以有所记载。(工艺过程卡在课程设计中可以只填写本次课程设计所涉及的内容)

3.7.2 填写指定工序的机械加工工序卡

该工序由指导教师指定。工序卡的格式及内容参见附件 1.4。该工序卡除包含上面所述的有关设备及切削用量等选择、确定及计算的结果之外，还要求绘制出工序简图。

工序简图按照缩小的比例画出。如零件复杂不能在工序卡片中表示，可用另页单独绘出。工序简图尽量选用一个视图，图中工件是处在加工位置、夹紧状态，用粗实线代表本工序的加工表面，用细实线画出工件的主要特征轮廓。

4 专用夹具设计(以 110 工序夹具为例进行说明)

为了提高劳动生产率，保证加工质量，降低劳动强度，需要设计专用夹具。经过与老师协商，我决定设计第 110 道工序——精车工序的车床夹具。

4.1 设计主旨

附录 2 的调速齿轮机械加工工序卡中的第 5 页为精车外圆工序的工序图，该工序中零件的大端面及内孔(精镗孔)已加工完毕。本工序要求加工大外圆及外圆两侧倒角，选用 CA7620 车床。工序的主要技术要求如下。

(1) 精车大外圆至 $\phi138_{-0.1}^{+0}$ mm。

(2) 倒外圆两侧角 1.5 × 45°。

在给定的零件中，本序加工主要考虑大外圆 $\phi138_{-0.1}^{+0}$ mm 的公差要求，且加工大外圆时，孔 $\phi32_{+0}^{+0.025}$ mm 的两侧外端面及 $\phi32_{+0}^{+0.025}$ mm 孔的内表面都已加工出来，可用来作为本工序的定位面。因此，在本道工序加工时，主要应考虑保证提高劳动生产率、降低劳动强度，同时设计比较简单的夹具。本夹具设计的重点应在夹紧的方便性与快速性上。

4.2 专用夹具设计

4.2.1 选择定位基准

根据基准重合原则，且出于定位简单和快速的考虑，选取 $\phi32_{+0}^{+0.025}$ mm 孔和已车大端面作为定位基准，使工件完全定位。

4.2.2 确定夹紧方案

工件以孔为主要定位基准时多采用芯轴。本工序要实现大端面定位，应采用径向夹紧。

可有以下几种不同的夹紧方案。

方案 1：采用胀块式自动定心芯轴。

方案 2：采用过盈配合芯轴。

方案 3：采用小锥度芯轴。

方案 4：采用胀胎式芯轴。

方案 5：采用液塑芯轴。

根据经验，方案 1 定位精度不高，难以满足工序要求。方案 2 和 3 虽可满足工序要求，但工件装夹不方便，影响加工效率。方案 4 可行，既可满足工序要求，装夹又很方便。方案 5 可满足工序要求，但夹具制造较困难。故决定采用方案 4。

4.2.3　夹具类型的确定与夹具总体结构设计

根据上述分析，考虑车床夹具的特点和工件的加工表面，本工序在一次装夹中加工完毕。同时为了缩短辅助时间，采用气动夹紧装置。夹具类型确定为胀胎式芯轴类夹具，夹具总体结构设计如下。

(1) 根据车间条件(有压缩空气管路)，为减小装夹时间，减轻装夹劳动强度，采用气动夹紧。

(2) 夹具体与机床主轴采用过渡法兰连接，以便于夹具制造与夹具安装。

(3) 为便于制造，胀胎式芯轴结构设计要简单、可靠。

4.2.4　切削力及夹紧力计算

1. 切削力计算(参考切削用量手册)

根据《切削手册》中表 1.29，主切削力和径向切削力需按以下公式计算。

主切削力：$F_c = C_{F_c} a_p^{x_{F_c}} f^{y_{F_c}} v_c^{n_{F_c}} K_{F_c}$；

径向切削力：$F_p = C_{Fp} a_p^{x_{F_p}} f^{y_{F_p}} v_c^{n_{F_p}} K_{F_p}$。

按《切削手册》中表 1.29 查得：

$C_{F_c}=2795$，$C_{F_p}=940$，$x_{F_c}=1.0$，$x_{F_p}=0.90$，$y_{F_c}=0.75$，$y_{F_p}=0.6$，$n_{F_c}=-0.15$，$n_{F_p}=-0.3$，$k_{F_c}=0.75$，$k_{F_p}=1.35$。

精车大外圆至 $\phi138_{-0.1}^{+0}$ mm 时，$a_p=0.4\text{mm}$，$f=0.18\text{mm/r}$，$v_c=307.8\text{m/min}$。

代入公式，有：

主切削力 $F_c = C_{F_c} a_p^{x_{F_c}} f^{y_{F_c}} v_c^{n_{F_c}} K_{F_c} = 2795\times0.4^{1.0}\times0.18^{0.75}\times307.8^{-0.15}\times0.75\text{N}=98.1\text{N}$，

径向切削力 $F_p = C_{F_p} a_p^{x_{F_p}} f^{y_{F_p}} v_c^{n_{F_p}} K_{F_p} = 940\times0.4^{0.9}\times0.18^{0.6}\times307.8^{-0.3}\times1.35\text{N}=35.7\text{N}$。

因此车削时最大的切削力为 98.1N，下面计算其产生的最大扭矩。

扭矩公式：$M = F_c\cdot\dfrac{D}{2}$

将 F_c=98.1 N 代入公式求得最大扭矩为：$M = F_c\cdot\dfrac{D}{2} = 98.1\times\dfrac{32}{2}\text{N}=1569.6\text{N}$。

2. 理论所需的夹紧力计算(参考夹具设计手册)

根据《机床夹具设计手册》中的公式，

夹紧力 F_j 为：$F_j=K\times\left[\dfrac{\sqrt{\left(\dfrac{2\times M}{D}\right)^2+F_p^2}}{\tan\phi_2}+F_d\right]\times[\tan(\alpha+\phi_1)+\tan\phi_2]$

式中：ϕ_1 —— 胀胎芯轴与芯杆锥面之间的摩擦角，取 $\tan\phi_1=0.15$；

ϕ_2 —— 胀胎芯轴与工件之间的摩擦角，取 $\tan\phi_2=0.2$；

α —— 胀胎芯轴半锥角，$\alpha=6°$；

D —— 工件孔径；

F_d —— 弹性变形力；

K——安全系数。

在计算夹紧力时，需要对夹紧力进行修正，必须考虑安全系数 K，其计算公式如下。

$$K=K_1K_2K_3K_4$$

式中：K_1——基本安全系数；

K_2——加工性质系数；

K_3——刀具钝化系数；

K_4——断削切削系数。

则 $K=K_1K_2K_3K_4=1.5\times1.1\times1.1\times1.1=1.99$。

弹性变形力 F_d——按照下式计算：

$$F_d=C\frac{d^3}{l^3}t\varDelta$$

式中：C——弹性变形系数，当弹簧套(本夹具设计的是胀胎芯轴)瓣数为 3、4、6 时，其值分别为 300、100、20；

d——弹簧套(本夹具设计的是胀胎芯轴)的外径；

l——弹簧套变形部分长度；

t——弹簧套弯曲部分平均厚度；

$\varDelta$——弹簧套(未胀开时)与工件之间的间隙。

将有关参数代入上式得到：$F_d=100\times\dfrac{32^3}{14.4^3}\times5\times0.06\text{N}=329.3\text{N}$。

将 F_d 和其他有关参数代入得到：

理论所需的夹紧力 $F_j=1.99\times\left[\dfrac{\sqrt{\left(\dfrac{2\times1569.6}{32}\right)^2+35.7^2}}{0.2}+329.3\right]\times[0.26+0.2]\text{N}=391.6\text{N}$

3. 气缸的选择

气缸的工作夹紧力

$$Q=\frac{W}{i\eta n}$$

式中：W——理论所需的夹紧力，N；

η——气缸摩擦系数，取 0.8；

i——夹具定位件与工件的摩擦系数，取 0.8；

n——夹紧气缸个数，本夹具为 1。

将理论所需的夹紧力 W=391.6N=39.96kg，代入公式有：

$$Q=\frac{W}{i\eta n}=\frac{39.96}{0.8\times0.8\times1}\text{kg}=62.4\text{kg}$$

根据气缸传动的计算公式：$Q=p\dfrac{\pi D^2}{4}\eta$，有 $D=\sqrt{\dfrac{4Q}{p\pi\eta}}$

式中：P——压缩空气压力，取 P = 6atm = 6kg/cm^2；

η——气缸摩擦系数，取 0.8；

D——气缸直径，cm。

所以，$D=\sqrt{\dfrac{4Q}{p\pi\eta}}=\sqrt{\dfrac{4\times62.4}{6\times3.14\times0.8}}$ cm = 4.1cm = 41mm。

通过以上理论计算，可以选择直径为 50mm 的气缸。但是考虑到车削过程中切削力大小及方向随时都在变化，因此夹具需有足够的夹紧力。此外还考虑到工厂所供压缩空气压力不稳定、零件加工余量发生变化、零件材料缺陷以及其他不可预见性因素的影响，为安全可靠起见，选择直径为 63mm 的气缸。

选择气缸形式，确定气缸规格(参考夹具设计手册)，选择单活塞回转式气缸，缸径 63mm。

4.2.5 定位误差分析

1. 定位元件尺寸及公差的确定

本精车夹具的主要定位元件为胀胎式芯轴，芯轴中起定位作用的外圆基本尺寸设计时须和与其相匹配的被加工工件孔的基本尺寸相同，即芯轴的外圆基本尺寸为 ϕ32mm。胀胎式芯轴工作时，通过气缸带动芯杆撑开芯轴并涨紧被加工工件的内孔，松开气缸的控制开关后，芯轴恢复原状，因此芯轴与被加工工件的内孔之间还须有一定的间隙，保证被加工工件完成精车后能从胀胎式芯轴上取下来。胀胎式芯轴的公差设计成 ϕ32H7/f6mm，同时考虑芯轴的制作情况，其尺寸及公差最终设计成 $\phi32_{-0.04}^{-0.02}$mm。

2. 定位误差分析及夹具的精度分析

本精车夹具的定位误差就是胀胎式芯轴和芯杆之间的间隙，别的定位误差都很小。胀胎式芯轴和芯杆之间采用 1∶5 的锥度配合，而且还是动配合，其配合公差值极小，而且每一次加工位置确定后不会再变，可以说定位误差很小。由于夹紧时受力主要集中在胀胎式芯轴的前部锥面上，芯轴中部、后部基本不变形，而且中部、后部有相应的尺寸精度保证，夹紧误差可以忽略不计。这样有影响的误差只有夹具的制造误差和机床本身加工误差。夹具制造误差通过制定夹具每个元件的合理公差来控制，加工误差由机床本身的精度和切削条件及刀具的正确位置所决定。就我们加工的零件来看，因为一次装夹完成外圆及倒角加工，其形位公差由机床本身的精度所保证。又因为 CA7620 车床加工采用定程定位加工，只要机床刀具的位置调整正确就可保证加工质量。

4.2.6 夹具设计、制造及操作的简要说明

夹具装配图见图 7.6，夹具中的几个关键零件的设计说明如下。

定位元件：为了便于夹紧，减小工件因间隙造成的倾斜，当工件定位内孔与基准端面垂直度精度较高时，常以孔和端面联合定位。本精车夹具中的定位元件设计为 4 号件、5 号件，定位基准选择为齿轮的已精车内孔及已精车端面。

夹紧装置：夹紧元件的作用是将工件压紧夹牢，并保证在加工过程中工件的正确位置不变。在本精车夹具中的夹紧装置设计为 4 号件，产生夹紧作用力的装置为机动夹紧—液压装置。同时利用弹性元件受力后的均匀变形实现对工件的自动定心。在工件定位时，将工件的定心定位和夹紧结合在一起(这种机构也称为定心夹紧机构)。

夹具体：夹具体是夹具的基本骨架，用来配置、安装各夹具元件使之组成一整体。常用的夹具体有铸件结构、锻造结构、焊接结构和装配结构，形状有回转体形和底座形等。在本精车夹具中的夹具体设计为 1 号件，毛坯为锻造零件。

夹具制造的关键是胀胎式芯轴与芯杆。胀胎式芯轴要求与芯杆配合的锥面与安装面有严格的位置关系，芯杆则要求与胀胎式芯轴配合的锥面与其外圆表面严格同轴。此外，胀胎式芯轴锥面与芯杆锥面应配作，保证接触面大而均匀。

夹具使用时必须先安装工件，再进行夹紧，严格禁止在不安装工件的情况下操作气缸，以防止胀胎式芯轴的损坏。

夹具部分夹具非标零件图分别见图 7.7～图 7.9。

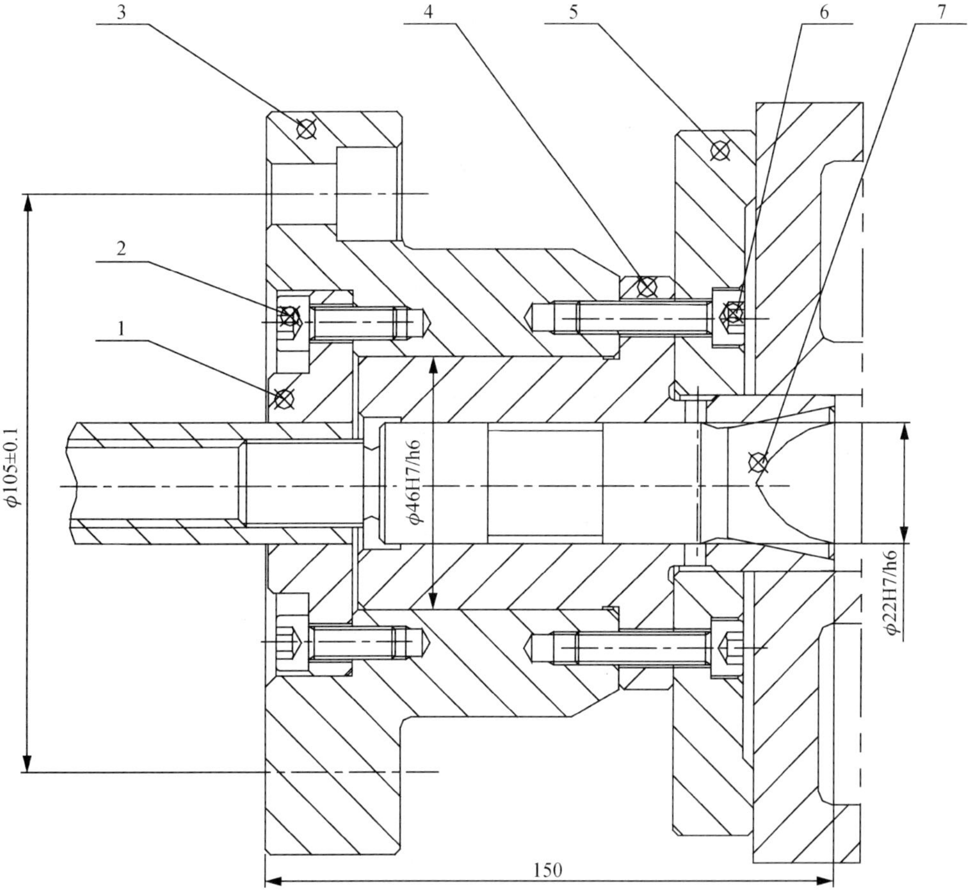

(a) 二维装配图

图 7.6　调速齿轮精车夹具

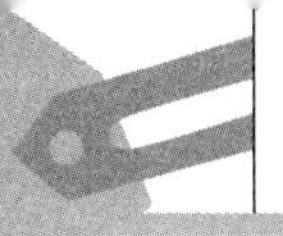

序号	代号(图号)	名　　称	数量	材　料	备　注
7	Gxxxx-CJ2B/03	芯杆	1	45	HRC40-45
6	GB/T 70.1-2000	螺钉M6×25	4		
5	Gxxxx-CJ2B/02	定位圈	1	45	HRC40-45
4	Gxxxx-CJ2B/01	胀胎芯轴	1	65Mn	HRC40-45
3	Gxxxx-CJ2/02	夹具体	1	45	HRC40-45
2	GB/T 70.1-2000	螺钉M6×16	4	螺钉M6×16	
1	Gxxxx-CJ2/01	联动圈	1	45	HRC40-45

(a) 二维装配图(续)

(b) 立体图

图 7.6　调速齿轮精车夹具(续)

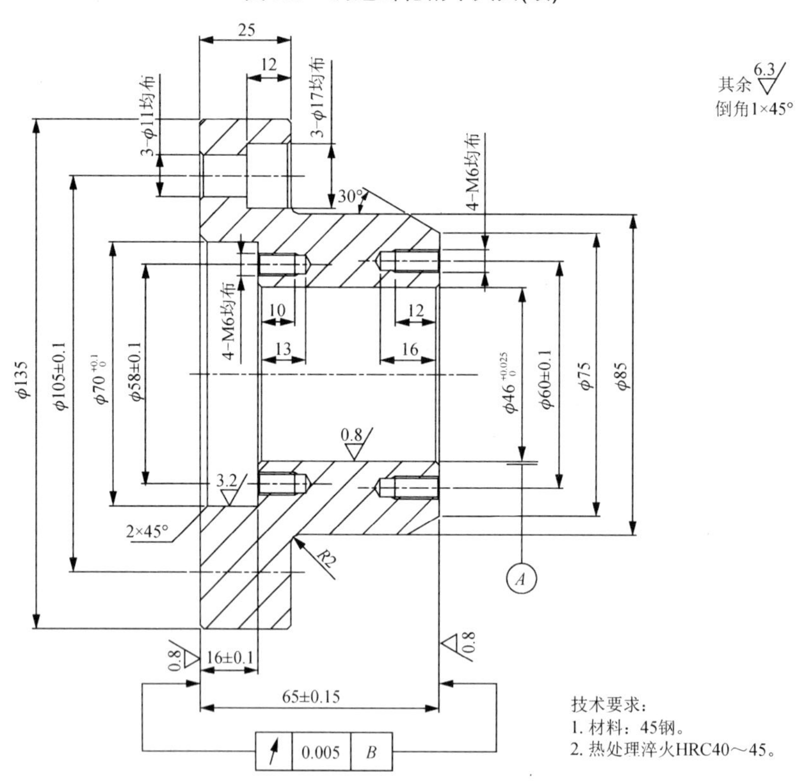

(a) 二维零件图

图 7.7　夹具体

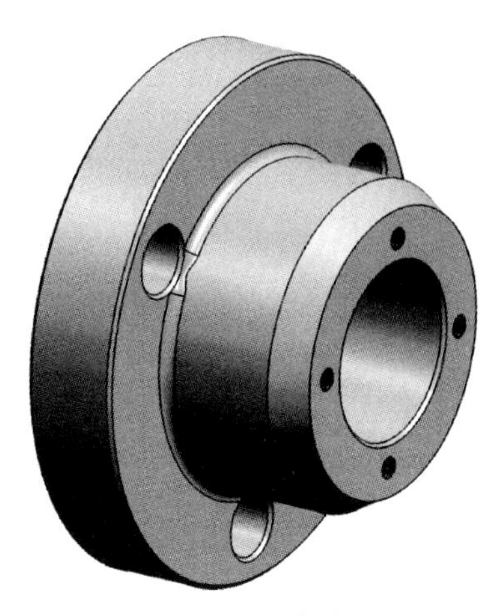

(b) 立体图

图 7.7　夹具体(续)

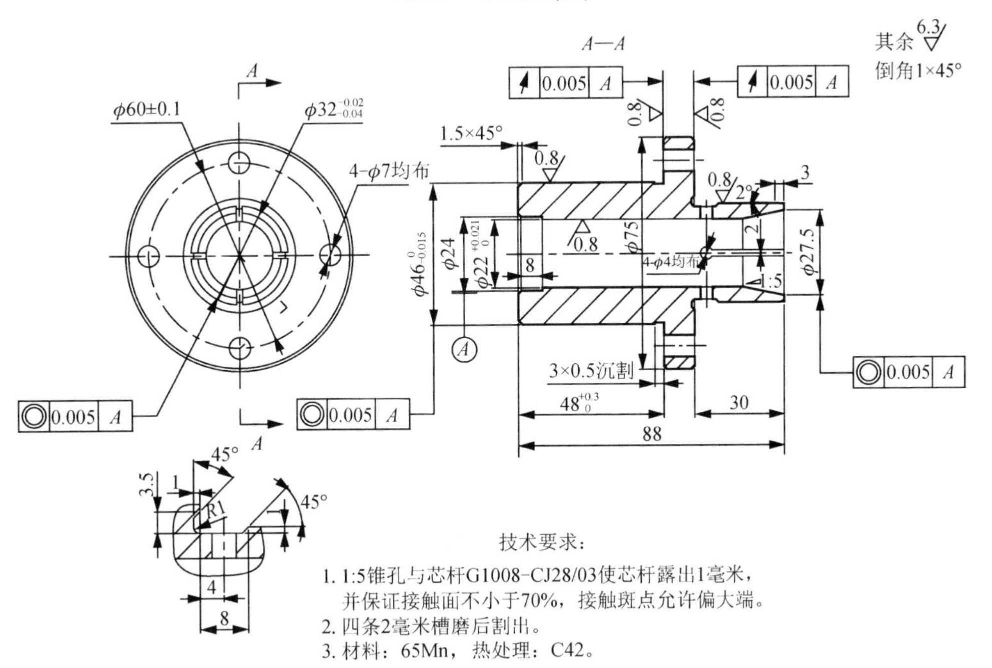

(a) 二维零件图

(b)立体图

图 7.8　胀胎芯轴

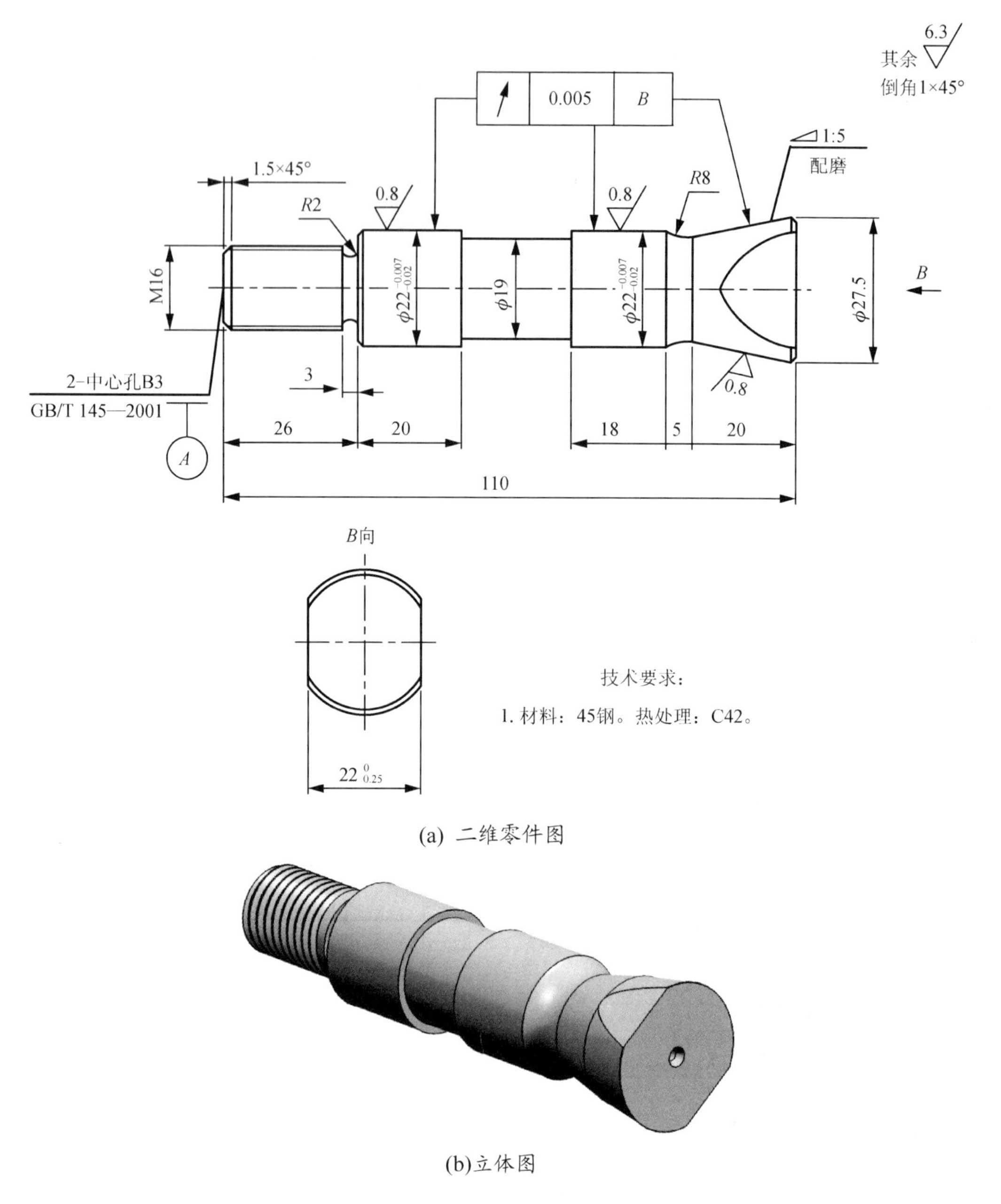

(a) 二维零件图

(b)立体图

图 7.9　芯杆

5　专用量具设计(以 070 工序专用量具为例进行说明)

在零件制造过程中检验光滑工件尺寸时，可以使用通用测量器具，也可使用专用量具。专用量具的优点是使用方便，它虽然不能确定工件的实际尺寸，但是能快速地判断工件合格与否，并且可以保证工件在生产中的互换性，因此广泛应用于成批大量生产中。

经过与老师协商，我决定设计第 070 道工序——半精镗孔工序的专用量具。

专用量具在本工序中为专用量规(塞规)。专用量规通常分为工作量规、验收量规、校对量规，因篇幅原因，仅介绍工作量规的设计过程。

5.1　设计主旨

附录 2 的调速齿轮机械加工工序卡中的第 1 页为半精镗孔工序的工序图，该工序中零件的粗车已加工完毕。本工序要求加工半精镗至 $\phi31.45^{+0.15}_{+0}$ mm，选用 CA7620 车床。

根据批量生产及工序要求，采用 $\phi31.45^{+0.15}_{+0}$ 圆孔塞规 L10108-SC。使用量规可快速判断被加工工件是否合格，若工件被检验处通过通规，在止规处不通过，即判定为合格产品，表示其尺寸既不小于最小极限尺寸，也不超过最大极限尺寸。

5.2　设计专用量具

1. 确定被测孔的极限偏差

$\phi31.45^{+0.15}_{+0}$ 的上偏差 $es=+0.15$mm，下偏差 $ei=0$；

2. 选择量规的结构型式为锥柄双头圆柱塞规

3. 确定工作量规制造公差 T 和位置要素 Z

由表 6-1 查得塞规的制造公差和位置要素分别为 $T=0.007$mm，$Z=0.013$mm。

4. 计算工作量规的极限偏差

$\phi31.45^{+0.15}_{+0}$ mm 圆孔塞规的极限偏差计算如下。

通规：上偏差 $= EI+Z+\dfrac{T}{2}=(0+0.013+\dfrac{0.007}{2})\text{mm}=+0.0165\text{mm}$，

下偏差 $=EI+Z-\dfrac{T}{2}=(0+0.013-\dfrac{0.007}{2})\text{mm}=+0.0095\text{mm}$，

磨损极限 $= EI = 0$。

所以塞规通端尺寸为 $\phi31.45^{+0.0165}_{+0.0095}$ mm，磨损极限尺寸为 $\phi31.45$mm。

止规：上偏差 $=ES=+0.15$mm，

下偏差 $= ES-T=(+0.15-0.007)\text{mm}=0.143\text{mm}$。

所以塞规止端尺寸为 $\phi31.45^{+0.15}_{+0.143}$ mm。

5. 绘制工作量规的工作简图

绘制工作量规的公差带图(略)，圆孔量规的工作简图如图 7.10 所示。

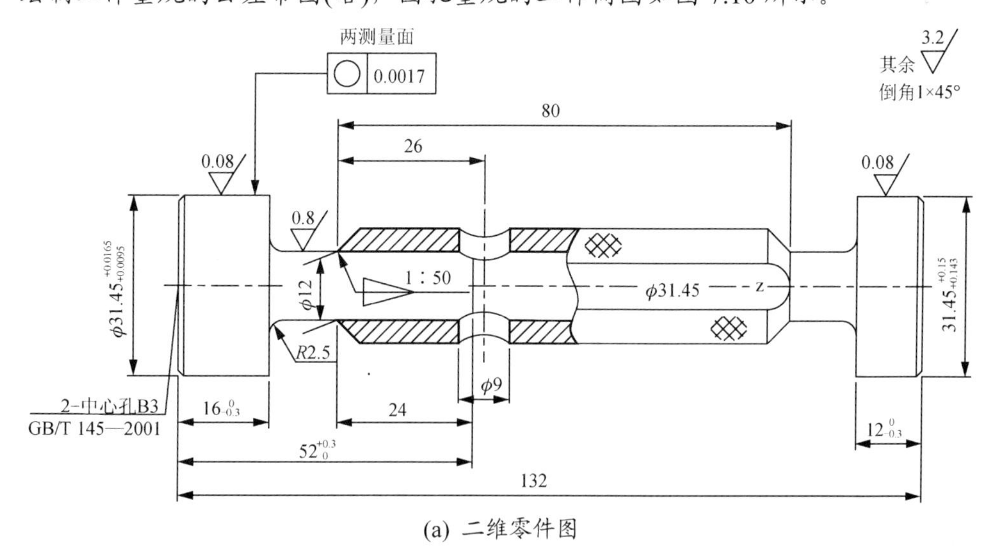

(a) 二维零件图

图 7.10　圆孔塞规

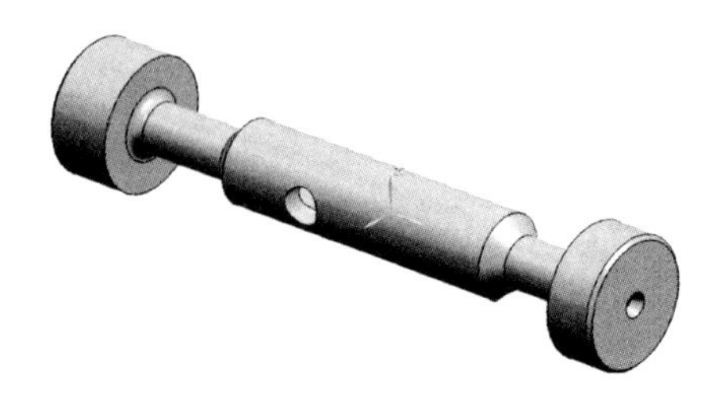

(b) 立体图

图 7.10　圆孔塞规(续)

6　零件的加工

零件的加工是机电类专业尤其是机械类专业学习的一个重要环节，是将课堂上学到的理论知识与实际相结合的一个很好的机会，对强化机械类专业所学到的知识和检测所学知识的掌握程度有很好的帮助。

零件的加工通常包括机床切削加工、焊接、装配、检验等工艺过程。本次课程设计涉及的零件是“调速齿轮”。

6.1　任务分析

通过对“调速齿轮”机械加工工艺的学习，掌握各类机器零件加工工艺的特点，了解工厂中所用的机床、刀具、夹具的工作原理和机构。

1. 阅读“调速齿轮”典型零件的工作图，了解该零件在机器中的功用及其工作条件、零件的结构特点及要求，分析零件的结构工艺。
2. 了解毛坯的制造工艺过程，找出铸(锻)件的分型(模)面。
3. 深入了解零件的制造工艺过程，编制现场加工工艺。
4. 对零件主要加工工序做进一步的分析。

6.2　任务实施

加工调速齿轮的步骤及相关要求等见表 7-12。

表 7-12　调速齿轮加工操作技能训练

技能训练名称	调速齿轮加工
操作技能要求	学生必须读懂产品零件图纸，熟悉材料准备，掌握零件加工，掌握零件检验，正确编制调速齿轮加工工艺(单件生产)，加工出合格的调速齿轮零件，提高综合技能
工具、量具、刃具及材料	游标卡尺、外径千分尺、内径百分表、杠杆千分表、公法线千分尺、直尺、样冲、划规、角度尺、中心钻、ϕ5.1mm 钻头、ϕ8mm 钻头、ϕ20mm 扩孔钻、M6 丝锥、车刀、镗刀、滚齿刀、剃齿刀 材料为 45 钢
步骤	**备料**：若实习现场没有合适的锻件，用ϕ142mm×22mm，材料为 45 钢的棒料代替 **车**：孔、端面及外圆的粗车，外圆留余量 1mm，端面、内孔留余量 1.5mm **热处理**：热处理调质 HBS240～290

续表

步骤

车：车大端面齿宽至(18.6 ± 0.15)mm，车大外圆至　138h11mm($\phi 138^{+0}_{-0.1}$ mm)，倒角

车：车轮辐端面至$18^{+0}_{-0.18}$ mm，精镗孔至　32H7mm($\phi 32^{+0.025}_{+0}$ mm)

车大外圆至　138h11mm($\phi 138^{+0}_{-0.1}$ mm)，注意外圆接刀，倒角

检验：中间检验(精车齿坯检验)

滚：滚齿：m=3mm，z=44，α =20°

钳：去除齿端毛刺

清洗：清洗齿端毛刺

打印：打印记(按产品图)

钳：兼顾各部划线

钳：复核划线的准确程度

钳：钻螺纹底孔 3－$\phi 5.1^{+0.20}_{+0}$ mm，攻内螺纹 3-M6-7H

检验：中间检验(剃齿前检验)

热处理：高频六点淬火(按产品图)

剃齿：剃齿：m=3mm，z=44，α =20°

清洗：清洗零件

检验：成品检验(按产品图检验)

注意事项

(1) 单件小批生产齿轮时，一般齿坯的孔、端面及外圆的粗、精加工都在通用车床上经两次装夹完成，但必须注意将孔和基准端面的精加工在一次装夹内完成，以保证位置精度

(2) 精镗孔至 $\phi 32^{+0.025}_{+0}$ mm，精车轮辐面至$18^{+0}_{-0.18}$ mm，端跳↗0.012mm，定位面端跳↗0.02mm

成绩评定

项目	质量检测内容	配分	评分标准	实测结果	得分
备料	142×22mm＞45 圆钢	5 分	材料选择错误不得分		
车	孔、端面及外圆的粗车，外圆留余量 1mm，端面、内孔留余量 1.5mm	10 分	超差不得分		
热处理	调质 HBS240～290	5 分	不处理不得分		
车	车大端面，车大外圆	10 分	超差不得分		
车	车轮辐端面，精镗孔至 $\phi 32^{+0.025}_{+0}$ mm，车大外圆	10 分	超差不得分		
滚	滚齿：m=3mm，z=44，α =20°	10 分	超差不得分		
钳	打印记(按产品图)	5 分	超差不得分		
钳	兼顾各部划线	5 分	不准确不得分		
钳	复核划线的准确程度	5 分	超差不得分		
钳	钻螺纹底孔，攻内螺纹 3-M6-7H	10 分	超差不得分		
热处理	高频六点淬火(按产品图)	5 分	不处理不得分		
剃	剃齿：m=3mm，z=44，α =20°	5 分	超差不得分		
检验	成品检验(按产品图检验)	5 分	不检验不得分		
安全文明生产		10 分	违者不得分		

7 专用夹具的加工

通过夹具加工能够获得丰富的感性知识，掌握夹具加工的基本操作方法和技能，巩固、深化已学过的夹具知识，具备分析和解决夹具制造技术问题的能力。

7.1 任务分析

通过对精车夹具加工的学习，掌握夹具加工的基本操作方法和技能，主要完成以下的任务。

(1) 掌握夹具钳工的基本操作技能。

(2) 较熟练地掌握车、铣、磨、线切割、电火花、数控机床、热处理等工种的操作技能。熟悉夹具零件各种机械加工方法。

(3) 能完成中等复杂程度零件的工艺编制工作。

(4) 能完成中等复杂程度夹具的加工、装配、试夹、检验工作。

本次设计的精车夹具中的非标零件有：联动圈、夹具体、胀胎芯轴、定位圈、芯杆。因篇幅原因，现列举 3 个主要零件夹具体、胀胎芯轴、芯杆进行加工，实际夹具的加工是以小组为单位完成加工及装配。

零件的加工工艺设计是机械加工中重要技术工作，合理的机械加工工艺是保证零件加工精度、提高劳动生产效率的重要环节，因此制订夹具零件机械加工工艺规程是夹具制造的必要技术工作。如图 7.7～图 7.9 所示 3 个零件，制订并编写其加工工艺，并进行加工。

图 7.7 所示为夹具体，材料为 45 钢，热处理淬火 HRC40～45。

图 7.8 所示为胀胎芯轴，材料为 65Mn 钢，热处理淬火 HRC40～45。

图 7.9 所示为芯杆，材料为 45 钢，热处理淬火 HRC48～50。

7.2 任务实施

加工夹具体的步骤及相关要求等见表 7-13。

表 7-13 夹具体加工操作技能训练

技能训练名称	夹具体加工
操作技能要求	学生必须读懂工装图纸，熟悉工装材料准备，掌握工装零件加工，掌握工装零件检验，正确编制夹具体加工工艺，加工出合格的夹具零件，提高综合技能
工具、量具、刃具及材料	游标卡尺、外径千分尺、直尺、样冲、划规、角度尺、中心钻、ϕ5.1mm 钻头、ϕ6.8mm 钻头、ϕ8mm 钻头、ϕ11mm 钻头、ϕ17mm 钻头(锪平面)、ϕ20mm 扩孔钻、M6 丝锥、M8 丝锥、车刀、镗刀、棕刚玉砂轮 材料为 45 钢
步骤	**备料**：备　140mm×70mm 料，材料 45 圆钢 **车**：孔、端面及外圆的粗车，外圆留余量 1mm，端面、内孔留余量 2mm **车**：车大端面至总长(65.8±0.1)mm，车大外圆至　135mm，精镗孔至 $\phi45.5_{+0}^{+0.04}$ mm，镗内台阶孔至 $\phi70_{+0}^{+0.1}$ mm×(16.3±0.1) mm，倒角

续表

步骤	**车**：车小端面至总长(65.3±0.1)mm，车小外圆至ϕ85mm，车大端面保证厚度尺寸(25.3±0.1)mm，车锥面保证ϕ(60±0.1)mm×30°，倒角 **检验**：按工艺要求检查车后尺寸 **钳**：兼顾各部划线 **钳**：复核划线的准确程度 **钳**：钻螺纹底孔 4－$\phi5.1^{+0.2}_{+0}$ mm，钻螺纹底孔 4－$\phi6.8^{+0.2}_{+0}$ mm，攻内螺纹 4-M6，攻内螺纹 4-M8，钻孔 3－ϕ11 mm，钻孔 3－ϕ17 mm(锪内平面) **检验**：按图纸检查钻削质量 **热处理**：淬火 HRC40～45 **磨**：磨内孔至$\phi46^{+0.025}_{+0}$ mm，磨定位大端面，保证尺寸(16±0.1) mm **清洗**：清洗零件 **检验**：成品检验(按产品图检验)
注意事项	(1) 为保证定位元件定位准确，必须达到定位端面相对于夹具体内孔的跳动误差不超过为 0.05 mm，定位端面、夹具体内孔应保证表面粗糙度 $Ra0.8\mu m$ (2) 夹具体是重要的支承零件，主要加工面必须光滑无毛刺 (3) 螺纹孔、安装孔的定位精度由钳工划线保证

成绩评定	项目	质量检测内容	配分	评分标准	实测结果	得分
	备料	140mm×70mm 45 圆钢	5 分	材料选择错误不得分		
	车	孔、端面及外圆的粗车 外圆留余量 1mm，端面、内孔留余量 2mm	10 分	超差不得分		
	车	车大端面，车大外圆，精镗孔，镗内台阶孔，倒角	10 分	超差不得分		
	车	车小端面、小外圆，车大端面保证厚度尺寸，车锥面保证，倒角	10 分	超差不得分		
	钳	兼顾各部划线	10 分	不准确不得分		
	钳	复核划线的准确程度	10 分	超差不得分		
	钳	钻螺纹底孔，攻内螺纹 4-M6，4-M8，钻孔 3－ϕ11mm，钻孔 3－ϕ17mm	15 分	超差不得分		
	热处理	淬火 HRC40～45	5 分	不处理不得分		
	磨	磨内孔、磨定位大端面	10 分	不处理不得分		
	检验	成品检验(按产品图检验)	5 分	不检验不得分		
	安全文明生产		10 分	违者不得分		

制作胀胎芯轴的步骤及相关要求等见表 7-14。

表 7-14 胀胎芯轴加工操作技能训练

技能训练名称	胀胎芯轴加工
工具、量具、刃具及材料	游标卡尺、外径千分尺、直尺、样冲、划规、角度尺、中心钻、ϕ4mm 钻头、ϕ7mm 钻头、ϕ10mm 钻头、ϕ15mm 扩孔钻、车刀、镗刀、棕刚玉砂轮、砂轮切割片 材料为 65Mn 钢
步骤	**备料：** 备 80mm×93mm 料，材料 65Mn 圆钢 **车：** 孔、端面及外圆的粗车，外圆留余量 1mm，端面、内孔留余量 2mm **车：** 车大端，保证总长(88.6±0.1)mm，车外圆至 $\phi 40.4^{+0.1}_{+0}\times 48^{+0}_{-0.1}$ mm，车大外圆至 ϕ75mm，精镗孔至 $\phi 21.5^{+0.04}_{+0}$ mm，镗内台阶孔至 ϕ24mm×8mm，倒角 **车：** 车小端，保证总长 88 mm，车小外圆至 $\phi 32.3^{+0.15}_{+0}$ mm×30mm，车退刀槽、倒角 **车：** 车内锥面保证 ⊲1:5 及 $\phi 27.2^{+0}_{-0.15}$ mm **检验：** 按工艺要求检查车后尺寸 **钳：** 兼顾各部划线 **钳：** 复核划线的准确程度 **钳：** 钻孔 4−$\phi 7^{+0.2}_{+0}$ mm，钻孔 4−$\phi 4^{+0.2}_{+0}$ mm **检验：** 按图纸检查热处理前的产品尺寸 **热处理：** 淬火 HRC42 **磨：** 砂轮切割片割槽，保证槽宽 2mm **磨：** 磨内孔至 $\phi 22^{+0.021}_{+0}$ mm **磨：** 内锥面保证 ⊲1:5 及 ϕ27.5mm **磨：** 磨大端，保证外圆 $\phi 40^{+0}_{-0.015}\times 48^{+0.3}_{+0}$ mm **磨：** 磨小端，保证外圆 $\phi 32^{-0.02}_{-0.04}\times 30$ mm，磨导向外锥面保证 ∠2°×3mm **清洗：** 清洗零件 **检验：** 成品检验(按产品图检验)
注意事项	(1) 为保证胀胎芯轴定位准确，必须使定位外圆 $\phi 40.4^{+0.1}_{+0}$ mm 相对于内孔 $\phi 22^{+0.021}_{+0}$ mm 的同轴度误差不超过 ϕ0.005mm，胀胎芯轴的工作部分外圆 $\phi 32^{-0.02}_{-0.04}$ mm 与内孔 $\phi 22^{+0.021}_{+0}$ mm 的同轴度误差不超过 ϕ0.005mm，芯轴左、右定位端面相对于内孔 $\phi 22^{+0.021}_{+0}$ mm 的端面跳动误差不超过 0.005mm，芯轴的内锥面相对于内孔 $\phi 22^{+0.021}_{+0}$ mm 的同轴度误差不超过 ϕ0.005mm (2) 胀胎芯轴的内锥面与芯杆外锥面配作，芯杆露出芯轴 1mm，芯轴的内锥面与芯杆外锥面的接触斑点不少于 70%，且接触斑点只允许偏大端 (3) 胀胎芯轴的主要加工面必须光滑无毛刺，重要的磨削表面应保证表面粗糙度 Ra0.8 m (4) 安装孔的定位精度由钳工划线保证

成绩评定	项目	质量检测内容	配分	评分标准	实测结果	得分
	备 料	ϕ80mm×93mm，65Mn 圆钢	5 分	材料选择错误不得分		
	车	孔、端面及外圆的粗车 外圆留余量 1mm，端面、内孔留余量 2mm	10 分	超差不得分		
	车	车大端端面，车台阶外圆，车大外圆，精镗孔，镗内台阶孔至 24mm×8mm，倒角	10 分	超差不得分		
	车	车小端，保证总长，车小外圆，车退刀槽、倒角	10 分	超差不得分		
	车	车内锥面	5 分	超差不得分		
	钳	兼顾各部划线	5 分	不准确不得分		
	钳	复核划线的准确程度	5 分	超差不得分		

续表

成绩评定	钳	钻孔 $4-\phi7^{+0.2}_{+0}$ mm，钻孔 $4-\phi4^{+0.2}_{+0}$ mm	5 分	超差不得分		
	热处理	淬火 HRC42	5 分	不处理不得分		
	磨	砂轮切割片割槽，保证槽宽 2mm	5 分	超差不得分		
	磨	磨内孔至尺寸	5 分	超差不得分		
	磨	磨内锥面保证 ⊲1:5 及 $\phi27.5$mm	5 分	超差不得分		
	磨	磨大端，保证外圆尺寸	5 分	超差不得分		
	磨	磨小端，保证外圆尺寸，磨导向外锥面	5 分	超差不得分		
	检验	成品检验(按产品图检验)	5 分	不检验不得分		
	安全文明生产		10 分	违者不得分		

加工芯杆的步骤及相关要求等见表 7-15。

表 7-15　芯杆加工操作技能训练

技能训练名称	芯杆加工
工具、量具、刃具及材料	游标卡尺、外径千分尺、中心钻、M16 板牙或者螺纹车刀，车刀、割槽车刀、盘铣刀、棕刚玉砂轮 材料为 45 钢
步骤	**备料：**备　30mm×115mm 料，材料 45 圆钢 **车：**孔、端面及外圆的粗车，外圆留余量 1.5mm，端面留余量 1mm **车：**车螺纹外圆，保证 $\phi15.9^{+0}_{-0.15}$ mm×26mm，车中部外圆保证 $\phi22.4^{+0}_{-0.15}$ mm×61mm，车退刀槽保证 $R2$×3mm，钻中心孔，倒角 **车：**车外锥面一端，保证 $\phi28.3^{+0}_{-0.15}$ mm×20mm，兼顾总长 110mm，车中间外圆 $\phi19$mm，保证其左右长度方向的尺寸 $\phi22.4^{+0}_{-0.15}$ mm×20mm 及 $\phi22.4^{+0}_{-0.15}$ mm×18mm，钻中心孔，倒角 **车：**加工外螺纹 M16 **车：**车外锥面，保证 ⊲1:5 及 $\phi27.8^{+0}_{-0.15}$ mm，车退刀槽 $R8$×5mm、倒角 **铣：**铣削外锥面处的平行平面，保证平面间距 $22^{+0}_{-0.25}$ mm **检验：**按工艺要求检查车削加工后、铣削加工后的尺寸 **热处理：**淬火 HRC48 **磨：**两侧顶尖夹紧，磨外圆至 $\phi22^{-0.007}_{-0.020}$ mm **磨：**两侧顶尖夹紧，磨外锥面保证 ⊲1:5 及 $\phi27.5$mm **清洗：**清洗零件 **检验：**成品检验(按产品图检验)
注意事项	(1) 为保证芯杆定位准确，必须达到定位外圆 $\phi22.4^{+0}_{-0.15}$ mm×20mm、$\phi22.4^{+0}_{-0.15}$ mm×18mm 及外锥面 $\phi27.8^{+0}_{-0.15}$ mm 相对于两端的中心孔的跳动误差不超过 0.005mm (2) 胀胎芯轴的内锥面与芯杆外锥面配作，芯杆露出芯轴 1mm，芯轴的内锥面与芯杆外锥面的接触斑点不少于 70%，且接触斑点只允许偏大端 (3) 芯杆重要的磨削表面应保证表面粗糙度 $Ra0.8\mu m$

续表

	项目	质量检测内容	配分	评分标准	实测结果	得分
成绩评定	备料	ϕ33mm × 115mm　45 圆钢	5 分	材料选择错误不得分		
	车	孔、端面及外圆的粗车，外圆留余量 1.5mm，端面留余量 1mm	5 分	超差不得分		
	车	车螺纹外圆，车 22.4mm 外圆，车退刀槽，钻中心孔，倒角	10 分	超差不得分		
	车	车外锥面一端，车中间外圆，钻中心孔，倒角	15 分	不准确不得分		
	车	加工外螺纹 M16	5 分	超差不得分		
	车	车外锥面，车退刀槽、倒角	15 分	超差不得分		
	铣	铣削外锥面处的平行平面	5 分	超差不得分		
	热处理	淬火 HRC48	5 分	不处理不得分		
	磨	磨外圆至 $\phi 22_{-0.020}^{-0.007}$ mm	10 分	超差不得分		
	磨	磨外锥面	10 分	超差不得分		
	检验	成品检验(按产品图检验)	5 分	不检验不得分		
	安全文明生产		10 分	违者不得分		

8　专用量具的加工

通过专用量具加工能够获得丰富的感性知识，掌握专用量具加工的基本操作方法和技能，巩固、深化已学过的量具知识，具备分析和解决量具制造技术问题的能力。

8.1　任务分析

通过对专用量具加工的学习，掌握专用量具加工的基本操作方法和技能，主要完成以下的任务。

(1) 根据专用量具的图纸和质量技术要求，拟定合理的工艺方案，并对所拟定的工艺方案进行技术分析及评价，编制加工工艺卡。

(2) 根据拟定的工艺卡，正确选用机床、刀具、夹具、量具等工艺装备和工艺参数，完成专用量具的加工。

本次设计的专用量具是$\phi 31.45_{+0}^{+0.15}$mm 圆孔塞规L10108-SC，其工作简图如图 7.10 所示，材料选用优质低碳结构钢(10、15、20 号钢)制造，本例选用 20 号钢。热处理渗碳 1.3～1.8mm，淬火 HRC60～65。$\phi 31.45_{+0}^{+0.15}$ mm 圆孔塞规做成圆柱形状，两端分别为通规和止规，通规是孔径的下偏差，止规是孔径的上偏差。在检测孔径时，通规能塞进去而止规塞不进去，则此孔径是合格的，即在公差范围之内，否则就是不合格的。

通规和止规的外圆磨削要经过粗磨、精磨和超精磨 3 道工序，塞规的通规、止规工作面不应有锈迹、毛刺、黑斑、划痕、裂纹等明显影响使用质量和外观的缺陷。许可有局部的轻微凹痕或划痕，塞规其他非工作面亦不应有锈蚀和裂纹。通规、止规工作部位的形状

和位置公差除有特殊规定者外，应不大于其尺寸公差的 50%，但不小于 0.002mm，圆孔塞规未注公差尺寸的极限偏差按 GB/T 1804—2000 的规定来确定。

8.2　任务实施

加工 $\phi31.45^{+0.15}_{+0}$ mm 圆孔塞规的步骤及相关要求等见表 7-16。

表 7-16　$\phi31.45^{+0.15}_{+0}$ mm 圆孔塞规加工操作技能训练

<table>
<tr><td colspan="2">技能训练名称</td><td colspan="6">圆孔塞规加工</td></tr>
<tr><td colspan="2">工具、量具、刃具及材料</td><td colspan="6">游标卡尺、外径千分尺、中心钻，车刀、割槽刀、棕刚玉砂轮
材料为 20 钢</td></tr>
<tr><td>步骤</td><td colspan="7">备料：备　35mm×135mm 料，材料 20 圆钢
车：孔、端面及外圆的粗车，外圆留余量 1.5mm，端面留余量 1mm
车：车削通规端的外圆、端面及塞规中部的外圆，保证通规端 $\phi31.85^{+0}_{-0.05}$ mm×$16^{+0}_{-0.3}$ mm，塞规中部的外圆尺寸 $\phi20^{+0}_{-0.15}$ mm×80 mm，车退刀槽保证 ϕ12.4mm×12mm×R2.5mm，钻中心孔，倒角(留粗磨、精磨和超精磨的余量分别是 0.3 mm、0.1 mm、0.01 mm)
车：车削止规端的外圆、端面，保证 $\phi31.85^{+0}_{-0.05}$ mm×$12^{+0}_{-0.3}$ mm，兼顾总长 132mm，车退刀槽保证 ϕ12.4mm×12mm×R2.5mm，钻中心孔，倒角
钻：钻工艺孔，保证 ϕ9×26 mm
检验：按工艺要求检查车后尺寸
热处理：渗碳 1.3～1.8mm，淬火 HRC60～65
粗磨：两侧顶尖夹紧，通规端磨外圆至 $\phi31.55^{+0}_{-0.015}$ mm，止规端磨外圆至 $\phi31.55^{+0.15}_{-0}$ mm，通规端小轴径处磨外圆至 ϕ12mm×12mm×R2.5mm
精磨：两侧顶尖夹紧，通规端磨外圆至 $\phi31.45^{+0.027}_{+0.02}$ mm，止规端磨外圆至 $\phi31.45^{+0.16}_{+0.153}$ mm
超精磨：两侧顶尖夹紧，通规端磨外圆至 $\phi31.45^{+0.0165}_{+0.0095}$ mm，止规端磨外圆至 $\phi31.45^{+0.15}_{+0.143}$ mm
清洗：清洗零件
检验：成品检验(按产品图检验)</td></tr>
<tr><td>注意事项</td><td colspan="7">(1) 圆孔塞规的中心孔一般按 GB/T 145—2001《中心孔》的规定选 B 型
(2) 为保证圆孔塞规使用时准确，必须保证通规和止规的外圆经过粗磨、精磨和超精磨 3 道工序磨削后的两测量面的圆柱度误差不超过 0.0017mm
(3) 圆孔塞规重要的磨削表面应保证表面粗糙度 Ra0.08μm，与工作面相邻的非工作表面的 Ra0.8μm
(4) 应在工作面上检验量规的硬度。不能在工作面上检验时，允许在距工作面边缘不超过 3mm 的非工作面上检验</td></tr>
<tr><td rowspan="4">成绩评定</td><td>项目</td><td colspan="2">质量检测内容</td><td>配分</td><td>评分标准</td><td>实测结果</td><td>得分</td></tr>
<tr><td>备料</td><td colspan="2">35mm×135mm，20 圆钢</td><td>5 分</td><td>材料选择错误不得分</td><td></td><td></td></tr>
<tr><td>车</td><td colspan="2">孔、端面及外圆的粗车，外圆留余量 1.5mm，端面留余量 1mm</td><td>10 分</td><td>超差不得分</td><td></td><td></td></tr>
<tr><td>车</td><td colspan="2">车削通规端的外圆、端面及塞规中部的外圆，车退刀槽，钻中心孔，倒角</td><td>10 分</td><td>超差不得分</td><td></td><td></td></tr>
</table>

续表

成绩评定	车	车削止规端的外圆、端面，车退刀槽保证 124mm×121mm×R2.5mm，钻中心孔，倒角	10分	不准确不得分		
	钻	钻工艺孔，保证 ϕ9mm×26 mm	5分	超差不得分		
	热处理	渗碳淬火 HRC60～65	5分	不处理不得分		
	磨	粗磨：通规端磨外圆，止规端磨外圆，通规端小轴径处磨外圆	10分	超差不得分		
	磨	精磨：通规端磨外圆，止规端磨外圆	15分	超差不得分		
	磨	超精磨：通规端磨外圆，止规端磨外圆	15分	超差不得分		
	检验	成品检验(按产品图检验)	5分	不检验不得分		
	安全文明生产		10分	违者不得分		

9 机械制造综合设计及实训课程心得体会

五周的综合设计及实训即将结束，我们在这五周内完成了工艺编制、夹具设计及加工等任务。经过我们小组成员的共同努力，我们圆满地完成了任务，在这期间，我们学到了很多，经历了许多……

五个星期的综合设计及实训真的收获蛮多的，我感觉对自己的专业有了一个更深层次的了解，从一开始的老虎吞天无从下口到后来的拨开乌云见青天，一步一个脚印地走了过来。每次的迷茫，每次困难的克服都是一次进步，每次完成老师所给的任务就仿佛打了一次胜仗，心中的喜悦是没有经历过这样实训的人无法体会到的。

这次综合设计及实训是我们在校期间的最后一次实训课，它结合了我们所学的大部分基础课与专业课，是我们在进行毕业设计之前对所学各科课程的一次深入的综合性链接，是我们毕业设计前的一次大练兵，也是一次理论联系实际的综合实训。

这门课程内容量大，很多东西都很繁琐，特别在加工工艺方面，工艺过程卡片和工序卡片修改了一次又一次，最终完成后有一种很特别的成就感。接下来的夹具设计，小组各成员都有自己的想法，意见存在着分歧，于是我们请老师给予指点，在老师的带领下我们一步一步分析着，找出了各自的优点与不足，并综合考虑了老师所提的参考意见，最后终于定下了设计方案。整个设计过程真的很有收获，无论是团队精神还是理论知识的提升，都是一次很好的锻炼。接下来就是要到机床上把我们所设计的夹具装配体及产品零件加工出来。这次加工使用了车床、铣床、钻床、磨床等机床，既提升了我们的动手能力又巩固了相关的知识。最后，我们把组成夹具的零件完整地加工并装配出来，当看到自己的作品时，心中的喜悦真是难以用语言来形容，这增强了我们的自信心，让我们非常有成就感。

通过这次综合设计及实训，我深深地体会到，干任何事情都必须耐心、细致。态度决定一切，而认真是第一态度。设计过程中，许多问题真的很棘手，查手册很麻烦，有时真的希望自己懒一下，不必查手册，可是这又不符合标准，所以做什么事情都要一板一眼不能好像更不能差不多。这次实训让我学到了很多的东西，不光是知识面得到了拓展，更多的是让我知道了一个团队的重要性以及团结协作的重要性。这 5 周的课程让我记住了以后的工作中不能存在“差不多”、“大概”、“可能”这样的字眼，更不能有这样的想法，养成认真地完成每一步的良好习惯，为今后的工作打下一个坚实的基础。

最后，我要衷心地感谢老师们，这次综合实训真的收获很多，感谢老师们的指导！在工艺编制、夹具设计、夹具加工的过程中，老师们总是会一遍一遍地给我们讲解，不厌其烦地解答着我们的疑问，工艺编制、夹具设计、夹具加工的每个细节和每个数据，都离不开老师们的细心指导，在老师们的帮助下，我能够很顺利地完成这次综合设计及实训。同时感谢对我帮助过的小组成员，谢谢你们对我的帮助和支持。

10　参考文献

[1] 机械零件设计手册编写组. 机械零件设计手册(下册)[M]. 3 版. 北京：冶金工业出版社，1994.

[2] 李益民. 机械制造工艺简明手册[M]. 北京：机械工业出版社，2003.

[3] 艾兴，肖诗刚. 切削用量简明手册[M]. 北京：高等教育出版社，2002.

[4] 杨黎明. 机床夹具设计手册[M]. 北京：国防工业出版社，1996.

[5] 上海柴油机厂工艺设备研究所. 金属切削机床夹具手册[M]. 北京：机械工业出版社，1984.

[6] 沈学勤. 公差配合与技术测量[M]. 北京：高等教育出版社，1998.

[7] 吴拓. 机械制造工艺与机床夹具课程设计指导[M]. 北京：高等教育出版社，2001.

[8] 邹青. 机械制造技术基础课程设计指导教程[M]. 北京：机械工业出版社，2008.

[9] 孙丽媛. 机械制造工艺及专用夹具设计指导[M]. 北京：冶金工业出版社，2003.

11 调速齿轮机械加工工艺卡(批量生产)

××× 公司	机械加工工艺过程卡	产品型号	S195	零(部)件图号	10108	共 4 页
		产品名称	柴油机齿轮	零(部)件名称	调速齿轮	第 1 页

材料牌号	45	毛坯种类	锻件	毛坯外形尺寸		每毛坯件数	1	每台件数	1	备注	

工序号	工序名称	工序内容	车间	设备	工艺装备			工时	
					夹具	刀具	检具	准终	单件
10	锻	锻造成型(按锻件图)	外协						
20	热	热处理正火 HB170～217(按正火工艺守则)	外协						
30	车	粗车各部分尺寸(按粗车图)	外协						
40	检	粗车齿坯检验(按粗车图)	检验站						
50	热	热处理调质 HB240～290	热处理						
60	抛	去氧化皮	毛坯库	甩筒					
70	半精车	以轮辐端面定位，夹紧大外圆	某车间	CA7620	液压三爪卡盘		$\phi31.45^{+0.15}_{0}$ mm 圆孔塞规		
		半精镗孔 $\phi31.45^{+0.15}_{0}$ mm							
80	精车	定位夹紧方式同上	某车间	C618	三爪卡盘		游标卡尺：0～200/0.02		
		1.精车大端面齿宽至(18.6±0.15)mm							
		2.倒外圆角 1×45°							

										编制(日期)	校对(日期)	标准化(日期)	审核(日期)	会签(日期)
标记	处数	文件号更改	签字	日期	标记	处数	文件号更改	签字	日期					

××× 公司		机械加工工艺过程卡		产品型号	S195	零(部)件图号	10108	共 4 页	
				产品名称	柴油机齿轮	零(部)件名称	调速齿轮	第 2 页	
材料牌号	20CrMnTi	毛坯种类	锻件	毛坯外形尺寸	每毛坯件数	1	每台件数 1	备注	
工序号	工序名称	工序内容	车间	设备	工艺装备			工时	
					夹具	刀具	检具	准终	单件
		3.倒孔口角 1×45°							
90	半精车	已车小端面定位，夹紧大外圆	某车间	CA7620	液压三爪卡盘		外径千分尺：0～25/0.01		
		1.半精车轮辐面至 $18.2_{-0.15}^{0}$ mm，与定位面平行度为 0.05mm $\overset{3.2}{\nabla}$					平板、杠杆百分表		
		2.倒外圆角 1×45°							
		3.倒轮辐角（两处）1.5×45°							
		4.倒孔口角 1.8×45°							
100	精车	定位夹紧方式同上							
		1.精镗孔 $\phi32_{0}^{+0.025}$ mm	某车间	C336—1	三爪卡盘		内径百分表：18～35/0.01		
		2. 精车轮辐面至 $18_{-0.18}^{0}$mm $\overset{1.6}{\nabla}$ ↗ 0.02mm					光面环规 $\phi32_{0}^{+0.025}$ mm		
							偏摆仪、杠杆千分表		
							检验芯轴：$\phi32.02$ ～ $\phi32.04$mm		
							游标卡尺：0～200/0.02		
110	精车	以孔定心并涨紧，大端面定位	某车间	CA7620	精车夹具		游标卡尺：0～200/0.02		
		1.精车大外圆至 $\phi138_{-0.10}^{0}$mm $\overset{3.2}{\nabla}$							
		2.倒外圆两侧角 1.5×45°							

										编制(日期)	校对(日期)	标准化(日期)	审核(日期)	会签(日期)
标记	处数	更改文件号	签字	日期	标记	处数	更改文件号	签字	日期					

××× 公司		机械加工工艺过程卡			产品型号	S195	零(部)件图号	10108	共 4 页
					产品名称	柴油机齿轮	零(部)件名称	调速齿轮	第 3 页
材料牌号	20CrMnTi	毛坯种类	锻件	毛坯外形尺寸	每毛坯件数	1	每台件数	1	备注

工序号	工序名称	工序内容	车间	设备	工艺装备：夹具	工艺装备：刀具	工艺装备：检具	工时：准终	工时：单件
120	检	精车齿坯检验	检验站						
130	滚	以轮辐端面定位，内孔定心，压紧平端面	某车间	Y3150E	液齿夹具	剃前滚刀：m3-α20°	百分表		
		滚齿：m=3mm，z=44，α=20°，$\overset{3.2}{\nabla}$					检验芯轴：ϕ32.02mm～ϕ32.04mm		
		W =41.70$^{0}_{-0.04}$ mm，K=5，					跳动仪　杠杆千分表		
		F_r=0.045mm，F_W=0.025mm，F_β=0.017mm					公法线千分尺：25～50		
		f_f=0.030mm，$\pm f_{pt}$=±0.014mm					渐开线检查仪，万能测齿仪		
140	刮毛	机刮齿端毛刺，倒棱	某车间	倒棱机		刮毛刀			
150	清洗	清洗	某车间	清洗机					
160	打印	打印记，打印厂标，按产品图纸的图示位置	某车间	J23-1.6	打印夹具	打字模、字头、厂标印			
170	钻	以轮辐端面定位，内孔定心，压紧平端面	某车间	Z525B	钻孔夹具	ϕ5.1mm 钻头	钻塞规　位置度检具		
		钻孔 3-$\phi5.1^{+0.20}_{0}$ mm							
180	倒角	倒螺纹孔孔口角 1×120°	某车间	Z525B					

										编制(日期)	校对(日期)	标准化(日期)	审核(日期)	会签(日期)
标记	处数	更改文件号	签字	日期	标记	处数	更改文件号	签字	日期					

××× 公司		机械加工工艺过程卡		产品型号	S195	零(部)件图号	10108		共 4 页
				产品名称	柴油机齿轮	零(部)件名称	调速齿轮		第 4 页
材料牌号	20CrMnTi	毛坯种类	锻件	毛坯外形尺寸		每毛坯件数	1	每台件数	1
备注									

工序号	工序名称	工序内容	车间	设备	工艺装备：夹具	工艺装备：刀具	工艺装备：检具	工时：准终	工时：单件
190	攻	攻内螺纹 3-M6-7H	某车间	Z525B	攻丝夹具		螺纹塞规 M6-7H		
							位置度检具		
200	洗	清洗（按清洗工艺守则）	某车间	清洗机					
210	检	热前检验	检验站						
220	热	高频六点淬火（按热处理工艺守则）	热处理						
230	剃	以轮辐端面定位，内孔定心，压紧平端面	某车间	Y4232C	剃齿夹具	剃齿刀 m=3mm	百分表　跳动仪		
		剃齿：m=3mm，Z=44，α=20°，$\sqrt{1.6}$				α=20° β=15°（左）	公法线千分尺：25～50		
		W =41.585$^{0}_{-0.04}$ mm，K=5				ϕ240mm，A 级	检验芯轴：ϕ32.02mm ～ϕ32.04mm		
		F_r=0.045mm，F_W=0.033mm，F_β=0.012mm					杠杆千分表		
		f_f=0.012mm，$\pm f_{pt}$=±0.014mm					渐开线检查仪，万能测齿仪		
240	洗	清洗（按清洗工艺守则）	某车间	清洗机					
250	检	成品检验（按产品图）	检验站						
260	入库	入库，上油，包装	成品库						

										编制(日期)	校对(日期)	标准化(日期)	审核(日期)	会签(日期)
标记	处数	更改文件号	签字	日期	标记	处数	更改文件号	签字	日期					

12 调速齿轮机械加工工序卡(批量生产)

单位名称	机械加工工序卡	产品型号	S195	零件图号	10108		
		产品名称	柴油机齿轮	零件名称	调速齿轮	共11页	第1页

车间	工序号	工序名	材料牌号
柴齿	70	半精镗孔	45
毛坯种类	毛坯外形尺寸	每坯可制件数	每台件数
锻件			1
设备名称	设备型号	设备编号	同时加工件数
多刀半自动车床	CA7620		1
夹具编号	夹具名称	切削液	
	液压三爪卡盘		
工位器具编号	工位器具名称	工序工时 准终	工序工时 单件

工步号	工步内容	工艺装备	主轴转速 $/r\cdot min^{-1}$	切削速度 $/m\cdot min^{-1}$	进给量 $/mm\cdot r^{-1}$	背吃刀量 /mm	进给次数	工步工时/min 机动	工步工时/min 辅助
1	半精镗孔 $\phi31.45_{0}^{+0.15}$mm	$\phi31.45_{0}^{+0.15}$mm 圆孔塞规：L10108-SC，镗刀	710	70.2	0.2	0.5	1	0.19	0.68

										设计(日期)	校对(日期)	审核(日期)	标准化(日期)	会签(日期)
标记	处数	更改文件号	签字	日期	标记	处数	更改文件号	签字	日期					

单位名称	机械加工工序卡	产品型号	S195	零件图号	10108		
		产品名称	柴油机齿轮	零件名称	调速齿轮	共 11 页	第 2 页

车间	工序号	工序名	材料牌号
柴齿	80	精车大端面倒角	45
毛坯种类	毛坯外形尺寸	每坯可制件数	每台件数
锻件			1
设备名称	设备型号	设备编号	同时加工件数
普通车床	C618		1

夹具编号	夹具名称	切削液	
	三爪卡盘	皂化液	
工位器具编号	工位器具名称	工序工时	
		准终	单件

1×45° 6.3
1×45° 6.3
3
1.6
0.08(一)
2
18.6±0.15

工步号	工步内容	工艺装备	主轴转速 /r·min^{-1}	切削速度 /m·min^{-1}	进给量 /mm·r^{-1}	背吃刀量 /mm	进给次数	工步工时/min 机动	工步工时/min 辅助
1	精车大端面齿宽至(18.6±0.15)mm	$^{0\sim150}_{0\sim200}$/0.02 游标卡尺，端面车刀	860	375	0.1	0.5	2	0.71	0.68
2	外圆倒角1×45°	倒角刀							
3	孔口倒角1×45°	倒角刀							

										设计(日期)	校对(日期)	审核(日期)	标准化(日期)	会签(日期)
标记	处数	更改文件号	签字	日期	标记	处数	更改文件号	签字	日期					

单位名称	机械加工工序卡	产品型号	S195	零件图号	10108		
		产品名称	柴油机齿轮	零件名称	调速齿轮	共 11 页	第 3 页

1×45° 6.3 1.5×45° 6.3 1.8×45° 6.3 //0.05 A 6.3 3 2 A Y $18.2_{-0.15}^{0}$

车间	工序号	工序名	材料牌号
柴齿	90	半精车轮幅面倒角	45
毛坯种类	毛坯外形尺寸	每坯可制件数	每台件数
锻件			1
设备名称	设备型号	设备编号	同时加工件数
液压多刀半自动车床	CA7620		1

夹具编号	夹具名称	切削液	
	液压三爪卡盘		
工位器具编号	工位器具名称	工序工时	
		准终	单件

工步号	工步内容	工艺装备	主轴转速 /r·min^{-1}	切削速度 /m·min^{-1}	进给量 /mm·r^{-1}	背吃刀量 /mm	进给次数	工步工时/min 机动	工步工时/min 辅助
1	半精车轮辐面至$18.2_{-0.15}^{0}$ mm	0～25/0.01外径千分尺，端面车刀	560	242.8	0.2	0.4	1	0.54	0.68
2	外圆倒角1×45°	倒角刀							
3	轮辐两处倒角1×45°	倒角刀							
4	孔口倒角1×45°	倒角刀，平板，杠杆百分表							

										设计(日期)	校对(日期)	审核(日期)	标准化(日期)	会签(日期)
标记	处数	更改文件号	签字	日期	标记	处数	更改文件号	签字	日期					

单位名称	机械加工工序卡	产品型号	S195	零件图号	10108		
		产品名称	柴油机齿轮	零件名称	调速齿轮	共 11 页	第 4 页

车间	工序号	工序名	材料牌号
柴齿	100	精镗孔，精车端面	45
毛坯种类	毛坯外形尺寸	每坯可制件数	每台件数
锻件			1
设备名称	设备型号	设备编号	同时加工件数
回轮式六角车床	C336-1		1

夹具编号	夹具名称	切削液	
	三爪卡盘		
工位器具编号	工位器具名称	工序工时	
		准终	单件

工步号	工步内容	工艺装备	主轴转速 /r·min^{-1}	切削速度 /m·min^{-1}	进给量 /mm·r^{-1}	背吃刀量 /mm	进给次数	工步工时/min 机动	工步工时/min 辅助
1	精镗孔至 $\phi 32_{0}^{+0.025}$ mm	18～35 / 0.01 内径百分表，$\phi 32_{0}^{+0.025}$ mm 样圈，镗刀	1000	100.5	0.09	0.28	1	0.28	0.68
2	精车轮辐端面 $18_{-0.18}^{0}$ mm	0～25 / 0.01 外径千分尺，端面车刀	1000	436.1	0.06	0.2	1	1	
		偏摆仪，杠杆千分表 ±0.2/1 级							
		圆锥芯轴 ϕ32.02mm～ϕ32.04mm 两根 CLB5008.1-97							

										设计(日期)	校对(日期)	审核(日期)	标准化(日期)	会签(日期)
标记	处数	更改文件号	签字	日期	标记	处数	更改文件号	签字	日期					

单位名称	机械加工工序卡	产品型号	S195	零件图号	10108		
		产品名称	柴油机齿轮	零件名称	调速齿轮	共 11 页	第 5 页

1.5×45°
6.3
6.3
Y
2
3
$\phi138_{-0.1}^{0}$

车间	工序号	工序名	材料牌号
柴齿	110	精车外圆，倒角	45
毛坯种类	毛坯外形尺寸	每坯可制件数	每台件数
锻件			1
设备名称	设备型号	设备编号	同时加工件数
多刀半自动车床	CA7620		1

夹具编号	夹具名称	切削液	
G10108-CJ28	精车夹具		
工位器具编号	工位器具名称	工序工时	
		准终	单件

工步号	工步内容	工艺装备	主轴转速 /r·min^{-1}	切削速度 /m·min^{-1}	进给量 /mm·r^{-1}	背吃刀量 /mm	进给次数	工步工时/min 机动	工步工时/min 辅助
1	精车外圆至尺寸 $\phi138_{-0.1}^{0}$mm	$\frac{0\sim150}{0\sim200}$/0.02 游标卡尺，外圆车刀	710	307.8	0.18	0.5	1	0.2	0.68
2	倒外圆两侧角 1.5×45°	倒角刀							

										设计(日期)	校对(日期)	审核(日期)	标准化(日期)	会签(日期)
标记	处数	更改文件号	签字	日期	标记	处数	更改文件号	签字	日期					

单位名称	机械加工工序卡	产品型号	S195	零件图号	10108		
		产品名称	柴油机齿轮	零件名称	调速齿轮	共 11 页	第 6 页

车间	工序号	工序名	材料牌号	
柴齿	130	滚齿	45	
毛坯种类	毛坯外形尺寸	每坯可制件数	每台件数	
锻件			1	
设备名称	设备型号	设备编号	同时加工件数	
滚齿机	Y38-1 (Y3150E)		6	
夹具编号		夹具名称	切削液	
GS195-10130-YG		滚齿夹具		
工位器具编号		工位器具名称	工序工时	
			准终	单件

公法线长度	W	$41.70^{0}_{-0.04}$
公法线长度变动公差	F_w	0.025
齿圈径向跳动公差	F_r	0.035
周节极限偏差	F_{pt}	±0.014
齿形公差	F_f	0.030
齿向公差	F_β	0.017
跨测齿数	K	5

工步号	工步内容	工艺装备	主轴转速 /r·min^{-1}	切削速度 /m·min^{-1}	进给量 /mm·r^{-1}	背吃刀量 /mm	进给次数	工步工时/min 机动	工步工时/min 辅助
1	滚齿 m=3mm，Z=44，$\alpha=20^\circ$	PS195-10108-GZ　滚刀	15-105	22.7	1.6-2	4.2、2.55	2	32.6	2.05
		F_w：25～50/0.01 公法线千分尺							
		F_β：齿轮跳动检查仪等，杠杆千分表±0.2/1 级							
		f_f：3201 万能渐开线检查仪 0.005，百分表 0-10/1 级							
		$\pm f_{pf}$：万能测齿仪　0.005							
		圆锥芯轴 ϕ32.02mm～ϕ32.04mm 两根 CLB5008.1-97							

标记	处数	更改文件号	签字	日期	标记	处数	更改文件号	签字	日期	设计(日期)	校对(日期)	审核(日期)	标准化(日期)	会签(日期)

单位名称	机械加工工序卡	产品型号	S195	零件图号	10108		
		产品名称	柴油机齿轮	零件名称	调速齿轮	共 11 页	第 7 页

车间	工序号	工序名	材料牌号
柴齿	160	打印记	45
毛坯种类	毛坯外形尺寸	每坯可制件数	每台件数
锻件			1
设备名称	设备型号	设备编号	同时加工件数
曲柄压力机	J23-16		1

夹具编号	夹具名称	切削液	
G10108-D	打字模		
工位器具编号	工位器具名称	工序工时	
		准终	单件

工步号	工步内容	工艺装备	主轴转速 /r·min⁻¹	切削速度 /m·min⁻¹	进给量 /mm·r⁻¹	背吃刀量 /mm	进给次数	工步工时/min 机动	工步工时/min 辅助
1	打印记 厂标 深 0.20mm	字头“0”“1”“2”“3”(3.5 号字体)							

										设计(日期)	校对(日期)	审核(日期)	标准化(日期)	会签(日期)
标记	处数	更改文件号	签字	日期	标记	处数	更改文件号	签字	日期					

单位名称	机械加工工序卡	产品型号	S195	零件图号	10108		
		产品名称	柴油机齿轮	零件名称	调速齿轮	共 11 页	第 8 页

车间	工序号	工序名	材料牌号
柴齿	170	钻孔	45
毛坯种类	毛坯外形尺寸	每坯可制件数	每台件数
锻件			1
设备名称	设备型号	设备编号	同时加工件数
立钻	Z525B		2

夹具编号	夹具名称	切削液	
G10108-ZZ	钻孔夹具	皂化液	
工位器具编号	工位器具名称	工序工时	
		准终	单件

12.5　3-$\phi5.1_{0}^{+0.2}$ 均布　ϕ0.30 B　ϕ75　B　2　3

工步号	工步内容	工艺装备	主轴转速/r·min^{-1}	切削速度/m·min^{-1}	进给量/mm·r^{-1}	背吃刀量/mm	进给次数	工步工时/min 机动	工步工时/min 辅助
1	钻孔　3－$\phi5.1_{0}^{+0.2}$mm	ϕ5.1mm 钻头，$\phi5.1_{0}^{+0.2}$mm 钻塞规：L10108-5Z	680	10.9	0.13	2.55	1	0.75	0.9
		位置度检具：L10108-ZJ_1							

										设计(日期)	校对(日期)	审核(日期)	标准化(日期)	会签(日期)
标记	处数	更改文件号	签字	日期	标记	处数	更改文件号	签字	日期					

单位名称	机械加工工序卡	产品型号	S195	零件图号	10108		
		产品名称	柴油机齿轮	零件名称	调速齿轮	共 11 页	第 9 页

车间	工序号	工序名	材料牌号
柴齿	180	倒螺孔孔口角	45
毛坯种类	毛坯外形尺寸	每坯可制件数	每台件数
锻件			1
设备名称	设备型号	设备编号	同时加工件数
立钻	Z525B		1

夹具编号	夹具名称	切削液	
G10108-ZZ	钻孔夹具	皂化液	
工位器具编号	工位器具名称	工序工时	
		准终	单件

工步号	工步内容	工艺装备	主轴转速 /r·min⁻¹	切削速度 /m·min⁻¹	进给量 /mm·r⁻¹	背吃刀量 /mm	进给次数	工步工时/min 机动	工步工时/min 辅助
1	倒两端螺孔孔口角1×120°	麻花钻ϕ10mm	680	18.2	0.065	1	1	0.3	0.89

										设计(日期)	校对(日期)	审核(日期)	标准化(日期)	会签(日期)
标记	处数	更改文件号	签字	日期	标记	处数	更改文件号	签字	日期					

单位名称	机械加工工序卡	产品型号	S195	零件图号	10108		
		产品名称	柴油机齿轮	零件名称	调速齿轮	共 11 页	第 10 页

车间	工序号	工序名	材料牌号
柴齿	190	攻内螺纹	45
毛坯种类	毛坯外形尺寸	每坯可制件数	每台件数
锻件			1
设备名称	设备型号	设备编号	同时加工件数
攻丝机、立钻	S5016、Z525		1

夹具编号	夹具名称	切削液	
G10108-ZG	攻丝夹具	皂化液	
工位器具编号	工位器具名称	工序工时	
		准终	单件

工步号	工步内容	工艺装备	主轴转速/r·min⁻¹	切削速度/m·min⁻¹	进给量/mm·r⁻¹	背吃刀量/mm	进给次数	工步工时/min 机动	工步工时/min 辅助
1	攻内螺纹　3-M6-7H	螺攻 M6-H3，螺纹塞规：M6-7H	392	7.4	1	0.45	1	0.18	0.9
		位置度检查工具：L10108-ZJ							

标记	处数	更改文件号	签字	日期	标记	处数	更改文件号	签字	日期	设计(日期)	校对(日期)	审核(日期)	标准化(日期)	会签(日期)

单位名称	机械加工工序卡	产品型号	S195	零件图号	10108		
		产品名称	柴油机齿轮	零件名称	调速齿轮	共 11 页	第 11 页

公法线长度	W	$41.585^{0}_{-0.14}$
公法线长度变动公差	F_w	0.035
齿圈径向跳动公差	F_r	0.045
周节极限偏差	F_{pt}	±0.014
齿形公差	F_f	0.012
齿向公差	F_β	0.010
跨测齿数	K	5

2 1.6 3

车间	工序号	工序名	材料牌号
柴齿	220	剃齿	45
毛坯种类	毛坯外形尺寸	每坯可制件数	每台件数
锻件			1
设备名称	设备型号	设备编号	同时加工件数
剃齿机	Y4250C、Y4232A		1

夹具编号	夹具名称	切削液	
G10108-YT	剃齿夹具	极压油	
工位器具编号	工位器具名称	工序工时	
		准终	单件

工步号	工步内容	工艺装备	主轴转速 /r·min^{-1}	切削速度 /m·min^{-1}	进给量 /mm·r^{-1}	背吃刀量 /mm	进给次数	工步工时/min 机动	工步工时/min 辅助
1	剃齿 m=3mm，Z=44，$\alpha=20°$	ϕ240 mm 剃齿刀：m=3mm，$\alpha=20°$，$\beta=15°$	294	≤130	径向 0.02～0.05mm/单行程			0.26	0.46
		精度标准(A 级 JB2497-78)			纵向 0.30mm/工件转				
		W ，F_w：25～50/0.01 公法线千分尺							
		F_r ，F_β：齿轮跳动检查仪等，杠杆千分表±0.2/1 级							
		f_f：3201 万能渐开线检查仪 0.005，百分表 0-10/1 级							
		$\pm f_{pf}$：万能测齿仪 0.005							
		圆锥芯轴 ϕ32.02mm～ϕ32.04mm 两根 CLB5008.1-97							

										设计(日期)	校对(日期)	审核(日期)	标准化(日期)	会签(日期)
标记	处数	更改文件号	签字	日期	标记	处数	更改文件号	签字	日期					

第 4 篇

机械制造综合设计及实训题目选编

项目 8

综合设计及实训题目选编

本篇共辑录了 24 幅难度适中的各类机械零件图样，这些各类机械零件通常需要 3 个以上的技术工种才能完成，比较适合高职工科类学生进行工艺编制、夹具设计、夹具制作，也可供任课老师作为选题参考。

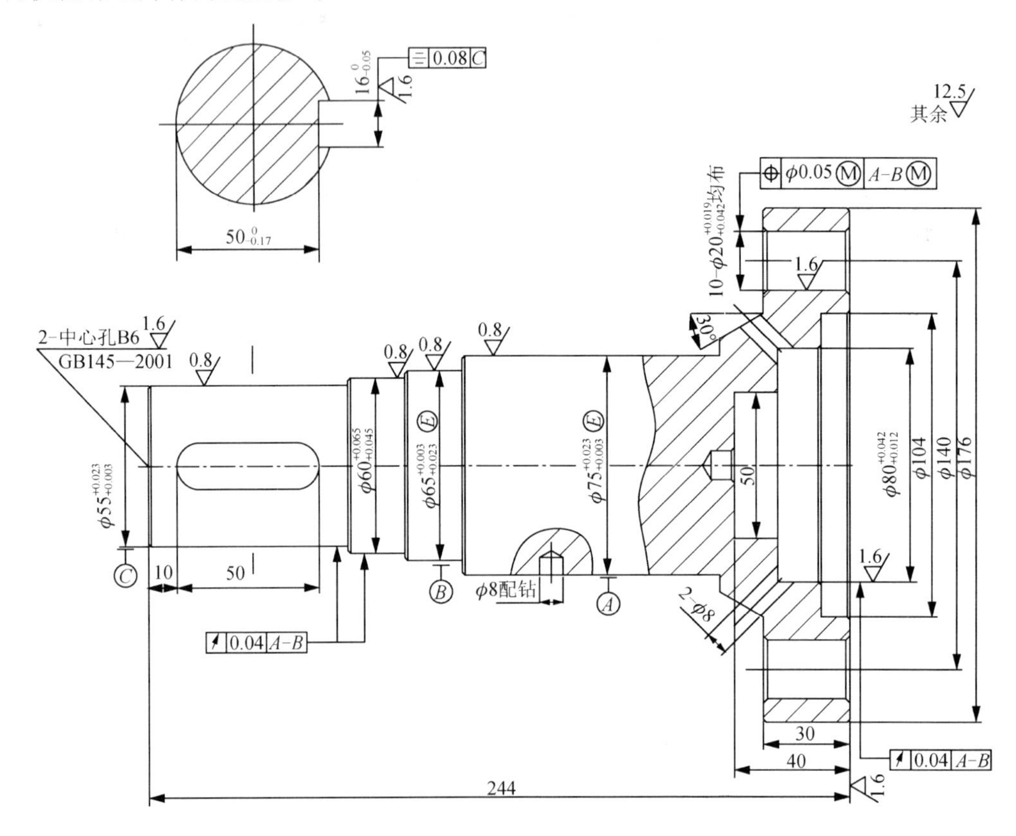

技术要求：
调制处理HB217～255。

图 8.1　输出轴

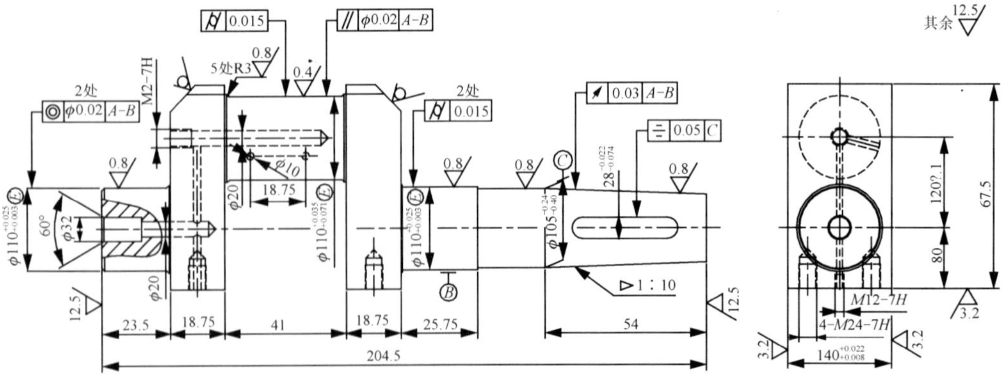

技术要求：

(1) 1∶10圆锥面用标准样规涂色检查接触面不小于65%。

(2) 清除干净油孔中的切屑。

(3) 其余倒角1×45°。

(4) 材料：QT60−2。

图 8.2　曲轴

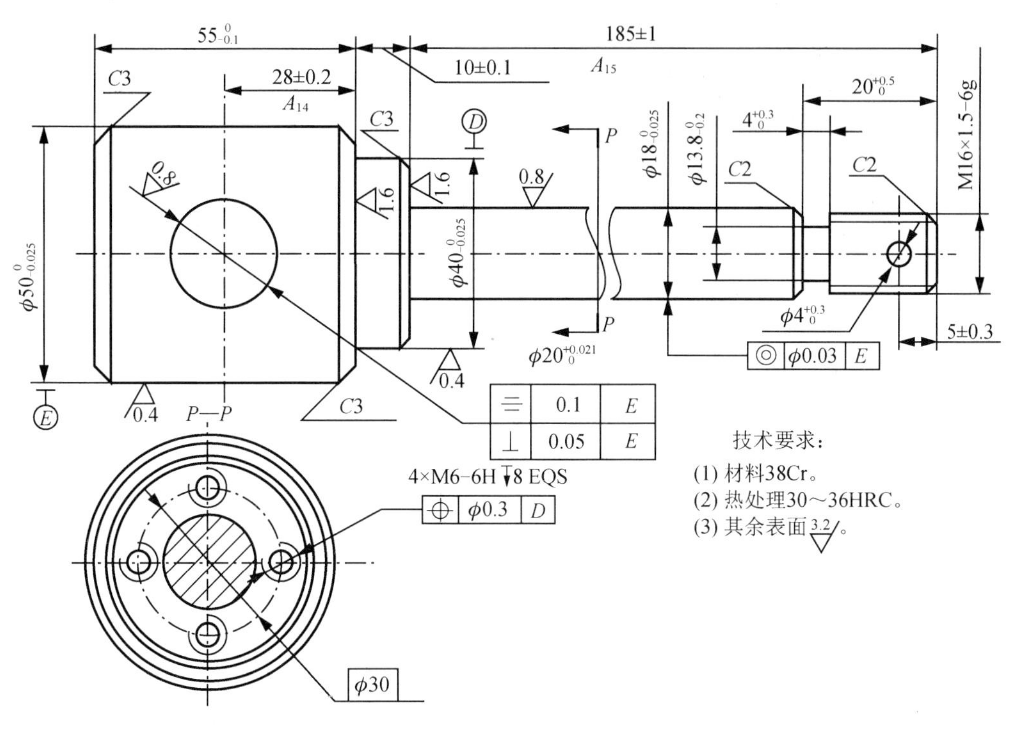

图 8.3　联动导杆

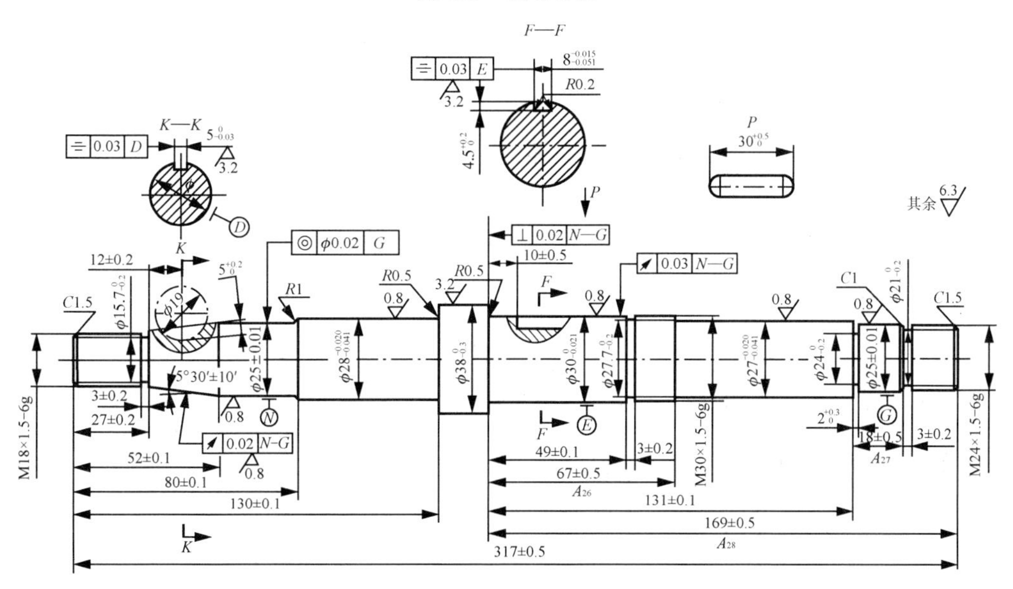

图 8.4　传动轴

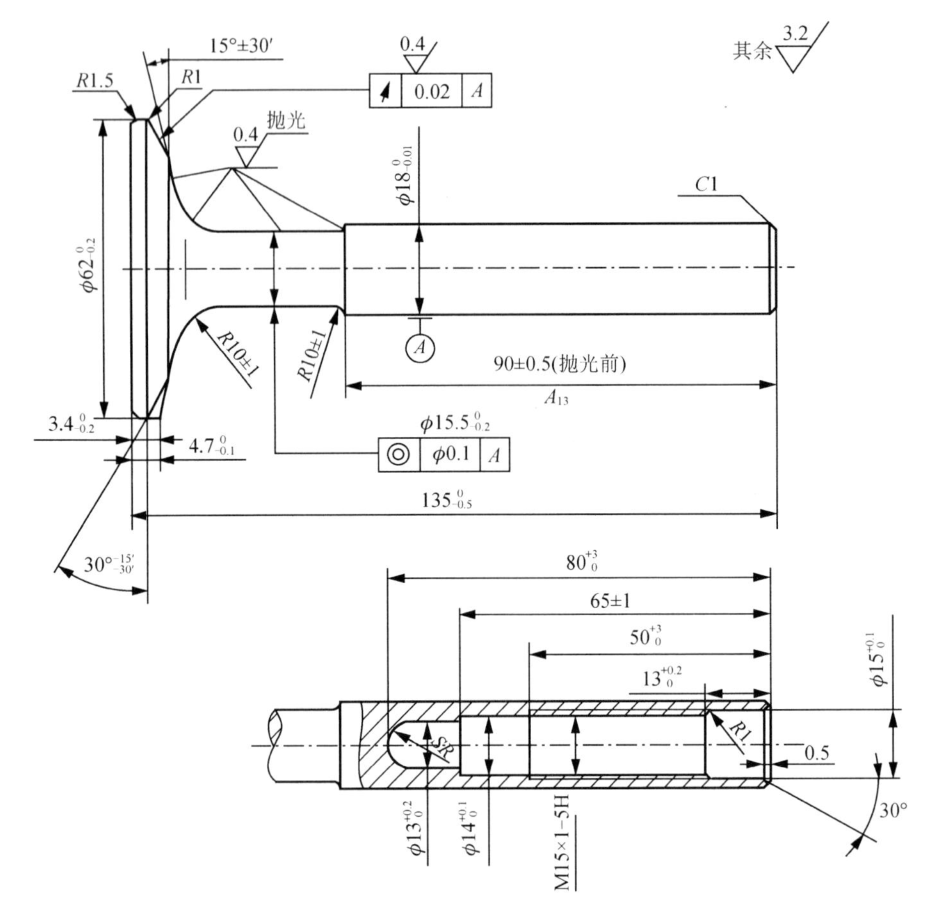

技术要求：

(1) 材料4Cr14Ni14W2Mo。

(2) 热处理硬度197～285HBW。

图 8.5　排气阀

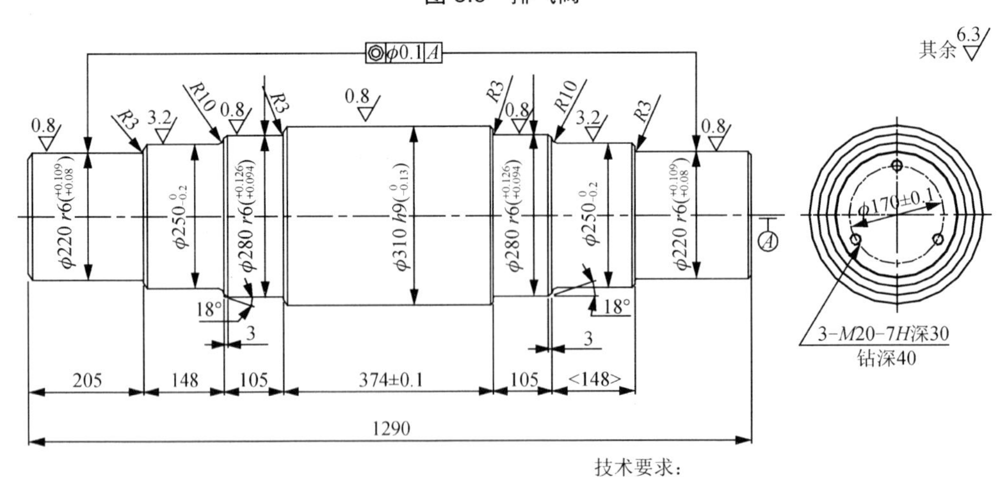

技术要求：

(1) 材料：45钢、调质处理HS31～40。

(2) 去锐边毛刺。

图 8.6　轮轴

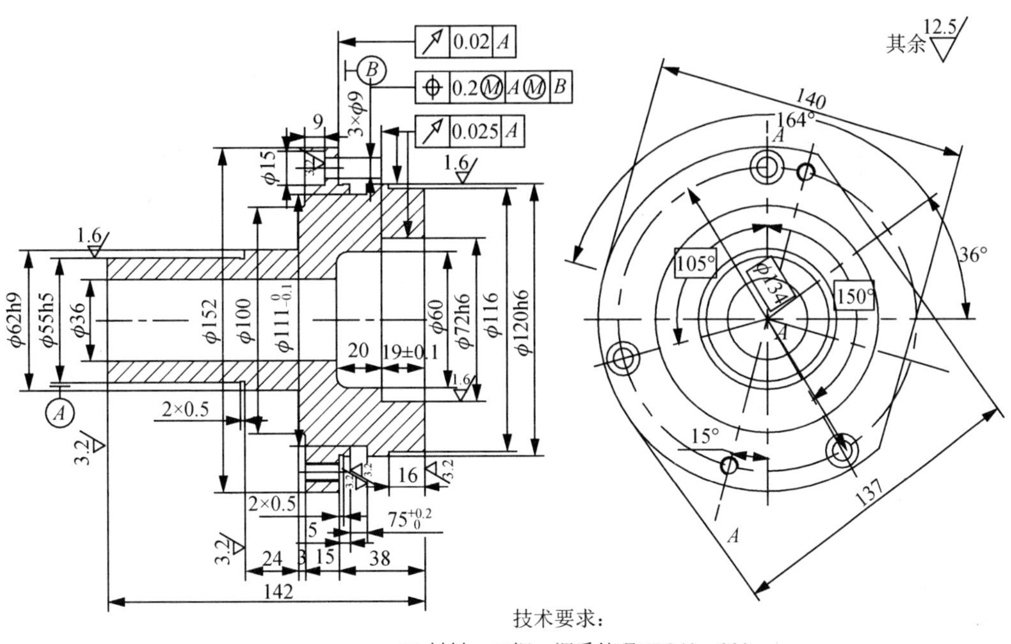

技术要求：

(1) 材料：45钢、调质处理HB240～290。

(2) 去锐边毛刺。

图 8.7　Ⅰ轴法兰盘

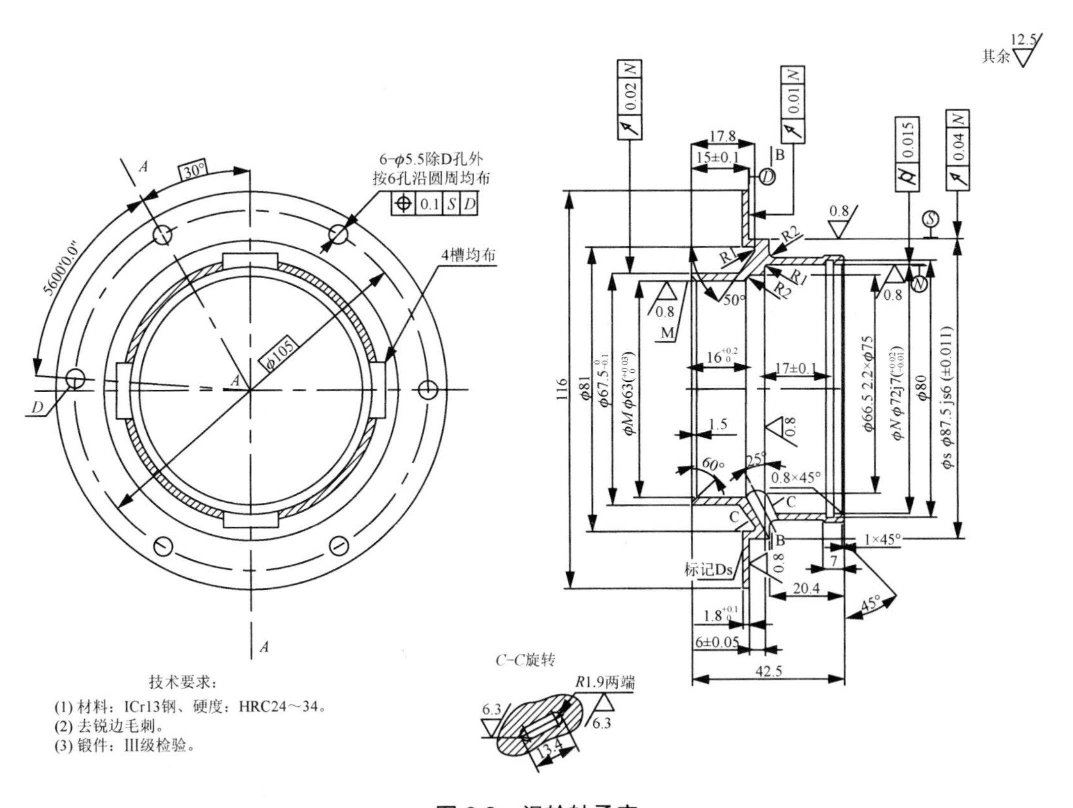

技术要求：

(1) 材料：ICr13钢、硬度：HRC24～34。

(2) 去锐边毛刺。

(3) 锻件：III级检验。

图 8.8　涡轮轴承座

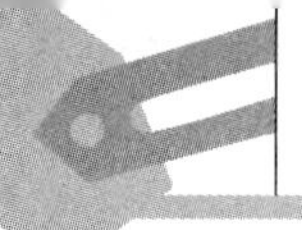

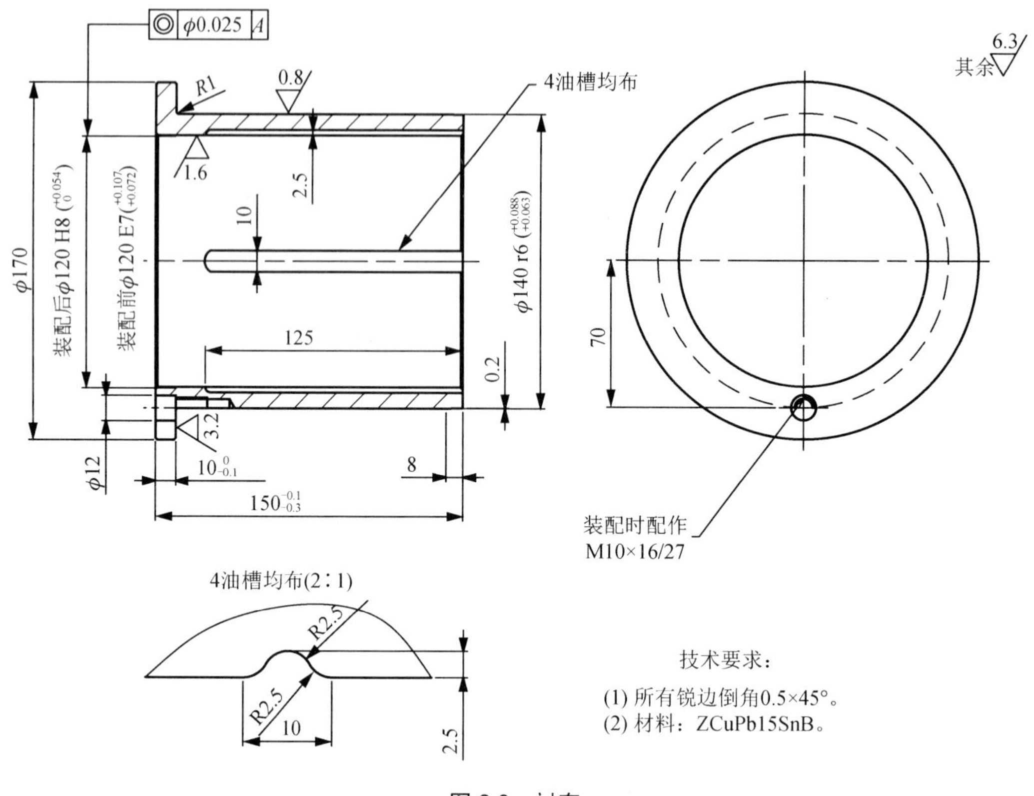

图 8.9 衬套

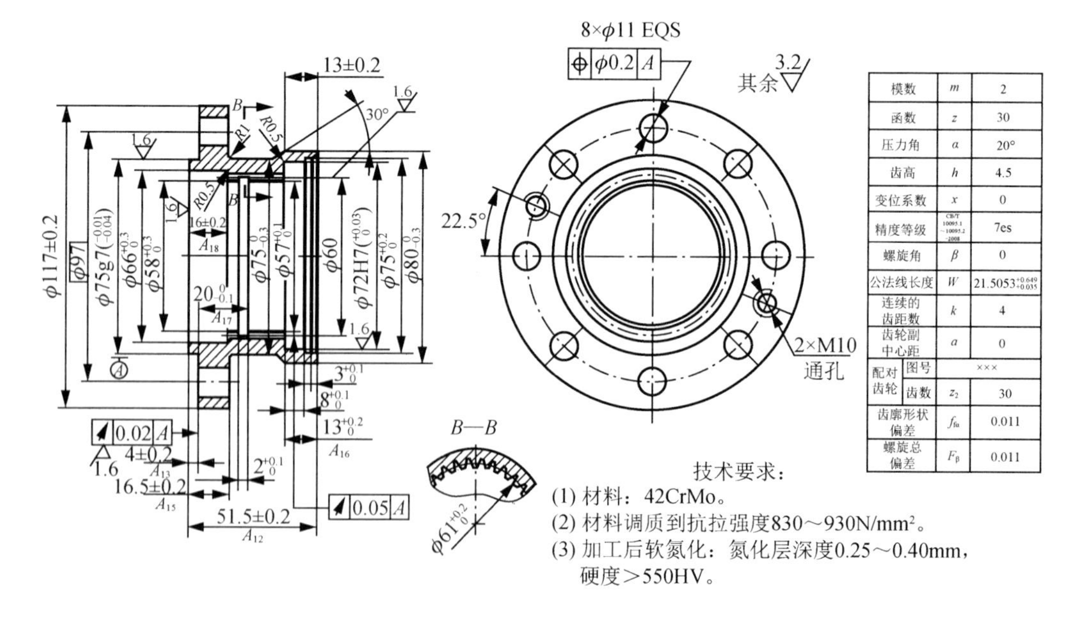

模数		m	2
函数		z	30
压力角		α	20°
齿高		h	4.5
变位系数		x	0
精度等级		CB/T 10095.1~10095.2-2008	7es
螺旋角		β	0
公法线长度		W	$21.5053^{+0.649}_{+0.035}$
连续的齿距数		k	4
齿轮副中心距		a	0
配对齿轮	图号	×××	
	齿数	z_2	30
齿廓形状偏差		$f_{f\alpha}$	0.011
螺旋总偏差		F_β	0.011

图 8.10 法兰盘内齿轮

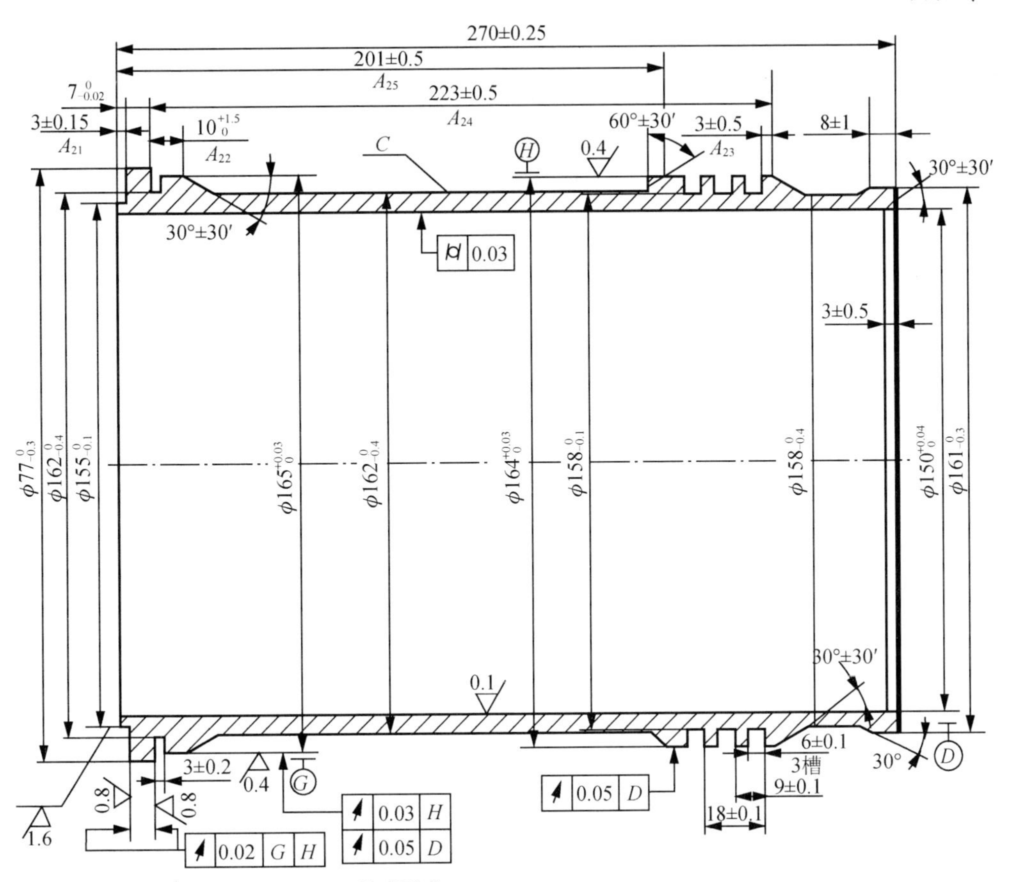

技术要求：

(1) 材料38CrMoAlA。

(2) 内表面渗氮，深度0.35～0.6mm，
渗氮表面硬度≥750HV。

(3) 非渗氮面硬度为269～302HBW。

(4) 表面*C*镀铬，厚度0.03～0.04mm。

(5) 磁粉检测。

(6) 去锐边。

图 8.11　气缸套

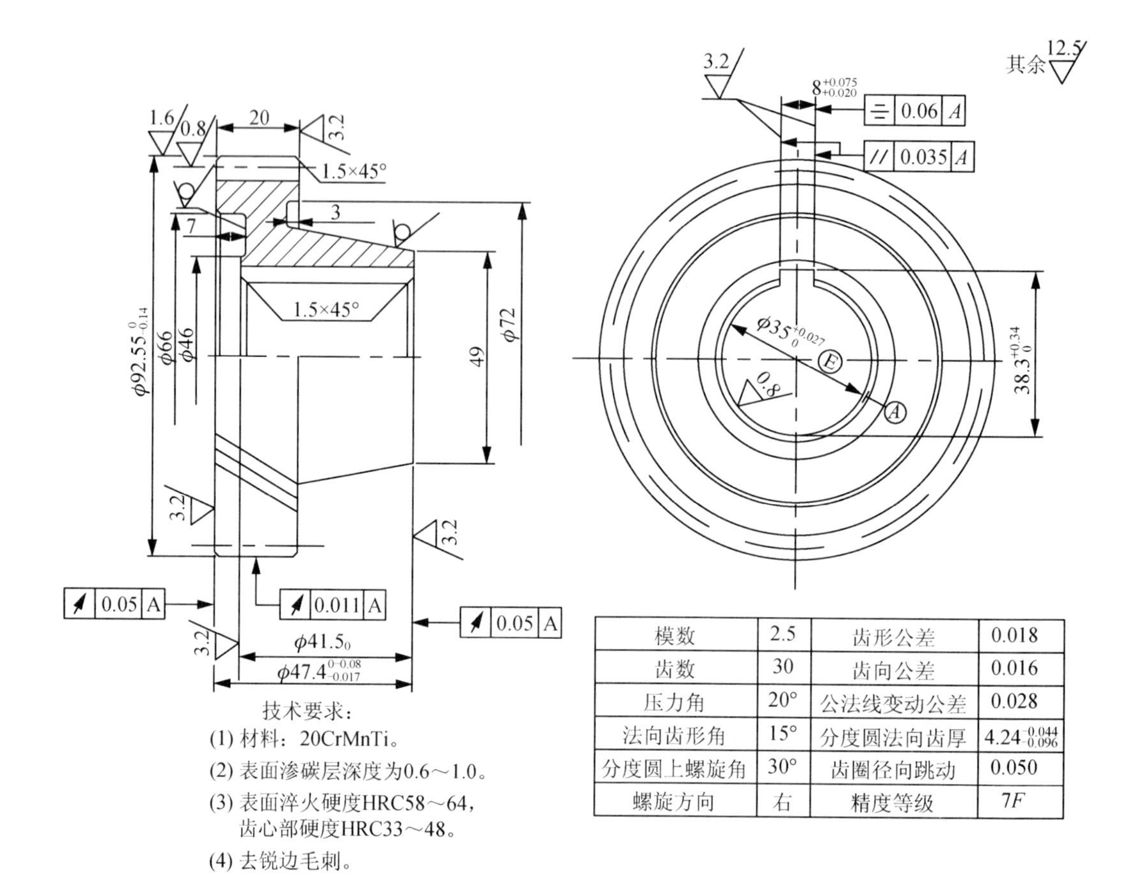

模数	2.5	齿形公差	0.018
齿数	30	齿向公差	0.016
压力角	20°	公法线变动公差	0.028
法向齿形角	15°	分度圆法向齿厚	$4.24^{-0.044}_{-0.096}$
分度圆上螺旋角	30°	齿圈径向跳动	0.050
螺旋方向	右	精度等级	7*F*

技术要求：

(1) 材料：20CrMnTi。

(2) 表面渗碳层深度为0.6～1.0。

(3) 表面淬火硬度HRC58～64，齿心部硬度HRC33～48。

(4) 去锐边毛刺。

图 8.12　传动齿轮

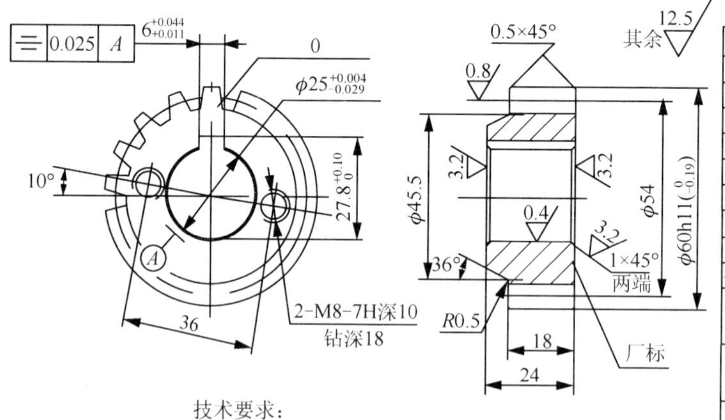

齿 轮 参 数		
模 数	M_n	3
齿 数	Z	18
压力角	α	20
齿顶高系数	h_a^*	1
齿顶高/全齿高	h_a/h	3/6.75
螺旋角和方向	β	0
分度圆直径	d	54
径向变位系数	X_n	0
公法线长(跨齿数)	W/k	$22.897^{-0.084}_{-0.140}/3$
壳体孔中心距及其极限偏差	$A\pm F_a$	
配对齿轮齿数及图号		
精度等级	7GJ	
齿距累积误差	F_P	0.045
齿距极限偏差	$\pm f_{Pt}$	±0.014
齿形公差	f_f	0.011
齿向公差	F_β	0.011

技术要求：

(1) 零件需经调质处理，硬度为HBS240～290。

(2) 齿轮作印色啮合时，接触斑点应在分度圆附近，其宽度不小于齿宽的60%，其高度不小于齿高的 45%。

(3) “0”齿中心线与键槽中心线夹角为 0°±20'。

(4) 未注公差的尺寸精度按IT13 GB/T 1800.1—2009、GB/T 1800.2—2009。

(5) 去尖角毛刺。

(6) 材料：45。

图 8.13　平衡轴齿轮

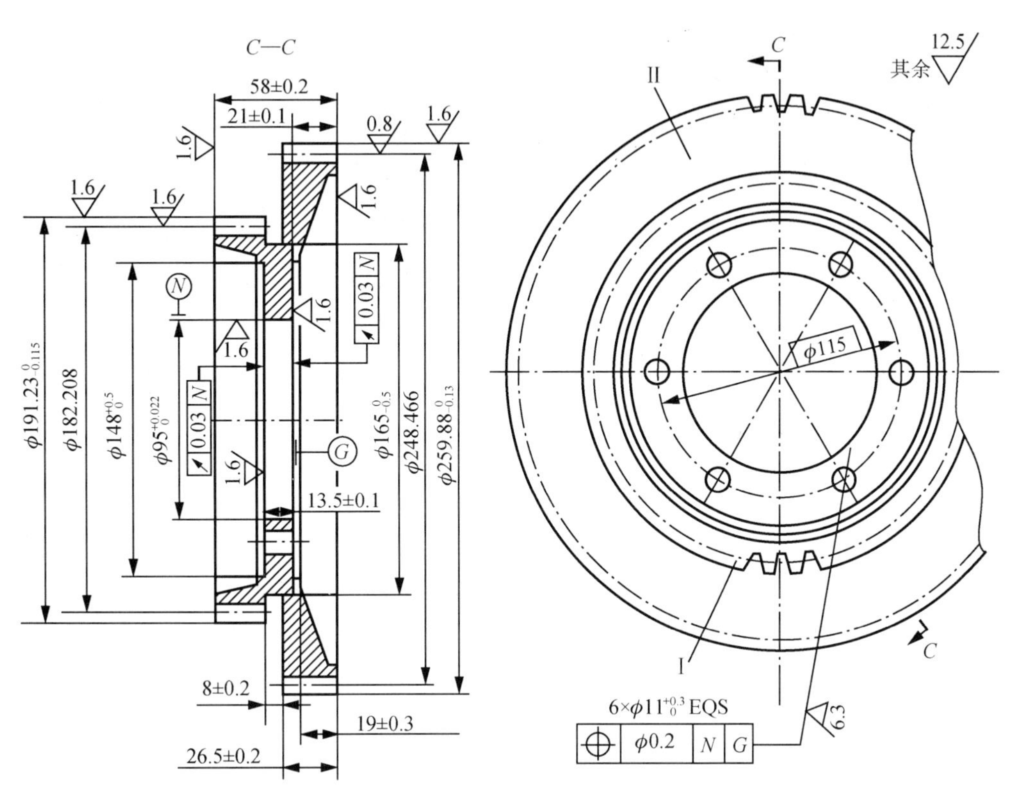

图 8.14　双联齿轮

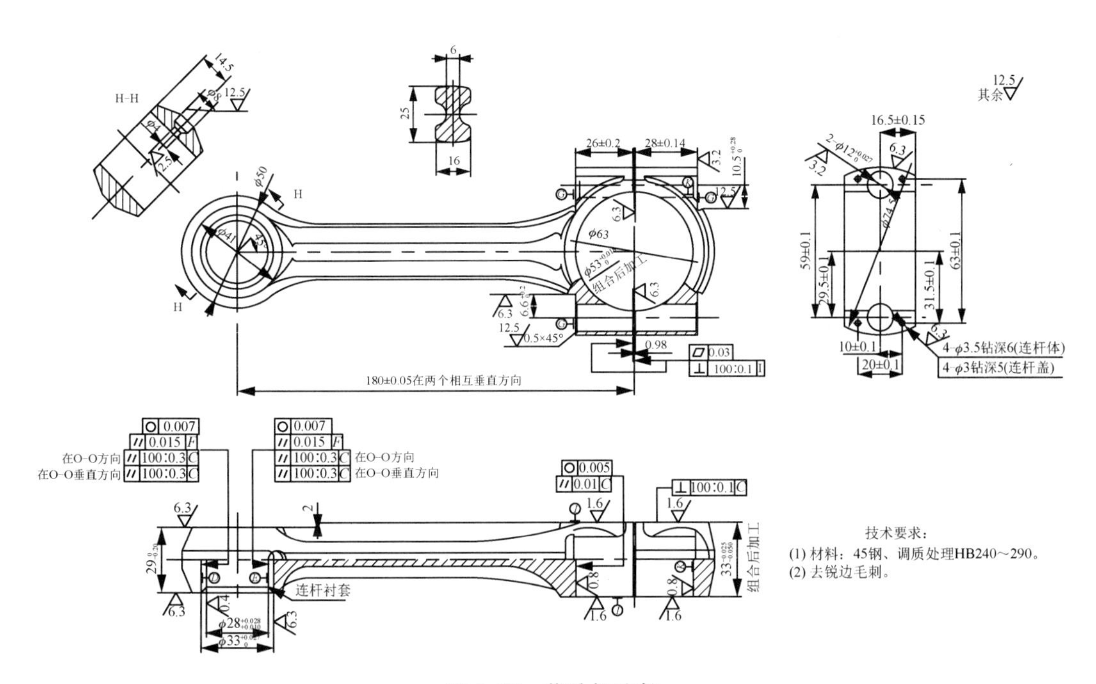

图 8.15　柴油机连杆

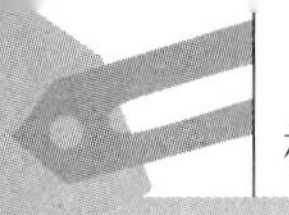

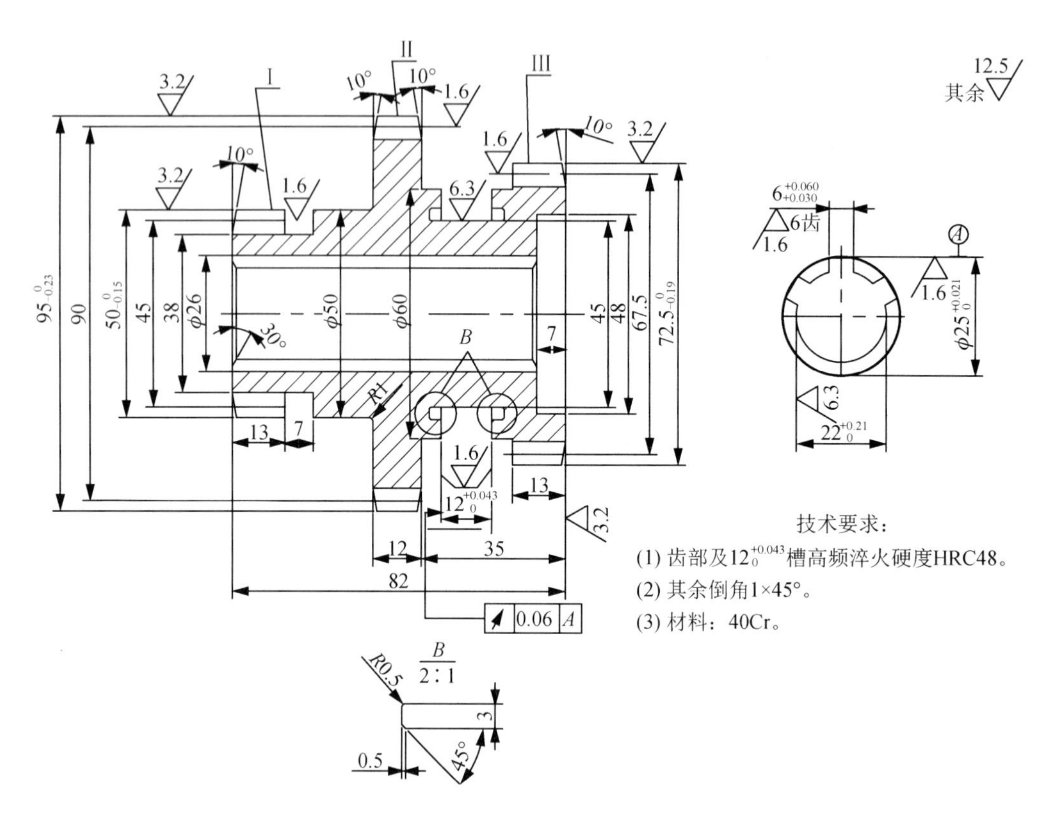

齿号	I	II	III
模数	2.5	2.5	2.5
齿数	18	36	27
压力角	20°	20°	20°
公法线平均长度偏差	$18.986^{0}_{-0.048}$	$34.332^{0}_{-0.07}$	$26.6615^{0}_{-0.07}$
变动公差公法线长度	0.04	0.04	0.04
齿圈径向跳动公差	0.063	0.063	0.063
径向齿综合公差	0.028	0.028	0.028
齿向误差	0.021	0.021	0.021
齿轮精度等级	8FH GB 10095—2008	8GK GB 10095—2008	8GJ GB 10095—2008

图 8.16　三联齿轮

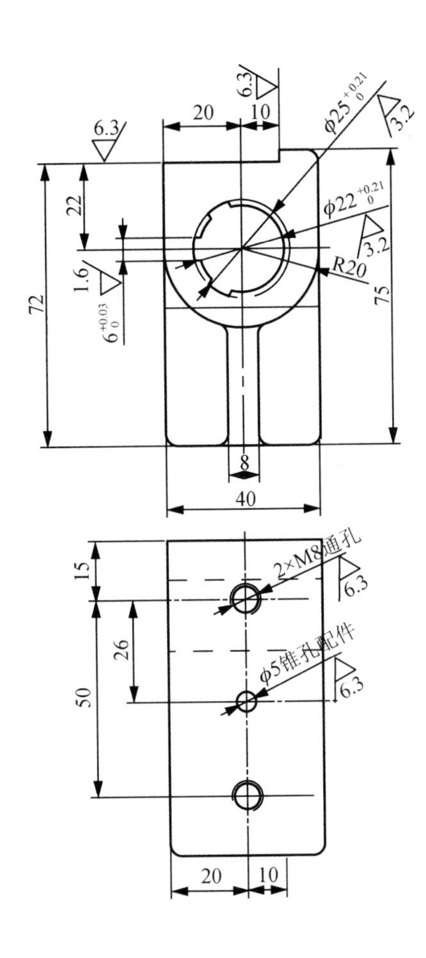

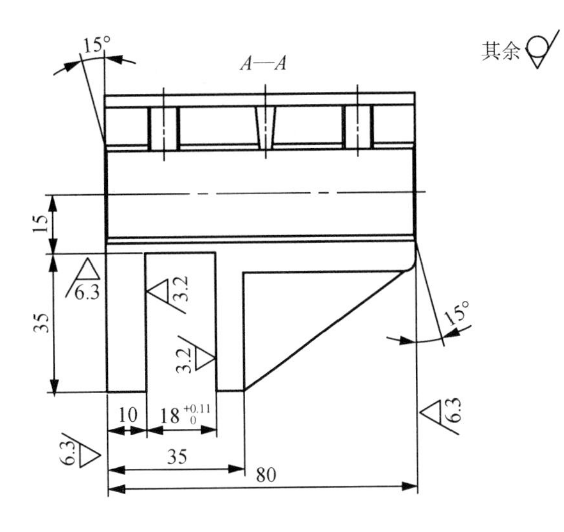

技术要求：
(1) 材料：HT200。
(2) 铸件不得有气孔、砂眼。
(3) 去锐边毛刺。

图 8.17　拨叉

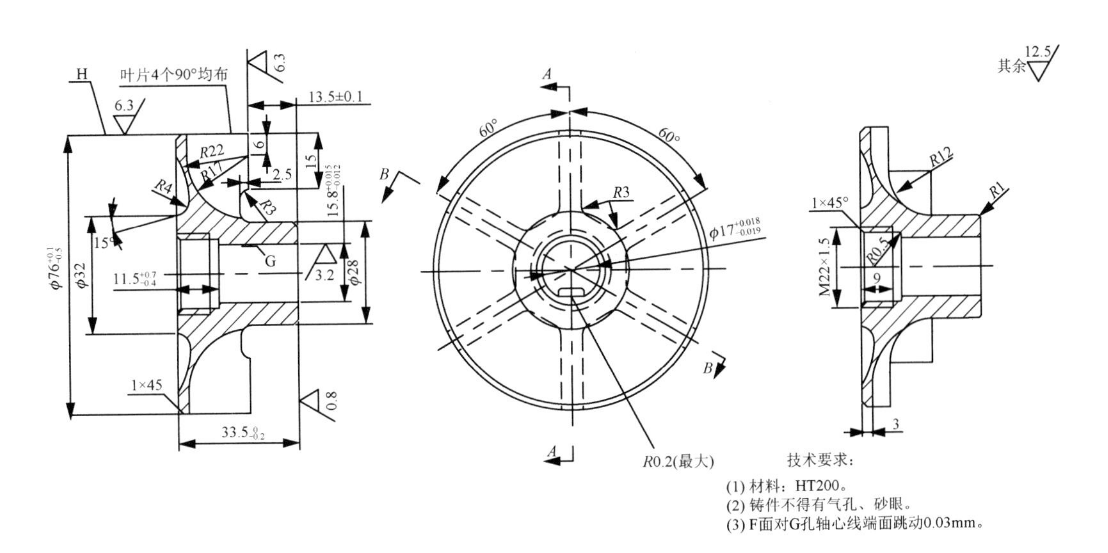

技术要求：
(1) 材料：HT200。
(2) 铸件不得有气孔、砂眼。
(3) F面对G孔轴心线端面跳动0.03mm。

图 8.18　水泵叶轮

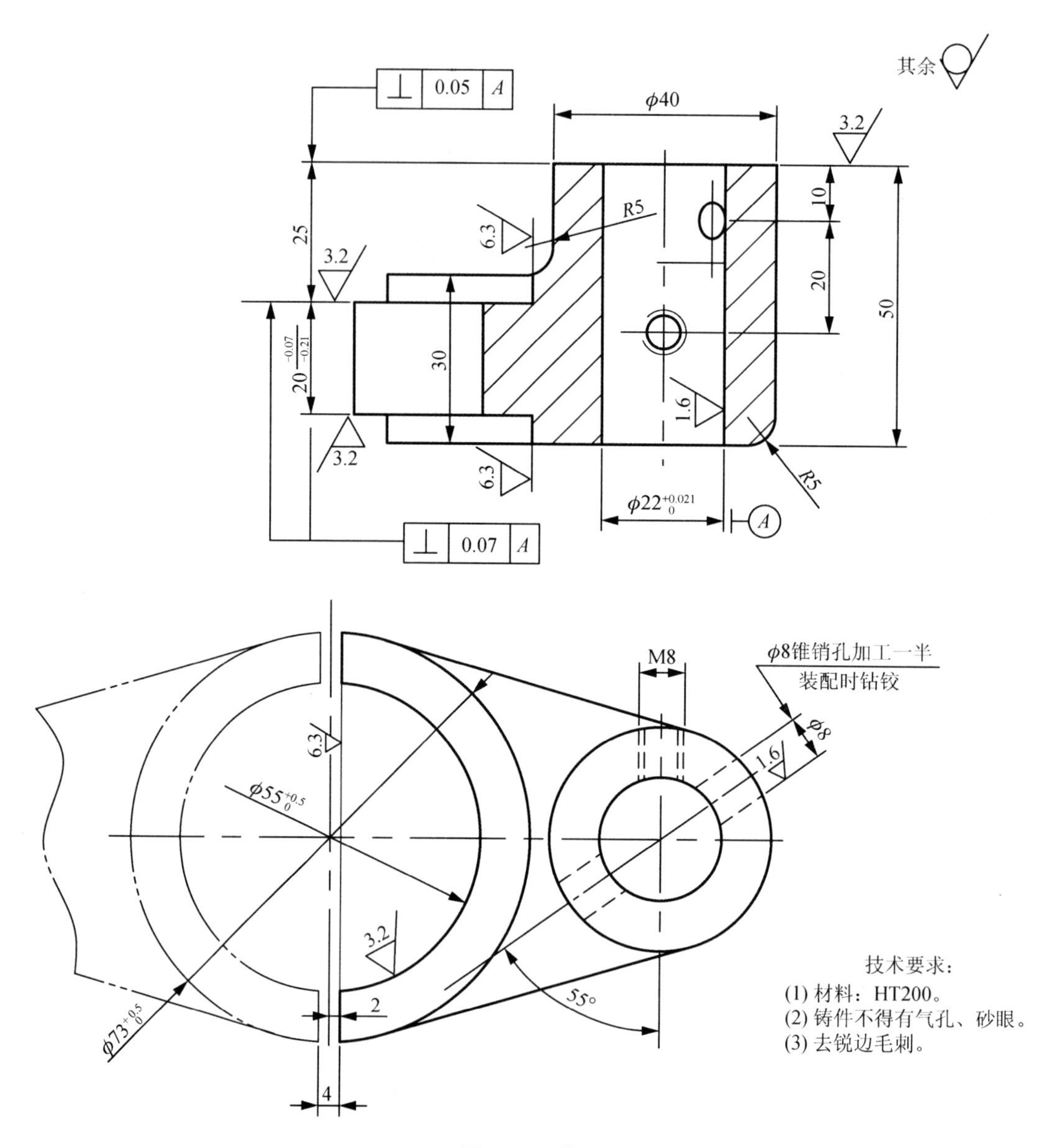
其余
0.05
A
ϕ40
3.2
R5
6.3
25
10
20
50
30
$20^{-0.07}_{-0.21}$
1.6
R5
$\phi22^{+0.021}_{0}$
A
0.07
M8
ϕ8锥销孔加工一半
装配时钻铰
ϕ8
$\phi55^{+0.5}_{0}$
2
55°
$\phi73^{+0.5}_{0}$
4
技术要求：
(1) 材料：HT200。
(2) 铸件不得有气孔、砂眼。
(3) 去锐边毛刺。

图 8.19　拨叉

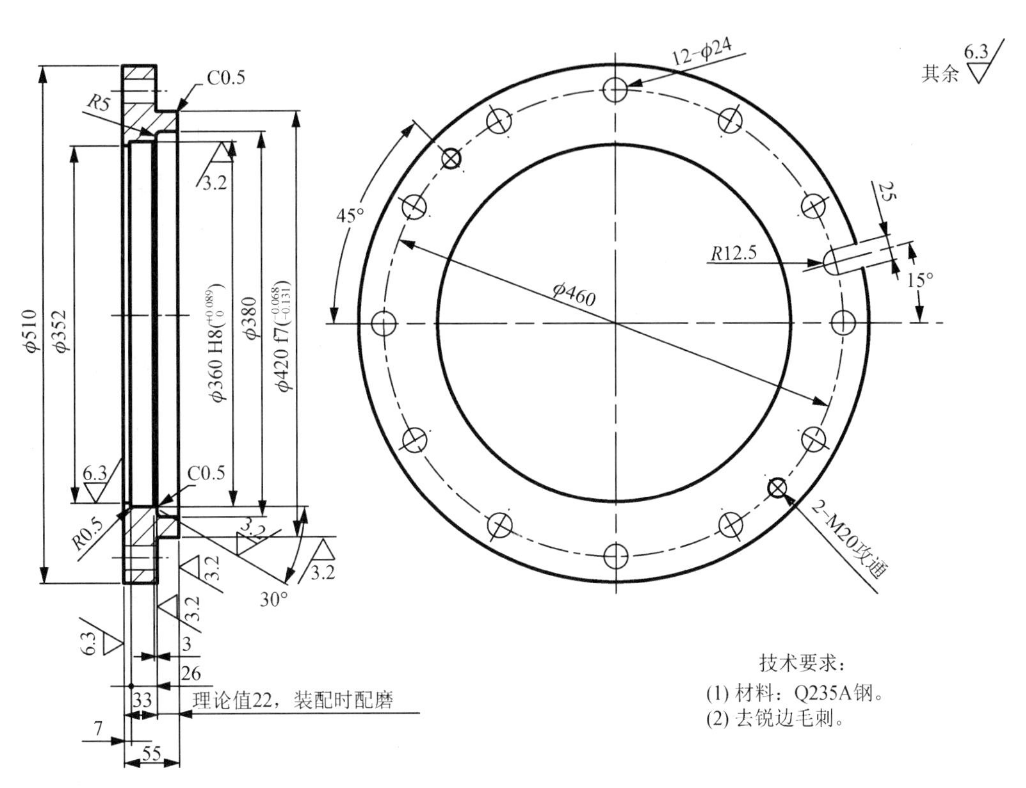

图 8.20　涡轮轴承盖

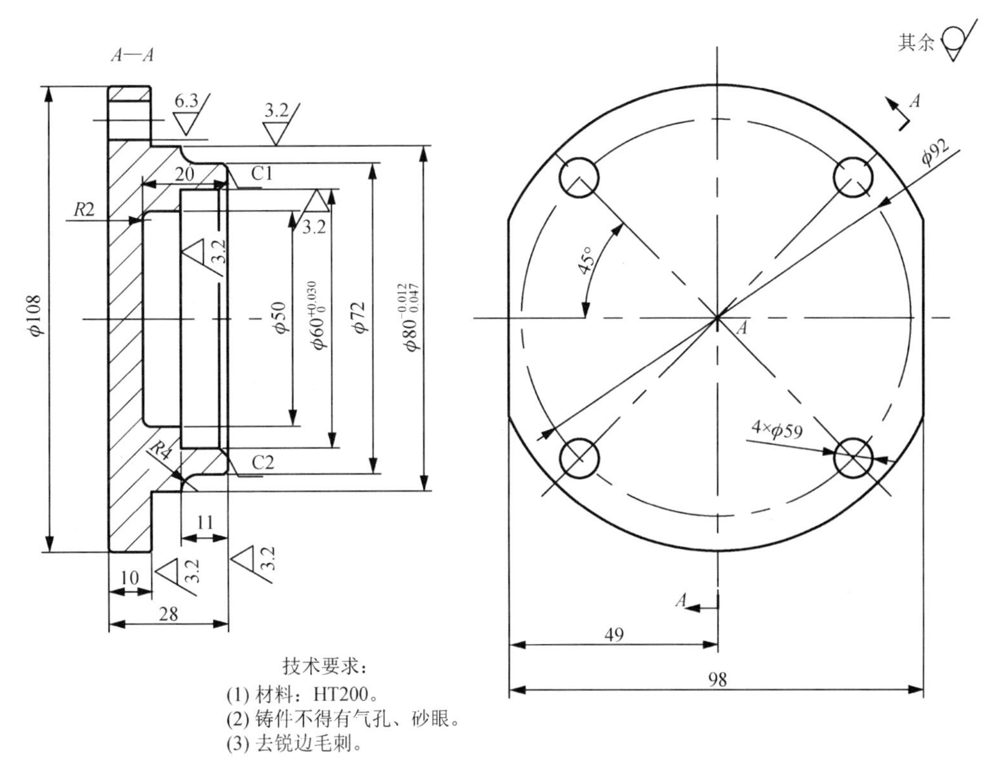

图 8.21　端盖

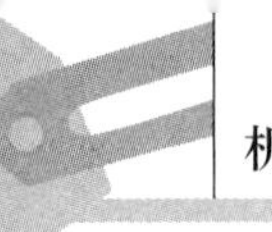

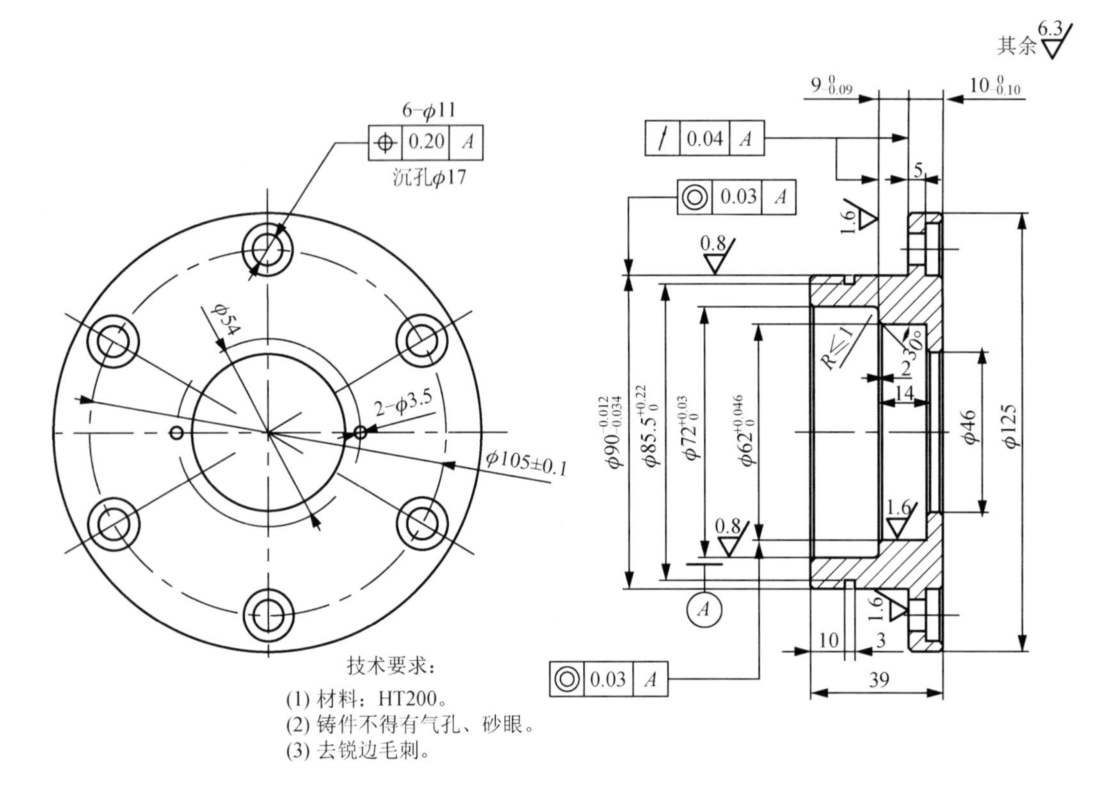

图 8.22　轴承盖

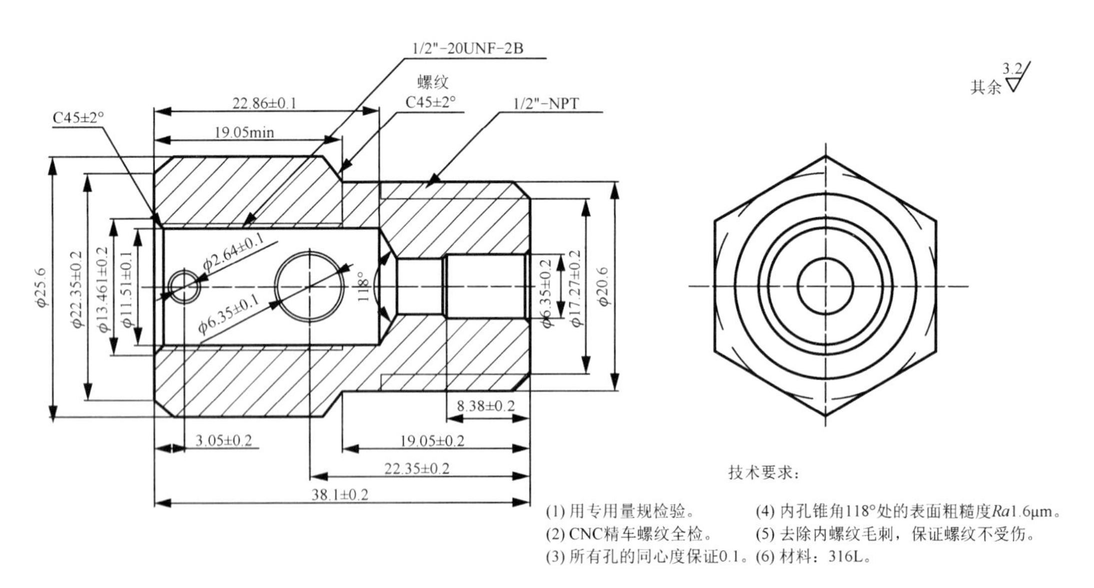

图 8.23　泄压接头

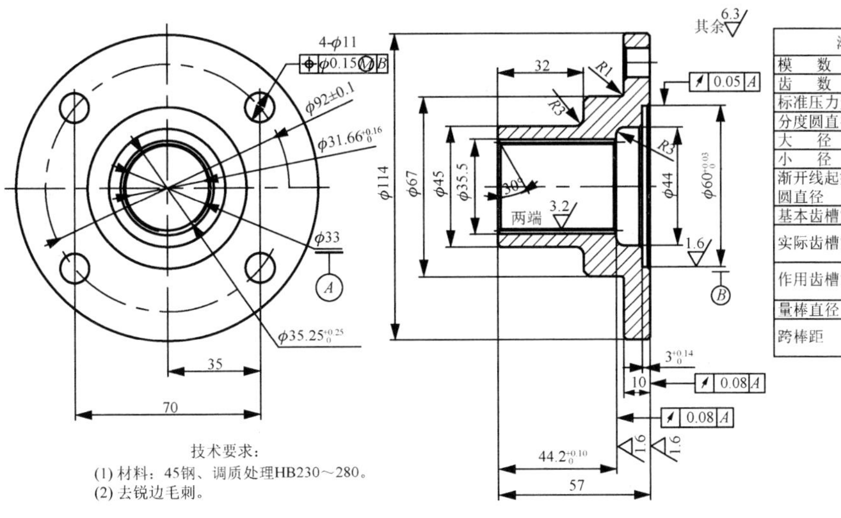

渐开线外花键参数		
模　数	M	1.5
齿　数	Z	22
标准压力角	α	30°
分度圆直径	D	33
大　径	D_{ee}	$35.25^{+0.25}_{0}$
小　径	D_{ie}	$31.66^{+0.16}_{0}$
渐开线起始圆直径	DF_{emax}	34.8
基本齿槽宽	S	2.356
实际齿槽宽	S_{max}	2.418
	S_{min}	2.381
作用齿槽宽	S_{vmax}	
	S_{vmin}	
量棒直径	DR_e	2.684
跨棒距	MR_{emax}	29.058
	MR_{emin}	28.984

图 8.24　凸缘

参 考 文 献

[1] 机械零件设计手册编写组. 机械零件设计手册(下册)[M]. 3版. 北京：冶金工业出版社，1994.

[2] 李益民. 机械制造工艺简明手册[M]. 北京：机械工业出版社，2003.

[3] 艾兴，肖诗刚. 切削用量简明手册[M]. 北京：高等教育出版社，2002.

[4] 杨黎明. 机床夹具设计手册[M]. 北京：国防工业出版社，1996.

[5] 上海柴油机厂工艺设备研究所. 金属切削机床夹具手册[M]. 北京：机械工业出版社，1984.

[6] 沈学勤. 公差配合与技术测量[M]. 北京：高等教育出版社，1998.

[7] 吴拓. 机械制造工艺与机床夹具课程设计指导[M]. 北京：高等教育出版社，2001.

[8] 邹青. 机械制造技术基础课程设计指导教程[M]. 北京：机械工业出版社，2008.

[9] 孙丽媛. 机械制造工艺及专用夹具设计指导[M]. 北京：冶金工业出版社，2003.

[10] 王先逵. 机械加工工艺手册·加工技术卷[M]. 北京：机械工业出版社，2006.

[11] 孙庆群. 机械工程综合实训[M]. 北京：机械工业出版社，2005.

[12] 林建榕. 机械工程训练(机械制造部分)[M]. 北京：机械工业出版社，2004.

[13] 机械设计手册编写组. 机械设计手册[M]. 北京：机械工业出版社，2004.

[14] 刘文剑. 夹具工程师设计手册[M]. 哈尔滨：黑龙江科学技术出版社，2003.

[15] 肖继德. 机床夹具设计[M]. 北京：机械工业出版社，2003.

[16] 赵家齐. 机械制造工艺学课程设计指导书[M]. 北京：机械工业出版社，2002.

[17] 傅水根. 机械制造工艺基础[M]. 北京：清华大学出版社，1998.

[18] 吴宗泽，罗圣国. 机械设计课程设计手册[M]. 2版. 北京：高等教育出版社，1999.

[19] 沈学勤. 公差配合与技术测量[M]. 北京：高等教育出版社，1998.

[20] 任晓莉，钟建华. 公差配合与量测实训[M]. 北京：北京理工大学出版社，2007.

北京大学出版社高职高专机电系列规划教材

序号	书号	书名	编著者	定价	出版日期
1	978-7-301-12181-8	自动控制原理与应用	梁南丁	23.00	2012.1 第 3 次印刷
2	978-7-5038-4861-2	公差配合与测量技术	南秀蓉	23.00	2011.12 第 4 次印刷
3	978-7-5038-4865-0	CAD/CAM 数控编程与实训(CAXA 版)	刘玉春	27.00	2011.2 第 3 次印刷
4	978-7-5038-4869-8	设备状态监测与故障诊断技术	林英志	22.00	2013.2 第 4 次印刷
5	978-7-301-13262-3	实用数控编程与操作	钱东东	32.00	2011.8 第 3 次印刷
6	978-7-301-13383-5	机械专业英语图解教程	朱派龙	22.00	2013.1 第 5 次印刷
7	978-7-301-13582-2	液压与气压传动技术	袁　广	24.00	2011.3 第 3 次印刷
8	978-7-301-13662-1	机械制造技术	宁广庆	42.00	2010.11 第 2 次印刷
9	978-7-301-13574-7	机械制造基础	徐从清	32.00	2012.7 第 3 次印刷
10	978-7-301-13653-9	工程力学	武昭晖	25.00	2011.2 第 3 次印刷
11	978-7-301-13652-2	金工实训	柴增田	22.00	2013.1 第 4 次印刷
12	978-7-301-14470-1	数控编程与操作	刘瑞已	29.00	2011.2 第 2 次印刷
13	978-7-301-13651-5	金属工艺学	柴增田	27.00	2011.6 第 2 次印刷
14	978-7-301-12389-8	电机与拖动	梁南丁	32.00	2011.12 第 2 次印刷
15	978-7-301-13659-1	CAD/CAM 实体造型教程与实训(Pro/ENGINEER 版)	诸小丽	38.00	2012.1 第 3 次印刷
16	978-7-301-13656-0	机械设计基础	时忠明	25.00	2012.7 第 3 次印刷
17	978-7-301-17122-6	AutoCAD 机械绘图项目教程	张海鹏	36.00	2011.10 第 2 次印刷
18	978-7-301-17148-6	普通机床零件加工	杨雪青	26.00	2010.6
19	978-7-301-17398-5	数控加工技术项目教程	李东君	48.00	2010.8
20	978-7-301-17573-6	AutoCAD 机械绘图基础教程	王长忠	32.00	2010.8
21	978-7-301-17557-6	CAD/CAM 数控编程项目教程(UG 版)	慕　灿	45.00	2012.4 第 2 次印刷
22	978-7-301-17609-2	液压传动	龚肖新	22.00	2010.8
23	978-7-301-17679-5	机械零件数控加工	李　文	38.00	2010.8
24	978-7-301-17608-5	机械加工工艺编制	于爱武	45.00	2012.2 第 2 次印刷
25	978-7-301-17707-5	零件加工信息分析	谢　蕾	46.00	2010.8
26	978-7-301-18357-1	机械制图	徐连孝	27.00	2012.9 第 2 次印刷
27	978-7-301-18143-0	机械制图习题集	徐连孝	20.00	2011.1
28	978-7-301-18470-7	传感器检测技术及应用	王晓敏	35.00	2012.7 第 2 次印刷
29	978-7-301-18471-4	冲压工艺与模具设计	张　芳	39.00	2011.3
30	978-7-301-18852-1	机电专业英语	戴正阳	28.00	2011.5
31	978-7-301-19272-6	电气控制与 PLC 程序设计(松下系列)	姜秀玲	36.00	2011.8
32	978-7-301-19297-9	机械制造工艺及夹具设计	徐　勇	28.00	2011.8
33	978-7-301-19319-8	电力系统自动装置	王　伟	24.00	2011.8
34	978-7-301-19374-7	公差配合与技术测量	庄佃霞	26.00	2011.8
35	978-7-301-19436-2	公差与测量技术	余　键	25.00	2011.9
36	978-7-301-19010-4	AutoCAD 机械绘图基础教程与实训(第 2 版)	欧阳全会	36.00	2013.1 第 2 次印刷
37	978-7-301-19638-0	电气控制与 PLC 应用技术	郭　燕	24.00	2012.1
38	978-7-301-19933-6	冷冲压工艺与模具设计	刘洪贤	32.00	2012.1
39	978-7-301-20002-5	数控机床故障诊断与维修	陈学军	38.00	2012.1
40	978-7-301-20312-5	数控编程与加工项目教程	周晓宏	42.00	2012.3
41	978-7-301-20414-6	Pro/ENGINEER Wildfire 产品设计项目教程	罗　武	31.00	2012.5
42	978-7-301-15692-6	机械制图	吴百中	26.00	2012.7 第 2 次印刷
43	978-7-301-20945-5	数控铣削技术	陈晓罗	42.00	2012.7
44	978-7-301-21053-6	数控车削技术	王军红	28.00	2012.8
45	978-7-301-21119-9	数控机床及其维护	黄应勇	38.00	2012.8
46	978-7-301-20752-9	液压传动与气动技术(第 2 版)	曹建东	40.00	2012.8
47	978-7-301-18630-5	电机与电力拖动	孙英伟	33.00	2011.3
48	978-7-301-16448-8	Pro/ENGINEER Wildfire 设计实训教程	吴志清	38.00	2012.8
49	978-7-301-21239-4	自动生产线安装与调试实训教程	周　洋	30.00	2012.9
50	978-7-301-21269-1	电机控制与实践	徐　锋	34.00	2012.9
51	978-7-301-16770-0	电机拖动与应用实训教程	任娟平	36.00	2012.11
52	978-7-301-20654-6	自动生产线调试与维护	吴有明	28.00	2013.1
53	978-7-301-21988-1	普通机床的检修与维护	宋亚林	33.00	2013.1
54	978-7-301-21873-0	CAD/CAM 数控编程项目教程(CAXA 版)	刘玉春	42.00	2013.3
55	978-7-301-22315-4	低压电气控制安装与调试实训教程	张　郭	24.00	2013.4
56	978-7-301-19848-3	机械制造综合设计及实训	裘俊彦	37.00	2013.4

北京大学出版社高职高专电子信息系列规划教材

序号	书号	书名	编著者	定价	出版日期
1	978-7-301-12180-1	单片机开发应用技术	李国兴	21.00	2010.9 第 2 次印刷
2	978-7-301-12386-7	高频电子线路	李福勤	20.00	2013.2 第 3 次印刷
3	978-7-301-12384-3	电路分析基础	徐　锋	22.00	2010.3 第 2 次印刷
4	978-7-301-13572-3	模拟电子技术及应用	刁修睦	28.00	2012.8 第 3 次印刷
5	978-7-301-12390-4	电力电子技术	梁南丁	29.00	2010.7 第 2 次印刷
6	978-7-301-12383-6	电气控制与 PLC(西门子系列)	李　伟	26.00	2012.3 第 2 次印刷
7	978-7-301-12387-4	电子线路 CAD	殷庆纵	28.00	2012.7 第 4 次印刷
8	978-7-301-12382-9	电气控制及 PLC 应用(三菱系列)	华满香	24.00	2012.5 第 2 次印刷
9	978-7-301-16898-1	单片机设计应用与仿真	陆旭明	26.00	2012.4 第 2 次印刷
10	978-7-301-16830-1	维修电工技能与实训	陈学平	37.00	2010.7
11	978-7-301-17324-4	电机控制与应用	魏润仙	34.00	2010.8
12	978-7-301-17569-9	电工电子技术项目教程	杨德明	32.00	2012.4 第 2 次印刷
13	978-7-301-17696-2	模拟电子技术	蒋　然	35.00	2010.8
14	978-7-301-17712-9	电子技术应用项目式教程	王志伟	32.00	2012.7 第 2 次印刷
15	978-7-301-17730-3	电力电子技术	崔　红	23.00	2010.9
16	978-7-301-17877-5	电子信息专业英语	高金玉	26.00	2011.11 第 2 次印刷
17	978-7-301-17958-1	单片机开发入门及应用实例	熊华波	30.00	2011.1
18	978-7-301-18188-1	可编程控制器应用技术项目教程(西门子)	崔维群	38.00	2011.1
19	978-7-301-18322-9	电子 EDA 技术(Multisim)	刘训非	30.00	2012.7 第 2 次印刷
20	978-7-301-18144-7	数字电子技术项目教程	冯泽虎	28.00	2011.1
21	978-7-301-18519-3	电工技术应用	孙建领	26.00	2011.3
22	978-7-301-18770-8	电机应用技术	郭宝宁	33.00	2011.5
23	978-7-301-18520-9	电子线路分析与应用	梁玉国	34.00	2011.7
24	978-7-301-18622-0	PLC 与变频器控制系统设计与调试	姜永华	34.00	2011.6
25	978-7-301-19310-5	PCB 板的设计与制作	夏淑丽	33.00	2011.8
26	978-7-301-19326-6	综合电子设计与实践	钱卫钧	25.00	2011.8
27	978-7-301-19302-0	基于汇编语言的单片机仿真教程与实训	张秀国	32.00	2011.8
28	978-7-301-19153-8	数字电子技术与应用	宋雪臣	33.00	2011.9
29	978-7-301-19525-3	电工电子技术	倪　涛	38.00	2011.9
30	978-7-301-19953-4	电子技术项目教程	徐超明	38.00	2012.1
31	978-7-301-20000-1	单片机应用技术教程	罗国荣	40.00	2012.2
32	978-7-301-20009-4	数字逻辑与微机原理	宋振辉	49.00	2012.1
33	978-7-301-20706-2	高频电子技术	朱小祥	32.00	2012.6
34	978-7-301-21055-0	单片机应用项目化教程	顾亚文	32.00	2012.8
35	978-7-301-17489-0	单片机原理及应用	陈高锋	32.00	2012.9
36	978-7-301-21147-2	Protel 99 SE 印制电路板设计案例教程	王　静	35.00	2012.8
37	978-7-301-19639-7	电路分析基础(第 2 版)	张丽萍	25.00	2012.9